U0300458

Planning Europe's Capital Cities

Aspects of Nineteenth Century Urban Development

Planning Europe's Capital Cities

Aspects of Nineteenth Century Urban Development

[瑞典] 托马斯·霍尔 (Thomas Hall) 著

黄全乐 李涛 译

广州美术学院学术著作出版基金资助出版

世纪之交的首都

19世纪欧洲首都城市规划与发展

中国建筑工业出版社

序　言

托马斯·霍尔（Thomas Hall）的著作《世纪之交的首都　19世纪欧洲首都城市规划与发展》是一份以热爱铸就的作品，对新兴的城市规划历史国际比较研究领域而言，更是一个重大贡献。这是一份经年累月的研究成果，1986年首次以德语出版；作者继而对其进行修改和更新，并将其引入英语世界。它将填补学术界的空缺：因为精通英语的学者比精通德语的学者规模要大得多，因而能通过霍尔的贡献而获益的学者将大为增加。

正如作者在开篇时强调的那样（第1章）：研究重点首先是确认他将试图做什么和不做什么。本书是对欧洲城市规划在1800年至1900年之间——尤其是1850年至1880年之间——的深度解读：这是城市规划的第一个黄金时代，更严格来说，这个时代留下的城市规划，是大多数规划专业学生都知道的20世纪规划历史的先驱。它与现代规划的不同是可想而知的；它集中于形式和外观，较少聚焦在社会目标或社会内容。因此，19世纪的规划是长期参与城市事务的后续城市形态表现。正如霍尔所说，它伴随着古希腊人和古罗马人而起，并在文艺复兴时期再次盛行。这是一个结束，而不是一个开始。

然而，正如他在进行城市规划比较的那些章节开篇所展示的那样（第18章），这些规划是被相同的压力和类似的行动激励措施促成的：其中最重要的压力来自人口出生率的提高，人们在农业革命和工业革命的推动下，从土地上被抽离出来，从农村进入城镇，一个又一个的欧洲城市迎来了史无前例的增长。霍尔有意不去处理这些人口压力的细节问题，而是将它们视为给定的压力条件。他也不讨论城市外延扩张和郊区的去中心化现象，因为这些都是由新的 19 世纪交通运输技术推动产生的。读者如果想寻求对这些过程的阐释，那就要另寻读物了。霍尔同样有意地将他的研究聚焦在大约在 1850 年或最迟于 1880 年形成的最内城区：那些地区如今成为中央商务区，以及选定的内城区 ❶。

　　如霍尔所述，在这些被选定的地区中存在着巨大的压力，首先是公共卫生和交通：随着越来越多的人——包括穷人和富人——涌入城市，住房密度在上升，住房条件在恶化；交通拥堵集中发生在中世纪的街道上，尤其是在通往新火车站的路上。一个又一个城市对此作出的对策，是切割出新的街道，并在它们之间重建街区，往往不会考虑流离失所者的命运；同时，采用被宽阔的街道隔开的、拥有规则几何形态的住宅街区规划形式，来进行城市扩建。总体而言，这些对策也许是一种进步——尽管这种城市新区常常又被新的移民潮再度淹没。

　　几乎每个首都城市规划，总体上看来都有一个类似的特点。霍尔指出，通常情况下，这些规划的代理人是帝王或帝国权力，他们在这个过程中，通过宏伟的设计来维护和彰显皇权和自身。每个规划专业的学生都知道拿破仑三世和奥斯曼在巴黎规划中的伙伴关系。然而，霍尔此部著作的最大贡献之一，是把聚光灯

---

❶　译者注：内城区（原文为 inner suburbs）是指大城市中心、内城和中央商务区的近郊区域，其城市密度通常低于内城或中央商务区，但高于城乡边缘或远郊地区。

投向其他同样伟大的 19 世纪规划师，他们的声誉一直被埋没在他们各自的国家和语言中。其中最突出的，是伊尔德丰索·塞尔达（Ildefonso Cerdá）的成就，他对巴塞罗那的重建规划与奥斯曼的巴黎规划足可相提并论；但霍尔还挖掘了其他作出非凡成就的规划师，如布达佩斯的莱希纳（Lechner）和费兹尔（Feszl），如赫尔辛基的埃伦斯特罗姆（Ehrenström），如维也纳的冯·福斯特（von Förster）、范·德·努尔（van der Nüll）和冯·西卡斯堡（von Sicardsburg），以及在柏林规划史上曾经遭受不公正诋毁的霍布雷希特（Holbrecht）。

弗朗兹—约瑟夫（Franz-Joseph）皇帝主持了奥匈帝国两个最伟大的城市重建——著名的维也纳环城带，以及虽然鲜为人知、但是同样宏伟的布达佩斯环城带和放射形大道。对这些项目，他简洁地阐述了规划目标：Erweiterung, Regulierung, Verschönerung，意思是：扩展，调节、美化。这几点目标，以及托马斯·霍尔在本书中描述的其他规划目标，在很大程度上成就了欧洲伟大首都的品质。我们无论是作为居民，还是作为见多识广的游客，在 20 世纪末及以后都享受到了这些欧洲首都的特有品质。本书将所有这些规划历史的深度及其复杂性汇集一体，这不仅需要作者强大的史学和语言能力，而且需要将它们融会结合的深厚功力。托马斯·霍尔为整个英语世界的城市学者所作出的重要贡献，将是历久弥新的。

彼得·霍尔

伦敦大学学院

前　言

　　为什么我要写一本关于 19 世纪欧洲首都规划的书，又为什么要在斯德哥尔摩写呢？在 1970 年代末，斯德哥尔摩大学启动了一个跨学科研究项目，题为"瑞典城市环境：过去一百年的建筑和住房"。该项目由英格丽·哈马斯特罗姆（Ingrid Hammarström）教授领导；本人是该项目的合作研究者。该项目的主要目的之一，是通过一系列的研究，从各种不同的角度对斯德哥尔摩内城区的演变进行研讨，并为其绘制图表。项目还给我们安排了前往瑞典及其他具有类似特征城市的短途旅行。在为这个项目工作的过程中，我对于规划在这些城市发展中所起的作用越来越感兴趣。在斯德哥尔摩，一个宏伟的城市更新和扩建项目——名为林德哈根规划（Lindhagen Plan）——于 1866 年被提出；与此同时，其他一些国家的首都城市也启动了类似的计划。当我发现在学术领域并没有关于它们的比较研究时，我开始收集素材，并将其作为讲座资源和短途旅行的基础。这些行为最终导向了一本书的成形。在这个过程中，三位在 1980 年代初访问斯德哥尔摩的学者与我进行的启发性讨论，让我受益良多：他们是安东尼·萨特克利夫（Anthony Sutcliffe）、彼得·霍尔（Peter Hall）和大卫·戈德菲尔德（David R. Goldfield）。他们都在自己的研究中证明了，面向国际的比较研究是如此重要和让人受益。大卫·戈德菲尔德连续一年多的时间参与到"瑞典城市环境"项目中来，这一点尤为重要。

　　本书的第一版于 1986 年以德文出版，名为《欧洲首都的规划——论 19 世纪城市规划的发展》(*Planung europäischer Hauptstädte, Zur Entwicklung des Städtebaues im 19.Jh*)（Stockholm，斯德哥尔摩），由皇家维特黑茨历史与古物学院（Kungl.Vitterhets Historie och Antikvitets Akademien）主持。不久之后，戈登·E. 切里（Gordon E.Cherry，已故）建议本书应该在《历史、规划和环境研究》系列中以英文出版。由于各种原因，这项工作被推迟了几年。同期出现了许多对该项目具有重要意义的出版物，而我自己的观点也在改变，并变得更加聚焦。因此，英文版应被视为部分地基于德文版的新书，并终于在 1995 年年底成稿。

　　在这个冗长的写作过程中，许多同事已经阅读了手稿的部分内容。我要感谢他们所有人的有益批评、想法和评论。除了该书著系列的编辑，戈登·切里和安东尼·萨特克利夫之外，还有 Gerd Albers、Peter Hall、Björn Linn、Torgil Magnuson、John Reps、Ingrid Sjöström 和 John Sjöström。我特别感谢埃里克·洛兰奇（Erik Lorange），他不仅允许我自由选择他的重建规划图纸，而且为了本书的出版对这些图纸进行了适应性的调整。

　　这里要感谢很多同事的慷慨和耐心，没有他们热心分享了关于如此多城市的知识和研究成果，就不可能有这本书的出版。他们中的一些人还阅读了手稿的相关部分。我特别要提及一下他们：在"阿姆斯特丹"章节，有伊丽莎白·德·比弗尔（Elisabeth de Bievre）、米歇尔·瓦格纳尔（Michiel Wagenaar）和奥克·范·德·沃德（Auke van der Woud）；在"雅典"章节，有马诺斯·比里斯（Manos Biris）、赫尔曼·基纳斯特

（Hermann J.Kienast）、安吉利基·科库（Angeliki Kokkou）、约翰内斯·迈克尔（Johannes M.Michael）和乔安尼斯·特拉夫洛斯（Joannis Travlos）；在"巴塞罗那"章节，有福克 - 哈维耶 - 蒙科路斯（Fco Javier Monclus）、曼努埃尔·德·索拉 - 莫拉莱斯（Manuel de Sola-Morales）和萨尔瓦多·塔拉格西德（Salvato Tarragid）；在"布鲁塞尔"章节，有皮特·M.J.L. 隆巴尔德（Piet M.J.L.Lombaerde）、伊冯·莱布里克（Yvon Leblicq）、马塞尔·斯梅茨（Marcel Smets）、乔斯·范登布里登（Jos Vandenbreeden）和赫维格·德尔罗（Herwig Delraux）；在"布达佩斯"章节，有杰尔吉·凯伦伊（György Kelényi）、贝尔塔兰·凯里·卡罗利·波洛尼（Bertalan Kery Károly Poloni）和阿拉霍斯·索多尔（Alajos Sódor）；在"哥本哈根"章节，有奥勒·海尔德托夫特（Ole Hyldtoft）、蒂姆·克努森（Tim Knudsen）和波尔·斯特罗姆斯塔德（Poul Strømstad）；在"赫尔辛基"章节，有米凯尔·桑德曼（Mikael Sundman）；在"伦敦"章节，有斯特凡·穆特修斯（Stefan Muthesius）：在"马德里"章节，有帕洛玛·巴雷罗·佩雷拉、阿尔贝托·坎波·巴泽亚、哈维尔·弗雷切拉·卡莫伊拉斯和埃斯塔尼斯劳·佩雷斯 - 皮塔；在"奥斯陆"章节，有埃里克·洛兰奇和扬·艾文德·迈尔（Paloma Barreiro Pereira, Alberto Campo Bazea, Javier Frechilla Camoiras, Estanislao Perez-Pita）；在"罗马"章节，有托马斯·拉尔森和托吉尔·马格努森（Tomas Larsson, Torgil Magnuson）；在"斯德哥尔摩"章节，有戈斯塔 - 塞林（Gosta Selling）；还有"维也纳"章节，有鲁道夫·乌尔泽（Rudolph Wurzer）。我真诚地感谢所有这些人。书中如有任何的错漏或误解，当然完全是我个人的责任。

早期德文版的工作由瑞典人文和社会科学研究委员会资助。该研究委员会也使本书英文版的诞生成为可能。以下基金资助了翻译: Helge Ax: son Johnsons stiftelse，Elna Bengtssons fond，Magn. Bergvallsstiftelse，Berit Wallenbergs stiftelse 和 Marianne och Marcus Wallenbergs stiftelse。我要特别感谢斯德哥尔摩大学前校长英格·琼森（Inge Jonsson），他协助为本书找到了重要的资金支持。我还要感谢薄·格兰迪恩（Bo Grandien）的慷慨支持。

在手稿讨论过程中，与不同的学者对于当中各种主题的艰辛探索，都对本书最后的完成有着重要的价值。我有幸找到了这样的合作译者，南希·阿德勒（Nancy Adler），她本人就是一名建筑历史学家。很高兴与她合作完成了这个英文版本，我们一起讨论了数百个问题，它们远远超越了纯粹的语言学范畴。

另外两个人在这本书的不同历史阶段都深入参与。我多年的合作者，建筑师迪特尔·金克尔（Dieter Künkel），他将我的第一个瑞典语手稿翻译成德语。他还以各种方式为本书作出了贡献，其中包括在本书翻译前调整了第一版中的许多要点，在参考书目上做了大量工作，创建了索引并检查了无数的史实。已故建筑师乔治·拉扎尔（George Lázár）为布达佩斯和马德里的部分内容作了汇编、翻译了原始资料，并重新绘制了相关地图。

最后，我要感谢伦皮·博格维克（Lempi BorgWik），他是我的另一位多年同事，他一直充当我的讨论伙伴和我探讨问题的知音，他经常为各种各样的问题提出建设性的解决方案，这对本书的完成至关重要，并使我在工作中获得无比乐趣。

目　录

首都城市规划：一个尝试性的比较

第 1 章

INTRODUCTION

概

述

在 19 世纪的欧洲，许多国家的首都和大城市实施了大量的城市改造和扩建的项目，形成和影响了至今的城市面貌。城市的很多特征要素在这个阶段成形，如巴黎的街道和林荫大道，如维也纳的环城广场。这些特征要素延续至今，而且仍然是首都城市的典型特征。

本书的研究目的在于，挖掘和比较一系列的首都城市规划，并重点聚焦探讨以下几个问题：

（1）规划启动的时间和原因？它想要解决什么问题？

（2）谁是规划项目的推动主体？如何推动规划的实施？谁作的决策？

（3）在这些规划项目里呈现了哪些城市理念？

（4）这些规划各有哪些法律结果？它们又是如何影响后来各自城市的发展的？

（5）在如此多样的方案之间，有哪些相似之处和不同之处？

（6）这些项目与早期规划相比如何？它们对城市规划的后续发展有何影响？

本书中对 19 世纪后半期成为国家首都的城市，都有单独的章节来描述，包括阿姆斯特丹（虽然只是名义上的首都）、雅典、柏林、布鲁塞尔、布达佩斯、克里斯蒂安尼亚（Christiania，即挪威首都奥斯陆）、哥本哈根、赫尔辛基、伦敦、马德里、巴黎、罗马、斯德哥尔摩和维也纳。巴塞罗那也被赋予了专门的章节。伯尔尼、伊斯坦布尔、里斯本和圣彼得堡则没有专属的章节。另外，在 19 世纪末期巴尔干才获得独立的国家的首都城市——如布加勒斯特和索菲亚——也没有专属章节。此外，都柏林和布拉格、华沙这些没有君主地位的城市，以及后来成为意大利和德国组成部分的一些小国的国都，都没有列入为研究对象。像佛罗伦萨这类仅在很短的时间作为国都而存在的城市，也没有被纳入研究。

选取更大范围的首都案例进行比较研究的好处是显而易见的，但为此要付出的时间又限制了其优势程度，然而这并不是我决定现在这样选择案例的唯一原因。19世纪的东欧和中欧的首都城市，除了布达佩斯以外，由于缺乏重要的规划发展项目，因而难以像本书选择的其他城市一样被深入地探讨。

圣彼得堡，在本书早期的德语版本包含过，但后来因为类似的原因在英语版本被删减了。18世纪的俄国政府较之同时期的其他欧洲国家政权而言，对首都有着更为宏大的城市环境创造的意愿，但它更多是为了展现帝国的辉煌，而不是为了公众的意愿。1840年代，其为城市发展的公共建设管控就开始衰弱，然后很快就消失了。到了19世纪下半叶，总体上的规划计划几乎没有了，建筑的管控越发薄弱甚至消失。这种情况甚至发生在重要的城市空间，那些曾经由专门法令重点保护的地段。正如巴特所说，"……到了1913年，所有类型的有毒工业都出现在城市的那些地区，这些地区以前是严格控制工厂生产存在的，看不见、闻不到工厂生产的气味。"①关于给水系统和排污系统的市政工程都很少。街道的建设标准极为低下，有些街道甚至连铺地都没有。

都柏林在18世纪后半叶，曾经有过一段城市发展的辉煌阶段。在1752年成立的街道拓展委员会（Wide Streets Commissioners）的有效运筹下，都柏林可能受益于比当时任何其他首都都更先进的规划。然而在1800年，爱尔兰议会被解散，都柏林失去了其最重要的首都功能。尽管街道拓展委员会得以继续存在，并以一种低调的角色继续发挥作用至1851年，都柏林仍然进入了一段漫长的规划和建设衰落期。直到1922年，都柏林再次成为爱尔兰王国首都，新的城市建设项目才再次出现在规划中。因此，都柏林没有出现在我的研究案例中。里斯本则属于另外一种类型：自由大道（Avenida da Liberdade）和雷思将军大道（Avenida Almirante Reis）都属于宏大尺度的城市规划案例，但除此之外并没有足够多的规划项目支撑进一步的研究。

　　巴塞罗那城市被包含在本书中，是与书名不太一致的情况。把它作为一个例外而选入，不是因为这个加泰罗尼亚地方省会城市的独特历史，而是因为塞尔达为巴塞罗那所作的卓越的城市扩展规划。在讨论 19 世纪中叶的城市规划时，如果不提及巴塞罗那这一规划案例的话，会是很奇怪的一种缺失。

　　也许有人会质疑，首都城市功能未必是纳入此类研究的最佳选择标准。首都城市差异巨大——也许最为重要的是——在尺度上就差异巨大，把它们进行比较似乎并无意义。再有，某些首都——例如北欧国家的首都——从欧洲的视野来看几乎都不能称为大城市。但如果要从每个国家抽选一个城市来比较的话，首都城市还是恰当的选择。首都城市的发展条件和特点，依然存在着相当的共性，可以作为一个共同的研究类型来探讨②。不仅如此，鉴于首都城市在各自国家的政治重要性带来的规划活动的重要性，它们在各自国家里面既是最大的城市，同时也是领先的贸易和工业的中心。

　　在这个研究里，如果能在每个国家的首都之外，再选择一个城市来建立对照组，与之进行比较，将会很有趣。但在目前的研究框架中难以实现。基于同样原因，把其他非欧洲首都城市包括进来进行比较研究也难以实现。

　　因此，本研究聚焦在 19 世纪的中后期，即从 1850 年到 1880 年之间出现的重大城市项目。但不能因此忽视了雅典和赫尔斯基的城市规划，这两座城市在 19 世纪上半叶成为首都城市。此外，还有其他一些城市在 1850 年之前有重大的规划建设活动。因此，本研究大概的起始时间点可以设定在 1800 年。

1910 年左右，现代意义的城市规划可以说已经建立。就是说，城市环境的塑造来自对土地拥有者具有约束力的计划，该计划由专业专家制定，并基于有科学依据的城市发展理念[③]。同时，规划师开始考虑更为广泛的维度，以便协调好交通、工业、居住用地选址……换句话说，即今天将包含在区域规划概念中的一切关系。这意味着，规划一方面包括更为细致的建成环境物质空间设计，另一方面还包括重点关注土地利用的结构性规划。本研究要解决的一个关键问题是首都城市项目在整个发展中所发挥的作用的重要性。这个研究的收尾节点可以被大致界定在 1880 年代，我们还会再追踪观察后续一小段时间内城市规划观点的演化。

19 世纪的城市规划必须根据更早期的城市事件来看待它的意义。因而对每个城市的介绍都包括了对其自身城市发展历史的简要回顾。本书开篇就有一章名叫"从希波丹姆斯到奥斯曼：历史视角下的城市规划"，其出发点就是要把对 19 世纪城市规划的研究置于一个历史的背景之上。

这里再次强调，这里聚焦的是重要规划项目；其目的并不是对所研究的城市作全部的研究。本书对伦敦进行了相对精炼的概括，其原因之一是由于伦敦缺乏此类重大综合项目，尽管伦敦的各种规划投入加在一起，很可能已相当于其他地方的规划量。在这样的前提下也有似乎不合逻辑的地方，就是本书给予了巴黎以最详尽的城市章节，而事实上当时的巴黎也缺乏一个经批准的总体规划。但是，与伦敦的街道改造相比，第二帝国时期的巴黎重建仍然可以被视为一个单一的城市规划项目。此外，本研究主要涉及由城市政府或国家实体进行的公共规划。在有些案例里，私人土地所有者主导了规划的实施，但本书仅在有特殊原因的情况下才顺便提及此类项目。正因如此，即使伦敦是当时最大的城市，由于其很大比例的规划来自于私人业主，所以在本书中给予它的篇幅是最短的。

　　我还要补充几句话来说明本书不打算做的事情。如果把不同的首都城市里的建筑设计也拿来作对比研究的话，当然也会很有意义——无论是住宅还是公共建筑——同时，公共建筑当然是首都城市中相当重要的城市意象④。但是这意味着我们要进入另一个广阔的主题范畴，它会使研究变得漫无边际而难以收场。

　　有些读者也许还希望了解城市化——尤其是 19 世纪的城市化——的进程，以及首都城市如何作为其中的一个现象⑤。这两个主题都与本书讨论的主要问题有一定的相关性，但它们太复杂了，无法以任何有意义的方式进行简要处理。市内交通——开始是公共马车，然后是马牵引的有轨公车，随后是蒸汽机车，直到世纪之交的有轨电车——它们使得城市生活更加便捷舒适，至少对那些能够消费得起新的市政设施的公众而言。而这些进程中，只有有轨电车是第一个彻底改变了城市规划条件的交通设施。因此，我没有把市内交通的发展包括在这项研究里面。同时，在这个研究时间点的末期出现的郊区化发展也没有被纳入研究范围，因而也没有考虑火车时代的来临对于城市内城区的影响。

　　因此，我的抱负是集中精力探讨在 19 世纪作为首都城市的恰当范围——那些在今天作为城市中心或内城核心区而存在的地域——并且只在需要背景信息时才提及相关的其他主题和问题。还有一点：在本书所界定研究阶段的末期，对工人阶级住房的积极干预才第一次被视为规划的中心任务之一；而在 19 世纪的大部分时间里，规划和住房问题是彼此分离的。因此，后者在本书的研究中被放置在次要的地位。

　　本研究主要的资料来源考虑了不同学者的研究工作成果和原版的资料，同时尽可能充分地进行了现场观察与调研，并与每个城市的学术同行进行了讨论。每个城市的研究状况差别很大，因而在每个城市章节的第一个脚注都提供了文献资料备查⑥。在一些城市，对 19 世纪规划的研究似乎经历了大致相同的阶段。在完成了一些非常初步的工作之后，一份基础研究成果就被发表了，它描绘了城市发展的主线。随后出现了更多出版物，或多或少地重复了之前基础研究的内容，包括它的错误，并且没有进行进一步的溯源研究。最后，通过对于所有资料的完整梳理，一个更为系统和厚实的研究成果被发表。整个历史在方方面面得到了重新考证。这样的研究历程在以下的样本城市研究中被抵达了，如雅典帕帕乔尔乔·威尼塔斯（Papageorgiou Venetas，1994 年）、巴黎（平克尼，1958 年及以后）、维也纳（摩力克、雷宁和乌尔泽，1980 年），以及斯德哥尔摩（Selling，1970 年）。关于马德里的研究工作已经展开（Javier Frechilla Camoiras）但尚未发表。在很多其他城市，这些基础研究的工作还有待书写。

　　长期以来，"源头导向"的研究一直被认为是一种特别可疑的学术研究，而那些采用这种方法做学问的人常常被置于学术炼狱中的最底层。尽管如此，我还是愿意承认以下的阐述并没有被资料误导。理想化的情况下，似乎每个首都城市的描述都应该遵循一个统一的模式，也应该包含类似的信息。但这是不可行的，因为各类资料来源的质量的可靠性各异，也因为获取信息资源的机会如此多样，还因为一个最简单的事实：每个城市都是独一无二的。赫尔辛基的重大历史片段发生在 1810 年代，巴黎是在 1850—1860 年代，罗马则是 1870—1880 年代。在一些首都城市，人口不过成千上万；而在另一些首都城市，人口超过几百万。有些城市的规划活动主要集中在街道的整改提升，另外一些城市则聚焦在扩大整座城市的规模。在某些地方，国家中央政府投入大量的资源来发展首都城市，而在另外一些地方，政府选择了更为"自由主义"的非干涉态度，由独立个体按照他们的利益最大化原则来推动城市发展。因此，我希望读者可以理解并且允许我顺应资料素材来源的多样性，以及首都城市本身的多样性，来决定我的阐述形式。

由于本项工作持续了很多年，因此研究的视野随着旅程的展开而不可避免地发生了变化。本书的各个篇章可以理解为一系列文章的汇集，它们被统一在一个共同的主题下面，每章都有自己的篇幅考虑。尽管如此，正如我希望本书的第二部分将表明的那样，规划和城市发展中的某些一般模式（或者可以称为中层理论）确实从素材的研读中浮现出来，在我看来，这似乎是这类研究的一个令人满意的结果。我的阐述对象是一系列的城市案例研究，其中的条件是如此的多样化，以至于提出或测试更普遍的定律或城市模型的尝试几乎没有意义。

最近几十年，关于 19 世纪的规划陆续有不少研究著作出版。它们主要采用专著的方式。只有极少数的著作，在书写 19世纪城市规划的内容时采用了比较研究的视野。其中，有一本书在出版时引起了相当大的关注，并被翻译成了多种文字，就是列奥纳多－贝内沃洛（Leonardo Benevolo）的《现代城市起源》（*Le Origini dell'Urbanistica Mordena*，1963年）⑦。不过，该书专注于乌托邦的项目并尝试找到"模范城市"；对大城市规划的研究仅仅停留在比较表面的层次。弗兰索瓦·萧伊（Françoise Choay）的著作《现代城市：十九世纪的规划》（*The Modern City*：*Planning in the Nineteenth Century*，1969年）在系统化地总结19世纪的规划方面进行了有趣的尝试，但这样的系统化尝试本身就存在一些疑问。规划历史研究一个主要的突破，是安东尼·萨特克利夫（Anthony Sutcliffe）的《走向规划的城市：德国，英国，美国和法国 1780—1914》（*Towards the Planned City*：*Germany*，*Britain*，*the United States and France 1780—1914*，1981年）。萨特克利夫书中关注的焦点是城镇规划作为一种行政现象，即立法、行政机构和负责规划的专业团体的演变。他的这本著作比较少关注规划及其设计。我需要强调的是，萨特克利夫的这本著作以及他的其他文章为本研究提供了十分重要的启发。

本书德文版出版的时候，我还没有遇到比它稍早一点出版的，由吉哈德·费尔霍（Gerhard Fehl）和胡安·罗得利凯兹－罗雷兹（Juan Rodriguez-Lorez）主编的《德国现代城市 1800—1875》（*Stadterweiterungen 1800—1875*：*Von den Angfängen des Modernen Städtebaues in Deuschland*，1983年）。如果我有正确地理解这本著作的主旨的话，他们阐述了一种早期规划的传统——从皇家宫廷演化而来，被灌输了社会责任和高度的美学标准的规划传统——正在19世纪初逐渐失去其阵地。随后而来的是一段被投机和混乱主导的城市发展时期，当时处于弱势的市政当局努力尝试从混乱的时代里梳理出清晰的发展思路。直到世纪末期，规划才逐渐演化发展出来一定的对于城市的主导能力。在这个过程中，产权扮演了关键的角色。总体而言，这也是我对于这个阶段的城市发展图景的主要看法。这本书出版之后，第二部著作以两卷的形式出版于 1985 年，名叫《城市规划改革 1865—1900：威廉时期城市的光线，空气和秩序》（*Städtebaureform 1865−1900: Von Licht, Luft und Ordnung in der Stadt der Gründerzeit*），展现了类似的关注主题，研究的时间段在重要的首都城市规划之后⑧。

　　直到本书英文版的出版，我才意识到沃尔特·基布（Walter Kieβ）的《工业时代的城市化：从古典主义城市到花园城市》（*Urbanimus im Industriezeitalter: Von der klassizistischen Stadt zur Garden City*，1991 年）的重要性。这本书提供了十分详尽的 19 世纪城市发展的信息，包括首都城市的规划，它让我们的研究获得了很有价值的支持。最近，吉哈德·费尔霍（Gerhard Fehl）和胡安·罗得利凯兹—罗雷兹（Juan Rodriguez-Lores）出版了《城市重建：维也纳会议和魏玛共和国之间欧洲城市的更新规划》（*Stadt-Umbau: Die planmäβige Erneurung europäischer Groβsätdte zwischen Wiener Kongreβ und Weimarer Repulik*，1995 年），部分内容采用了一样的素材，这是他们著名的“城市规划历史（Stadt Planung Geschichte）”系列中的一部分。与之前他们关注城市的扩张不同，这次他们关注的是城市的优化和重建的项目。

　　在准备这本书的编排方式时，我面临两种选择。一种方式是单独介绍每个城市，然后在后面结论部分集中比较。另一种方式是从主题上对城市进行比较，不开展任何关于城市本身的专题描述。两种选择都有其缺点。但事实证明，第一种方式的可操作性更佳；这意味着，想获得某个特定城市信息的读者会更容易找到自己想要的内容。而这样做的话，一些内容的重复就不可能避免。在独立阐述城市的章节中的内容，通常不会在城市比较阐述的章节中重复，除了有直接引用的情况。除英语外的其他外语引文均已翻译。

任何试图对 20 世纪规划进行国际比较研究的人，都必然要处理大量不同类型的规划，其名称很难翻译，因为看起来相似的术语在不同国家可能意味着完全不同的含义。在 19 世纪的规划中，这个问题并没有那么严重，因为还没有出现过这么多不同类型的规划。在后面的文中，"规划（plan）""城镇规划（town plan）""总规划（overall plan）"和"总体规划（master plan）"这些术语在很大程度上被同义地用来指代不同规模的城市地区或整个城市的规划项目，主要涉及将土地划分为街道和街区的计划。

各种官方机构的名称，或参与规划的人员的头衔也会引起术语问题。这些术语通常在下面的翻译中给出（部分情况下，会在括号中包含原始名称）。事实上的确会存在转译带来的误解，不同的机构或职位可能在原含义上并无共同点，但其名称翻译成英文时为同一称谓。因此，读者有可能从字面上领会不到不同国家之间相关机构和职位的实际差别。

城市广场和街道的名称在历史上不断被更改，这真是让规划史学家一夜白头：在中欧和东欧的城市，这意味着将街道从一个为纪念过去的国家领导人的命名，恢复为以前的名称；在巴塞罗那，这意味着给街道起加泰罗尼亚名字作为官方名称。在整本书中，我的做法是使用当前的名称。

　　只要有可能，所研究的项目地图都被重新编辑过；并且多数案例都尽可能通过地图再现 19 世纪规划前的情况。另一方面，对规划实施后的情况，本书并没有再通过地图展示。相信读者可以自行找到这些后来的地图。

注释

① 巴特（Bater，1976），第 400 页等多处。

② 安东尼·萨特克利夫：在伦敦、巴黎和柏林之间的比较（1979 年）中提出了相同的论点。在这方面，重要的是要提到最初启发我开始本研究的书，它提供了一个诱人但无与伦比的模式，即彼得·霍尔的《世界城市》（ The World Cities ）。本书对首都城市给予了极大的关注，尽管它不是专门针对这一类别的。

③ 这是萨特克利夫（1981 年）的主要观点之一。

④ 河谷（Vale，1992 年）追求这一主题，旨在"探索各种国家政权利用建筑和城市设计来表达政治权力的方式"（第 8 页）。视角是全球性的，重点是自第二次世界大战以来成为首都的所有权，但几个欧洲首都的政治形象也以富有成效的方式进行了讨论。

⑤ 浅析城市的重要性——首都的发展功能，以克里斯蒂亚（奥斯陆）为例，麦克兰（Mykland，1984 年）的研究。

⑥ 安东尼·萨特克利夫的《城市和区域规划史：注释书目》（ The History of Urban and Regional Planning：An Annotated Bibliography，1981 年）是不可或缺的帮助。对于生活在欧洲边缘的作者来说，写这类书的一个难题是，通常很难获得在其他国家出版的文件和其他材料。总的来说，这个问题已经解决了，但还有一些书我没有看到，尽管我认为它们与研究有关。

⑦ 英文版，1967 年（引用版，1968 年）。

⑧ 这里提到的一些作品将在下面进一步讨论。还应该提到唐纳德·奥尔森（Donald J. Olsen）鼓舞人心的著作《作为艺术品的城市：伦敦、巴黎、维也纳》（ The City as a Work of Art：

London, Paris, Vienna, 1986 年），该书与本研究报告的原始版本同年出版。关于 19 世纪规划的章节——有些比其他的更详细——可以在各种规划历史调查中找到。一些建筑史调查也对 19 世纪的城市规划给予了相当大的关注，例如莱昂纳多·贝内沃洛（Leonardo Benevolo）的《十九世纪和二十世纪的建筑史》（Geschichte der Architektur des 19. und 20. Jahrhunderts），和西格弗里德·吉迪恩（Sigfried Giedion）的《空间，时间和建筑》（Space, Time and Architecture）。弗朗索瓦 – 萧伊（Choay, 1965 年）、Dybdahl（1973 年）和 Albers（1975 年）根据从不同国家和城市收集的城市发展文本汇编。

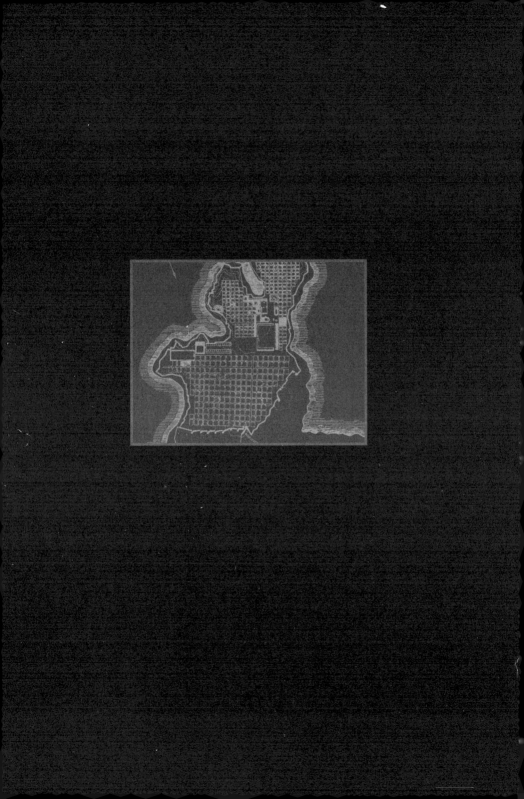

第 2 章

FROM HIPPODAMUS TO
HAUSSMANN
TOWN PLANNING IN A
HISTORICAL
PERSPECTIVE

从希波丹姆斯到奥斯曼：
历史视角下的
城市规划

1853 年 6 月 29 日，乔治·欧仁·奥斯曼（Georges-Eugene Haussmann）担任塞纳省长（Prefet de la Seine）❶ 一职，成为巴黎公共行政部门的首席官员。奥斯曼得以晋升的一个重要原因，是拿破仑三世 ❷ 在他身上看到了对巴黎实施全面更新和建设规划所需的行政能力和精力。而且，正如我们所知，奥斯曼以自己的实际行动，证明他配得上法兰西第二帝国皇帝拿破仑三世的期望。在随后的几十年里，许多其他欧洲城市像巴黎一样，启动了大规模的改造和扩建的规划项目。

19 世纪大城市的规划，在本质上是否代表了某种新生事物？还是相对于以往早期规划方法和既有思路的实现，它只是统一历史连续体中的一个阶段？这些是本书将要讨论的关键问题之一，因此似乎有必要从对城市规划历史进行简短的且明显有选择性的回顾梳理来开始本书①。当然，这里的一个基本问题是，这些被选入本书的研究对象是否真的提供了一幅规划发展图景画像，还是它们代表了一组启发性强但纯属偶然的特殊案例？我无意在这里讨论这个问题。由于本书研究的重点是规划的思想和创新本身，而不是其实际效果或传播效应，因此我们至少有理由在城市规划的历史长河中，选取一批与之相关的规划段落，来进行专门探讨。

奥斯曼在巴黎开始他的改造活动时，"城镇规划（town planning）"或"城市规划（urban planning）"等现代概念尚未确立②。直到 19 世纪的最后几十年，人们才开始谈论"town planning- 城市规划（英语国家）"[Städtebau——城市规划（德语国家），Urbanisme——城市主义（法语国家）]，这也是规划进入"现代"阶段的时候。其他的表达方式例如"扩建（extension）""提升（improvement）"和"装饰（embellishment）"在当时广泛使用。但是，正如我们将看到的，规划整个城镇、街区和建筑群这种项目所发生的历史时间，实际上比这些概念的提出要早得多③。我无意在这里再延展出新的研究分支，纯粹出于工具目的，我谈到了三个类别，即网格规划（grid planning）、理想城市规划（ideal city planning）和在地设计规划（local design planning）。

网格规划（grid planning）④是指主要由直线矩形地块和直线街道组成而创建的规划，通常通过未建造的一个地块或街块的一部分来创建方形；从古代到 19 世纪的大多数城市规划都可以包括在这一类别中。这种规划的特点是其实用性：目的是以适当的方式将城市区域划分为街块和街道，而很少考虑审美意图，甚至根本不考虑。

理想城市规划（ideal city planning）是指创建示范项目，阐明城镇理想形式和功能的理论概念，或基于这些先行概念的启发而创建的城镇⑤。

在地设计规划（local deisgn planning）意味着在现有的城市结构中把包括广场或街道在内的纪念性的重要节点纳入整体考虑，或者尝试在一个或一组建筑物的周围创建整体成套的环境设置。这种类型的规划通常主要旨在提供仪式性功能，为皇家王朝、教会或世俗机构，乃至城市本身创造一个辉煌的环境。因此，美学考虑至关重要⑥。

应该再次强调，这些类别不能被视为所有项目和规划者都可以适应地分类。相反，许多项目包括上述两种或所有三种规划的特征。网格街道规划也可能包含重要建筑节点，并且"理想"类型的规划项目可能在实施阶段逐渐变得简化，以至于最终演化成类似一个简单的网格。又或者，纯网格和纯建筑项目可以被视为某种更大尺度规划中的节点片段，大多数规划可以被包含在上述两者之间。

　　无规划或自发的城市发展，通常由地形、现有路径、轨迹和建筑物、交通流线、土地所有权边界等因素决定。这通常会导致蜿蜒的街道和不规则的地块。城市化的不同阶段，早期城镇和地区通常以这种自发演变的布局为特征，这些安排并不总是实用的。因此，后期的规划扩建或新做基础建设通常会努力创建直角相交的笔直街道，并将规则街区划分为统一的矩形地块⑦。例如，（意大利）托斯卡纳提供了上述两种类型的多种实例：一种是自发生长的山城，街道由地形决定；另一种是建在平坦地面上的、直线路网直角相交的中世纪城镇。

　　这样的规划目标在于，可以根据预定的尺度对土地进行切分，形成边界为正交直线的地块单元，以方便建设，这是网格规划的基本思想。希腊规划师希波丹姆斯（Hippodamus）通常被认为是这种网格规划的先驱者⑧，他活跃于公元前5世纪中叶左右，并规划了米利都城（Miletus）（图2-1）。稍微概括一下，从希波丹姆斯时代到19世纪末，大多数的城市扩张规划⑨追求统一性和直线性。当然，这并不意味着所有规划都是一样的；即使在严格的直线条件下，变化的可能性也很大（图2-2）。

　　在古代，希波丹姆斯被认为是（希腊）比雷埃夫斯（Piraeus）网格规划的设计人，该规划可能是在公元前5世纪中叶建造的，他所遵循的原则适用于罗德岛（Rhodes）、奥林图斯（Olynthus）、普里恩（Priene）和其他地方，随后在许多的希腊化城镇继续传承应用。他写的东西都没有流传下来，但希波克拉底和亚里士多德等几位希腊作家讨论了城市的适当设计⑩。随着罗马帝国的出现，矩形城市规划模式在当时文明世界

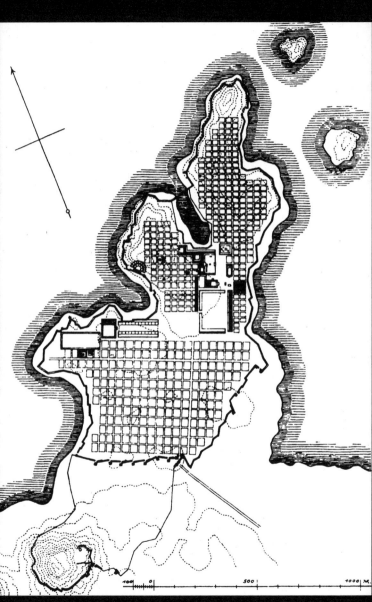

图 2-1 米利都，古代网格规划（grid planning）的经典案例之一。北部形成于公元前 5 世纪初，南部可能在较晚的阶段形成。希波丹姆斯被古典和现代作家

2-2 纽约曼哈顿，直至第 59 街。统一的街道网络继续向北延伸 100 多条街

的大部分地区传播，尤其是在跨阿尔卑斯山北的罗马帝国省份。可能是受到罗马军营组织的启发⑪，罗马城镇规划的一个特点是南北向和东西向的主街道轴线，它们被后人称为南北轴线的卡多 - 马克西姆斯（cardo maximus）和东西轴线的德库马努斯 - 马克西姆斯（decumanus maximus）⑫。靠近或与这两条街道的交叉口相连的一个被围合出来的空地，奠定了城市的核心广场空间（forum）所在。城市通过直线街道网络划分为统一的结构（insulae）❸。在阿尔卑斯山以北的几个城市，例如波尔多和斯特拉斯堡，仍然可以看到这种古罗马时代的规划，这种规划结构在佛罗伦萨、维罗纳、都灵、科莫和博洛尼亚等意大利北部的几个城市亦保存完好。负责规划的是一群合格的土地测量员。维特鲁威的《建筑十书》（De Architecture）中的第一本书让我们了解到了罗马城市发展理论的轮廓。然而，应该指出的是，维特鲁威的纲要反映了罗马共和国时代的情况，而不是之后在跨阿尔卑斯山的罗马帝国扩张大时代浪潮中的情况。

当古罗马帝国的统治在公元 5 世纪被日耳曼王国取代时，城镇的情况发生了变化。⑬紧凑的建设用地面积不断缩小，趋向于融化为"城市景观（urban landscape）"，许多小型定居点聚集在以大教堂和修道院为核心的周围。矩形街道网络没有得到维护；许多街道被移动，其他街道则完全消失。这尤其适用于阿尔卑斯山以北。在南欧，由于人口减少并没有那么严重，规划的结构因而得以更完整地幸存下来。

中世纪盛期是中欧和西欧城镇历史上一个新的扩张时期。人口在增长，农业耕种方法在改进，耕地面积在扩大。与此同时，贸易也在发展，从而为重新创造城市增长提供了必要条件。10 世纪下半叶至 12 世纪上半叶之间的发展特点，是中世纪城镇的出现。这个过程的一部分发生在法律层面：城市社区的居民——随着贸易的扩大而变得越来越富有——成功地加强了他们对领主的角色地位，并获得了一种集体附庸地位，在内政上享有自主权。这一系列进步的成效，表现为典型的中世纪晚期城市社区的蓬勃发展。与此过程同步的，是多核心的城市景观固化为连贯的城市结构，各种小定居点之间的既有联系，演变成为固定的城市街道。到 12 世纪末，中世纪西欧的大城市在没有任何明显的总体系统规划的情况下，形成了自己的物理空间结构，这种结构一直持续到工业革命，甚至更久。

　　因此，到了 12 世纪，城市在物理空间形态和法律意义上都已成为事实。虽然旧城镇是逐渐演变的，但新的城镇现在可以由各种赞助人或领主系统地规划和建立。吕贝克是 12 世纪的一个重要例子。像 12 世纪或 13 世纪初的其他城镇一样，吕贝克显然试图创建清晰排列的街区和街道，而同时出现的许多违规行为，说明其城市管控仍处于起步阶段。此外，不同地区的基本结构明显不同，这表明扩张是零敲碎打的，而不是按照覆盖整个城镇的预定规划进行的。

　　在阿尔卑斯山以北，特许"城镇"的数量在 13 世纪成倍增加。虽然老城镇已经发展成为远途贸易的中心，但是一个中小型城镇网络正在形成。后者既可以提供领域安全，又可以作为地方和区域贸易中心发挥作用。与此同时，理性主义的网格规划正在出现并变得越来越普遍，特别是在意大利北部，中欧，法国西南部和威尔士。在这些地区，大量的城镇是根据预先的规划建立的。就像古罗马城镇一样，它们的特点是矩形街道网络，以及对统一街块街区模式的迷恋，尽管其效果通常不像古代世界的前辈城市那样一致[14]。可以提到的德国案例包括新勃兰登堡和奥得河畔法兰克福，以及索恩（Thorn）、埃尔宾（Elbing）和梅梅尔（Memel），这些都是由条顿骑士军团建立的。在法国西南部，基于必须遵守的领土领域政策，许多堡垒是由英国或法国国王和封建领主建立的。最著名的例子包括卡尔卡松（Carcassonne）（图2-3）、艾格－莫尔特（Aigues-Mortes）、蒙帕齐耶（Montpazier）和圣福伊拉格兰德（Sainte-Foy-la-Grande）。在威尔士，爱德华一世（1272—1307年）建立了一系列小型防御性城镇，其空间形态显然在努力遵循直线规划，其中最重要的例子是卡那封（Caernarvon）。在英格兰，在其主教的赞助下，索尔兹伯里（Salisbury）代表了13世纪最杰出的规划项目，而加蒂纳拉（Gattinara）可以说是意大利北部的一个带围墙土地（terrae muratae，拉丁语）的典型例子。托斯卡纳是中世纪意大利城市规划的中心，那里有许多精心设计的直线网格城市。⑮还有一些在系统化规划下实现的城市扩张，例如马萨马里蒂马（Massa Marittima）在13世纪的直线网格型新城（Città Nuova）。

　　新建城镇似乎都遵循了一个有规律的路径：选择合适的地点，颁发必要的特许授权，标出规划平面和地块（对于某些案例，我们还获得了有关当时的城镇地块原始尺寸的信息），居民要么被有利的条件吸引到新城市，要么被迫从另一个城镇搬过来。在某些情况下，城市扩建的工作由创办者自己领导；在其他情况下，项目被委托给代理人，他们或多或少都是城市扩建的专业人士。在任何一种情况下，当地领主作为土地的所有者，可以决定采用哪种城镇规划。我们可以从爱德华一世的案例中看出其执行过程的严肃性：在1296年和1297年，国王多次试图组织专家座谈会，讨论和确定城市规划的最佳方式，以便为商人和其

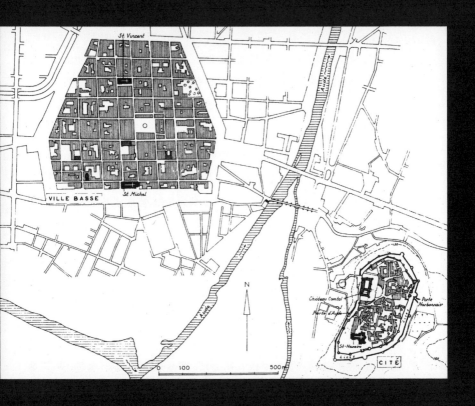

图 2-3　卡尔卡松（Carcassonne，法国），由圣路易斯于 13 世纪中叶建立，是中世纪时期众多的网格规划的例子之一。正是这种类型的城镇，而不是那些拥有蜿蜒街道和不规则街区的城镇，表达了中世纪的城市规划理想（town

他将为居住在那里的人提供最大的便利⑯——这次城市规划会议，比起 1910 年英国皇家建筑师（RIBA）大会早了整整六百年，并被认为是这类会议最早的一次。

到了 13 世纪末，新建城镇的速度放缓，在 14 世纪中叶的黑死病之后，中世纪晚期可以被视为欧洲城市发展的停滞时期。已有的城市结构几乎没有变化，也没有多少新建或扩建的城市活动。

中世纪的城市建设方法是近乎实用型和技术型的；几乎不存在中世纪城市发展理论。在文艺复兴时期，人们对如何设计城镇的理论思想产生了兴趣，并提出了许多关于"理想"城市（"ideal"cities）的建议⑰。两个相互关联的因素在某种程度上激发了这种对规划城镇的兴趣：首先，是更强大的火炮的快速发展，以及随之而来的防御工事技术的变化，堡垒和宽阔的土方工程取代了高耸的城墙。这意味着打算作为战略据点的城镇，要么必须被新的防御工事包围，要么城镇本身必须重新建设并配备新型防御系统。其次，是城镇的独立性正在下降，领主的权力正在增长，这意味着许多理想规划必须被设想为王公的住所。即使是最早的伟大建筑著作，阿尔伯蒂的《重建》（De Reaedificatoria）（出版于 1485 年，但写于几十年前），也对城镇的设计投入了相当多的关注，但没有提出任何具体或完整的建议。⑱此外，阿尔贝蒂著作的原始版本中没有插图。第一个伟大的理想规划是菲拉雷特（Filarete）的斯福尔津达（Sforzinda）（图 2-4），在《建筑条约》（Trattato d'architettura）中展示了文字和图纸，约写于 1460 年。几十年后，弗朗切斯科·迪·乔治·马蒂尼（Francesco di Giorgio Martini）出版了建筑专著，其中充满了草图的轮廓，包括大量的城镇规划方案⑲。在接下来的一个世纪中，意

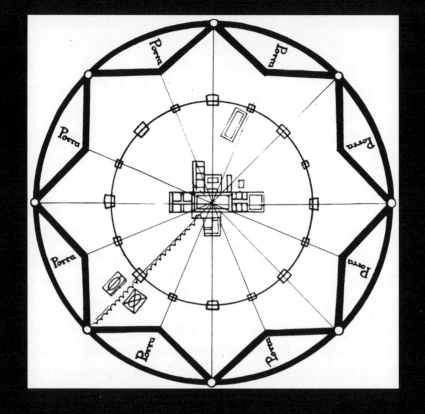

图 2-4 斯福尔津达（Sforzinda）。文艺复兴时期的所谓"理想规划"（ideal projects）往往偏离了均匀的直线性。对于这些规划的作者来说，这是一个将新兴的绝对主义思想（即整个城镇被视为王室住所，并同时作为防御型堡垒的功能）转化为新的城市形式的问题。为此，向心性的城市形态似乎是合适的解决方案。凭借其放射状的街道网，菲拉雷特（Filarete）对虚构的斯福尔津达镇的规划提供了一个重要的模型，该镇以建筑师的赞助人弗朗切斯科·斯福尔扎的名字命名。与中世纪城镇的城堡通常位于外围而缺乏与城镇中的建筑物直接接触不同，在斯福尔津达的规划方案中，领主的住所被放置在中心——尽管不是处于主导地位，但仍然表达了城镇的领主与作为城镇法人团体（municipal corporation）的市民之间的政治二元性。中央广场是矩形的——在其他建筑师所做的后继项目中，广场的形态多与城镇的轮廓相匹配。菲拉雷特的这份草图应该被视为一个城市规划的初稿，它表达出了一种原创性，这是后继设计者刻板的项目中所缺乏的。[来源：罗西诺（Rosenau，1974 年）]

大利建筑师和防御工事工程师们，如彼得罗·卡塔尼奥（Pietro Cantaneo）和弗朗切斯科·德马尔基（Francesco de Marchi），提出了多个理想规划的方案。

　　文艺复兴时期的建筑师和城市发展理论家关心的主要问题之一，是古代城市规划平面的设计。然而，他们不是通过研究现存的规划结构来寻找答案，而是转向维特鲁威求证。他们的项目——只在少数城市中作为一种孤例被建出来——属于放射状平面，根据菲拉雷特（Filarete）最初的规划概念，街道网络由从中心焦点向外辐射的街道和同心排列的街道交织而成（图 2-4）。在街道的交点处通常建有广场，有时是围闭的转角。通过有节奏地改变街道之间的空间以及广场的大小，可以创造出复杂的构图，其目的更多地是出于美学考量而不是实用性需要。

　　放射型街道系统虽然是文艺复兴时期的发明，但其理论上的正当性可能来自对维特鲁威[20]著作中相关段落的误读，并且许多人认为它在美学上优于网格方案。网格方案是一种城市设计，可以与备受推崇的以教堂为中心的规划相媲美。它还带来了实际好处，首先是可以对城镇实现更高效的控制，并保证城市中心与外围所有地点之间的快速交通，这一点在城市被围困的情况下至关重要。从防御工事技术的角度来看，多边形城市形态也是可取的（大多数理想城市项目都被堡垒包围），这也可能是放射型街道网络在理论上比棋盘规划更受欢迎的原因之一，棋盘规划不适合自然地置于多边形内部。几何学的考虑和占星学的概念，至少在一开始，也为放射型规划方案提供了内涵上的支持。但也有受理想城市思维启发的矩形街道网络，例如 17 世纪初斯卡莫齐（Scamozzi）的一个著名项目（图 2-5）。后来的"模范城市（model cities）"几乎无一例外地被设想为堡垒系统，也

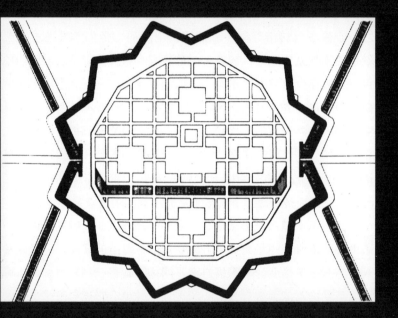

图 2-5　多数的典范城市项目（model projects）是面向要塞型城镇而构建的，其中街道和广场通常根据枯燥的几何美学原则进行分布。这一类别可以通过文森佐·斯卡莫齐（Vincenzo Scamozzi）于 1615 年的提案来举例说明。除了少数例外，那些按照理想模型的布局方式建成的城镇也有其战略目标。城中市民需要参与到驻军行动和防御工事的维护中来。[来源：罗西诺（1974 年）]

许更应该被视为对防御工事工程项目的完善，而不是在地设计规划（local design planning）的表现（图 2-6）。在意大利，一些城镇是根据理论家的意图建造的。著名的例子包括 1590 年代的帕尔马诺瓦（Palmanova）和大约一百年后的格拉米歇尔（Grammichele），两者都有放射型规划，以及 16 世纪下半叶的萨比奥内塔（Sabbioneta）和 16 世纪后期的利沃诺（Livorno），两者都有直线型平面。最后这个城市有着复杂的街区划分和闭合的广场角落，它无疑属于"理想规划"的类型。在马耳他的瓦莱塔（Valletta），由圣约翰骑士团在 1566 年建立的要塞城镇令人印象深刻[21]。

　　在法国和德国，有些"理想"规划呈现出了不同的形式和动机，即为宗教迫害的受害者提供避风港，并在特定情况下为其他方式的基督教生活提供场所。然而，这些方案在落地建成后仍然是明显的王室生活之城镇，领主希望他提供的保护条件能通过居民的忠诚和创收来偿还。在德国，城镇发展的一个灵感来源是阿尔布雷希特·丢勒（Albrecht Dürer）在埃特利切·冯德里希特（Etliche Vnderricht）于 1527 年建造的堡垒城镇项目 ❹（图 2-7）。许多矩形长排房屋被组合在更大的街区中，分别满足不同的目的，为不同的社会群体所用；然后，这些街区依次围绕一个主导城镇的方形城堡建筑群来组织。该镇的轮廓也是方形的。丢勒的想法被约翰·瓦伦丁·安德烈（Johan Valentin Andreae）在《基督国的描述》（1619 年）中采纳。安德烈建造了一个基督教城（Christianopolis），狭窄的街区彼此相邻布置，并在拐角处相连，因此每边只有一条街道通向镇中心的宗教建筑，该建筑取代了丢勒项目中的城堡。与意大利著述中的规划类型相似，更传统的规划可以在丹尼尔·斯佩克尔 1584 年的《建

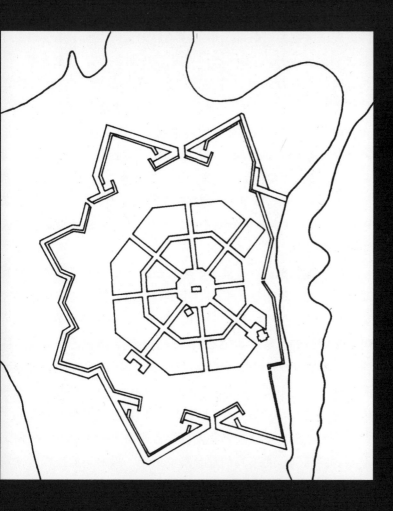

图 2-6　芬兰的腓特烈港（Fredrikshamn）是少数几个真正实现的放射状平面的城镇，它始于 1720 年代，是对抗俄罗斯的边境堡垒，而不是一百年前在意大利布置得更为人熟知且经常被复制的帕尔马诺瓦（Palmanova）。[来源：1741 年诺登斯特伦（Nordenstreng）地图（1908 年）的重绘摘录]

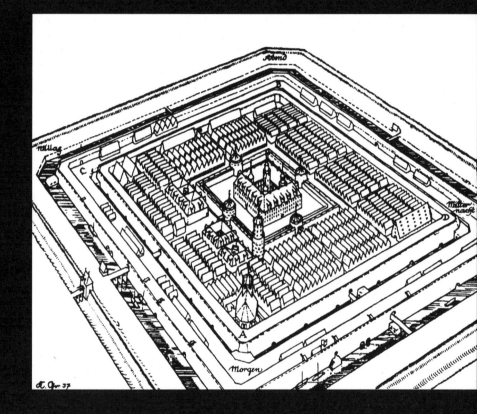

图 2-7　丢勒 1527 年出版的模范城镇规划，由格鲁伯重绘。本规划以及相关项目中，几何形式的城镇规划作为与等级社会秩序一致的表达而出现，其中城镇通过王朝的法令形成，并构成权力系统的一部分。这项建议应被视为一项理论活动，对后来的发展没有重大影响。[来源：格鲁伯（Gruber，1952 年）]

筑师冯·维斯通根》中找到，或者在约50年后出版的威廉·迪利希—舍费尔（Wilhelm Dilich-Schäffer）的《贝里希特·威廉·迪利基历史》（*Peribologia oder Bericht Wilhelmi Dilichii Hist. von Vestungs Geweben*）（图2-30a）中找到，在此仅列举许多例子中的几个来说明[22]。这些论述中提出的规划设想主要是堡垒；换句话说，它们的考量重心，与意大利的城市范式类似，从建筑和社会的视角转向了工程防御。德国最著名的理想城市项目类型，以弗罗伊登施塔特（Freudenstadt）为代表，由符腾堡公爵弗里德里希一世（Duke Friedtich I）于1599年创立，既是一个采矿小镇，也是为来自自己国家的流亡新教徒提供的避风港。该规划由海因里希·希卡特（Heinrich Schickardt）（图2-8）制定，但未完全实现。最初的提案似乎受到了丢勒（Dürer）的启发，最终的规划显示的地块排列方式，与安德烈未出版的《基督城》（*Christianopolis*）所述一致。

还应该提到两位法国典范城市规划（model city plans）的作者，即雅克·佩雷（Jacques Perret）和塞巴斯蒂安·沃邦（Sebastien Vauban），其中第二位是路易十四时期法国领先的防御工事工程师，也是许多防御型城镇的创始人，其中的新布里萨赫（Neuf Brisach）是最显著的例子。"理想"城市在传统中最著名的法国城镇是黎塞留（Richelieu），由这位著名的红衣主教于1630年代建造，其意图非常明确，就是试图创建一个典范城镇。在它之前是维特里—勒—弗朗索瓦（Vitry-le-Francois）（1544年）和查勒维尔（Charleville）（1606年）的防御型城镇。在荷兰，关于理想城市的讨论发生了务实的转变并导向工程方面的考虑。这里面最重要的理论家是西蒙·斯蒂文（Symon Stevin）。

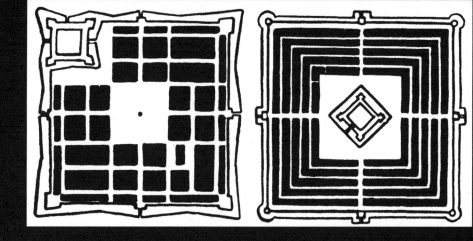

图 2-8 弗罗伊登施塔特（Freudenstadt）可以代表为遭受宗教迫害的难民建立的城镇。最初的规划幸存下来，由建筑师和建造大师海因里希·希卡特（Heinrich Schickhardt）于 1599 年绘制。第一个版本（左边）与丢勒的模型项目密切相关，除了城堡不在中间而是位于广场城镇的一个角落之外，该规划被希卡特（Schickhardt）的赞助人符腾堡公爵拒绝了。后续获得批准的版本（右侧）具有狭窄的街区和中心的大面积开放区域，代表了一种独特的规划解决方案，在随后的发展中未见复制。城堡，可能是出于防御的原因，已经旋转了 90°，使其拐角朝向入口道路。它从未被实现。该图由艾默尔（Eimer）重绘。（来源：艾默尔，1961 年）

　　完全按照规划实现的"理想城市"很少见，尽管有时很难（而且也并不总是有意义）区分"理想城市"和其他城市。在许多情况下，这是一个程度不同的问题，而不是两种本质上不同的类型。"理想"项目很可能影响了更"普通"的城市发展建议，这些建议本身不能被描述为理想城市。此外，许多理想的模型被设想为理论实例，而不是要完全实现的项目。然而，即使这些想法的直接应用的重要性不是很强，理想的项目还是代表了走在现代城市规划道路上的一步，探讨了基于城镇应该如何设计和如何运作的理论概念。

　　在该历史阶段，本书所说的在地设计规划（local design planning）类型尚未出现，尽管有相当多的证据表明，它在古典时代已经发生过，例如在集市和城市广场（Forum）中。在中世纪，也存在过巨大的地方规划。例如，在托斯卡纳，几个城市表现出雄心壮志，希望用雄伟的建筑环绕最杰出的广场，锡耶纳的坎波广场（Piazza del Campo）就很好地说明了这一点[23]。

　　在文艺复兴早期，建筑物在很大程度上被视为一个孤立的物体，而不是更广泛环境中的一个元素。然而自15世纪下半叶开始，出现了创造在形态上连贯的建筑群的尝试。例如，贝尔纳多·罗塞利诺（Bernardo Rossellino）可能曾与阿尔伯蒂（Alberti）密切合作，将科尔西尼亚诺（Corsignano）小镇改造成为教皇庇护二世（1458—1464年）所用的美丽环境，后者将该镇更名为皮恩扎（Pienza）（图2-9）[24]。该改造是一个将精心设计的纪念性场所———一个被建筑物包围的广场———嵌入传统的托斯卡纳城市肌理中的经典案例。还应该提到的是由教皇尼古拉五世（1447—1455年）发起的重新设计博尔戈—利奥尼诺（Borgo Leonino）的项目，笔直的街道周围环绕着柱廊和梵蒂

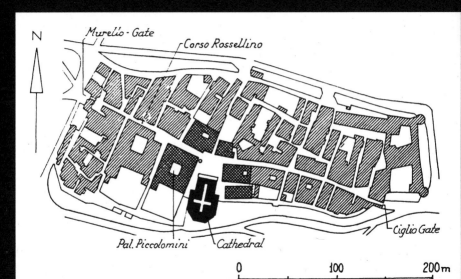

N

Murello-Gate Corso Rossellino

Pal. Piccolomini Cathedral

Ciglio Gate

0   100   200m

冈圣彼得大教堂前的巨大广场。在 16 世纪，人们逐渐开始更多地关注建筑环境作为一个整体的概念。米开朗琪罗在罗马所作的坎皮多利奥（Campidoglio）规划及其政治内涵是朝着这个方向迈出的重要一步（图 2-10）。巴洛克风格与文艺复兴早期的区别之一，就是将各个建筑融入连贯的建筑环境中的雄心与抱负。远景、引人注目的焦点和建筑群成为这种方法的重要组成部分，因此预示着城市设计的仪式性，特别是广场和街道，它们通常被设计为既有城市结构的节点。然而应该补充的是，即使美学理念很重要，它们也很少是伟大的城市装饰（embellishment）项目背后的唯一动机。从一开始，提高功能和卫生标准的愿望就一直是其中的一部分。

让我们先来看看广场（square 或 piazza）作为规划组成部分的作用。在中世纪规划的城镇中，广场或市场通常由一个空地块或街区的一部分组成，并且没有被任何连贯设计的建筑群所包围。当需要一个更出色的方形整体时，一个显而易见的想法是通过引入统一的建筑来增强由此创造的空间，最好是作为一个整体来构思。这种构思的灵感可能来自中世纪的回廊和意大利的宫殿庭院，以及早期的意大利北部城市的建筑群体，如威尼斯的圣马可广场（Piazza San Marco）和锡耶纳的坎波广场（Piazza del Campo）。佛罗伦萨的圣蒂西玛天使报喜广场（Piazza della Santissima Annunziata）和维杰瓦诺的公爵广场（Piazza Ducale）朝着统一设计的广场迈出了重要的一步，这得归因于布拉曼特。㉓意大利广场演变的进一步阶段是在 1600 年左右在利沃诺（Livorno）的中央广场。它具有统一的矩形设计和闭合的转角，但其效果因遇到街道而有所减弱。

在意大利以外，广场规划的源头来自马德里巨大的马约尔

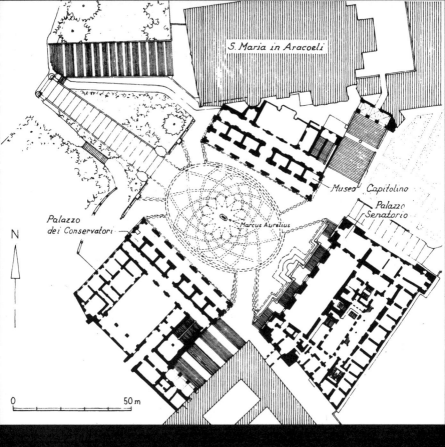

S. Maria in Aracoeli

Museo Capitolino

Palazzo Senatorio

Palazzo dei Conservatori

Marcus Aurelius

N

0   50 m

图 2-10 罗马。虽然中世纪广场上的建筑多年来有各种改变，但典型的纪念性广场作为一个户外房间（an outdoor room），被认为是一个基本上不可改变的单元（这并不意味着最终版本不是长期演变的结果）。没有什么比米开朗琪罗的坎皮多利奥（Campidoglio）更能说明这一点了，紧随其后的是一系列单独设计的罗马纪念性场所，通常是几代建筑师工作的结果。（来源：埃里克·洛兰奇的绘画）

广场㉖（图 2-11），最初由胡安·德埃雷拉（Juan de Herrera）在 1580 年代初规划，然后分阶段逐步实现。在 1610 年代，胡安·戈麦斯·德莫拉（Juan Gómez de Mora）制定了一个新规划，但还并不是这个广场故事的终局。我们今天看到的马约尔广场是一系列火灾和重建的结果，其中最近的一次是在 18 世纪末㉗。周围的街道斜交着不对称地进入广场，表明广场部分是从现有的城市结构中切割出来的。马约尔广场案例为西班牙其他城镇的一些类似建筑群体的构筑提供了灵感。

更重要的是 17 世纪的最初十年在巴黎建造的两个广场：沃日广场（Place des Vosges，图 2-12）和多芬广场（Place Dauphine）。它们都是在亨利四世（1598—1610 年）的倡议下建造的。沃日广场特别揭示了与马约尔广场的渊源关系。与马约尔广场一样，沃日广场也被纳入现有的城市结构中，两个广场都被带拱廊的统一建筑所包围，并装饰着皇家马术雕像。巴黎的这两个广场比马约尔广场最早的提案来得稍晚。而另一方面，它们立即获得了自己的最终形式，沃日广场至今仍基本完好无损。马德里的马约尔广场和巴黎的沃日广场之间的关系，似乎缺乏相关性研究。但法王亨利四世有可能通过他与纳瓦拉和西班牙的联系，已经知道马德里正在进行的规划，并受到这些规划的启发。可能到了后期，马德里的马约尔广场又受到沃日广场的影响，尽管这两者在意大利广场那里共同拥有一个重要的前身。有了这两个广场，就值得为首都的礼仪广场建立一个模型，这个地方不仅是交通的十字路口，而且是一个被围合的城市客厅。在 1630 年代，伦敦在考文特花园（Covent Garden）的广场上获得了一个稍微简化的变体，由伊尼格·琼斯（Inigo Jones）规划（图 2-13）。这个建筑群体预示着广场的类型，后来在伦敦随后的扩张中，或

图 2-11　马德里。"在地设计规划（local design planning）"一词在本书中主要指场所或广场的设计。意大利以外的一个早期例子是马德里的马约尔广场（Plaza Mayor），这是一种始于 1580 年代的城市改良项目，旨在创造一个兼具仪式感和实用功能的地方。它与巴黎的沃日广场一起，在欧洲城市发展传统中确立了"皇家"的地位。摘自《马德里城镇和法院地形图》（*Plano Topographico de la Villa y Corte de Madrid*），1769 年，由安东尼奥·艾斯皮诺撒·德·罗斯·蒙特罗斯（Antonio Espinosa de los Monteros）绘制。（来源：《马德里城地图》）

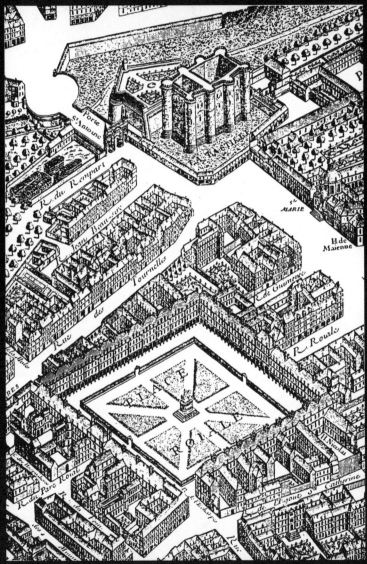

图 2-12 巴黎沃日广场。这个地方至今保存完好，被纳入现有的城市结构，成为仪式性城市广场设计的典范。1730 年代地图的细节。[来源：约瑟夫森（Josephson，1943 年）]

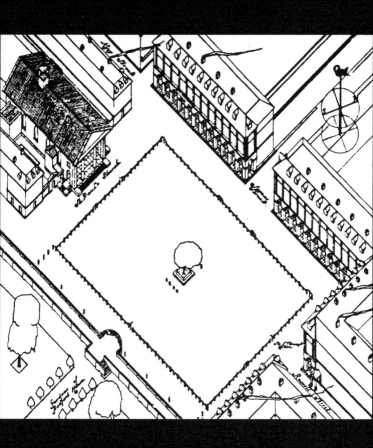

图 2-13　在伦敦，人们对欧洲大陆类型的宏伟纪念性广场没有兴趣。相反，第一个规划的广场——伊尼戈·琼斯在考文特花园的"广场"，在这里以透视重建的方式展示——代表了迈向特定英式类型的第一步，通常被描述为广场，即一个开放空间，或多或少统一的建筑围绕着一个公园般的绿地，保留给居民使用。[来源：萨默森（Summerson），1978 年]

多或少地充当了一个模式样板。

　　因此，罗马并没有标准类型的围合型纪念性广场的直接原型，周围环绕着统一设计的拱廊建筑。当然，在一般层面上，罗马广场起到了灵感来源的作用，但每个广场都分别代表了一个独特的解决方案，取决于独特的机会和限制，因此太特殊了，难以模仿[28]。当谈到巨大的街道时，罗马作为模式样板可能更重要。我们发现在罗马的街道改良（improvement）不仅是最早的，而且是在奥斯曼之前最广泛的一系列改良。[29]从 1450 年起，罗马每二十五年就要举行一次"圣年（Holy Year）"，要做城市改造以迎接大量朝圣者的到来，由此而激发出部分灵感。据了解，1600年有超过 50 万朝圣者来到圣城罗马。通常是在漫长的游行队伍中，他们参观教堂和其他圣地，而当时的狭窄扭曲的街道网络非常不适合这种游行。除此之外，众多的教会机构和外国使团也产生了极大的交通流量。在 16 世纪，这里的马车应该比欧洲任何其他城市都多。查尔斯·博罗梅奥（Charles Borromeo）曾经评论说，除了上帝的爱之外，在罗马取得成功的必要条件是拥有一辆马车[30]。

　　这些混乱的状况激励了多任教皇进行重大的街道改良，可能通过比照古代的科索大街（Via del Corso）、拉塔大街（Via Lata）来作改造活动。佛罗伦萨早期街道改良的经验 ❺ 也可能为罗马提供了灵感的源泉[31]。第一个更实质性的罗马街道发展，是在教皇西克斯图斯四世（Sixtus IV，1471—1484 年）的领导下进行的，赶上了 1475 年的圣年。第一条完全笔直的街道是亚历山德里娜大街，后来被称为 Borgo Nuovo，由亚历山大六世（1492—1503 年）于 1499 年建设，为迎接 1500 年圣年。它从圣天使城堡直接延伸到梵蒂冈宫的正门，或多或少对应于今天的

和谐大道（Via della Conciliazione）的北侧。在朱利叶斯二世
（1503—1513 年）的统治下，朱利亚大街 Via Giulia 被创建；它
像箭一样笔直地延伸，也许是为了补充罗马台伯河另一边的伦加
拉大街（Via della Lungara）。在教皇利奥十世（1513—1521 年）
统治下，罗马城的里佩塔大街 Via di Repeta 从波波罗广场布置
到圣路易吉·德弗朗西西教堂[32]。巴布伊诺大街尚未规划；直到
大约十年后在克莱门特七世（1523—1534 年）的领导下建造，
从波波罗广场辐射出来的一系列街道才完成。这种模式将成为艺
术城市设计中最受欢迎的方法，在通往圣天使桥的街道上以较小
的规模重复。

在西克斯图斯五世的教皇时期（1585—1590 年），大规模规
划达到了高潮，其愿景是从圣玛丽亚主教堂延伸到整个古城区的
街道网络。只有从圣玛丽亚主教堂、拉特兰大教堂和斗兽场辐射
出来的宏伟街道系统的一部分被实现（图 2-14）[33]。笔直的街道
当然被认为是美观的，两点之间的最短路线是一条直线也是一个
简单的事实，这可能是决定性因素[34]。罗马新建的笔直街道的消
息随后会传遍欧洲；没有其他欧洲城市像圣城罗马那样具有国际
性。教皇亚历山大七世（1655—1667 年）期间的建设，代表了
罗马建筑的又一个巅峰，包括沿着许多街道种植树木的行动，这
也许是历史上城市里的第一次[35]。

罗马城内许多 16 世纪的街道，都终止于一座仪式感的建筑前，
因此从远处提供了一个引人注目的可见标记；这是另一个将在后来
被证明具有影响力的特征。例如，在保罗三世的教皇任期（1534—
1549 年）内，山顶三位一体教堂（Trinita dei Monti）❼，法尔内塞
宫（Pallzzo Farnese）和参议员宫（Palazzo Senatorio）都以
这种方式集中，在庇护四世（1559—1565 年）的领导下，皮亚

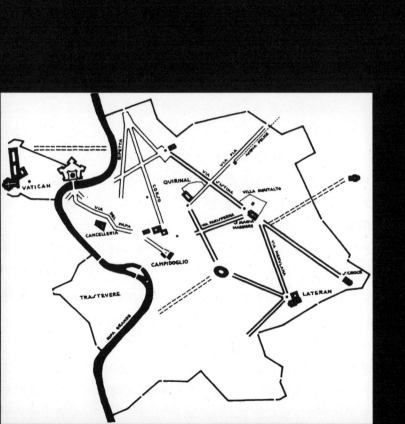

门（Porta Pia）成为新的皮亚大街（Via Pia）的焦点，现在改名为九月二十日大街（Via XX Settembre）。在西克斯图斯五世的教皇任期内出现的一项创新是，在街道尽头放置方尖碑而不是柱子作为醒目的标记。1586 年在梵蒂冈圣彼得广场升起的方尖碑可能并不打算以这种方式运作，但它显然催生了这个想法，然后在第二年进行了尝试，当时方尖碑被放置在圣玛丽亚大教堂的后殿前作为四喷泉大街（Via delle Quattro Fontane）的标记。然后在 1588 年，另一座方尖碑在拉特兰大教堂的耳堂前升起，位于拉特兰的梅鲁拉纳大街（Via Merulana）和圣乔瓦尼大街（Via di San Giovanni）的交汇处。而一年后，另一座方尖碑再次被放置在人民广场（Piazza del Popolo），这种视觉设施在城市景观中的潜力可以得到充分利用：方尖碑将三条街道聚集成一个连贯的整体，将原本微不足道的路口转变为欧洲最常被模仿的规划解决方案之一。

在一些情况下，显然还试图在沿街的建筑设计上实现统一，虽然通常情况下不可能始终如一地贯彻这一做法。瓦萨里 Vasari 在佛罗伦萨乌菲齐美术馆两翼之间创造的街道景观为我们提供了一些当代理想的概念㊱。在 16 世纪后期，罗马确立了改善城市街道并赋予其独特氛围的标准，并将持续到 19 世纪末：这样的街道应该是笔直的，应该以醒目的节点结束，如建筑物、纪念碑或柱子；理想情况下，它们也应该由统一设计的建筑物衬托。这既适用于现有结构的再改造，也适用于创建全新整体。

只有在特殊情况下，才能仅根据建筑条件创建完整的城市环境；要找到不受现实阻碍的大规划项目，我们必须首先转向景观园艺。凡尔赛宫是景观和城市规划相结合的一个例子，它由一个宫殿群组成，一侧是公园，另一侧是城市（图 2-15）。因此，这

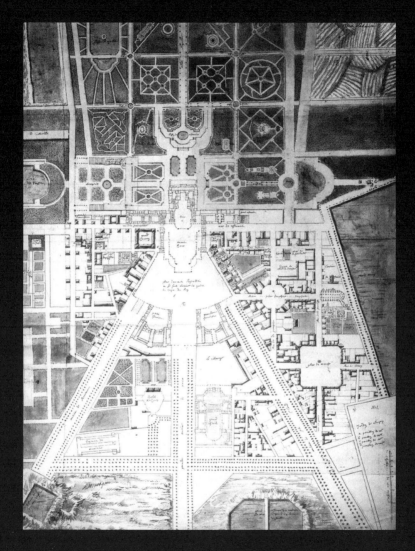

图 2-15 凡尔赛（Versailles）不仅是一座宫殿和公园，而且是一个被规划为法国第二首都的城市。这宫殿 - 公园 - 凡尔赛城这三个部分围绕着一条穿过国王寝宫的公共轴线排列，在那里举行了长袍和更衣仪式。该平面图显示，在扩建和重建活动的相对早期阶段，其是与凡尔赛历史相关的众多重要图纸之一，这些图纸目前珍藏于斯德哥尔摩国家博物馆。

不再是城市中的住所（a residence in a town）问题，而是住所综合体中的城市问题（a town within a residence complex）。该城的三条主要大路从宫殿广场（Place d'Armes）向外辐射，重复了罗马人民广场的模式。因此，城市的建筑中心是宫殿前的广场，而不是——在理想规划中几乎总是如此——地理中心。然而，凡尔赛的街道和广场的设计方式让人想起意大利的理想规划（ideal plans）。除此之外，还有几个带有闭合收角的广场[37]。

路易十四的凡尔赛宫使得欧洲其他国王竞相仿造。许多是大大小小的仿制品和变体。在凡尔赛之后，在 18 世纪初规划的德国的卡尔斯鲁厄（图 2-16）[38]，作了一个最系统化的尝试，它将城镇、宫殿、公园整合为一个伟大建筑群。在规划原始结构中心——没有谁能确切地说是这个项目的建筑师，不过似乎卡尔·威廉·马克格拉夫·冯·巴登 - 杜拉赫（Karl Wilhelm Markgraf von Baden-Durlach）——已经制订了详细的方案——是一座宫殿塔楼，周围环绕着 32 条辐射大道。在接下来的几十年里，该项目似乎得到了扩展，完成的宫殿建筑群由一个短的中央街区组成，两个长翼以 45° 角伸展。在这些侧翼之间规划了一个前院，除此之外——但在由与公共建筑外侧接壤的大道创造的区域内，与宫殿翼楼的方向相同——首先设想了一个带有花坛和灌木丛的正式花园，然后是被一条宽阔的街道穿过，与宫殿立面的中轴线成直角。宫殿侧翼外的较大区域，因此占圆圈的四分之三，被一个狩猎公园占据。一个封闭的建筑群体聚集在其中心位置的宫殿塔楼周围，其印象被一条穿过城镇和狩猎公园的环形道路所强化。该项目的大部分已经实现。19 世纪初，弗里德里希·温布伦纳（Friedrich Weinbrenner）提出了一些重大的扩建建议。但这些扩建规划基本上停留在绘图板状态上没有启动，按照扩建

规划城市将通过大道系统进行扩展，其方式显然与原始建筑群体的想法相冲突，因为它会影响宫殿的中心地位[39]。

像凡尔赛宫一样，卡尔斯鲁厄是主权的独特表现，是德语中所谓国家公爵规划（landesfurstliche planug）的最高典范，但对后来的城市发展没有特别的影响。然而，应该指出的是，在凡尔赛和卡尔斯鲁厄这两个案例中，宫殿都远离了城市密集建成区，而不是像几位理想规划的作者所建议的那样位于城市中心。通过将其与城镇的嘈杂活动保持距离，将更容易实现所需的建筑和象征性优势，宫殿和公园的协调也将更容易实现。这一概念在 19世纪得到了遵循，例如在赫尔辛基、雅典和克里斯蒂安尼亚的规划提案中就有出现。

凡尔赛和卡尔斯鲁厄是当时先进规划的产物，尽管其主要目的不是创造一个"理想"的城市环境，而是为宫殿提供建筑和功能的补充。雄心勃勃的规划愿望较早出现，尽管没有任何相应的美学目标，主要是为了以功能性的方式划分未来的建筑用地，在某些情况下受到"理想"项目的启发。第一个全面规划城市扩建的中世纪后的例子，可能是来自意大利城市费拉拉（Ferrara）的扩建（addizione erculea），由建筑师比亚乔·罗赛第（Biagio Rossetti）在 1490 年代为爱尔科尔·艾斯特一世（Ercole I d'Este）设计（图 2-17）。这个项目将费拉拉的城市面积扩大了一倍多，与后来在其他地方的许多扩张相比，它更能获得更多信息，他们雄心勃勃地将新区及其街道网络（无论是有机地还是人工设计）适应对接旧城区[40]。此外，在法国的南锡新城建设，与其说是城市扩张，不如说是矩形新城的刻板印象，是吉罗拉莫·西托尼（Girolamo Citoni）于 1588 年规划的；如果要实现规划，必须对早期的建筑物和街道进行广泛的重建。后来，

该城的两半由一个华丽的方形建筑群体连接起来[41]。从 17 世纪初开始，矩形在哈瑙（Hanau）的新城（Neustadt）也很明显[42]，还有同时代的曼海姆（Mannheim），这两个城镇都是典型的设防城镇。曼海姆于 1689 年被法国人摧毁，后来重建规模更大、更形式主义的"棋盘（chequerboard）"规划[43]。

　　在 17 世纪，欧洲的几个地区出现了各种城市扩张或各种新基础，并具有不同程度的审美野心。城市的例子很多。不过，如果转向北欧国家，它们为我们提供了一个相当特殊的案例。到 17 世纪中叶，由于改革和军事上的成功，瑞典在北欧取得了领先地位。当时，该国的城市仍然相对较少，也很难看到巨大进步的迹象。在重商主义思想的影响下，瑞典的政治领导人将城市系统的重建视为履行国家新角色的重要途径。此外，在欧洲大陆的战役中，瑞典的领导人看到了许多辉煌而繁荣的欧洲城镇，现在他们想在国内创造类似的东西。

　　瑞典 17 世纪的城市政策包括许多不同的措施[44]。第一，建设了大量的新城镇。第二，通过行政改革、贸易特权和大量捐赠土地来激活城镇。第三，还希望通过改进城市规划使城镇现代化。作为这些努力的一个步骤，制定了新的城镇规划[45]。这些规划通常缺乏任何美学野心，它们由平坦的直线街道网络和矩形块组成，只是简单地适应了地形现实。因此，除了少数例外，瑞典的规划是网格规划的例子，通常是一种相当简单的类型，与理论家的先进作品的任何渊源都相距甚远。瑞典城镇也与理想模式不同，因为除了边疆省份外，它们没有设防，即使平面图经常装饰有堡垒。这些规划通常由防御工事官员和土地测量员制定，只有例外情况是建筑师参与其中，然后主要进行在地设计规划（local design planning）。在有些情况下，改善规划完全或部分地采用强加给公民，发起无情的和往往是决绝的征用、拆毁等方式实现的。[46]在一场大火摧毁了一个城镇或一个城镇的一部分之后，还试图在这种灾后进行彻底的重建（图 2-18）。

　　瑞典 17 世纪的规划可以在新基础上得到最好的研究。哥德堡是最重要的例子，除了一些运河被填平外，受荷兰城市规划启发的大部分规划保留下来。就卡尔马（Kalmar）而言，该镇从城堡前的中世纪遗址搬到了卡瓦赫尔门（Kvarnholmen）：在这里，仍然可以看到保存完好的 17 世纪建筑（图 2-19）。但最大的努力是在斯德哥尔摩，那里的所有郊区都完全重新开发。在乌普萨拉（Uppsala），也进行了大规模的街道更新[47]。有城墙的设防城镇代表了一个特殊的群体，是在 17 世纪的最后几十年规划的，特别是卡尔斯克鲁纳（Karlskrona）和兰斯克鲁纳（Landskrona）。在这些城镇的许多规划修改中，来自欧陆城市防御工事和城市规划理论家的灵感是显而易见的。还应该提到当时还隶属瑞典王国的芬兰部分的腓特烈港（哈米纳）-Fredrikshamn（Hamina）；从 1721 年开始，它是一个面向俄罗斯的边境城镇。由于其重要的地点，该城根据放射规划进行了重建，这是北欧唯一系统实现的此类规划的城市（图 2-6）[48]。

　　不过更早一些时间，在丹麦－挪威王国也发生了改进和规划扩张，特别是在克里斯蒂安四世（1588—1648 年）时期。其中最重要的是挪威的克里斯蒂安尼亚（奥斯陆）的新基础规划（图 7-1），根据当时典型的直线规划，以及斯科讷（Skane）的克里斯蒂安斯塔德（Kristianstad，自 1658 年以来的瑞典）[49]。在德国，柏林的扩建与斯德哥尔摩的扩建非常相似。瑞典很可能是大选帝侯弗雷德里克·威廉（Frederick William，1640—1688年）努力提高柏林勃兰登堡地位的榜样。这一政策的一个重要部

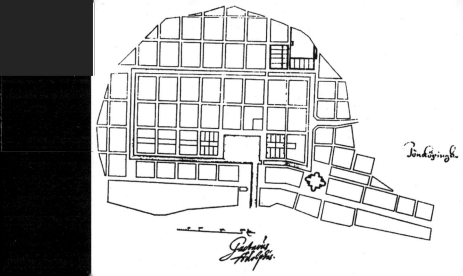

Söndöjingb.

Gustavi
Adolphi.

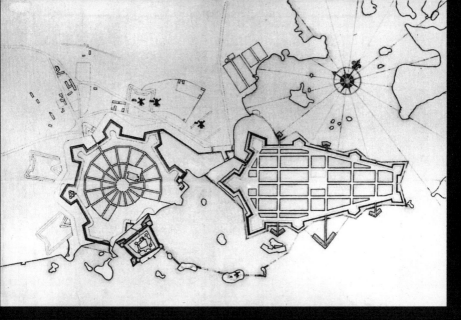

图 2-19 卡尔马。在中世纪，卡尔马是瑞典最重要的城镇之一，也是丹麦的主要边境堡垒。在 1611—1613 年的丹麦 - 瑞典战争期间，该城遭到严重破坏，并根据荷兰人 Andries Sersanders 制定的放射状规划进行重建。1647 年，卡尔马遭受了一场毁灭性的大火的蹂躏，之后将城镇向东移动到 Kvarnholmen 并离开堡垒射击范围的想法——之前已经提出——被实施。新规划的作者可能是防御工事官员约翰·瓦恩席尔德（Johan Wärnschiöld），他有一个更传统的矩形街道网

分是改善柏林。新区的规划类型与斯德哥尔摩马尔马的规划大致相同（图 12-1 和图 13-1），这可能提供了灵感。也许并非完全不可能，瑞典的城市发展，可能是沙俄叶卡捷琳娜二世时期在俄罗斯发起的广泛城市规划活动的灵感来源之一。

1666 年大火后，在伦敦的讨论，代表了城市规划史上最著名的事件之一[58]。火灾爆发九天后，甚至在它完全熄灭之前，克里斯托弗·雷恩爵士提交了一份激进的重建建议，并附有书面评论。紧随其后的是约翰·伊夫林、瓦伦丁·奈特、罗伯特·胡克等人的提议。雷恩的规划是将矩形街道网格与对角线大道相结合的首批尝试之一（图 2-20）。该规划有直线地块，宽阔的路堤和大道以及星形的"广场"，这是 19 世纪规划的先驱，并且在 19 世纪仍然被视为典范[61]。伊夫林提交的三种替代方案在结构上更加复杂，有利于对角线街道和不同形状的广场。伊夫林的野心似乎是展示时尚的想法，而不是依据当时的条件。胡克（Hooke）的建议（图 2-30b）包括一个纯粹的网格平面图，偶尔有节点，特别是四个带有封闭角落的大正方形广场。街道的宽度都相等。该项目与北欧 17 世纪的城镇规划相似。但是所有这些项目提案都是不现实的，因为它们对地形、现有街道网络或所有权边界的关注太少[62]。国王查理二世（1660—1685 年）似乎对激进措施的想法表示同情、理解，但仍不清楚规划的困难。尽管如此，重建基本上保留了旧的规划结构。没有控制发展的法律文书，缺乏为这些建议提供资金的必要机会和执行这些建议的行政机构。然而，由国王和城市共同任命了委员会，并于 1667 年由议会通过，制定新建筑法为提高建筑标准和拓宽某些街道提供了一些保证[63]。关于大火之后重建伦敦的规划，其讨论的效果甚微，与同时完成的斯德哥尔摩的马尔马的大规模重建进行比较，是很有趣的。差

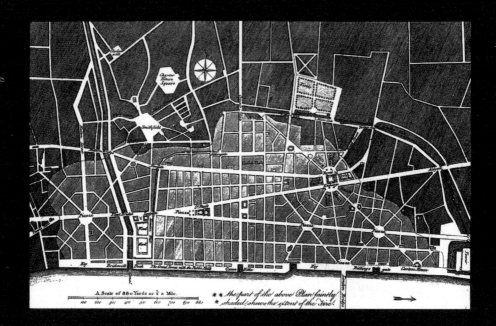

图 2-20 伦敦。克里斯托弗·雷恩（Christopher Wren）1666 年大火后重建伦敦的规划建议，其在城市规划史上具有核心重要性。市区的西部被划分为直线网格，而东部则构成一个多边形系统，街道从中向外辐射。最大的广场上是皇家交易所，10 条街道通向它。这两个部分由圣保罗大教堂的宽阔大道连接。[来源：亚尔伍德（Yarwood，1976 年）]

异可能取决于这样一个事实，即在斯德哥尔摩，新的规划范围在
原来的城市中心以外的新的用地范围内；此外，瑞典中央政府对
斯德哥尔摩的立场可能比英国中央政府对伦敦的立场更强势，因
此可以采取更果断的行动。

　　18 世纪最重要的城市发展项目包括俄国的圣彼得堡，英国
的巴斯、爱丁堡和葡萄牙的里斯本，它们彼此都具有各自独有的
特征，没有相似之处。圣彼得堡是这里讨论的城市中，唯一的首
都建设：它是在没有任何早期城市定居点基础上的全新城市[54]；
1703 年，根据彼得大帝的指示工程开始，其目的是使得俄罗斯
在政治、经济和文化上更接近西欧。这座城市建在涅瓦河口的三
角洲地区。据说彼得大帝在欧洲旅行期间，曾经住过阿姆斯特
丹，那里为他后来的建设提供了学习的样板。工程困难巨大，尤
其场地的黏土质地和沼泽地形。数以万计被强迫的劳动者，其中
大多数是农民，进行了大量的修路和打桩作业——这比起几十年
前的凡尔赛宫建设，更能看到明显的专制主义。来自国外的专家
来参加了规划和建筑设计。法国建筑师让·巴普提斯特尔·勒·布
龙德（Jean Baptiste Le Blond）于 1716 年被任命为首席建筑师，
当时他还为新城制定了富有想象力的总体规划（图 2-21）。然而，
这个规划似乎更像是一个理论结构，而不是一个可行的建设规
划，对后来的发展影响不大[55]。

　　1737 年，俄罗斯新首都圣彼得堡制定了新的规划，力图
创造印象深刻的城市环境。规划特别关注河南岸的地区 Adm-
iraltéjskaja，禁止在那里建造工厂和木构建筑，来创建一个宏
伟的住宅大楼。也是在这个时候，从海军部大楼前方辐射的
三条林荫大道系统出现了，它们以海军部塔楼为焦点：涅夫
斯基大街（Nievskiy Prospekt）和今天的戈罗霍瓦亚乌利察

0　　　　1km

（Gorokhovaya Ulitsa）和沃兹涅森斯基大街（Voznesenskiy Prospekt）[56]。沙皇叶卡捷琳娜二世（1762—1796 年）的统治是一个特别重要的时期，在此期间，城市的建筑特征正在形成。特别重要的是 1762 年在圣彼得堡和莫斯科成立了一个关于砖构建筑的委员会。委员会组织了一次城市规划竞赛，为未来提出了一些有价值的想法[57]。到 19 世纪初，在沙皇亚历山大一世的领导下，圣彼得堡的中心地区呈现出统一的城市景观，点缀着许多宏伟的建筑地标（图 2-22）。而同时，城市较外围的地区的建设标准则很低。

在巴斯、爱丁堡、里斯本三个城市中，我们可以从巴斯开始。巴斯的温泉长期以来一直是英格兰最好的水疗中心。在这里，从 1720 年代中期开始的大约半个世纪的时间里，约翰·伍德（John Woods）父子俩巧妙地利用地形条件，以英式帕拉第奥主义（English Palladianism）的思路创造了一个设计丰富的建筑环境，皇后广场（Queen Square）、圆形广场（Circus）和皇家新月（Crescent）是一系列运动和变化的主要建设瑰宝（图 2-23）[58]。广场和圆形广场是正式的和"闭合的"，而新月对广阔的视野开放，这一差异反映了向更浪漫的自然概念的转变，这也体现在景观园艺中。城市规划和建筑设计以当时不同寻常的方式相辅相成，同时景观以一种前所未有的方式融入了城市景观。巴斯与伦敦西区（West End）当时的矩形广场不同，巴斯展示了不同空间形式之间的动态变化（这里的森林特别创新），而且雄心勃勃地将这些部分整合到整体城市环境中。也许，使用本书之前所建议的三种规划类别，我们可以说在地设计规划（local design planning）已经扩展到整个城市环境。

爱丁堡提供了另一个著名的例子。老城区位于山脊上的城墙

图 2-22 圣彼得堡。这幅地图可追溯到 1834 年，显示了一百年来认真规划的结果。沿着涅瓦河岸是仪式中心，有海军部、冬宫、总参谋部大楼等，还有一系列广场。从金钟前的空地，三条主要街道向外辐射，将城市中心与外围区域连接起来。这些街道被许多同心街道穿过，形成了合理的结构。海军部的塔楼在视觉上将城市不同部分聚集在一起，就如罗马城的人民广场的方尖碑一样，发挥着重要

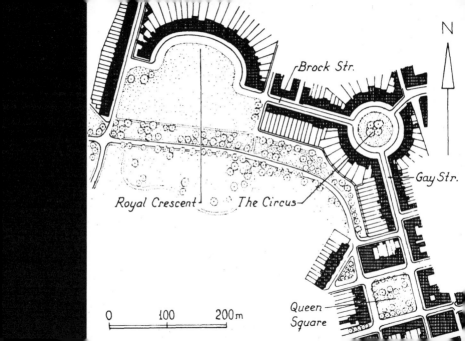

内，到 18 世纪，已经迫切需要扩建。通过排干沼泽，可以在旧城以北的另一个山脊上建造一个"新城"。这两个部分将通过前沼泽地区的一座桥连接起来。1766 年，爱丁堡为此组织了一次设计竞赛，这是在巴黎现在的协和广场竞赛近二十年后和圣彼得堡举行竞赛三年后，爱丁堡得到了六个提案。获胜者是建筑师詹姆斯·克雷格（James Craig）。他的提案经过一些修改后被市政府采用，该方案并不是特别引人注目：一条主要街道，即未来的乔治街，两侧被四个街区包围，两端终止于一个开放的广场（今天的夏洛特广场和圣安德鲁广场），每条街都有一个教堂来作为前景收口（图 2-24）。新城的两侧都是街道（今天的王子街和皇后街），这些街道的外侧没有建造，而是留下来、打开下面乡村的视野——这被认为非常重要，让人想起巴斯。较窄的次要街道随后将八个主要街区分成十六个较小的街区，以便明确区分。这一提案基本上得到了实现，这只是刚刚开始。在 19 世纪，紧随其后的是几个宏伟的扩建，包括广场，有新月形和圆形，显然受到巴斯的启发。大部分空间用于公园和种植，其中最大的是皇后街花园，它有一条街区宽的带，将原来的新城区与后来的扩展区隔开㊿。爱丁堡新城酝酿了很长时间，但与大多数当时的城市发展项目，甚至早期城市发展项目的主要区别在于，其新城发挥的积极作用，和规划的一致性。这里的印象是一个同质的整体，而不是像伦敦西区那样，由许多独立的部分组成。新城建设的一个重要后果是，原来旧城里许多属于上层和中层社会阶层的人离开了旧城，旧城越来越像贫民窟。

最后，还应该提到里斯本在 1755 年地震后的重建。根据估计，这场地震夺去了三万人的生命，摧毁了九千所房屋。破坏最严重的是里斯本的中心部分白沙（Baixa），该地区位于两个高

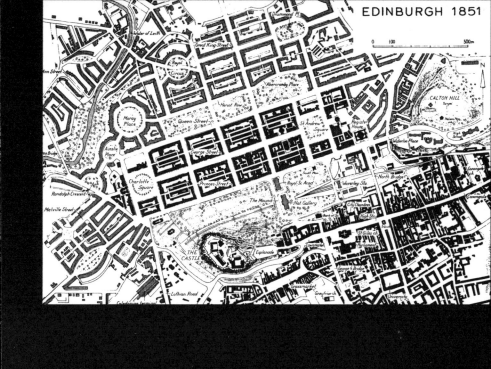

地之间，建筑物不够坚实。根据皇家的命令，重建工作由庞巴尔侯爵领导。有多人参与了规划，但最重要的是建筑工程师曼努埃尔·达·马亚（Manuel da Maia）和欧仁尼奥·多斯·桑托斯（Eugenio dos Santos）。新规划基于一个由狭窄街区和宽阔街道组成的矩形系统（图2-25）。两个短边的广场提供了建筑上的区别，南部面向塔霍河（River Tagus）的商业广场（Prasa do Comercio），北部的唐佩德罗四世广场（Prasa de Dom Pegre IV）和菲格里亚广场（Prasa de Figueria）。[60]商业广场（Prasa do Comercio）受益于其位置场地和建筑品质，这里成为欧洲各首都最为美丽的商业广场之一。

迄今为止，很少有人注意到18世纪下半叶爱尔兰都柏林宽街（街道拓宽）委员会（the wide street commission）专员所从事的独特工作。这个机构开始发挥作用，成为事实上的规划当局，"有权批准或不批准私人建造的所有新街道"。它还进行了一些自己的街道改造，这些街道今天是都柏林市中心的特色，包括议会街（Parliament）、女士街（Dame Street）、威斯特摩兰街（Westmoreland Street）和多利尔街（D'Olier）。他们引领着19世纪规划的正规化发展[61]。

西欧也很少关注1764年特维尔（Tver）大火后，在俄罗斯启动的密集城市发展和改造项目，这些地区以前几乎没有任何基本规模或重要的城市。来自首都圣彼得堡的一个委员会为许多城镇制定了规划。1793年，规划职能下放给地方政府，城市规划的运作仍在继续。1839年，一卷《城镇规划》作为俄罗斯法规书的附录出版。该书还制作了城镇规划的模型图和砌块的布置。俄罗斯的城市规划揭示了丰富的多样性，它大量使用对角线街道，有时使用放射状平面图。不同形状的广场和不同宽度的街道也是

图 2-25 里斯本（Lisbon）。城市的中心部分白沙在 1755 年的地震中被完全摧毁，旧街道规划被现在的路网所取代。在 19 世纪，创建了两条宏伟的街道——将军大道（Avenida Almirante Reis）和自由大道（Avenida da Liberdade）。后者宽 90m，长 1.5km，与庞巴尔侯爵广场的星形场所和轴向布置的公园爱德华多七世公园一起延伸 600m，构成了 19 世纪最惊人的建筑群体之一。（来源：埃里克·洛兰奇重绘）

重要的元素。从 19 世纪初开始，植树造林也是任何大城市的标准要求。正如我们将在下面看到的，俄罗斯的规划对芬兰产生了强大的影响，芬兰在 1809 年不再是瑞典的一部分，而是沙皇统治下的一个俄罗斯大公国[62]。

从古代和中世纪都在所谓的"殖民城镇"中看到了广泛的矩形规划，即由城市、国家或机构出于战略和 / 或经济目的，在其他地区建立的社区。这种城镇必须立即解决居住和防御问题，这反过来又需要采取一些措施，包括建造围墙和标记未来城市区域内的街道和地块。后来欧洲以外的殖民化同样带来了许多城市基础，特别是在南美洲、北美洲以及亚洲[63]。出于同样的原因，这些城市规划通常是直线的。事实上，这种解决方案在当时出版的著作中被推荐，例如《军事和印第安群岛 1599 年的描述——贝尔纳多·德巴尔加斯·马丘卡上尉》(*Milicia y Descripción de Las Indias Escrito Por el Capitan D.Bernardo de Vargas Machuca 1599*)，在西班牙的美洲殖民地城市规划建设中广为使用。

菲利普二世（1556—1598 年）于 1573 年为美洲殖民地的"印第安人"颁布的法律非常重要，为城镇规划和城市基础提供了详细的规定。例如：这个地方的平面图，包括广场、街道和建筑地段，要通过测量的方式勾勒出轮廓，从街道通往城门和主要道路的主要广场开始，并留出足够的开放空间，以便即使城镇发展，它也可以对称的方式扩展。此外，正方形宽度和长度的理想比例为 2：3。[64]当然，殖民地城市规划的这些和其他处方都是基于在欧洲收集的经验，但反过来，殖民地城市的新经验观念也可能朝着回流到欧洲城市的方向发展，因此从建立殖民城镇中获得的经验被欧洲城市发展所利用（图 2-26）。[65]

在接下来的几个世纪里，在北美建立了许多具有直线矩形

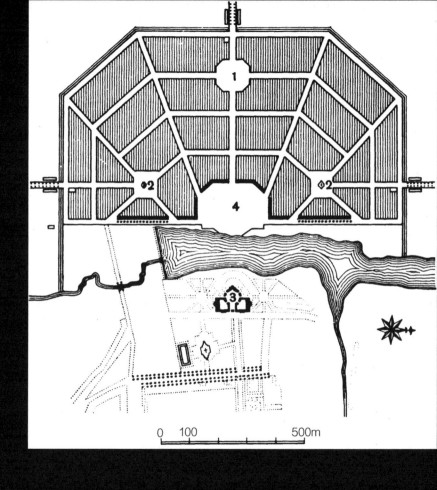

图 2-26 波哥罗迪茨克（Bogorodistsk）。在 1800 年左右的几十年里，俄罗斯进行了大规模的城市规划，而此时西欧则缺乏可以比较的规划项目展开。1839 年，作为俄罗斯官方法规的一部分，公布了 416 份批准的规划。这里显示的例子是斯塔洛夫（E. Starov）于 1778 年批准的波哥罗迪茨克项目。俄罗斯的规划不仅在

规划平面的城市。[66]费城，依据威廉·佩恩（William Penn）在
1682年制定的规划来建造，是一个重要的原型（图2-27）。作为
土地业主和英国总督的双重角色，佩恩坚定地组织了这个小城的
诞生，从一开始就取得了成功[67]。人口主要由贵格会（Quaker）
教徒组成，他们在城中找到了避风港。根据最初的规划，直线矩
形城区被主要街道分为四个部分，从中央广场的两侧开始，广场
的四个角落闭合。这四个城区中的每一个都有自己的小公园。住
宅道路与主要街道平行，将城镇分成许多不同长度的街区。该规
划的主要特点得以实现。例如，它显示了与北欧17世纪项目的
明显渊源关系，从而表明这些想法是广泛接受方法的一部分。

　　此后，按照直线矩形网格规划建造的许多城市，其中有几个
值得一提：1720年代的新奥尔良和1764年的圣路易斯，两者都
是在当时法国殖民地领土上创办的，匹兹堡由威廉·佩恩的后代
在1780年代建立，辛辛那提由土地投机者在1790年左右建立。
但到此时，直线矩形网格街区规划最为一致的例子，纽约的大扩
建规划，即华盛顿广场以北的整个曼哈顿将被统一的街道和街区
系统覆盖（图2-2）。该规划于1811年提出，随后基本实现，代
表了矩形模式规划在所有国家的最大胜利。欧洲游客对"美国城
镇的完美规律性"印象深刻。一位旅行者在18世纪末写道，在
他看来，矩形平面图是"迄今为止布局城市的最佳方式……美国
所有现代城市建设都遵循这一原则"[68]。能够如此一致地实现直
线规划，部分原因是在全新的场地条件下，没有任何必须考虑的
早期存量建筑；但更重要的是，除了纽约之外，土地通常由一家
公司或个人拥有，该公司或个人负责标示和分配地块。

　　但也有一些项目表现出更明显的建筑野心，特别是美国新
的首都华盛顿，它由法国少校和建筑师皮埃尔·查尔斯·朗方

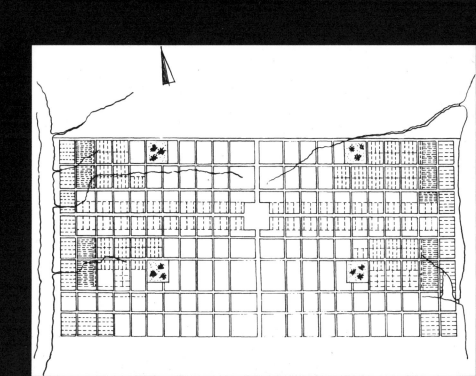

（Pierre Charles L'Enfant）于1791年制定规划（图2-28），还有奥古斯都·布雷沃特·伍德沃德法官提出的1805年火灾后重建底特律的建议（图2-29）。在第一个华盛顿规划中，对角线大道穿过矩形街道网络；在第二个底特律城市规划中，从大圆形广场辐射出来的街道与同心街道相结合，形成多边形包围而不是简单的环。这种精心制订的解决方案，大多数图都是矩形或至少四边形的，并且可以在很大程度上避免尖角。[69]这是自15世纪末以来，首次提出关于放射主题的更具创新性的变体之一。

现在让我们回到欧洲。工业化始于18世纪最后几十年的英国，但直到很久以后才到达欧洲大陆。重工业化直到1820年代才出现在比利时，直到19世纪下半叶才出现在德国，北欧国家直到接近世纪尾声才出现。但有些变化很早就开始了：贸易和商业正在扩大，对城市建设的限制正在放松，工业生产单元（工厂）越来越大，交通有所改善。在18世纪的许多欧洲城镇，人口已经迅速增加。一般而言，过时的防御工事受到阻碍或围绕土地开发的法律障碍，这种增长导致对现有建筑区的更密集开发。换句话说，房屋被建在以前是庭院的地方，或与之相邻的地方。

随着人口密度的不断提高，城市环境问题越发明显。这一点，再加上启蒙运动更具批判性、更具分析性的想法的出现，引发了关于城市重建规划和城市改善改造的辩论，创造杰出环境的传统愿望要与这些卫生、功能考虑相结合。这方面在早期城市环境关注的表现——例如伏尔泰、皮埃尔·帕特和阿贝·劳吉尔的思想——主要涉及巴黎[70]。我们将在下面看到，在拿破仑一世时期，一些重要的城市发展——其中包括巴黎里沃利街——实际上已经启动。大约在同一时间，在伦敦，摄政街的第一个规划正在启动。其他首都城市规划发展的案例，赫尔辛基和雅典本质上都

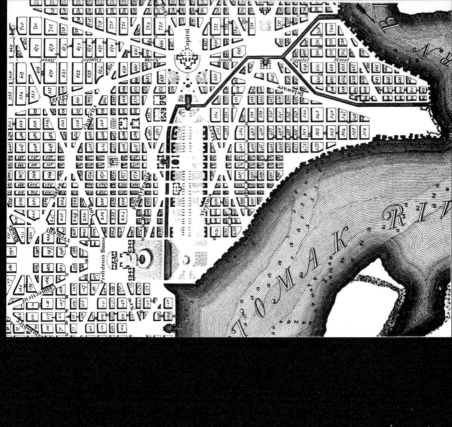

图 2-28 华盛顿。皮埃尔·查尔斯·朗方少校（Major Pierre Charles L'Enfant）
1791 年的规划。在这里以 1792 年的印刷版本进行了一些修订。这是一个为新成
立的联邦设计首都的问题，显然人们认为，包括对角线街道，这可能让人想起

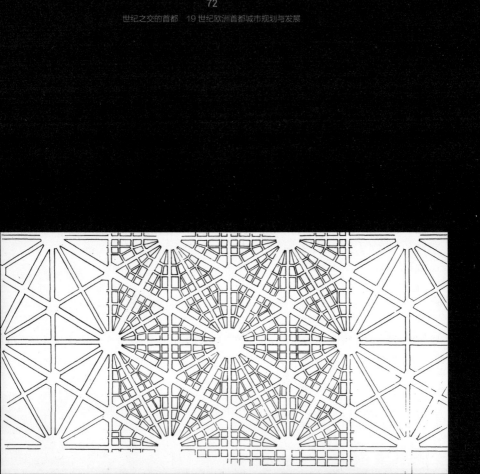

是在新的基础上规划建设。在许多被城墙这一防御工事包围的城市，拆除防御系统的问题开始讨论。城市规划理论以前非常关注防御的必要性，现在的一个主要话题是如何清除城墙旧的防御工事并摆脱其负面影响。

重建开发（redevelopment）和规划新基础（planned new foundation）是改善城市生活条件的一种方式。另一个是创建一种新型城镇，其物理空间设计将打破传统模式，生活将按照不同的路线组织。早在 18 世纪，人们就开始讨论这种想法。我们也许可以称之为第二波"理想城市"的先驱——模范社区（model communities）可能是一个更合适的名称——是建筑师克劳德 - 尼古拉斯·勒杜（Claude-Nicolas Ledoux）和他的项目"Chaux"，一个生产盐的工业村。最终项目于 1774 年通过。工厂建筑形成一条直线线性基础，住宅相对于该基线呈半圆形排列。在二十年后发表的一篇论文中，勒杜修改并扩展了他的原始项目想法，类似于一个有远见的理想城市㉑。虽然 Chaux 代表了城市发展项目背后理论动机的详尽性的方法转变，但它也是家长式精神（paternalistic spirit）的工业社区规划传统的一部分，尚未得到充分研究。这一传统似乎出现在欧洲各地，包括北欧国家㉒，它构成了 19 世纪对"模范（model）"城镇的思考背后的基本因素之一。

勒杜主要从建筑师的角度进行辩论，而查尔斯·傅立叶（Charles Fourier）则是一位寻求另一种生活方式的哲学家和社会批评家。他的理想社区，即方阵（法郎吉 -phalanstere），他在 1822 年以来的几份出版物中进行了描述，也许可以定义为一个巨大的建筑群形式的大型集体、基本上自给自足的组织，可能看起来像医院和宫殿的混合体。让 - 巴蒂斯特·安德烈·戈丁（Jean-Baptiste André Godin）的《吉斯家族》（*Familistère in Guise*）是实现傅立叶纲领的一次尝试。在19世纪的头几十年，苏格兰新拉纳克的罗伯特·欧文（Robert Owen）试图实现他自己对理想社区的想法，目标不是最大化利润，而是创造更大、更平等的环境，并为工人提供有意义的生活。为了改善工人的住房条件，欧文采取了重大措施，但基本的空间物理结构还是现有的建筑和环境。1824年欧文在美国推出了一个新的模范城镇——印第安纳州的新和谐村。但即使在这里，他的理想概念也没有完全实现——在一个大矩形地块中的村庄，带着梯田，被一个包括一些公共建筑的开放区域围绕着，工厂和车间位于矩形地块之外。另一个关于乌托邦路线的英国例子是J.S.白金汉的模范小镇维多利亚，在《国家弊端和实用补救措施》（*National Evils and Practical Remedier*，1849年）中提出。该项目由彼此内部的狭窄地块组成，创造了一种"中国匣子（Chinese Box）"的效果，其方式与克里斯蒂安·诺波利斯（Christianopolis）和弗罗伊登·施塔特（Freudenstadt）大致相同。

　　第一个成功的工业模范城镇萨尔泰尔（Saltaire）背后有不同的考量，由实业家泰特斯·撒而特（Titus Salt）于本世纪中叶建立。撒而特认为，良好的环境和有组织的社会条件将促进有效的工业生产。在萨尔泰尔，当时质量很好的住房与工厂区建筑分开，社区配备了各种公共设施，如学校、医院、洗衣店、老人院和被称为研究所的公共会议室。萨尔泰尔的历史重要性在于，它证明了在现行的社会和经济体系中，可以实现工业环境中按需增长的规划替代方案[23]。尽管人们总是以敬畏的崇敬态度对待这些实验，但它对后来的发展影响比上面提到的各种乌托邦实验的意义要大得多。

　　因此，如果我们看一下 19 世纪初的城市规划状况，就会发现当时存在的许多城镇都是"自发的（spontaneously）"，即没有任何事先规划。但是，每当一个新的城镇或地段是深思熟虑地决定的结果时，目标是实现合理的地块和街区划分，这通常会形成直线街道网络（图 2-30）。例子如此之多，在时间和地点上如此分散，以至于我们有理由谈论一种从 13 世纪到 19 世纪的泛欧规划传统。尽管关于宽阔的林荫大道、堤岸道路和公园的想法已经存在了一段时间，直线规划在上个世纪中叶仍然被认为是新城镇和地区的自然和理性模式㉔。

　　除了合理的，有时是机械直线的网格规划外，我们还看到了许多受"理想"项目启发的城镇。它们分布在不同的时间和地点，最后都能形成独一无二的效果。我们还看到，在少数特殊情况下采用在地设计规划（local design planning）的例子，通过广场和建筑群，赋予整个城市更华丽的建筑外观。尽管品位随着建筑设计的变化而变化，但自 16 世纪以来，城市规划的基本美学理想或多或少没有改变。统一而笔直的街道，远景（vistas）和闭合的广场（enclosed squares），以创造壮观的城市景观（an imposing townscape）为目的，这一手法涵盖了从文艺复兴时期到 19 世纪，并成为一种常规元素。巴洛克时期则补充了更具活力的特征，例如戏剧性的前景和对角线大道，经常延伸为笔直的道路直到乡村。

　　因此，很难说在 19 世纪初有任何系统的城市规划理论；另一方面，关于制定城镇规划的适当方式，有各种长期确立的概念和想法。然而，自 18 世纪中叶以来，人们对城市改善，即城市的卫生和功能条件越来越关注。大城市环境的弊端越来越明显，各种社群在讨论以重建或新社区为主要选择的应对方法。在 19

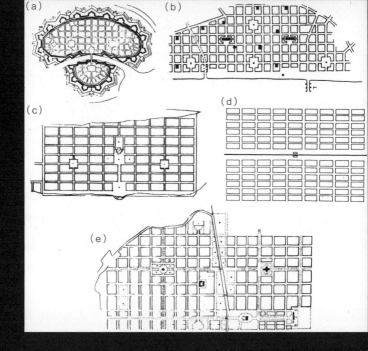

图 2-30 三个世纪的直线街块规划（rectilinear block planning）。

（a）约翰·威廉·迪利希—舍费尔（Johan Wilhelm Dilich-Schaffer）：1630 年代以来的要塞城市（fortress city）提案 [来源：明特（Minter，1957 年）]；

（b）罗伯特·胡克（Robert Hooke）：1666 年伦敦（大火后）法规提案 [来源：莫里尼（Morini），1963 年]；

（c）卡尔－约翰－科隆斯德：1767 年为芬兰卡斯柯规划（Carl Johan Cronstedt: Project Kasko in Finland，1767 年）[里里乌斯（Lilius，1967 年）重绘]；

（d）1850 年代伊利诺伊州中央铁路使用的铁路城镇标准规划 [雷普斯重绘，1965 年]；

（e）恩斯特·伯恩哈德·洛尔曼（Ernst Bernhard Lohrmann）：1852 年火灾后芬兰瓦萨重建的未实现的规划方案（prodosal in 1852 年）[里里乌斯重绘，1967 年]。

中世纪的网格规划与 16 世纪、17 世纪的网格规划之间最根本的区别可能是由于不同类型的防御系统，以及在后期有更强烈的雄心壮志，即对称地组织城市结构并赋予其几何形状（但是要记住，我们几乎没有中世纪的项目方案图纸，因此不知道它是如何完成的，它本来的城市结构是如何的）。在 18 世纪，城墙防御工事开始从规划中消失，与此同时，堤防道路变得更加重要，街道也变得更加宽阔。在 19 世纪，即使在简单的直线平面图中，林荫大道和公园也成为常见的元素。尽管不同时期的项目之间存在根本差异，但连续性和相似性是显著的特世纪，人口继续增长，一个城市的居民人数往往在 30 或 40 年内翻一番。这意味着城市规划面临着数量和质量上新的问题和需求。接下来的几页将通过描述一些首都项目，来说明 19 世纪规划活动的组织和形式，并讨论实践与理论之间的相互作用。

规划历史的重要著作

在规划史研究领域的先驱中，（法国学者）皮埃尔·拉韦丹（Pierre Lavedan）独树一帜。他在 1926 年、1941 年和 1952 年分三部分出版的《城市主义史》（Histoire de l'urbanisme），第一次尝试从整体上把握规划的演变。这些版本先后被与让妮·休格尼（Jeanne Hugueney）合作并于 1966 年、1974 年和 1982 年出版的完全修订版本所取代。回想起来，我们对《城市主义史》的第一版可以提出一些意见，例如法国资料占主导地位，在涉及其他国家时有许多遗漏，所研究的规划往往按粗略的类型分类，缺乏历史背景和参考资料。针对这些问题，后来的修订都有了明显的改进。

第二部多卷本的城市规划史著作，（德国学者）恩斯特·埃格利（Ernst Egli）的《城市规划史》（Geschichte des Städtebaues，1959 年、1962 年和 1967 年），按照时期和国家"地区"来撰写。作者对个别城镇的描述往往相当单薄，有点让人联想到百科全书。这项工作的主要优势在于其广泛的覆盖面，尽管存在一些令人惊讶的差距；按时间顺序进行一般概述的方式也很少。古特金德（E.A.Gutkind）的《国际城市发展史（1964年以后）》（International History of City Development）（1964 onwards）也有几卷。对于每个国家，作者都提供了城市发展的总体调查和对一些城镇的描述。重点一般放在 19 世纪前的时期。他的描述通常内容丰富，但有时材料似乎随意选择，参考来源通常相当稀少。这是一项令人印象深刻的成就，但作为进一步研究的基础，它有明显的弱点。

城市规划的历史，也在各种不同角度的著作中得以研究。就页数而言，意大利的莱昂纳多·贝内沃洛（Leonardo Benevolo）的《城市史》（*Storia della Città*，1975 年，英文版 1980 年）几乎完美无缺。在这方面，它可以媲美上述所有著作。但是，它的篇幅很大，因为有大量的图片，但图片与文本解释之间的关系较为薄弱，尽管有这些说明性支持，但仍然无法令人信服——因为是意大利的城市资料居多。（英国学者）莫里斯（A.E.J.Morris）的《城市形态史》（*History of Urban Form*，1987 年，最初出版于 1979 年），大致按照时间先后的顺序，对工业化前城市规划的演变进行了可靠的描述，包括对各个城镇的一般调查和分析。马克·吉鲁亚德（Mark Girouard）的《城市与人》（*Cities & People*，1987 年，1985 年首次出版）对城市发展的趋势有全面的概述，它提供了许多新的见解，特别阐明了城市发展的经济条件和社会后果，而规划本身受到的关注较少。美国学者斯皮罗·科斯托夫（Spiro Kostof）的《城市形态》（*The City Shaped*），按时间顺序组织，在原则上，该书把城市形态分为五个主要章节，每个章节都有自己或多或少的时间顺序结构："有机模式（Organic Patterns）""网格（The Grid）""图解城市（The City as Diagram）""宏大叙事方式（the Grand Manner）"和"城市天际线（The Urban Skyline）"。该书每一章基本上都涵盖了城市发展的整个过程，主要以欧洲和北美为例，包含许多有趣的并置和反思，插图质量很高。但是，对材料的分类有时让人感觉相当武断，人们想知道调查的真正走向是什么——鉴于它所代表的伟大研究，这是令人遗憾的。这项工作还有了另一本书的补充，《城市组装》（*The City Assembled*，1992 年），其中的方法在形态学上，专注点包括城市边缘等事物，还包括城市富丽堂皇的场景、精神意义需求和商业环境氛围、各类公共场所。该书与第一本一样采用全面、完整的视野，关注时间和空间。

　　其他著作则涉及本书的某些方面，比较朴实而没有任何自命不凡地提供完整的历史调查。德国的布朗费尔斯（Braunfels）在《西方城市建筑、统治形式与城市设计》（*Abendländische Stadtbaukunst, Herrschaftsform und Stadtbaugestalt*，1977 年）、英文版《西欧城市设计》（1988 年）中，以相当的洞察力描述了一些城镇，但很少对他所陈述的主题（即政府形式与城镇景观形式之间的关系）提出一般性结论。培根（Bacon）的《城市设计》（*Design of Cities*，1974 年，1967 年首次出版）分析了本书中提到的"在地设计规划（Local Design Planning）"的各种例子。该书包括非常清晰和有启发性的规划和透视建筑图纸，非常适合著作的目的。插图使这本手册成为不可或缺的手册。拉斯穆森（Rasmussen）的《城市和建筑》（*Byer og Bygninger*，1949 年）；英文版《城镇与建筑》（*Towns and Buildings*，1951 年）在某些方面类似于培根的书。作者借助自己的草图，分析了建筑上有趣的解决方案。埃里克·洛兰奇的两卷本城市规划史，迄今为止只有挪威文版本，该书成功地将事实和敏感性结合起来，分析所讨论规划的视觉质量（洛兰奇，1990 年和 1995 年）。此外，还应该提到赖尼施（Reinisch，1984 年），这本书有许多有趣的观察，尽管这些材料以前民主德国的习惯方式，被迫穿上马克思主义革命概念的外衣。

在一些作品中，历史视角作为研究的出发点，主要用作分析更多主题规划问题。例如，杰弗里·布罗德本特（Geoffrey Broadbent）的《城市空间中的新兴概念》（*Emerging Concepts in Urban Space*，1990 年）就对"历史上的城市空间设计"进行了简短的调查，但没有对早期研究著作中已经说过的内容，进行太多补充。这同样适用于乔纳森·巴内特（Jonathan Barnett）的《难以捉摸的城市》（*The Elusive City*，1986 年）。

在较早的研究著作中，可以提到约瑟夫·甘特纳（Joseph Gantner）现在显然被遗忘的《欧洲城市的基本形式》（*Grundformen der europäischen Stadt*，1928 年），这代表了他老师海因里希·沃尔夫林（Heinrich Wölflin）提出的应用于"基本思想（Grundbegriffe）"的一次有意义的尝试。

有关城市规划早期历史的著作的一般调查研究，可以在霍尔（1978 年）中找到。在所审查的书中对中世纪部分的描述，基本上也适用于与后期有关的章节。

注释

① 关于研究发展，见 Excursus，第 48 页 f。

② 例如，见奥匈皇帝弗朗兹·约瑟夫关于维也纳防御缓冲地区规划的 Handschreiben（第 72 页 f），其中使用了所有三个术语（德语"外延扩建"（Erweiterung），"规划调节"（Regulierung）和"点缀"（Verschönerung）。奥斯曼本人使用动词 regulariser 来描述他的活动，在 18 世纪，法国也使用"regulariser（规范化调整修饰）"一词来表示城市改善。但是，必须记住，所有这些表达方式都是用来指执行的，而不是规划阶段的。显然没有任何条款明确表明这是一个规划问题而不是执行问题。调查规划和项目规划之间也没有任何术语上的区别。

与本书相关的许多术语问题，其中之一涉及"调节"（reglering）一词，在许多欧洲语言中，拼写略有不同，以指定整改操作，特别是通过现有街区切割街道。在以下章节中，"改进"通常等同于"规范化""更新"或"重建"。

③ 拉瓦丹（Lavedan）和俄格里（Egli）都研究出了复杂的类型学，特别是对中世纪城镇的分析（参见霍尔，1978 年，第 8 页及以下）。最近，美国的科斯托夫（Kostof）引入了一种拓扑系统（参见第 48 页）。

④ 第一个将网格规划（grid planning）作为一种专门类型，开始进行研究的工作可能是斯坦尼斯拉夫斯基（Stanislawski，1946 年）。最近，科斯托夫在《城市形状》（The City Shaped，1991 年）中专门用一章来讨论网格规划。

⑤ 一些著作涉及这种类型的规划（见注 17）。

⑥ 培根（1974 年）致力于这种类型的规划研究。

⑦ 洛兰奇没有将城市说成是"有规划的"或"自发演变的"，而是提出了"从上而下"或"从下而上"规划的城镇的概念："第一类是由统治者和强大的政府当局塑造的。第二种往往是居民自决的产物。"（洛兰奇，1990 年，第 13 页）。

⑧ 希波丹姆斯是一个难以捉摸的人物，很难准确地了解他的人或他的活动。我们最重要的来源是亚里士多德（政治，第二卷，第五卷，第七卷 Politica，II：V 和 VII：X）。从亚里士多德的书页中，希波丹姆斯

成为一个仁慈但有点古怪的社会哲学家。他作为物理空间环境规划者的活动没有详细描述，但据说他发明了将城镇划分为块的想法，并以这种方式切割了比雷埃夫斯。亚里士多德还声称，以"希波丹姆斯发明"的方式将私人住宅安置在笔直的街道上是最方便的，最符合公共利益的。根据亚里士多德的说法，希波丹姆斯来自米利都。因此，在公元 479 年米利都被波斯人摧毁后，他可能参与了这个城市的规划和重建，但如果是这样，他就太年轻了，没有任何领导地位。由于米利都几乎肯定在当时被认为是矩形规划的一个非常系统的例子，希波丹姆斯可能从中得出了他的想法，甚至可能已经认同在那里要吸取的教训。其他一些经典资料，尤其是斯特拉波（Strabo）和阿里斯托芬（Aristophanes），表明希波丹姆斯作为矩形城镇规划的发明者享有盛誉，尽管这显然是对他的成就的高估（参见以下注释）。关于希波丹姆斯和希腊城市规划，特别见卡斯塔尼奥利（Castagnoli，1971 年），威彻利（Wycherley，1973 年，第 17 页）和瓦德－培金斯（Ward-Perkins，1974 年，第 14 页及以下各页）。欧文斯（Owens，1992 年）提供了最近的调查研究。

⑨ 事实上，这不仅适用于希波丹姆斯之后，甚至适用于希波丹姆斯之前。关于早期的路网规划，见兰普尔（Lampl，1968 年）和科斯托夫

（1991年），第103页f。

⑩ 亚里士多德在《鸟》（The Birds）中以牺牲规划师为代价的笑话表明，古希腊对城市规划的态度并不比近代更令人敬畏[参见卡斯塔尼奥利（Castagnoli，1971年），第67页f]。

⑪ 这是一个值得商榷的观点。罗马规划与伊特鲁里亚或希腊化规划之间的关系也是如此。

⑫ 沃德·培金斯（Ward Perkins，1974年），第27页及以下各页提供了罗马城市规划的良好概述，其中讨论了古罗马十字轴线的概念。这些实际上是土地测量术语，指定南北和东西分界线，将整个土地划分为巨大的正方形。城镇的街道网络是根据这个压倒一切的划分方式来组织的，也许还努力在南北轴线"cardo（卡多）"和东西轴线"decumanus（德卡）"交叉处定位城镇，以便它们可以与主要街道重合。

⑬ 关于中世纪阿尔卑斯山以北的发展，参见托马斯·霍尔（Hall，1978年）和那里提供的参考书目。这项工作还包括许多规划。

⑭ 然而，这些发展并没有受到古代规划的影响（尽管一些残留的罗马街道可能已成为模式样板）。在对中世纪和古典网格规划之间关系的研究中，里里乌斯有充分的理由否认了残存的古罗马城镇规划在中世纪仍在被模仿的观点。相反，在提到朗（1955年）和其他人时，他声称中世纪的矩形规划主要是古代学术研究的结果。"古代世界通过亚里士多德、希吉努斯

（Hyginus）和维特鲁威（Vitruvius）的文本发挥了影响"[里里乌斯（1968年）]，特别是第31页f。这是一个可疑的立场。当然，矩形网格城镇符合托马斯·阿奎那（Thomas Aquinas）的"奥尔多（ordo）"思想，自然而然地，亚里士多德和其他人对城镇的看法是众所周知的。但这并不一定意味着矩形规划的想法来自古代著作；在幸存下来的文本中也没有任何对城镇规划的清晰和明确的描述。网格类型的规划无疑受到实际考虑的启发。经验表明，这是最合适的解决办法。它也不是突然出现的：相反，它是中世纪长期演变的结果，朝着越发系统化地划分城市地区地块的方式发展。如果古代的著作确实发挥了作用，它不是作为思想的鼻祖或起点，而是作为证明使用规划类型的另一种方式，无论如何都会使用。另一方面，正如利利乌斯指出的那样，对罗马测量艺术的更好了解可能有助于标记规划。

⑮ 参见弗里德曼（Friedman）1988年的研究。

⑯ 托马斯·霍尔（1978年），第126页。

⑰ 关于理想城市（ideal cities）的早期著作是明特（Münter，1929年），1957年在柏林（DDR）重新发行，其中的材料"被压入一个相当朴素的马克思主义方案"（Eimer，1961年，第148页）。最近关于这个主题的出版物包括Eimer（1961年），页码43~146和罗森瑙（Rosenau，1974年）。关于十字路口（De la

Croix，1972 年）专注于城市规划的防御方面。下面这段关于理想城市的段落，主要基于这些作品。关于这个主题的最新一本书是克鲁夫特（Kruft，1989 年），它专注于选择"理想"城市。应该指出的是，术语"理想城市"或城市理想作为一系列非常不同的项目的通用说法，是一项现代发明。也许"模范城镇（model cities）"会是一个更好的术语。在本书中，"理想城市"一词的使用范围比罗森瑙（1974 年，第 13 页 f）更广泛，甚至比克鲁夫特（1989 年，第 9 页及以下）更明显。克鲁夫特选择为实际建造的城镇保留这一概念。相反，在这里，该术语指的是城市项目或实际城市，这些城市受到有关创造优于传统城镇建设的理论概念的影响。

在下面的讨论中，提到了几篇论文和项目，其中物理空间形状和设计是关键因素。但即使在更注重社会理论的作品中，城市的设计也是一个关键问题。例子包括托马斯·莫尔的《乌托邦》（1516 年）、弗朗西斯·培根的《新亚特兰蒂斯》（1622 年）和托马索·康帕内拉的《索尔城》（1623 年）。其中，最后一个似乎为一些 19 世纪城市发展理论家提供了灵感 [吉鲁亚德（Girouard，1987 年），第 350 页及以下]。

⑱ 阿尔贝蒂在他的第四本书中，建议一个小城是一条蜿蜒曲折的街道，沿着河流的缓和曲线，他以一种让人想起他后来的继任者卡米洛·西特的方式

证明了这一点。另一方面，在第八本书中，他显然预设了街道是笔直的。在这里，基本特征在可以称为文艺复兴时期的城市设计中得到了发展，其中城市被确立为一种工作艺术，因此，艺术质量成为规划的主要目标之一 [参见克鲁夫特（1989 年），第 13 页]。

⑲ 从 15 世纪末开始，达·芬奇和米开朗琪罗也为当时城镇制作了许多防御工事。

⑳ 维特鲁威推荐放射街道网络的想法也被一些现代学者所采用（例如在 Broadbent（1990 年）中，第 37 页，提到了"维特鲁威循环规划"）。这个概念显然是基于对古典学者关于城市规划与风的关系方向的相当复杂的论点的误解（1：6）。维特鲁威似乎不太可能提出一种没有罗马城市规划传统的规划形式。汉伯格（Hamberg）在一篇未印刷的论文中展示了这种误解是如何产生的。维特鲁威的第一版用显示放射街道的城市平面图插图是凯撒·凯撒里亚诺（Caesare Caesariano）的翻译，于 1521 年在科莫出版。这种模式旨在阐明维特鲁威关于风向的阐述，随后在后来的一些版本中重复出现（Hamberg，1955 年，第 21 页及以下）。但当凯撒里亚诺的版本出版时，放射规划 radial plan 在相关圈子里可能已经是一个相当有名的概念。因此，放射规划 radial plan 似乎是独立于维特鲁威发明的，后来在误解了他的意图后才与他的名字联系在一起。在另一段

（I：V，2）中，维特鲁威说城镇"不应该是方形的……而是圆形的，以便可以从多个位置发现敌人"。也许即使是这句在维特鲁威时代的城市建筑实践中，几乎没有任何基础的说法，也可能被解释为对放射形式规划布局的支持。

㉑ 阿尔甘（Argan，1969 年），第 104 页。

㉒ 波拉克（Pollak，1991 年）列出了 73 篇关于防御工事的欧洲论文，然后只包括芝加哥纽伯里图书馆的论文。

㉓ 在布劳恩费尔斯（Braunfels，1953 年）和弗里德曼（Friedman，1988 年）那里，强调了托斯卡纳中世纪规划活动的重要性和独特性。即使在阿尔卑斯山以北，在一些城市中心部分的设计中也可以看到美学野心的早期实例（参见霍尔，1978 年，第 99 页及以下）。

㉔ 阿尔甘（1969 年），第 30 页和 Ben-evolo（1980 年），第 536 页及以下各页。乌尔比诺公爵宫（Palazzo Ducale in Urbino）著名的城镇景观画作，以前被认为是弗朗切斯科·迪·乔治·马蒂尼（Francesco di Giorgio Martini）的作品，可以让我们了解阿尔贝蒂时代的人们如何设想城镇仪式中心的理想设计 [参见司乐如（1968 年），第 376 页及以下，这些画作被认为是科西莫·罗塞利（Cosimo Rosselli）的作品]。在这两种情况下，我们都看到建筑物沿着开放空间排列，深入画面；在这两种情况下，前景都被大型、相当模糊的

纪念性建筑打破。沿着这个空间两侧的建筑物是单独设计的，但在某些情况下，它们的檐口高度相同。有一种宁静和谐的宽敞感；绝对没有动态效果。后来的城市景观表现，例如塞利奥的戏剧装饰图，也为当代理想的城市规划提供了补充。

㉕ 关于维杰瓦诺（Vigevano）的广场，见布鲁斯基（Bruschi，1969 年），第 647 页及以下各页。

㉖ 马德里马约尔市政广场（Plaza Mayor）的前身是建于 1560 年代的在巴利亚多利德（Valladolid）的马约尔市政广场。

㉗ 《马德里建筑和城市规划》（Guía de arquitectura and urbanism，1982 年），第 36 页及以下各页；参看库伯勒和索里亚（Kubler and Soria，1959 年），第 21 页。

㉘ 关于广场，另见第 545 页及以下各页。

㉙ 关于罗马的街道改善，见 1956 年舒克、舍奎斯特和马格努森（Schück，Sjöqvist and Magnuson，1956 年），第 140 页及以下各页，第 270 页及以下各页，第 287 页及以下各页；马哥奴森（Magnuson，1958 年），第 21 页及以下各页；弗洛梅尔（Frommel，1973 年），第 11 页及以下各页；马格努森（1982 年），第 16 页及以下各页（1986 年），第 230 页及以下各页。

㉚ 洛茨（Lotz，1973 年），第 247 页及以下各页。

㉛ 在佛罗伦萨，在 13 世纪的最后几十

年里，已经进行了大规模的街道改善。新的街道包括圣人广场（Borgo Ognissanti，1278 年），帕拉佐罗街（Via Palazzoulo，1279 年），五月街（Via Maggio，1295 年）和现在的卡夫街（Via Cavour）[弗里德曼（1988 年），第 207 页 ff]。

㉜ 弗洛梅尔指出，罗马的里佩塔大道（Via di Ripetta）最初可能是作为一条比科索大街（Via del Corso）更重要的主要街道，因为穿过它的道路是直角的（1973 年，第 20 页）。

㉝ 关于教皇西克斯图斯五世（Sixtus V）的城市发展规划，见马格努森（1982 年，第 16 页及以下各页）和加马拉特（Gamrath，1987 年）。不仅仅是这位教皇项目中笔直的街道和视觉焦点节点让人想起奥斯曼。与奥斯曼的规划一样，这也包括对供水的重大改善；正是西克斯图斯五世的供水和水管首次使人们有可能再次生活在罗马的山丘上。他还希望通过提供公共工程来平息失业者的骚乱——这与第二帝国时期的法国是另一个相似之处。

㉞ 另一个令人印象深刻的意大利街道改造例子是热那亚市的新大街（Strada Nuova），建于 1560 年代（今天位于热那亚的加里波第大街）[阿尔甘（1969 年），图 90]。

㉟ 马格努森（1986 年），第 230 页及以下各页。克劳特海默还强调了亚历山大项目的政治意义，其中包括梵蒂冈圣彼得广场（St peter's Square）以及罗马人民广场的重建和双子教堂

的建设：“亚历山大愿景——关于复兴和重生罗马，并超越欧洲所有首都，仍然希望在更广泛的规划中得到理解，作为政治声明”（克劳特海默，1985 年，第 138 页）。“需要一个新的宏伟的罗马”形象“来给人留下深刻印象……关于罗马人和国外世界，主要是关于罗马的游客”（同上，第 142 页）。拿破仑三世统治下的巴黎重建以及其他几个宏伟的 19 世纪资本发展项目也是如此。

㊱ 吉鲁亚德与文森佐·斯卡莫齐（Vincenzo Scamozzi）为意大利维琴察（Vicenza）奥林匹克剧院（Teatro Olimpico）绘制的装饰草图进行了启发性的比较，这些草图显示了非常相似的街道视角（吉鲁亚德，1987 年，第 119 页及以下）。

㊲ 例见拉韦丹（1960 年），第 103 页及以下各页。

㊳ 见瓦尔代奈尔（Valdenaire，1926 年），第 77 页及以下和费尔（1983 年），第 137 页及以下各页。

㊴ 见 1959 年奇拉（Tschira）研究。

㊵ 阿尔甘（1969 年），第 31 页和贝内沃罗（1980 年），第 556 页及以下各页。在这方面，还可以提到，在 1560 年代，庇护四世（Pius IV）在博尔戈·莱奥尼诺（Borgo Leonino）外布置了一个全新的地方皮欧小镇（Borgo Pio），那里对矩形性（rectangularity）的追求比费拉拉的新区更一致 [加姆拉特（Gamrath，1976 年）]。

㊶ 《南锡史》（Histoire de Nancy），第

133 页；拉韦丹（1960 年），第 100 页 f。

㊷ 埃格利（Egli，1967 年），第 99 页。

㊸ 蒙特尔（Münter，1957 年），第 73 页和第 81 页及以下各页。蒙特尔还讨论了米尔海姆，或多或少是曼海姆的同时代人，也有类似的规划。关于曼海姆，另见埃格利（1967 年），第 101 页及以下各页。

㊹ 对瑞典 17 世纪城市政策的基本调查和研究是埃里克森（1977 年）。

㊺ 关于 17 世纪瑞典城市发展政策的开创性著作是艾默尔（1961 年）的作品，它也提供了丰富的插图。另见托马斯·霍尔（1991 年），第 170 页及以下各页。瑞典 17 世纪的规划关注街道的位置，有时还关注街区的划分。另一方面，这些规划没有提到建筑物的设计。关于这一点的指令来自国家政府的一系列法令，主要涉及用砖构建筑取代木构建筑。然而，这个雄心壮志在很大程度上没有实现，也许主要是因为砖房对市民来说太贵了。

㊻ 这种城市重建之所以有可能，至少部分是由于瑞典普遍使用的木材技术，这意味着房屋可以被相对容易地拆除，然后在其他地方重新建造。

㊼ 关于乌普萨拉（Uppsala），见斯堪的纳维亚历史城镇地图集（Scandinavian Atlas of Historic Towns），第 4 号。

㊽ 见诺邓斯特伦（Nordenstreng，1908 年），第 191 页及后（但该页很少注意这一规划）和《芬兰城市体系的历史》（Suomen Kaupunkilaitoksen Historia），I，第 323 页及以下各页。在 17 世纪的某个阶段，卡尔马考虑了一个放射规划［见霍尔（Hall，1991 年），第 172 页，图 5.4］。

㊾ 见洛仁佐（Lorenzen II，1951 年），第 144 页及以下各页；哈特曼与威拉德森（Hartmann and Villadsen，1979 年），第 21 页及以下各页；拉尔森（Larsson 和托马森 Thomassen，1991 年），第 8 页及以下各页；洛兰奇和梅赫尔（Lorange 和 Myhre，1991 年），第 118 页及以下各页。

㊿ 例如，见拉斯穆森（1973 年），第 84 页 f；希伯特（1969 年），第 67 页及以下各页；莫里斯（1987 年），第 217 页及后；米尔恩（1990 年）。

51 例如，雷恩（Wren）的提议是在 1842 年汉堡大火后制定规划的背景下讨论的（舒马赫，1920 年，第 5 页 f）。伦敦规划也被提及为路易·拿破仑决定重建巴黎的可能灵感来源。

52 莫里斯声称"雷恩的规划与纽约城市的需求完全无关"。"当然不可能将雷恩的规划视为基于使用未消化的欧陆文艺复兴时期平面图的通宵练习。"（莫里斯，1987 年，第 220 页 f）第一条评论可能是正确的，但第二条评论绝对具有误导性。该项目试图创造一个合理的城市结构，它指向前方而不是后方。

53 1667 年的《重建法》（The Rebuilding Act of 1667）转载于米尔恩（Milne，1990 年），第 117 页及以下各页。

(54) 关于圣彼得堡的研究的主要文章是巴特尔（Bater，1976 年），它详细介绍了 1914 年之前的俄罗斯首都。重点是工业化过程及其经济和社会影响，但作者也考虑了物理环境。汉密尔顿（Hamilton，1954 年）和叶戈罗夫（Egorov，1969 年）也讨论了该镇的规划和建筑发展。

(55) 巴特尔认为，彼得堡的城市发展规划可以归纳为五项基本原则："街道要笔直，建筑物要用砖或石头；在总体规划中，河网水体要充分使用；一旦确定，必须严格遵守规划；在城市内，特定群体将被分配到特定地区；城市事务的管理将集中在常驻商业和工业精英手中"（巴特尔，1976 年，第 21 页）。

(56) 巴特尔（1976 年），第 28 页及后和地图 7。

(57) 同上，第 31 页。

(58) 埃格利（1967 年），第 133 页及以下各页和拉韦丹（Lavedan），胡古恩尼（Hugueney）和亨拉特（Henrat，1982 年），第 189 页及以下各页；另见尼尔（1990 年）。

(59)《爱丁堡，新城市指南和米德》（Meade，1971 年）。关于爱丁堡的规划的文章是杨森（Youngson，1966 年）。

(60) 埃格利（1967 年），第 81 页 f 和威廉姆斯（Williams，1984 年），第 74 页及以下各页。

(61) 克雷格（1992 年），第 172 页及以下各页；参见麦克帕蓝德（Mc-Parland，1972 年）和麦克库朗（McCullough，1989 年），第 74 页 FF。

(62) 这段话基于展览目录 门斯特施泰德（Monsterstader，1974 年），并附有戈兰·林达尔的文字；另见布宁（Bunin，1961 年），第 107 页及以下各页。这里提到的板块称为：Polone sobranie zakonov rossijskoj imperiy 1839 kniga tserteshei i risunkov（Plany gorodov）。

(63) 关于欧洲以外殖民时期城市基础的调查，见埃格利（1967 年），第 224 页及以下各页。关于印度，还有尼尔森（Nilsson，1968 年），特别是第 40 页及以下各页。

(64) 摘自雷普斯（1965 年），第 29 页，他强烈强调了这一规定的重要性，"在整个西班牙统治时期几乎没有改变"，对西班牙在美洲建立的城镇，另见斯坦尼斯拉夫斯基（Stanislawski，1947 年）和克劳奇、加尔和蒙迪戈（Crouch，Garr and Mundigo，1982 年）。

(65) 约瑟夫森指出，巴达维亚（雅加达）的规划可能与哥德堡平行（约瑟夫森，1918 年，第 95 页）。

(66) 有关美国的发展，请参阅雷普斯（1965 年）和斯库里（Scully，1969 年）。以下段落主要基于雷普斯（1965 年）。

(67) 雷普斯（1965 年），第 157 页及以下各页。

(68) 引自雷普斯（1965 年，第 294 页）。然而，有关旅行者弗朗西斯·贝利（Francis Baily）后来发现，直线性规划模式被使用得太离谱了，有时"为了偏见而牺牲了美丽"，但最重要的是，他批评了这样一个事实，即它"完全不考虑土地地面的情况"。在不合适的地形上应用严格的网格规划有时会导致非常奇怪的结果（每个到旧金山的游客都有理由注意到这一点）。1772年，一位游客，来到新奥尔良即将建设的场地，这位游客说，负责这项工作的工程师"刚刚向我展示了他自己发明的规划；但是，要付诸实施并不像把它写在纸上那么容易（同上，第81页）。可以补充的是，在1830年代关于雅典规划的讨论中，提到了"华盛顿、纽约和费城的常规方形地块"作为坏例子[卢萨克（Russack），1942年，第21页]。

⑥⑨ 雷普斯（1965年），第240页及以下各页。

⑦⓪ 同等来说，关于伦敦的研究，是约翰·格温（John Gwynn）于1766年出版的《伦敦和威斯敏斯特改进》（ *London and Westminster Improvement* ）和小乔治·丹斯（George Dance the Younger）在伦敦桥两侧进行大规模重建的规划（Rosenau，1974年），第115页及以下各页）。维也纳也发生了类似的辩论（见第171页）。

⑦① 关于肖克斯，见克鲁夫特（1989年），第112页及以下各页。

⑦② 关于瑞典布鲁克，见霍尔（1991年），第174页及以下各页和图5-9。

⑦③ 关于18世纪末和19世纪初的模范社区，例如见埃格利（1967年）、贝内沃洛（1968年）、贝尔（Bell，1969年）、肖伊（1969年）和罗森诺（Rosenau，1974年）。

⑦④ 例如，在1811年提交纽约总体规划提案的委员会时写道，也许考虑到了上述华盛顿和底特律的项目："引起他们注意的第一个对象是开展规划的形式和方式；也就是说，他们是否应该将自己限制在直线和矩形街道上，或者他们是否应该通过圆形、椭圆形和星形来调整，进行一些所谓的改进，这肯定会带来布局规划的美化提升，它们在便利性和实用性方面可能产生什么影响。在考虑这个问题时，他们不得不记住，一个城市主要由人们的居住地组成，直接一侧和直角的房屋建造起来最便宜，居住起来最方便。这些简单的反思的效果是决定性的。"（引自雷普斯，1965年，第297页）。这个和类似的例子表明，没有任何美学野心的一致矩形平面图，仍然是许多人首选的替代方案。

译注

❶ 塞纳省长（Prefet de la Seine），1789 年法国革命后的 1790 年，以巴黎为中心建立巴黎省，1795 年更名塞纳省，包括以巴黎为中心和周边地区的若干范围，直到 1968 年才拆分为小范围的新巴黎省和另外三个省。1853 年奥斯曼来到巴黎接受任命，开始他连续十七年改造巴黎的工作，直到 1870 年。

❷ Napoleon III，全名路易·拿破仑，拿破仑三世，是著名的波拿巴·拿破仑（一世）的侄子。

❸ Insulae，指古罗马普通人居住的模式化的狭小公寓住区"岛屋"。古罗马的住宅类型分为 insulae、domus、villa 三种类型，insulae 为城里的中低阶层的住区方式，domus 为城里上层阶级和富有阶层在城里的深宅大院，villa 则为他们在郊外的别墅。

❹ 原词为 zu befestigung der Stett，Schloβ vnd flecken，意为加固城堡（德语）。

❺ 文艺复兴时期，在美第奇家族的牵头下，对于佛罗伦萨城市进行了系统而全面的改造，包括著名的 Piazza Signoria——美第奇家族掌权的市政厅所在地绅士广场和办公场所乌菲兹（Uffizzi）大楼，和他们家族在佛罗伦萨阿诺河对岸的皮蒂宫殿（Palazzo Pitti）之间的瓦萨利连廊（Corrido Vasariano）等一系列的项目。

❻ 14 世纪，罗马教皇教廷曾经较长时间在法国南部的阿维尼翁。13 世纪末，由于罗马政教各派别之间的激烈斗争，直接威胁到教皇的安全。因此，在法王腓力四世的支持和安排下，1309 年，教皇克雷芒五世决定从罗马迁居到阿维尼翁（直到 1378 年）。由于教皇的迁居，教徒们就把阿维尼翁作为朝拜的圣地。

❼ 山顶的三位一体教堂（Trinita dei Monti），一般通俗称为西班牙台阶广场教堂。

THE CITIES

城市

第 3 章

巴

黎

PARIS

　　曾经有一项来自美国的研究非常认真地使用复杂的积分系统，来比较世界上最具吸引力、最伟大的城市。不出所料①，该研究发现巴黎赢得了最高的分数。几代欧美人都毫无疑问地认为巴黎是世界上最美丽、最令人兴奋的城市。巴黎成为一个世界顶级城市的时间②，实际上并不是很长。它可以追溯到法国第二帝国时期，也就是1867年。那是第二届法国世界博览会❶，拿破仑三世政权崩溃之前的最后一次荣耀狂欢。这次世博会确立了巴黎宏大壮丽风景的城市名声，凸显了其繁华与罪恶之城的美誉。就在几十年前的19世纪上半叶，巴黎还被认为是欧洲最脏乱的城市。这种惊人变化，归功于乔治·尤金·奥斯曼（Georges-Eugène Haussmann）领导下的彻底转变。如果其他19世纪的城市规划努力几乎没有引起人们的注意——至少直到最近——奥斯曼的巴黎已经成为一个公认的概念。其影响超出城市建设的专业界，在全世界相较于任何其他国家或任何时期，均获得了巨大的声誉。因此，要梳理19世纪各国首都规划，巴黎明显是最好的出发点。

　　奥斯曼所面临的巴黎，积累和延续了漫长中世纪遗留下来的各种问题，因此在开始我们的故事之前，有必要对之前的巴黎作简短的回顾梳理，才能得到清晰的线路。巴黎的雏形，来自一个在塞纳河两岸的古罗马时代的聚居地，集中在古典时期至后来巴黎圣母院所在的西岱岛③（Lle de la Cite）。在公元3世纪下半叶，和几乎所有归属古罗马化的城镇一样，西岱岛城与高卢（Gaul）❷地区的城市都建立了城墙防御系统。按照惯例，中世纪市场在古罗马时期的城墙外生长，在巴黎则是在塞纳河的右岸。在城墙的周围有了几座教会建筑，而主教堂则建在城墙内。在这里，巴黎也遵循着高卢地区的城市常规的发展模式。巴黎的地理优势在于，它靠近佛兰德斯（Flanders）和著名的香槟酒市场，但对其未来发展最重要的因素，是卡佩王朝❸皇家住所的角色，该王朝正在逐步巩固其地位，并致力于创建一个法兰西民族国家。在 11 和 12 世纪，巴黎人口持续增加，城市建筑面积扩大，尤其是在右岸。出城的旧路，尤其是荣耀大道（Rue St-Honore）、圣丹尼斯大道（Rue St-Denis）和圣马丁大道（Rue St-Martin），已成为主干道。大约在 1200 年，巴黎建造了新的城墙来围住建筑区域（图 3-1），几乎同一时间，许多城市也出现了类似的发展情况。

14 世纪，欧洲许多大城市发展停滞下来，但巴黎则持续发展，这显然受益于其"首都"功能日益增长的重要性。虽然许多城镇，例如北欧最大的两个中世纪城市科隆和布鲁日，在修建城墙时树立了过于慷慨、宏大的理想，但过大的城墙内的用地从未完全建设完毕；而巴黎城墙内部则发展得日益狭窄。1370 年左右，巴黎在北侧建造了新城墙，大大增加了能够防护的面积（图 3-1）。大约在 1600 年，城市的发展集中在城墙的西北侧。到中世纪末期，巴黎已经形成了一个复杂的城市结构，由几个现在相互连接的核心定居点组成。除了一些教堂外，几乎没有纪念性、仪式感的重要城市节点。古老的、自发演变的狭窄曲折街道网络蔓延在大部分城区，无论距离河岸远近，都已经不堪重用了。膨胀的人口规模和稀缺的公共空间，使得居住生活条件日益恶劣，城区卫生健康问题严重④。

法国亨利四世在位时期，开启了城市建设史⑤上的新纪元，两个新的广场，即位于城北侧东部边缘的孚日广场（Place des Vosge，1605 年，原为皇家广场），还有位于西岱岛城（Lle de la Cité）西端的三角形多芬广场（Place Dauphine，1607 年）

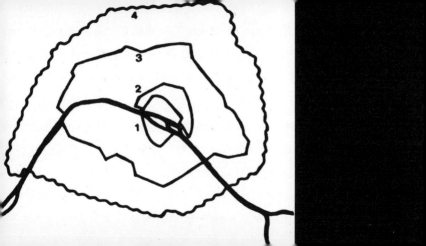

（图 3-10）。作为整体规划的组成部分，还包括一座中世纪晚期
类型的新桥、一座国王的骑马雕像和一条穿过南岸的新街道多芬
街。两个广场都被风格统一的建筑所包围，旨在为君主制的法国
创造一个有价值的首都，成为城市生活中的户外空间。这尤其适
用于拥有众多商店和繁忙商业活动的中心位置的多芬广场；而孚
日广场，虽然最初是规划为商业性质的丝绸生产[6]的中心，但最
后变成了贵族公共生活的空间。[6]孚日广场和多芬广场是典型的
在地设计规划（local design planning）的例子，这些规划是巴黎
直到第二帝国时期城市发展的特征。第三个著名的项目，法兰西
广场（Place de France），则一直停留在图纸的规划阶段。法兰
西广场规划为半星形，有八条辐射街；至于规模，它可以与奥斯
曼的规划相媲美。如果这个项目实现了，巴黎城区东北的布局就
会大不相同。它的局部可以在图伦街（Rue de Turenne）中看
到，旨在将新空间与孚日广场[7]联系起来。

　　17 世纪末的巴黎和维也纳可能是城区最为紧凑、密集的
城市，房子盖得越来越高，院落越来越拥挤，狭窄街道上的交
通也越发混乱。在 1680 年代，又有两个广场开始建造，即胜
利广场（Place des Victoires，图 3-2）和旺多姆广场（Place
Vendôme，图 3-3），用来表达对国王路易十四的敬意，它们是
在城市结构中具有纪念意义的户外空间，不过与其他城市结构相
比，这还不是最辉煌的。两者也都是商业操作——皇室形象可能
既是一种推广项目的方式，也是一种向国王致敬的方式。业主可
以按照自己的想法来建造房屋，但必须遵循统一的立面设计。在
旺多姆广场的案例中，广场立面的外墙，甚至在周围建筑开工之
前就单独建造，所以说"立面主义（facadism）"绝不是 1980 年
代[8]的发明。

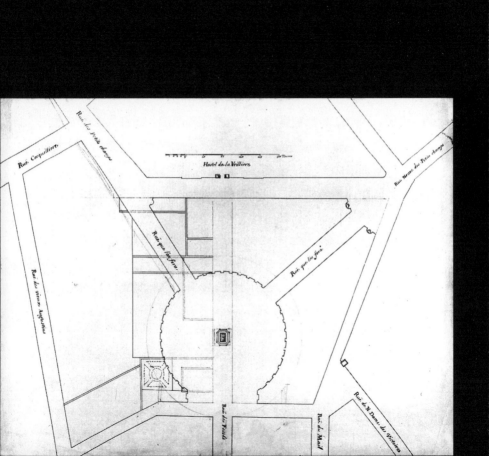

Rue. Coquilliere.

Rue des Petits champs.

Hostel de la Vrilliere

Rue Neuve des Bons Enfans

Rue des vieux Augustins

Rue que les feri

Rue qui les feri

Rue du Mail

Rue de N Dame des Victoires

Rue des Fossés

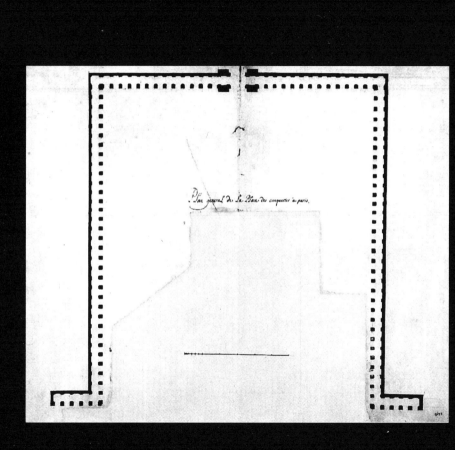

Plan general de La Place des conquettes à paris.

这种偶尔的案例控制只是产生了美化效果。而更多的工作，是需要处理不合标准的城市环境和过度的开发。而且，正如我们所见，17 世纪大规模的城市开发已经出现。瑞典斯德哥尔摩的城市规划就是一个很好的例子。在丹麦的哥本哈根和德国的柏林，也有了影响深远的城市规划项目；在英国伦敦，克里斯托弗·雷恩等人在 1666 年的伦敦大火之后开启了一项大规模的城市规划，不过该规划一直处在图纸阶段而尚未实施。

如果欧洲有哪个国王有资源改造他的首都，那就是路易十四。也许在他统治的早期就有类似的规划，但后来他逐渐将注意力转向郊外的凡尔赛，在那里修建新的皇宫使之成为法国新的政治中心。一些法国学者试图研究路易十四，发现他的性格与他年轻时在巴黎的尴尬经历，特别是在吊索下所遭受的屈辱有关；以及从他当时访问凡尔赛在狩猎小屋⑨体验快乐的感受，来解释这一点。其中一些解释可能有用。但与巴黎市区的狭窄恶劣而困难的建设条件对比下来，凡尔赛能创造足够宏大的空间场景，太阳王路易十四权衡后决定将野心集中在凡尔赛。在这里，不受旧首都拥挤的环境影响，他可以利用周围的场地来建设，按照自己的想法来规划，达到他想要的那种仪式崇拜和权力氛围。巴黎城里的问题留给以后其他人去解决⑩。

然而，巴黎在 1670 年作出了拆除城墙工事的决定，这对后来巴黎的城市发展产生了非常重要的影响。在拆除城墙的空地上，建设巴黎城北绿树成荫的林荫大道。因此，今天被称为"林荫大道"的道路出现了（图 3-1 和图 3-6），它成为"林荫大道"这一新的街道类型。这条环路最初主要是用于步行或乘车进行舒适优雅的郊游，不过随着把环路作为城市规划中公认的交通元素引入，它逐渐成为巴黎交通路网系统的重要组成部分，以弥补其原来的交通短板。当然，在经历了一段时间之后，巴黎的林荫大道才逐渐形成了这一新的城市街道类型，在林荫道两边都有建筑，宽阔的绿树成荫的道路成为城市中一个不可或缺的场景：林荫大道进而在其他首都城市得以推广。

巴黎城市后来极具仪式和庆典感觉的种子——卢浮宫、香榭丽舍大街、拉德芳斯、夏佑 - 星形广场（Chaillot Place de l'Étoile）——这些都可追溯到路易十四时代，以卢浮宫前的杜乐丽花园项目的形式出现在安德烈·勒·诺特（André Le Nôtre）❺的设计中。杜乐丽花园（Jardin des Tuileries）围绕着一条明显标记的中轴线建造，该中轴线指向后来将要建造的凯旋门的山丘。随后，不同时代的几位法国元首在这条轴线的建设和强化中，展现了这条轴线的荣耀：路易十五、拿破仑一世、拿破仑三世、夏尔·戴高乐和最近的弗朗索瓦·密特朗。

在 18 世纪，因为人口压力不断增大，巴黎的情况继续恶化。到 18、19 的世纪之交，巴黎人口规模达到五十万。巴黎不再建设新的城墙，城市保留了其旧结构，人口集中在市中心部分。在这方面，巴黎不同于伦敦，伦敦的人口大约是巴黎的两倍。但伦敦有更分散的结构，有多个核心区域，总体密度较低。

在启蒙运动期间，人们开始认真讨论巴黎的改造问题（“巴黎的点缀”——Des Embellissements de Paris，引用伏尔泰 1749 年出版的一本小册子的标题），这里的“装饰”概念包括将巴黎建设成为一个更加健康、便捷和高效运转的城市。它列举和研究了巴黎城市环境的缺点和混乱，并提出了补救措施。此外，尤其建筑理论家阿贝·劳吉尔（Abbé Laugier）的著作，还有皮埃尔·帕特（Pierre Patte）的著作，都反映出人们越来越认识到，需要通过改善街道网络，并建造好的商业市场和建筑，以适应公共活动的需要，使城市适应新环境需求⑪。根据帕特的说法，种植树木的大道和星形广场，应该是城市建设的重要元素。像劳吉尔一样，他甚至呼吁制定巴黎规范化的规划。这也许是第一次在现代意义⑫上使用总体或总体规划的概念。⑫他还规定了供水总管和污水处理系统（图3-4）。

大文豪伏尔泰还出人意料地发起了具体的关于巴黎的公开辩论。他宣称巴黎人应该为生活在世界上最富有的城市感到羞耻，那里只有两个正常运转的喷泉，而且必须在狭窄、污染严重的街道上购买食物。他呼吁"公共市场、真正提供水的喷泉和规则的街区……狭窄肮脏的街道必须拓宽……我们有足够的钱买一整个王国，但我们每天都可以看到我们城市的各种短板问题，但什么都不做……"伏尔泰意识到这种规划，需要经济资源；他继续要求按比例征税来资助巴黎的改造⑬。他的这些话写于1750年左右，在路易·拿破仑（拿破仑三世）上台之前一百年。伏尔泰的关于城市建设的这些想法，终于在百年之后路易·拿破仑（拿破仑三世）的第二帝国之下才诉诸实现。

伏尔泰的这些想法，劳吉尔、帕特和其他人并没有具体响应。在路易十五统治时期，人们已经越发意识到整体规划的实施是应该的。那时最大的项目——协和广场（1755—1775年，原路易十五广场），由安吉·雅克·阿布里尔（Ange-Jacques Gabriel）设计，与早期的广场相比，它更像是一个建筑展示体。在协和广场建立之前的竞赛中，已经有了几个可能涉及重大城市改造的项目。它们都能在皮埃尔·帕特的一本著作中被看到（图3-5）。⑭

近年来，人们对法国大革命所带来的变化进行了激烈的辩论。这些批评的声音警告说，不要高估法国大革命❻新思想先驱

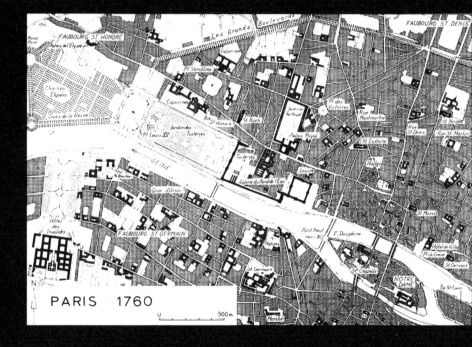

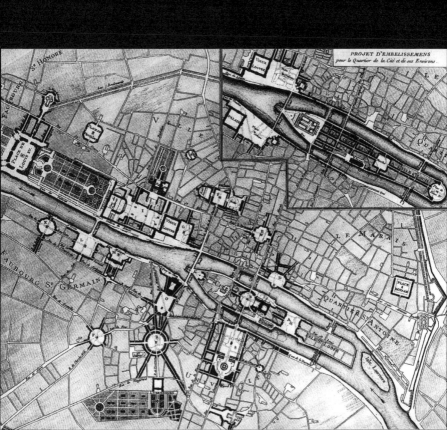

的重要性。就巴黎的街道改善而言，在古典时代的最后十年里，似乎确实取得了一些突破。1783 年批准了建筑规范，规定了街道的宽度、建筑物的高度和建筑许可。同年，路易十六批准了城市地图的准备工作。几年后，皇家建筑师查尔斯·德威利（Charles de Wailly），提交了一项街道改善规划。它包括城市南侧几条新的主要街道和一条从卢浮宫到圣安东瓦街（Rue St. Antoine）的新街道[⑮]。学者萨特克利夫将这些措施视为巴黎规划史上的一个转折点。因此可以说，19 世纪巴黎的形成始于 1780 年代[⑯]。

法国大革命后，巴黎总体规划工作在 1793 年任命的"艺术家委员会"（Commission des Artistes）的主持下继续进行。委员会的提案——在文献中被称为"艺术家规划"——源自帕特和威利的想法：尽可能开发建设新街道。按照查尔斯·德威利的提议，工作重点是巴黎南部现状开发较少的地区，该规划设想了一条新的东西向主干道，与北侧的塞纳河平行。大道和星形广场是帕特规划的重要成分。在该地段的南部规划了一个大的星形广场，东边则规划了另一个稍小一点的星形广场，位于巴士底广场。[⑰]然而，对于任何真正重要的成就来说，情况还是太混乱了。在土地公有化过程中（尤其是针对占全国土地 10% 的教会的土地的没收、国有化），土地都被出售用于开发，因而错失良机，没有将其用来进行公共空间建设。

1800 年左右，巴黎最有影响力的城市设计理论家是度兰德（J.N.L.Durand），他主张从古希腊和古罗马的城市规划艺术中寻求解决当下问题的方法灵感。他特别强调了街道和圆形露天场所凉廊的重要作用[⑱]。古罗马遗留下来的建设经验也吸引了拿破仑一世，他不仅将自己视为帝国的建设者，而且还将自己视为城市的建设者[⑲]。拿破仑一世对巴黎规划史上最重要的贡献之一是开始建造里沃利街（Rue de Rivoli），即由威利伯爵提议并列入"艺术家规划（plan des artistes）"的东西轴线。在拿破仑一世的统治下，里沃利街建造了最简单的部分，即从协和广场沿杜乐丽花园到卢浮宫的部分，北侧是与查尔斯·珀西尔（Charles Percier）和方丹（P.F.L. Fontaine）的朴素严格统一的外墙和开放式拱廊。从卢浮宫延伸出来，穿越混乱的旧房屋群并通往巴士底广场方向的难点工作，被留给了后来，但正如萨特克利夫指出的那样，拿破仑一世❼所启动的工作足以使得"建立里沃利街⑳"成为后来街道改进的范例。另一项为城市景观增添了决定性标志的工程是在夏佑山（未来的星形广场）上建造凯旋门（始于1806年，1836年完工）。这实现了一些早期想法，同时满足了巴黎应该被设计为"罗马继承者"的意识形态。还应该提到马德琳娜教堂的竣工，其严格的新古典主义立面为皇家街道提供了背景，并衬托了北面的协和广场。作为南面的配套建设，在塞纳河另一边现有的波旁宫之前，像屏风一样增加了科林斯神庙的正面，形成了一个宏伟的横轴。但并非一切都为了追求巨大的影响。像古罗马皇帝一样，拿破仑一世也规划了街道、水管和其他必要的东西，使他的首都成为一个更舒适的城市。但到1812年，这些项目都没有启动，而那些已经开始的项目，如规划中的东西轴线，也没有完成。

19世纪上半期巴黎的人口从54.8万增加到105.3万，即平均每年约有一万新增居民，相当于当时一个中等城市的人口。但是中心的街道网络仍然是中世纪的，而且标准很低。圣丹尼斯街（Rue St-Denis）和圣荣耀街（Rue St-Honoré）等主路到市中心就逐渐变窄，其他街道则是断头路。几条中央街道本应该能承担过境交通和市内交通，但却十分狭窄，两辆马车几乎无法通过。即使对于行人来说，步行也很困难。通常没有人行道，许多地方的排水都流到街道上，城里有 3.7 万匹马（1850 年）也留下了它们的（粪便）踪迹[21]。这些铺砌得很糟糕和泥泞的街道，还是繁忙的食品市场。不可否认，市中心的大部分建筑都很简陋。又高又窄的房子维护得很差，人满为患。几乎所有地方都密密麻麻地不断建设；日照和新鲜空气几乎无法到达街区内部。水不仅质量差，而且供应也非常短缺。最重要的水源塞纳河，也不断有污水流入。而所有这些情况都因人口不断增长带来的新增压力而更加恶化。

负责管理城市，并因此负责确保采取必要行动的人是国家官员，即 Préfet de la Seine——塞纳河省省长，由中央政府任命并向中央政府负责。还有市议会，即市政委员会（后来更名为市政咨询委员会），但它也是由中央政府任命的，因此在影响巴黎发生的事情方面，中央政府起着强大的作用。甚至可以说，鉴于这种行政建设，改革的主动权必须来自中央政府。

在法国大革命后的恢复期间，城市没有主要机构来负责。尽管在私人投资下进行了大量住房建设，特别是在城市的北侧。例如，在 1834 年的巴黎地图（图 3-6）中，我们可以看到里沃利街仍然在卢浮宫西侧终止[22]。流行病、社会动荡和混乱的交通状况很难采取行动来改善，好在在路易·菲利普的领导下，内城的条件开始尝试改善，但规模很小。供水和污水系统被扩大了，并实施了一些街道改进，其中最重要的是建造了从中央市场向东延伸的朗布托街。这条街以朗布托伯爵的名字命名，他在七月王朝君主制的大部分时间里就任塞纳河省长官。这期间没有制定新的总体规划；"艺术家规划（plan des artistes）"似乎仍被视为此类规划的非官方版本。1840 年代的主要城市发展问题涉及中央

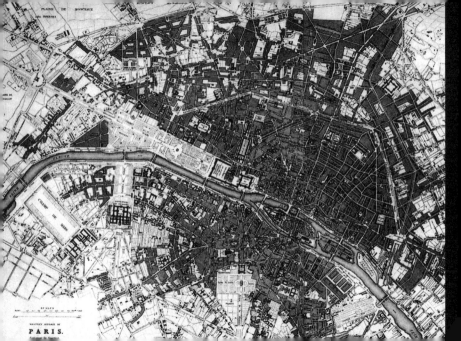

PLAINE DE MONCEAUX

CHAMP DE MARS

PARIS.

市场（Les Halles），该市场在市中心产生了大量交通。那里的卫生条件也极不理想。巴黎政府讨论了两种替代解决方案，即在原址建造新的市场，或者将其从城市中心搬迁离开。朗布托（Rambuteau）支持第一个选项。关于中央市场的分歧也阻碍了中心的任何其他行动。直到 1847 年，也就是七月君主制垮台[23]的大约一年前，才最终决定保持批发市场原地不动并在旧场地上，建立新的有盖市场。1847 年，政府决定应该增加进出市场的街道，并采取相应措施。

路易·拿破仑三世在国外流放期间就对城市发展问题很感兴趣，他刚一掌权，就决心在巴黎发起激进的行动。行动包括鼓励对城市开发和基础设施建设进行逐步投资、创造就业机会和启动一系列改善。但对拿破仑三世来说，展示他自己的力量并完成他著名的叔叔拿破仑一世的伟大城市发展项目当然同样重要，该项目在所谓的过渡政权时期一直处于休眠状态[24]。1839 年，他发表了一篇题为《拿破仑思想》（Des Idées Napoléoniennes）的论文（同时以英文出版的）。拿破仑三世写道："拿破仑思想只重视行为；它讨厌废话。别人讨论事情花费了十年的时间，它在一年内执行[25]。"然而正是这个巴黎的改善和重建计划，成为一个被无休止地讨论却没有任何进展的问题。

因此，当路易·拿破仑三世于 1848 年掌权时，作出了重要的规划决策并启动了一些项目。他在位期间屡次三番地向新任塞纳河省省长让·雅克·伯杰施加压力，要求后者恢复里沃利街的建设工作，并加快中央市场周围的街道改善。拿破仑三世并不满足于完成过去已经开始的规划，他还想推出自己的项目。当他在 1851 年 12 月政变后，开始动工建设斯特拉斯堡大道和雷恩街，一方面是打通火车东站和斯特拉斯堡大道之间的连接，修建了火车站，另一方面是连接蒙帕纳斯和市中心。但这还不足以让这个新皇帝满意，他要求以贷款融资采取进一步措施。但是伯杰原则上反对接受贷款以扩大改造规划的想法——这种态度使他在市议会中很受欢迎。他们之间在贷款融资问题上的长期矛盾越发尖锐，伯杰被迫离职。

现在是选择一个新的继任者的时机了，新人不能那么谨慎胆小，而需要有魄力，新的塞纳河 - 巴黎省长，要来完成这一艰难但有声望的工作。经过非常谨慎的寻找，选定了时任波尔多市长乔治·尤金·奥斯曼（Georges-Eugène Haussmann），一个有权威和精力过人的候选人（图 3-7），他十分明白皇帝拿破仑三世的意图。他虽然缺乏丰富的城市开发经验，但却是强势坚决而干练老成的官员，并且是忠诚的波拿巴主义者[26]。他现在被召唤到巴黎。负责"工作面试"的内政部长佩西尼，在回忆录中描述了他对奥斯曼的第一印象，"高大、强壮、精力充沛，同时精明狡猾，具有足智多谋的精神……至于我，对于这人的个性则深受感动，他向我展示了他的愤世嫉俗，我十分满意……我相信，奥斯曼所具备的，类似猫科动物般的活力，能够勇猛地撕裂那些反对帝国愿望的'狐狸'和'狼群'，击败他们，进而大力推动巴黎的规划。[27]"

1853 年 7 月，奥斯曼被任命为塞纳河省省长。正如我们已经指出的，他直接对中央政府负责，即在这个特定时期（要迎接两年后的巴黎第一届世博会），就是对皇帝拿破仑三世负责。他的权力是相当大的。市议会可以通过拒绝分配必要的资金来推迟甚至停止新项目，但市议会成员不是选举产生的，如上所述，他们是由皇帝拿破仑三世根据省长的推荐来任命的。因此，有很多机会建立一个顺从听话的理事会。

图 3-7 "奥斯曼男爵"。（来源:《奥斯曼男爵的作品》一书）

奥斯曼（图 3-8）在巴黎开始了对于城市的开发，他提高了市政管理的效率，并为整个巴黎绘制地图，平整场地[28]。在里沃利街目前的工作中，由于缺乏任何测量图，地形不平整造成了严重的问题。据推测，在这个阶段，奥斯曼还讨论了规划的某些整体方面。据说，就在奥斯曼宣誓就任省长的那天，拿破仑三世递给他一幅巴黎地图，上面用四种颜色展示了将要建造的街道。颜色表示优先级。不幸的是，这张地图已经丢失；不过另一个备份图，就是 1867 年呈交普鲁士的威廉一世做的柏林重建参考的文件幸存找到了，但它可能在各种基本方面与原始重建有所不同[29]。令人惊讶的是，总体规划没有制定和公布，就像后来在其他首都城市所做的那样[30]。这可能部分是因为担心规划中的破坏程度会引起抗议，而且因为街道改善建议被视为一揽子措施，而不是总体规划的一部分。或许，也希望这样能防止投机。但是，除了拿破仑三世皇帝的草稿之外，似乎甚至没有内部使用的总体规划。

在奥斯曼上任的第一年，里沃利街的工作继续进行，该街延伸到圣安东尼街，以便与林荫大道环相连。与此同时，南北主轴线的规划开始与里沃利街一起创建一个街道系统，奥斯曼称之为巴黎大十字路（Grande Croisée de Paris）。不过，奥斯曼决定将斯特拉斯堡大道延伸到这两条街道之间的街区（图 3-8）。该大道始于 1851 年，造成这种情况的一个决定性原因，当然是它允许斯特拉斯堡大道直接延续。新街道穿过街区内部，那里的建筑物最差，土地价值最低，那么清理效果也会更大，获得土地的成本也会更低。此外，通过这种方式，可以在两侧创建一条带有新建筑物的街道。如果对既有街道展开重建设计，虽然一侧的旧建筑物可以保留，但这将降低另一侧新物业的价值。这种通过旧街区内部尽可能建造新街道的想法，成为后来街道改善规划的特色[31]。

图 3-8 巴黎。航拍照片显示圣丹尼斯街、塞巴斯托波尔大道和圣马丁街。一种方法本应是拓宽现有的一条街道（圣丹尼斯街或圣马丁街），但实际上采用的是一条全新的街道规划方法——塞巴斯托波尔大道被切入原有街区的内部。[来源：

新的南北大道——塞巴斯托波尔大道（Boulevard de Sébastopol）以皇宫大道（Boulevard du Palais）的名义延伸穿过西岱岛城（Île de la Cité），在塞纳河的南岸，称为圣米歇尔大道（Boulevard St-Michel）[32]。但与它相连的大十字（Grande Croisée）街道只是开始。在奥斯曼执政的 17 年间，实施了一系列的建筑和街道规划，其规模之大几乎没有任何能匹敌的对手。奥斯曼街道的地图（图 3-9）传达了一种令人印象深刻但又有些令人困惑的印象。不过，更仔细的学术研究确实揭示了，当时没有任何上层次规划，哪怕是一个指导思想，但他的改造却促进巴黎中心城区内部，以及中心城区与城市外围地区之间的交通联系和互动。

在奥斯曼治下的巴黎，中心城区大致由西岱岛、中央市场和市政厅周围的区域组成。在这个核心周围有一个内部区域，北侧与宏伟的林荫大道接壤。然后是一个延伸到关税城墙和林荫大道外环的中间区域。这个地区的大部分是在 19 世纪上半叶建成的。相邻的外部区域由建于 1840 年代的防御工事组成。在 1860 年城市与关税边界被移到这个城墙圈（图 3-1）。中心城区高度开发，而用于住房建设、工业设施等的空地主要在外围区。由于城市核心范围条件极其恶劣，与周边地区缺乏良好的交通联系，城市的中心功能开始向西转移。这一点在 1840 年代就已经得到承认，当时人们讨论了巴黎迁徙以及可能的预案[33]。

帕特和其他人此前曾建议改善巴黎不同地区之间的交通，并实施了一些街道项目，尽管主要是在"欧洲区（Quartier de l'Europe）"等外围地区。除了规模庞大之外，拿破仑三世提出要求、并由奥斯曼实施的规划中的新内容，是对中心和外围之间良好交通路网的系统投资。在被任命的第一天，奥斯曼写道："为了

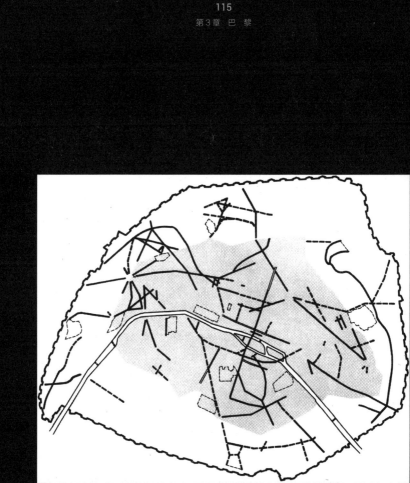

使巴黎最边缘仍然没有发挥作用的广阔空地变得可达和宜居，首先有必要将路网从其中心直接穿越，从而打开中心。[34]"因此，通过更有效地利用外围区域来改善中心的条件。在这里，我们可以看出城市结构的"等级"概念[35]，这与1960年代斯德哥尔摩市转型的基本观点非常相似。

这一点上应该提到铁路，当时法国铁路网的建设已经开始。1840年代，英国和普鲁士的铁路网系统一样，都是以首都为中心向全国辐射的多条线路；通向每个区域的铁路系统都在首都城市有对应的火车终点站。在巴黎，与大多数其他地方一样，这些车站位于郊区最密集的建筑区域。因此，巴黎获得了城市外围的土地，并有与城市中心交通连接的尽端式车站，它们与市中心的联络很不方便（图18-2a）。奥斯曼的职责之一就是解决这个问题——这一目标与他的雄心壮志不谋而合——改善中心与外围之间的交通联系。

在巴黎中心区域范围内，奥斯曼的工作规划和执行的措施可以概括为四个主要方面：

（1）大规模重建：西岱岛城（图3-10）和中央市场周围，使该中心既方便可达而又实用。

（2）巴黎大十字——以里沃利街为东西轴线，四条林荫大道——斯特拉斯堡大街、塞瓦斯托波尔大街、宫殿大街、圣米歇尔大街作为主要的南北轴线。这些通道旨在改善中心区的交通状况，以及中心区与外围区之间的交通。主要的南北轴线也涉及火车东站（Gare de l'Est），还包括少量火车北站（Gare du Nord，巴黎北站紧靠东站——译注）的范围，使得它们与城区中心的交通得以改善。奥斯曼在他的回忆录中经常提到巴黎大十字：很明显，他认为大十字提供了他所需要的路网交通系统的基本骨架。

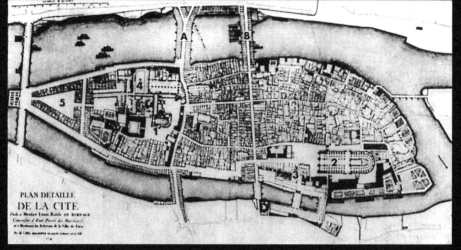

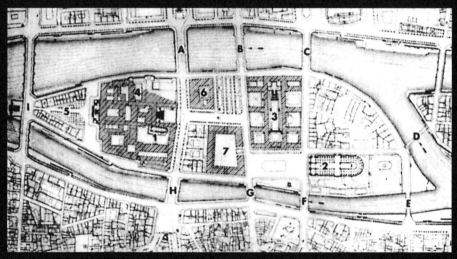

图 3-10 巴黎西岱岛城（城市源头核心区）。上图：1754 年。下图：在奥斯曼规划改造之后。1. 圣礼拜堂。2. 巴黎圣母院。3. 教会医院。4. 司法宫。5. 多芬广场。6. 商业法庭。7. 西岱之家（现为警察局）。字母表示桥梁。[来源：拉梅尔（Lameyre，1958 年）]

（3）城市林荫大道跨越塞纳河并向南部延伸，在中心区周围形成林荫大道环（直到第三共和国时期才实现）。

（4）穿过中央城区的对角线街道，例如图必格大街（Rue de Turbigo）和歌剧院大街（Avenue de l'Opéra）（这条街道直到第三共和国时期才建成）。

除了城区核心内的街道改善外，还创建了一系列从这里到外部的交通干道，例如雷恩街到蒙帕纳斯火车站（Gare Montparnasse）（在奥斯曼时代之前开始）；穿过东郊的多梅尼大道（Avenue Daumesnil）和伏尔泰大道（Boulevard Voltaire）；拉法耶特街（Rue la Fayette），罗马街（Rue de Rome），马勒舍贝斯大道（Boulevard Malesherbes），洋红色大道（Boulevard Mgenta）及巴尔贝斯大道（Boulevard Barbes）和奥尔纳诺大道（Boulevard Ornano）；以及穿过西部的福煦大道（Avenue Foch）、弗里德兰大道（Avenue de Fridland）和奥斯曼大道（Boulevard Haussmann）。1860年的发展似乎很自然地导致了建设的重点从城区的中心重建，转向向外围修通道路。

在某些地方，奥斯曼的街道是如此紧密地相互联系，以至于可以说它们形成了街道系统。其中一个焦点是在东南部，即现在的第十三区。在这里，几条街道在戈布兰大道和阿拉戈大道／圣马塞尔大道的交叉口相遇，但奥斯曼没有特别的野心去创造一个纪念性的地方或任何其他宏伟的效果，大概是因为要顺应该地区的地形和社会特征。

另一方面，在其他地方，仪式感印象更加强烈。在这方面，戴高乐广场（星形广场）独树一帜。通过将八条街道与此时已经终止的四条街道连接成对称的图案，奥斯曼创造了一个难以超越的巨大系统，尽管严格来说它只能从空中完全感知（图 3-11）。通过这种方式，他为巴黎规划中一个长期持续的项目策划了一个精彩的结局：即建造一条东西轴线，一条从卢浮宫到星形凯旋门的大路。正如我们所看到的，这个想法最初是由勒·诺特为路易十四提出的；然后，它继续在加布里埃尔的协和广场规划和拿破仑一世时期开始的凯旋门的建设中进行着。拿破仑三世和他的奥斯曼省长，后来得以继续完成这个巨大的项目，带着帝国的色彩，且与法国伟大的统治者形成联系，结果非常令人满意。奥斯曼继而在城市的东部创建了一个类似的星形场所，即民族广场（原特罗纳广场），再次强化了现有结构。当然，理想情况下，这两个星形广场应该与里沃利街和塞巴斯托波尔大道的交叉口等距，并且与新街道网络中的这个中心点直接连接；但这是一个适应现实的问题。

因此，奥斯曼对巴黎规划的主要贡献，在于以新建道路劈开和穿越既有的老城区结构。但在郊区外围，其开发的程度较低。所以，外围区域反而有更多的土地可以规划，但奥斯曼似乎对外围土地的规划没有野心，即使在 1860 年城市的法定边界移出原来的旧城墙防御圈并扩大之后，大量未建的土地因此成为城市的管辖范围，他还是没有予以多少关注。这些外围新土地的规划留给了土地业主和市场力量，这大概就是为什么许多外围区域的规划如此松散的原因。法律文书和传统的缺失可能起了一定的作用，但奥斯曼如果认为某些地段的规划很紧急，他就不太可能受到条件的约束。不过在蒙索公园（Parc Monceau）以外的西北地区，其情况有一些例外，那里是令人印象深刻的上流社会区，是从附近的香榭丽舍大街辐射延伸出来的：该区创建了几个星形广场和宽阔的大道。针对 1860 年当时的城区范围之外的土地，

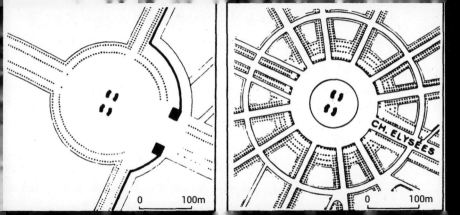

CH. ELYSÉES

奥斯曼就更没有兴趣改造。在接下来的几十年里，郊区建筑，其中大部分是低标准住房，几乎不受阻碍地在这一带开发建设出来[36]。

第二帝国时期城市发展活动的一个典型特征，是快速地从筹备阶段推进到实施阶段。规划的范围似乎已保持在绝对的最低程度；当时的改造需要的是立竿见影的具体结果，而不是理论上的审议或委员会对各种选项的讨论。许多街道似乎是偶然地获得了它们确定的位置和范围。奥斯曼是天生的即兴演奏家，随时准备抓住机会。从他的回忆录中也可以明显看出，他将不同的街道项目一个一个地考虑，而不是将其看作一个有机整体的一部分。

实施过程的第一步是针对那些将要规划改造的有关街道，获取它们的土地所有权，在疏散和拆除现有建筑物后，铺设新街道和必要的管道。业主和开发商随后负责新建筑的建设。这就是通过公共和私人利益之间的合作进行街道改善的方式。

最初，受益于拿破仑三世政变后的经济繁荣，这个系统似乎能够按预期运作。但是困难很快就出现了。一个问题是，由法院陪审团来决定获取土地所需的金额成本，该金额非常高，尤其是在 1860 年代土地价值上升的时候。此外，为了强行提高征用补偿，法院陪审团还有充分的操纵余地。再加上高昂的拆除和街道建设成本，意味着城市更新规划变得极其昂贵。根据奥斯曼的计算，巴黎自 1851 年到 1869 年，在城市改造方面投资了 25 亿法郎，是 1851 年城市总支出的 45 倍，这使我们对城市更新所涉及的金额的巨大规模有所了解[37]。

当然，为如此大规模的项目提供资金是极其困难的。我们已经看到，奥斯曼所处时期的巴黎前任市长伯杰对依赖贷款十分顾虑。他的观点是，街道改善的成本不应超过该市目前从关税和财产税中获得的收入所能支付的费用。而另一方面，拿破仑三世和奥斯曼认为通过借贷来改造城市是完全合理的：这是一个生产性投资的问题，从长远来看可以增加收入。早在 1852 年，即在伯杰在任巴黎市长期间，尽管伯杰本人反对，但第一笔 6000 万法郎的城市改造贷款就已经发放，1855 年又有一笔同等规模的贷款。

　　另一个资金来源是国家中央财政拨款，也可用于刺激城市自己的投资意愿。构成巴黎大十字大道一部分的街道，奥斯曼称之为"第一网络（Premier Réseau）"，部分资金来自中央政府拨款。根据 1858 年巴黎市与国家政府之间的协议，这同样适用于另外 21 条街道，它们主要是城市中心和周边地区之间的重要交通路网连接。在这里，法国国家层面支付了 1.8 亿法郎预估成本中的 5000 万法郎；但实际成本竟然是 4.1 亿法郎。奥斯曼称这些街道为"第二网络（Second Réseau）"。对于其他街道，巴黎城市层面必须自己提供资金[38]。这一级别的街道被称作奥斯曼的"第三网络（Troisième Réseau）"拿破仑三世当然希望国家层面补贴更加慷慨，但批准这些事情的立法机构由外省省级代表主导决定，他们不准备给予巴黎相应的优惠。此外，反对派一直在寻找破坏拿破仑三世规划的方法。

　　人们可能认为，至少从长期来看，街道重建将主要通过自筹资金，这是经济增长和税收增加的结果，但也由于新道路刺激了沿线地块的价值上升。然而，这是假设城市拥有这些地块，并且为了将来的土地销售而征用比实际街道所需的更多土地的权利，这是一个有争议和复杂的问题。引用萨特克利夫的话，1807 年颁布的一项法律授权所有城市制定规划，显示其所有街道的理想路线……在执行路线时，割让给道路的土地只能按其评估价值进行补偿，不对（意料外的）干扰支付赔偿金。[39]原则上期望土地所有者，针对必要的道路改造改进的制度从未按预期运作。1841年颁布了一项法律，允许为公共设施目的征用土地，首先提到的是铁路。1850 年通过了征用法（Armand de Melun），该法允许征用标准低下的住房，使得城市清理（Clearance）成为可能。但是，这项法律难以适用，效果甚微。1852 年的一项法令进行了强制购买特许权的重要扩展，"该法令允许完全征用（房地产）财产，用于各类工程，征用的范围还包括根本无法建造健康房屋[40]"的太碎小的土地。同年决定，根据 1841 年法律，征用许可证应由行政当局颁发，而不是像以前那样由立法机关颁发。

因此，城市获得了沿规划街道征用土地的权利，这对于建造健康住宅是必要的。街道上不需要的任何东西都可以转售，并且可以保留附加值。这项对街道改善资金至关重要的权利在 1858年被议会的一项决定破坏了。由于这一决定，城市从此经常被迫将未明确用作街道的土地归还给过往的所有者，从而使过往的土地所有者可以从土地价值的整体增长中受益。1860 年最高法院关于对被征收房屋租户的补偿，也对城市不利，导致开支成本进一步提升。[41]因此，地块交易从未像过去希望的那样成为街道改善的重要融资来源……城市承担了全部费用，但收入很少。与此同时，不受约束的投机浪潮推高了土地价格[42]。

因此，巴黎改造有必要进一步贷款。但即使是贷款也必须得到市议会和立法机构的批准；此外，市政债券的市场也不是无限的。尽管如此，奥斯曼还是在 1860 年安排了 1.3 亿法郎的贷款，1865 年又安排了 2.5 亿法郎的贷款。然而，1860 年的这笔钱主要用于 1860 年在旧关税墙和新防御工事之间合并的地块内的工作[43]。

但奥斯曼并不准备将自己限制于在传统资金的帮助下才可以完成的工作。相反，城市改造规划的规模越来越大。1858 年，有 129 处房产被宣布为公共工程让路；1860 年是 398 处，1865 年是 691 处。这一过程在 1866 年达到顶峰，一年内[44]有 848 处房产被拆除。这可以与 1950 年代和 1960 年代彻底重建斯德哥尔摩中央商务区的大约 400 处房产受到的影响相比较[45]。如此大规模的项目自然会导致财务和行政问题。从 1850 年代末开始，正规的开发操作越来越多地交给巨头企业，他们开始负责整个实施过程，包括征用房屋土地，完工后为城市提供新的街道[46]。工程是要赊账的，城市要等到有问题的街区改造完成后才开始付款，然后每年分期支付。因此，开发商们，曾经有效地向城市发放贷款，如今他们自己很难找到足够的资金，因此建立了一个系统，在该系统中，以城市为受票人，发出委托凭证（bons de délégation）并支付给占有者。奥斯曼签署了这些文件，不是接受，而是用于证明，代表债券符合对城市的要求。这些协议由法国信贷银行（Crédit Foncier）贴现。在某些情况下，这甚至在工作开始之前就发生了，这自然是一个相当可疑的过程。这些交易和其他同样可疑的交易由巴黎市政银行（Caisse des Travaux de Paris）促成，它有一些借款权，因此可以提前付款。

一开始，核心圈外的人都不明白推动开发的财务运作逻辑。然而，从 1865 年开始，公众就清楚地知道，奥斯曼事实上在未经立法机构授权的情况下，采用了大笔贷款来推动城市改造。在拿破仑三世的地位受到严重削弱的同时，他的政权也遭受了一些挫折，拿破仑三世试图通过引入自由主义的经济措施来反击批评只引发了新的变革要求。奥斯曼似乎是评论家最喜欢攻击的目标之一。由于拿破仑三世的专制行为和企图逃避政治控制，他成为人们对现行宪法的攻击目标，而且由于他们不能公开批评拿破仑三世，就转而向他的合作者奥斯曼开炮[47]。

最终，委托债券形式的巨额债务负担对奥斯曼来说太大了，尤其是在 1868 年还款开始到期的时候。同年 4 月，一项政府法案提议立法机构应批准巴黎与财务信贷之间的协议。根据法国信贷银行的说法，该银行以委托凭证（bons de délégation）的形式向巴黎提出的 3.98 亿法郎的债权应从短期延长转换为长期债券贷款。官方对奥斯曼滥用职权的反应是强烈的，它预示着这将是第二帝国最大的丑闻之一。一位保守的政治家和反对派的主要代表梯也尔将奥斯曼在立法机构中的借贷活动描述为"公然违反法律……最令人惊讶……甚至是犯罪[48]。"经过长时间的拖延，问题终于在立法机构中得到了解决，政府被迫作出一些让步，这基本上意味着他们否定了奥斯曼。然而，奥斯曼一直担任他的职位直到 1870 年 1 月。通过辞职，他避免了被卷入帝国垮台后的事件，并安全地领着养老金，度过了之后的二十年。

奥斯曼作为管理者的重要性和他在规划实施中的能力是不容置疑的，但我们应该如何评价他作为规划者的贡献，即作为城市发展思想家和城市空间的塑造者的贡献？在这种情况下，拿破仑三世有多重要？

这些问题没有简单的答案。自然，第二帝国一些最壮观的街道建筑可以追溯到早期的规划。这尤其适用于里沃利街，尽管在早期的提案中这条街的位置有所不同。南北主轴没有出现在"艺术家规划"中，但它包含在拿破仑三世 1853 年交给奥斯曼的地图中。但这种交通连接在七月君主制时期就已经讨论过了。尽管如此，我们也不应过多地将其与先前的审议和规划联系起来。"艺术家规划"不仅缺少奥斯曼考虑到的大部分街道，而且其主要重点位于城市的南部。七月君主制王朝期间的辩论主要只关注个别街道和小项目。拿破仑三世和奥斯曼从早期的规划工作中形成了（也许是通过街道改造）创建一个宽阔笔直的街道网络的想法，但他们没有继承具体的解决方案。在其范围和激进性质上，第二帝国期间进行的规划超过了所有早期的严肃提案[49]。

将拿破仑三世的贡献与奥斯曼的贡献区分开来将是困难的，而且并不真正必要。正如我们所注意到的，拿破仑三世的草图已经丢失，在皇帝和省长的频繁会议中讨论了街道项目，但除了奥斯曼的回忆录中偶尔的笔记之外，他们的讨论似乎没有被记录下来，但很明显的是拿破仑三世确实起到了决定性的作用。街道改善的想法是存在的；拿破仑三世的贡献是通过赋予奥斯曼必要的权威，并在批评的声音越来越大时继续支持他，以前所未有的规模接受并贯彻他的行动计划。皇帝拿破仑三世，为巴黎中央城区[50]主要街道的大致位置作出了主要规划指示。在这里应该注意到，在没有奥斯曼的情况下，类似的街道改造也在第二帝国时期的法国其他几个城市实现了。

但想法是一回事，意识到它们是另一回事。对于街道的确切位置及其宽度和设计，奥斯曼可能有足够的空间进行自己的判断——他当然没有错过这个机会。拿破仑三世的兴趣大概仅限于中心的主要街道，这是肯定的。奥斯曼本人在其他街道上主动出击[51]。苏丽大桥（Pont de Sully）的案例表明，当他的观点与皇帝的观点不同时，奥斯曼毫不犹豫地坚持自己的观点。奥斯曼内心中关于城市和建筑的古典主义比皇帝的更理想化也更教条化，他希望这座桥成为亨利四世大道的直线延伸，将它与巴士底狱广场连接起来，同时又不影响广场中的圆柱和万神殿圆顶的前景[52]。

可达性也将从该解决方案中受益。但是拿破仑三世希望这座桥以直角过河，就像城市中的其他桥梁一样。两人之间的这种冲突似乎是导致第二帝国时期根本没有建造这座桥的原因之一；最终实现时，正是奥斯曼的替代方案赢得了胜利，创造了巴黎最令人印象深刻的景观之一[53]。

当然，如果没有一支高效的助手团队，奥斯曼领导下的工作是不可能完成的。这尤其适用于负责公园和花园的两位工程师阿多尔弗·阿尔方（Adolphe Alphand）和水 / 污水问题专家尤金·贝尔格兰德（Eugène Belgrand），他们都在自己的文章里记录了他们的贡献[54]。还应该提到负责星形广场规划的建筑师雅克·伊尼雅斯·西多夫（Jacques-Ignace Hittorff）和设计中央市场（Les Halles）的维克多·巴尔塔德（Victor Baltard）。奥斯曼似乎更喜欢巴尔塔德，而且奥斯曼显然觉得他应该以以前的同学的身份聘请他。然而，事实上，奥斯曼对他们以及其他当代建筑师都持批评态度。他抱怨说，没有任何真正的建筑师可供他使用。

但奥斯曼当然会保留自己作出所有重要决定的权利。作为改进规划的主要角色，他无可匹敌。省长的职位赋予他权力、地位，而这又得到了皇帝的支持。但是，如果没有对现实的敏感性和对非常规解决方案的敏锐嗅觉[55]，以及大胆思考的能力、傲慢的冷酷和外交技巧的结合，就不可能取得惊人的结果——所有这些似乎都融汇到了他的行动中。

当奥斯曼于 1870 年从该职位退休时，规划中的几条街道只不过是雏形胚胎。由于资金问题，1869 年工作几乎完全停止。尽管在第二帝国期间奥斯曼遭到了很多批评，但随后的政权还是按照他的意图进行了城市改造规划。部分原因是项目一旦开始就必须完成，奥斯曼在市政管理部门留下了一支忠诚的同事团队，当然也因为他的规划有明显的优点。我们认为奥斯曼特别典型的几条街道实际上是在他之后建成或完成的。例如，歌剧院大街（Avenue de l'Opéra）（图3-12）、拉斯佩尔大道（Boulevard Raspail）、圣日耳曼大道（Boulevard St-Germain）和奥斯曼大街（Boulevard Haussmann）[56]。

最后需要重申的是，奥斯曼绝不只是或主要从事道路建设。他采取了各种其他措施来改善巴黎的生活条件，并使巴黎人口实现从1851年的127.7万人到1870年的197万人的巨大增长，即新增大约70万名居民。[57]

由此产生的城市环境中的一个重要的组成部分，即城市的公园体系，包括布洛涅森林、文森（纳）森林公园、布莱肖蒙公园和许多其他较小的绿化区域（图3-13）。1850年巴黎几乎没有绿地；到1870年，它拥有欧洲大陆无与伦比的公园系统。在这里，拿破仑三世似乎确实特别投入，至少在布洛涅森林是如此。

另一个关键问题涉及供水。即使在1850年代，大多数饮用水仍然来自塞纳河，塞纳河也是城市的主要下水道。当然，也没有任何有效的净化系统。水管很难像伟大的街道和公园那样给人留下如此壮观的印象，但尽管拿破仑三世缺乏积极的兴趣，奥斯曼还是成功地建造了两条200km长的水渠渡槽，并像他们的罗马原型一样依靠重力每天将1.5亿L泉水输送到巴黎。在这之前，市议会坚决反对，他们声称塞纳河的水一直足够，也能满足将来的用水[58]。在奥斯曼的倡议下进行的另一项巨大的投资，是与街道改善密切相关的污水系统的根本改善，改变了巴黎的卫生条件[59]。此外，还建造了许多公共建筑，例如中央市场（Les Halles）、国家图书馆、歌剧院（在奥斯曼时代之后完成）、卢浮宫周边的建设等。除此之外，还新建了几家主要医院，仅在1860

图 3-12 巴黎。从 1870 年左右的歌剧院屋顶上看到。在法国大革命中帝国衰落后，巴黎城只有一个小缺口能穿过漫无边际的房屋海洋，朝向卢浮宫。即使在一个比巴黎更低调的城市，也几乎不可能就此止步。事实上，该项目按照奥斯曼的意图继续进行，创造了我们今天认为可能是最奥斯曼风格的街道——歌剧院大道。[来源：卡斯和皮农（1991 年）]

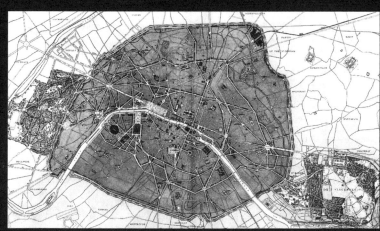

图 3-13 奥斯曼之后的巴黎。（来源：阿尔法德，1867—1873 年）

年就有70所学校，还新建了市场、教堂和市政厅。[60]

　　根据平克尼（Pinkney）的说法，1850年代初期的巴黎城是"没有连通彼此的小巷陋巷般的街道，没有光线和空气的贫民窟，没有供水排水的简陋房屋，城防壕沟没有林荫掩映，没有公园来缓解拥挤的人群、房屋，以及散布有毒气味的下水道。"[61]诚然，到1870年1月奥斯曼卸任时，并非所有问题都已解决，但在新街道和众多公园、新排污系统和大大改善供水方面取得了巨大成果。中世纪的巴黎已经转型变身成为一个现代化的城市，不再是遭受诟病的反例，而是他人学习的榜样。

　　我们现在已经描述了第二帝国伟大的城市发展规划的总路线。但是这些想法是从哪里来的呢？主持和参与这一过程的主角们（protagonists）希望达到什么目的？以及如何判断结果？

　　至于这些想法，我们已经注意到它们绝不是新的。相反，自从伏尔泰以来，法兰西第二帝国（拿破仑三世）意识到巴黎的改造一直是讨论的主题。之前也曾尝试过某些措施，特别是在拿破仑一世时期。对于他的侄子（拿破仑三世）来说，这是一个重要因素；拿破仑三世显然非常渴望获得（其个人和政权）的合法性，并渴望成为一个有（法国历史）价值的继承者，向他著名的叔叔拿破仑一世来证明，还向伟大的世纪/伟大的启蒙运动期间、伟大的法国的一系列思想家和政治家们，来证明他的担当和责任。

　　这个伟大的事业怎么才能实现？必须在拿破仑三世的处境和他的政治纲领中寻找答案。当拿破仑三世采取行动时，他是一个浪漫主义者：能量和动力是他想要投射的形象的关键组成部分。在这方面，他似乎让人想起后来其他国家的统治者，例如墨索里尼等人。如果不能在战场上或在外交政策上取得惊人的成功来展示他的实力，那么就必须在国内建设中取得成就。1852 年，在新的法兰西第二帝国建立前几个月，在对波尔多的一次重要访问中，路易·拿破仑三世宣布他打算"征服"的目标，将是更深的港口、新开挖的运河、新铺设的铁路⑥。

另一个因素是失业率时不时在巴黎非常高。这是一个非常重要的社会动荡的原因，不满情绪周期性爆发，并经常引发内乱。对抗失业、稳定政局的方法之一，就是进行大量公共投资。改造街道作为一种方法，是解决失业问题的理想工具；它创造了大量就业机会，不仅在拆除和街道建设工作中，而且更重要的是在随后的建设工程中❽。1860 年代中期在巴黎工作的人口中，几乎 20% 从事建筑行业，这一事实足以证明建筑热潮在此背景下的重要性⑥。

但是，将巨额公共投资简单地解释为试图让公众保持沉默的方法，是一种误导。拿破仑三世确实对社会问题有真正的兴趣，他受到了几位乌托邦社会主义者的影响，尤其是圣西蒙。公共工程是对抗地方性贫困最有效的手段，这一想法在当时并不少见，拿破仑三世认为他的帝国特别适合进行广泛的公共投资，从而改善人民的生活条件。上面提到，他的著作除了《拿破仑思想》一书外，还包括一本略带社会主义色彩的小册子——《消除贫困》（L'Extinction du Paupérisme）——以及尤里乌斯·凯撒大帝（Julius Caesar）的长篇传记。这三部作品可以告诉我们一些关于他的思考路径的事情。一种模糊的社会主义、渴望展示能量和动力、浪漫的帝国愿景、对自由市场的自由信仰相结合，是拿破仑三世相当复杂的政治意识形态的基石——但它也被证明具有爆炸性的混合力度。早在 18 世纪中叶，许多人就已经意识到巴黎需要什么。但直到拿破仑的社会凯撒主义（social Caessarism）❾

盛行，事情才真正开始发生变化。

　　因此，拿破仑三世自身的地位，还有他的政治纲领为巴黎的城市更新提供了条件，但如果他没有运气，或者缺乏良好的判断力，不能选择合适的人作为他的巴黎执政者，这项伟大的事业就不会如此成功。奥斯曼将坚持和坚强的意志与相当的灵活性和战术技巧相结合，并以自己的思维方式征服对手。奥斯曼显然对巴黎有着强烈的依恋，他在那里长大并接受教育。但他肯定会热切地致力于任何伟大的任务。奥斯曼是典型的工作狂：一个非常能干的人，通过组织和领导伟大的项目来赋予他的生活以意义。引用对奥斯曼最严厉的批评者之一儒勒·费里（Jules Ferry）❿ 的话："他是一个强大的人，不仅仅拥有伟大的人格；而且，他是我们这个时代的基本制度（institution）之一⑥⑷。"

　　在这里能想象出来的画面，似乎明显缺乏阴影（lacking in shadows）。没有犯错吗？当然有，而且经常被提及的一个相当令人惊讶的错误是，几个主要的火车站没有与市中心进行充分的道路交通联系。这在巴黎圣拉扎火车站（Gare St-Lazare）表现得尤为明显，它拥有巨大的交通量。

　　另一种批评可以归结为，奥斯曼的城市发展政策在改善工人住房方面做得很少。人们对拆除贫民窟很感兴趣，但从未尝试提供替代安排。奥斯曼的清除只是意味着将贫民窟从一个区域转移到另一个区域。但同样的事情发生在19世纪欧洲的每一个贫民窟清理规划中——在某些情况下，甚至到1930年代之后还在发生。在这种情况下，我们只能说奥斯曼是他那个时代的产物。

　　奥斯曼的巴黎作为灵感的来源，影响了其他许多城市的发展。在我们这个世纪的大部分时间里，直到1960年代末，不同城市发展学派的几代学者通常对19世纪的大城市环境进行严厉的评判。但看看巴黎本身，即使是最狂热的批评者，面对这座城市也很难不保持某种（尽管可能是不情愿的）钦佩。例如，帕特里克·阿伯克龙比（Patrick Abercrombie）于1913年在《城市规划评论》中写道："奥斯曼对巴黎的现代化改造是世界上最辉煌的城市规划作品"[65]。

最后一点：奥斯曼和拿破仑三世是民族主义者和爱国者。他们俩都非常清楚法国应该引领欧洲的发展；同样不言而喻的是，巴黎是世界的中心，是罗马的继承者：创造古代世界大都市的一个现代版——这是他们的雄心壮志。在这方面，我们只能说他们成功了。

注释

① 1871年，巴黎市政厅在巴黎公社骚乱期间被大火烧毁，奥斯曼对巴黎进行改造的市政档案材料丢失了。然而，从学者平克尼的参考文献里面还是找到了相对多的出版资料。平克尼的参考书目［平克尼（1958年），第224页；还有萨特克利夫（1970年），第335页］。在印刷的出版资料中，有几本由巴黎改造参与者自己撰写的出版物，首先是《奥斯曼男爵的备忘录》（第一到第三部，1890、1890和1893年），长达1500页；进一步的例子包括阿尔方德（Alphand，1867—1873年）和贝尔格朗德（Belgrand，1873—1877年）。自然，奥斯曼回忆录这部著作的目的——在所描述的事件发生很久之后写成——是为了解释和捍卫作者奥斯曼自己的贡献，以及他在法兰西第二帝国时期在巴黎采取的城市发展政策，但与此同时，公正的官员也要求将事件过程的完整性和准确性记录下来。它还包含许多引人注目的启发性情节叙述，这些情节有助于将这伟大的改造项目及其参与者的角色，为后人留下鲜活的记忆。

平克尼（1958年），开创性地对第二帝国时期巴黎转型提出了研究描述；他的研究成为本书本章的主要来源。平克尼（1955、1957年）的文章或多或少与平克尼（1958年）中的相应部分一致。查普曼（Chapman，1957年）还对奥斯曼的职业生涯和活动进行了很好的回顾。在早期的法国作品中，应该在散文集《奥斯曼男爵的作品》（L'Euvre du Baron Haussmann，1954 年）和朗美尔（Lameyre，1958 年）的第一个实例中提及。萨尔曼（Saalman，1971 年）提供了一个简短的评论，并附有大量的图片材料。在拉维丹关于巴黎城市发展的伟大著作中，大量篇幅专门讨论第二帝国时期的干预（拉韦丹，1975 年）。在许多研究著作中，安东尼·萨特克利夫讨论了有关巴黎伟大城市改善规划的各种问题，并将其置于更长远的发展角度，特别是第 6-42 页和两份 1979 年的出版物，以及作者 1993 年的书。秋天在巴黎奥斯曼举办了一场关于奥斯曼的展览，"Le Pari d'Haussmann（奥斯曼的赌注）"，在阿森纳馆（Pavillon de l'Arsenal）制作了插图书卡斯和皮农（1991 年）。其他近期作品包括弗朗克斯·乐瓦也（Francos Loyer）的《巴黎 19 世纪建筑和都市主义》（Paris Nineteenth Century, Architecture and Urbanism），1988 年）和大卫范·赞滕的《建筑巴黎，建筑制度和法国首都的转型，1830—1870》（Building Pais, Architecture Institutions and the Transformation of the French Capital, 1830-1870, 1994 年）。后者第一是侧重于 19 世纪的建筑发展，第二是对巴黎从中世纪到现在的建筑和规划的调查，强调古典设计的强大传统。范·赞滕（Van Zanten）的书探讨了在塑造巴黎的过程中，国

家当局、市政机构和私营企业之间的相互作用。规划发展，虽然不是主要主题，但仍被广泛讨论。这些项目被讨论为帝都社会生活的三维场景的一部分，观点清晰，也在萨特克利夫的作品中。普雷西斯（Plessis，1989 年）对第二帝国时期的政治和经济发展进行了调查。

② 参见弗里德（1973 年），第 6 页。

③ 早期的开发，见拉韦丹（1975 年），第 71—173 页和 Couperie（1968 年）。

④ 在斯约博格（Sjoberg，1960 年）中，巴黎被引用作为前工业城市悲惨街道条件的一个例子："与少数主要街道相反，通常的街道狭窄、蜿蜒、未铺砌、排水不良，并且容易淤积。在下雪和下雨期间泥泞，使运输缓慢且不舒服。中世纪的巴黎在这方面是臭名昭著的。"

⑤ 关于巴黎从文艺复兴到新古典主义的发展，参见拉维丹（1975 年），第 177-393 页，库贝里（Couperie），第 168 页，以及萨特克里夫应该提到这一时期的一部优秀作品是约瑟夫森（1943 年）的，可惜的是，它只在瑞典语中出版过。

⑥ 最近由巴龙（Ballon，1991 年）出版了对亨利四世统治期间巴黎规划和建筑的广泛调查。将亨利的项目与西克斯图斯五世稍早的罗马规划进行比较，她指出亨利四世未能"穿过首都的大道"。根据巴龙的说法，亨利的规划致力于巴黎居民的日常活动，而不是"在城市中移动"。[巴龙（1991 年），第 252 页 f]。

⑦ 巴龙（1991 年），第 199 页及以下各页；萨特克利夫（1993 年），第 20 页。

⑧ 这两个地方在萨特克利夫（1993 年），第 41 页及以下各页和最近的贝格尔（1994 年）第 154 页及以下各页中进行了讨论。特别是旺多姆广场似乎一直是近几十年来采用的术语意义上只能称为讨论规划的主题，例如关于皇家图书馆。

⑨ 例如，参见奥特科尔（Hautecœur，1948 年），第 264 页。

⑩ 值得一提的是，虽然路易十四对巴黎的兴趣很快减弱，也没有采取任何措施来改善条件，但在他统治期间还是建造了几座重要的公共建筑，例如 Hôtel des Invalides（荣军院建筑群，以及许多宏伟的私人宫殿。伯纳德专门研究路易十四的巴黎，声称巴黎在这一时期"出现"；伯纳德的研究指出，例如城市中心的大多数最具特色的建筑都是在那时开始建造的（Bernard，1970 年，第 289 页 f）。这当然有一些东西，但结果甚微。伯纳德明显地努力寻求彻底改变城市环境的每一次尝试，这只不过是科尔伯特及其建筑师皮埃尔·布尔特和弗朗索瓦·布朗德尔的孤立幻想。

⑪ 重要的评论作品包括阿贝·罗杰尔（Abbé Laugier）的《建筑论文》（Essai sur l'architecture，1753 年），《建筑观察》（Observations sur l'architecture，1765 年）以及皮耶尔·帕特（Pierre Patte）的《在法国为路易十五的荣耀而竖立的纪念建筑》（Monumens érigés en France à la gloire de Louis XV，1765 年）和《关于建筑最重要的对象的论文》（Mémoire sur les objets les plus importants de l'architecture，1769 年）。参见赫尔曼（Herrmann，1985 年），特别是第 131 页和萨特克利夫（1993 年），第 52 页。

在最近发表的一项综合研究中，法国 18 世纪的都市主义哈鲁埃尔（Harouel）扩展了视野，重点关注省级城镇以及巴黎的调查，其中主要涉及法律和行政方面，表明法国甚至在首都以外也存在令人印象深刻的城镇建设活动（哈鲁埃尔，1993 年）。

⑫ 帕特对巴黎的看法总结在《法国路易十五的荣耀》（Monumens Eriges en France a la Gloire de Louis XV，1765 年）的"巴黎的装饰（Des embellissemens de Paris）"一章（第 212—229 页）。他在这里描述了巴黎"堆积如山的大量房屋，似乎只有机会才能主导……有一整块街区实际上与其他街区没有任何联系：只能看到曲折狭窄的街道，到处都是泥土和污秽的气息，车辆的碰撞不断使市民的生命处于危险之中，并不断造成不便。在此之后，帕特指出，在过去的 50 年里，巴黎已经建造了很多东西，但没有一个规划。然后，他继续批评污浊的空气，糟糕的供水，以及墓地被允许留在城市内的事实。他主张对巴黎的部分地区进行彻底的更新，并声称尽管成本高昂，但这是有可能实

现的。"例如，如果一位熟练的建筑师在1620年向路易十三建议，将他在凡尔赛宫的房子建成一个宏伟超过任何此类建筑的地方，那么可以肯定的是，这样的项目会被拒绝；艺术家的天生才能会受到钦佩，但他的设计仍然没有实现。然而，这项工作是在30年内进行的。同样，帕特声称，巴黎的规划可以相继执行。关于帕特的城市发展理论，见皮孔（Picon，1992年），第186页和萨特克利夫（1993年），第52页。

⑬ 伏尔泰（1879年）。

⑭ 参赛作品复制在法国为纪念路易十五而竖立的纪念碑上（1765年，第187页及以下）。

⑮ 萨特克利夫（1970年），第12页。

⑯ 萨特克利夫（1993年），第66页。

⑰ 艺术家规划没有幸存下来，但它在19世纪末根据描述进行了重建。重建再现于拉维丹（1975年），第300页。

⑱ 参看约瑟夫森（1943年），第183页及以下各页。

⑲ 关于拿破仑重建古罗马部分的规划，见琼森（1986年），第41页及以下各页。

⑳ 萨特克利夫（1979年a），第90页。其他几条街道也是在拿破仑统治期间建造或开始建造，例如和平街和卡斯蒂廖内街。除此之外，还对码头开展了广泛的工作，并建造了四座新桥。老屠宰场也从中央市场附近的地点迁出城区，供水得到改善。甚至墓

地也被移出了中心区域（参见平克尼（1958年），第33页；萨特克利夫（1970年），第13页f；Poisson（1964年）中的详细说明）。

㉑ 平克尼（1958年），第3—24页描述了1850年前后巴黎的卫生条件。

㉒ 从18世纪末开始，在规定最小宽度之后，通过土地所有者自愿清理和更新，试图实现所期望的街道拓宽；然而，这在很大程度上是失败的（萨特克利夫，1970年，第13页）。

㉓ 关于奥斯曼时代之前的发展，见萨特克利夫（1970年），第14页及以下各页；另见平克尼（1958年），第75页及以下各页。

㉔ 参见平克尼对拿破仑致力于城市更新的背景的看法。巴黎（平克尼，1958年，第29页）。

㉕ 引自拉梅尔（1958年），第97页。

㉖ 当拿破仑三世于1852年10月作为亲王总统访问波尔多时，奥斯曼确保拿破仑三世像皇帝一样受到欢迎。这次对波尔多的访问是几个月后建立帝国的重要一步（参见阿古尔洪（Agulhon，1983年，第38页）。

㉗ 珀西尼（Persigny，1896年），第253页及以下各页。

㉘ 负责测绘的人是建筑师兼制图师德尚，他是奥斯曼最受尊敬的合作者之一。在他的领导下制定的伟大调查规划指南以一系列地图的形式刻在1：5000的载体上。根据奥斯曼自己的话，他把这些图纸"装裱起来，安装在我办公室中间的一辆小车上，让所有人都能看到"（奥斯曼，1893

年，III，第 15 页）。

㉙ 平克尼（1958 年），第 25 页及以下各页。

㉚ 奥斯曼本人似乎把皇帝的大纲轮廓看成我们现在可以称为的总体规划：他谈到"帝国规划"和"最初的规划"项目（奥斯曼，1893 年，III，第 48 和 55 页）。在他的回忆录的第三部分有题为"巴黎规划"的章节。"规划"一词在这里被用来参考城市的物理结构和该结构的测量图，而不是规划干预的制图汇编。

㉛ 参看萨特克利夫（1970 年），第 29 页及以下各页。

㉜ 对奥斯曼时代进行的街头工程的评论见平克尼（1958 年），第 49-74 页；参见拉维丹（1975 年），第 427 页及以下各页。

㉝ 拉维丹（1969 年）和（1975 年），第 398 页及以下各页。

㉞ 奥斯曼（1890 年），II，第 33 页。另参见萨特克利夫（1970 年），第 33 页。

㉟ 例如，参见阿尔帕斯（Allpass）、阿根加德（Agergaard，1979 年）和霍尔（1985 年）。

㊱ 例如见霍尔（1977 年），第 59 页以后和巴斯蒂埃（Bastie，1964 年）。

㊲ 平克尼（1957 年），第 45 页。平克尼没有说明货币价值变化对可比性的影响程度。

㊳ 奥斯曼（1890 年），II，第 303 页 f 和（1893 年），III，第 55 页 f 和第 59 页 ff；参见平克尼（1958 年），第 58 页及以下各页。

㊴ 萨特克利夫（1981 年 b），第 128 页。

㊵ 萨特克利夫（1970 年），第 26 页。

㊶ 拉维丹（1975 年），第 422 页及以下各页。

㊷ 在他的几部小说中，左拉对可能发生的事情进行了戏剧性的描述（见注 46）。

㊸ 关于奥斯曼的贷款交易，见平克尼（1957、1958 年），第 174-221 页。

㊹ 平克尼（1958 年），第 188 页。

㊺ 见霍尔（1985 年）。当然，地块大小和房产价值无法准确比较，但在斯德哥尔摩，这在很大程度上也是一个小地块的问题。

㊻ 这一程序在左拉的《贵妇人之歌》中有所描述，第 77 页及以下各页；它指的是 9 月 4 日街。城市的转变在 Les Rougon-Macquart 的其他地方有描述，特别是在 La Curée（第 82 页和 passim）。

㊼ 值得一提的是共和派代表儒勒·费里的作品，该作品在当时引起了很多关注，《奥斯曼的精彩记录》（Comptes fantastiques d'Haussmann），收集了其在 1867—1868 年间发表的一系列报纸文章。

㊽ 引自平克尼（1958 年），第 204 页。

㊾ 拉维丹论述的主线之一是"第二帝国的工作"主要来自调查和 1840 年至 1850 年间的讨论（拉维丹，1975 年，第 404 页）。然而，拉维丹显然过分强调了第二帝国早期的城市发展项目。

㊿ 奥斯曼本人在他的回忆录中多次谈到他与皇帝的关系。他以不无道理的自

我意识作出如下评论，例如："我永远无法独自追求，特别是完成他强加给我的使命，为此，他给了我越来越多的信心，并逐渐地自由作出重大决定。如果我没有他构思的宏伟想法的表达、手段和工具，我就永远无法成功地与固有的困难作斗争，为此我首先必须赞扬他，他以坚定态度支持他的实现。"（奥斯曼，1890年，II，第58页）

(51) 根据奥斯曼的回忆录，圣日耳曼大道不包括在皇帝的原始规划中（奥斯曼，1893年，III，第48页f）。如果这是正确的，那么是奥斯曼主动创建了这条林荫大道。

(52) 关于城市发展的美学，他们的态度——拉维丹声称——是不同的，"如果说拿破仑三世是浪漫的，那么奥斯曼就是古典主义者。"（拉维丹，1975年，第420页）

(53) 奥斯曼（1890年），第二卷，第522页f和平克尼（1958年），第29页。

(54) 阿尔法德（1867—1873年）和贝尔格兰德（1873—1877年）。

(55) 例如，在圣马丁运河上建造理查德·勒努瓦大道。

(56) 例如，萨特克利夫（1970年），第43页fi和Evenson（1979年），第21页。

(57) 平克尼（1958年），第152页。1851年的居民人数包括1860年合并的区域。

(58) 平克尼（1958年），第105页及以下各页。

(59) 同上，第127页及以下各页。

(60) 同上，第75页。

(61) 同上，第24页。

(62) 阿古洪（1983），第185页。

(63) 同上，第6页。

(64) 引自拉梅尔（Lameyre，1958），第198页。

(65) 引自萨特克利夫（1981年b），第193页。

译注

❶ 巴黎于1855年、1867年、1878年、1889年、1900年举办了五次世博会，其中1900年配合巴黎世博会还举办了第二届奥林匹克运动会。这种高密度地持续举办大型活动的做法，在世界城市史上空前绝后，绝无仅有。为迎接和举办世博会，巴黎持续地进行城市改造。这期间发生了1870—1871年的普法战争，法国于该战争中失败，巴黎被占领。1871年因为战争失败还爆发了巴黎公社革命。总之这四十五年期间巴黎在改造中不断地转型，形成了接替罗马"永恒之城"的称号"新巴黎"。

❷ 高卢（英语：Gaul，法语：Gaule，拉丁语：Gallia）。古罗马人把居住在现今西欧的法国、比利时、意大利北部、荷兰南部、瑞士西部和德国南部莱茵河西岸一带的凯尔特人统称为高卢人。在后来的英语中，Gaul这个

词（法语：Gaulois）也可能是指住在那一带的人民。不过更多时候这个词是指曾经广泛分布于中欧的多瑙河中游平原、西欧、东南欧的多瑙河下游平原；甚至在公元前 285 年—前 277 年间扩张至安纳托利亚中部使用高卢语（凯尔特语族的一个分支）的那些人。高卢的古罗马语就是 Gallia。古罗马共和国的最后一位执政官凯撒率领罗马军队完成了对于高卢地区的占领，在公元前 60—52 年将其全部纳入古罗马疆域，实现了古罗马化的城镇统治。

❸ 卡佩王朝（公元 987—1328 年，Capetian Dynasty）：雨果·卡佩在西法兰克王国国王路易五世去世后被选为西法兰克国王，开创了法国的卡佩王朝。事实上加洛林家族此时还有男性后嗣，而卡佩家族只是母系祖先来自加洛林家族。路易五世的叔叔——查理此时还在当他的下洛林公爵。但是法国贵族选择了雨果，抑或是雨果凭借自己的实力。卡佩王朝的历代国王通过扩大和巩固王权，为法兰西民族国家奠定了基础。

❹ 路易十四（Louis XIV；1638 年 9 月 5 日—1715 年 9 月 1 日），全名路易·迪厄多内·波旁（Louis Dieudonne），自号太阳王（法语：le Roi du Soleil），是波旁王朝的法国国王和纳瓦拉国王。在位长达 72 年 110 天，是在位时间最长的君主之一，也是有确切记录在世界历史中在位最久的主权国家君主，死于坏疽。路易十四登基之初，由他的母亲奥地利的安妮摄政，直到 1661 年法国宰相红衣主教马扎然死后他才真正开始亲政。在红衣主教阿尔芒·让·迪普莱西·德·黎塞留和马扎然的外交成果的支持下，路易十四在法国建立了一个君主专制的中央集权王国。他把大贵族集中在凡尔赛宫居住，将整个法国的官僚机构集中于他的周围，以此强化法王的军事、财政和机构的决策权。他建立起的这一绝对君主制一直持续到法国大革命时期。在他执政期间（1661—1715 年），法国发动了三次重大的战争：遗产战争、法荷战争和大同盟战争，和两次小规模的冲突，使他在 1680 年开始成为西欧霸主；后两场大战对上荷 – 英 – 奥的三强联盟，大同盟战争因双方厌战而和解，西班牙王位继承战争中最后由法国王孙继承王位，但战争负担使他亲手缔造的伟大形象和超高名气在晚年丧失殆尽。路易十四在位期间的 1682 年，把皇宫和政治中心从巴黎市区的佛尔宫搬出到了 30km 以外，并建造了著名的凡尔赛宫。从他开始到路易十五世、路易十六世，到 1789 年法国大革命爆发，路易十六世被革命的群众裹挟离开回到巴黎市中心的卢浮宫，凡尔赛宫作为法国政治中心一共 107 年。1791 年路易十六从卢浮宫化妆潜逃后被抓，后以叛国罪于 1793 年被执行死刑。

❺ 安德烈·勒·诺特（Andrv Le Nôtre，1613 年 3 月 12 日—1700 年 9 月 15 日），法国造园家和路易十四的首席园林师。令其名垂青史的是路易十四

的凡尔赛宫苑，此园代表了法国古典园林的最高水平。勒·诺特是法国最伟大的景观设计师之一，其一生设计并改造了大量的府邸花园，并形成了风靡欧洲长达1个世纪之久的勒诺特样式（Style Le Nôtre）。他的设计注重将几何分布的园林与大片草地、布景结合，在布局上讲究对称性的轴线结构和几何布局，搭配露台搭建、植被修建和喷泉设计等形成丰富多元的景观。勒·诺特出生于巴黎的造园世家，祖父是宫廷园艺师，在16世纪下半叶为丢勒里公园设计过花坛。其父让·勒·诺特（Jean Le Nôtre）是路易十三的园林师，曾与克洛德·莫莱合作，在圣日耳曼昂莱工作；1658年后成为丢勒里宫苑的首席园林师，去世前是路易十四的园林师。勒·诺特13岁进入西蒙·伍埃的画室学习，这段经历使他受益匪浅，有幸结识了许多美术、雕塑等艺术大师，其中画家勒布朗和建筑师芒萨尔对他的影响最大。在离开伍埃的画室之后，勒·诺特跟随他的父亲，在丢勒里花园里工作。勒·诺特学过建筑、透视法和视觉原理，受古典主义者影响，研究过数学家笛卡尔的机械主义哲学。1635年勒·诺特成为路易十四之弟、奥尔良公爵的首席园林师，1643年获得皇家花园的设计资质，两年后成为国王的首席园林师。建筑师芒萨尔转给他大量的设计委托，使其1653年获得皇家建造师的称号。1656年勒·诺特开始建造财政大臣尼古拉斯·富凯的

沃勒维贡特庄园，采用了前所未有的样式，成为法国园林艺术史上划时代的作品，也是古典主义园林的杰出代表。1661年夏落成之时，富凯举行了盛大的宴会和联欢。同年8月17日，路易十四亲临沃园，暗自被富凯的炫富行为所激怒，决心建造更加宏伟气派的凡尔赛宫苑。大约1661年始，勒·诺特投身于凡尔赛宫苑的建造，直到1700年去世，作为路易十四的皇家造园师长达40年，被誉为"皇家造园师与造园师之王"（The Gardner of Kings, The King of Gardners）。在这座皇家园林中他把勒伏（Louis le Vau）所用的建筑对称手法应用到周围的园林景观中，为建筑提供了一个完美的环境。当时他还在为大孔代亲王（Grand Condé）修建尚蒂伊的花园。在路易十三时期原有的花园的基础上，勒·诺特在城堡旁边布置了南北两个大花园。他改造了东西大路，打算把主路延伸至一片没有尽头的景色中。他保留了北部地区的自然斜坡，但其他地方都利用大量人力进行了改造。这种对称的道路和大量的变化之间的灵巧平衡，也体现在园艺家的其他大型工程中：为奥尔良公爵打造的圣克卢城堡（1665年）；科尔贝尔的索镇城堡（1670—1677年）；孟德斯潘夫人的克拉尼城堡（1674年）……除了凡尔赛，勒·诺特还为国王修建了圣日耳曼的大平台（1669—1672年）和特里亚侬宫的花园（1672—1688年）。后来也曾在圣克洛、枫丹

白露离宫等处做过园林设计，去英国和意大利访问。而他毕生的大部分时间还是为法国国王路易十四工作的，1681 年他被封为贵族，直到最后，他一直享有国王的恩宠和友谊。主要作品有沃勒维贡特庄园（1661 年，Vaux-le-Vicomte）和枫丹白露（1660 年，Fontainebleau）、圣日耳曼（1663 年，Saint-Germain）、圣克洛（1665 年，Saint-Cloud）、尚蒂伊（1665 年，Chantilly）、杜乐丽（1669 年，Tuileries）、索园（1673 年，Sceaux）等。

❻ 法国大革命在 1794 年至 1800 年之间，有约 2000 万 hm^2 的土地财产发生了转移。制宪国民议会于 1789 年 11 月 2 日通过了一项法令，宣布教会的所有土地和财产为"国有财产"，并授权政府出售这些财产，以筹集革命所需的资金。这项法令引起了教会和信徒的强烈反对，他们认为这是对教会和信仰的侵犯。但是，这项法令也有一些支持者，他们认为这是对教会和社会的改革。这项法令使得大量的教会土地进入了市场，成为资产阶级、富裕农民、投机商等争夺的对象。据估计，在 1791 年至 1794 年之间，有约 1500 万 hm^2 的教会土地被出售。在这之前，教会是法国最大的土地所有者，其土地占全国土地面积的 10% 左右。教会的土地主要用于维持教士和修道院的生活、运维，以及资助慈善事业和教育事业。但是，教会的土地也存在着一些问题，例如：教会的土地不纳税，导致

国家财政损失；教会的土地不受国家法律管辖，导致司法混乱；教会的土地经常被贵族和富人占用或侵占，导致土地浪费和不公平。法国大革命时期的土地革命，是一场深刻的社会变革，它改变了法国的土地所有制和使用制，也改变了法国的社会结构和阶级关系。对资产阶级的影响：土地革命使得资产阶级获得了大量的土地财产和政治权力，成为法国社会的主导力量。资产阶级利用自己的资本、技术、管理等优势，对土地进行了改良、开发、投资等活动，促进了农业生产的现代化和商业化。资产阶级也利用自己的影响、关系、组织等手段，对农村进行了控制、规范、整合等操作，促进了农业市场的形成和扩大。资产阶级通过土地革命，为自己在经济、政治、文化等领域的发展奠定了基础。对贵族和教士的影响：土地革命使得贵族和教士失去了大部分或全部的土地财产和特权，成为法国社会的边缘群体。贵族和教士在革命中遭到了迫害、杀戮、流放或没收，他们的生活状况急剧恶化，他们的社会影响力大幅下降。贵族和教士在革命后不得不适应新的社会环境和秩序，他们中有些人选择了合法化、改造或转型，有些人选择了反抗、反叛或复辟。贵族和教士通过土地革命，为自己在历史上留下了不同的印记。对国家和社会的影响：土地革命使得国家获得了大量的财政收入和政治支持，成为法国社会的核心力量。国家通过出售国有财产、征收最高限额税

等手段，筹集了革命所需的资金，并缓解了财政危机。国家通过废除封建制度、建立共和制度等措施，赢得了人民的拥护，并巩固了国家的权威和统一。国家通过实施最高限价、全民皆兵、恐怖法令等政策，应对了战争和危机，并维护了国家的安全和利益。国家通过土地革命，为自己在历史上开创了新的篇章。土地革命也使得社会发生了深刻的变化和调整，出现了新的问题和挑战。社会通过土地革命，摆脱了封建制度的束缚，实现了社会的民主化和平等化。社会通过土地革命，促进了经济的发展和繁荣，实现了社会的现代化和进步化。但是，经过土地革命，社会也遭受了暴力的冲击和破坏，出现了动荡和分裂。通过土地革命，社会产生了阶级的分化和对立，出现了不平衡和不公正。法国大革命时期的土地革命，是一场具有双重性质和复杂影响的社会变革。它既是一场解放性的变革，也是一场矛盾性的变革。它既是一场进步性的变革，也是一场暴力性的变革。它既是一场必然性的变革，也是一场偶然性的变革。它既是一场历史性的变革，也是一场现实性的变革。它既是一场结束性的变革，也是一场开始性的变革。法国大革命时期的土地革命，是一场具有双重性质和复杂影响的社会变革，它改变了法国的土地所有制和使用制，也改变了法国的社会结构和阶级关系。

❼　1769年8月15日拿破仑一世出生于科西嘉岛的阿雅克肖（Ajaccio）。科西嘉岛因为位于意大利和法国之间特殊的位置，长期受到意大利和法国的影响。拿破仑一世出生的这年科西嘉的独立运动失败，被强行并入法国版图为一行省。自此之后，除1794—1796年为英国占领以及1942—1943年为德、意短暂占领之外，该岛一直为法国一省。1768年，被挫败的热那亚人将他们在科西嘉的权力卖给法国人，法军大举入侵该岛。

❽　此处的意思是先进行街道道路的类似"三通一平"的一级开发，然后在土地从"生"到"熟"化后，再进行二级开发的建设活动。

❾　凯撒主义（Caessarism）：一种政治制度，由古罗马统帅和政治家尤里乌斯·凯撒得名。这种主义主张以强大的先锋党来作为革命和人类解放事业的直接领导，表现出国家主义和国家利益高于一切的倾向。凯撒主义也与个人独裁和形式上承认人民即平民的权利相结合，鼓励愚民并从愚民中受益。有些史学家认为凯撒的目的在于获取专制权力，他本人说过，"我已经餍足了权力与荣誉，真正重要的是干实事。"此外，他也顾虑着避免另一场内战的问题。然而，凯撒主义现象与实际流行的凯撒主义概念是不同的，后者从根本上与一群堕落的民众、一种低等的政治生活和社会的一种衰败关联起来，预设了公民德性或公共精神的衰退——倘若不是灭绝——而且必然把这一条件永久化。

❿　儒勒·费里（1832年4月5日—1893年3月17日），全名儒勒·弗

朗索瓦 – 卡米尔·费里（法语：Jules François Camille Ferry），法国共和派政治家，1879年2月4日，共和派上台执政（这是第三共和国建立以后，共和派首次执政）。费理接受邀请，加入了内阁，先后担任过教育部部长和外交部部长。后来两任总理，任内以推行政教分离、殖民扩张、免费世俗义务教育而闻名。在教育方面，他首先消除了神职人员在大学的影响力，然后，他又建立了新的教育制度。儒勒还重整了公共教育委员会，提出改变大学管理章程的法案。但是，议会否决了这个法案，因为法案的第七条取消了未获政府认可的教派的办学权利，遭到了不少议会代表的反对。不过，他后来提出的费里法，则获得了议会支持，顺利通过，建立了免费、世俗的强迫性小学教育。他定法语为教学语言，使得一些方言濒近灭绝，遭到后人批评。不过，儒勒的决定，也团结了法国各地人民，稳固了法国民族国家的地位。在第三共和国历任总理中，儒勒的任期是第二长的，仅次于他的政敌克里孟梭，可见他的地位之高。1885年，由于中法战争的失败辞职，但他在辞职之后，仍然是一位有影响力的温和共和派。1887年12月10日，一个名为奥贝坦的男子行刺儒勒，儒勒虽然没有当场死亡，不过最终还是在1893年3月17日，因为伤口引起的并发症而病死。众议院在他死后通过了法案，为他举行了国葬。

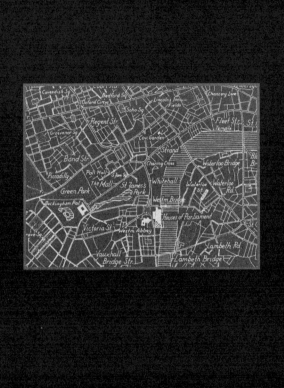

第 4 章

伦

敦

LONDON

在欧洲各首都城市中，伦敦①，可能和罗马一起，有着最复杂的城市建造历史。在最早的古罗马时期，这里是罗马人的定居点，叫 Londinium，它环抱着现在的伦敦城。到今天，除了后来出现的伦敦都市区域（metropolitan area），伦敦（City of London）❶ 还保留着享有地方自治和地方利益的市政单元。威斯敏斯特（Westminster）❷，是以爱德华清教徒宫殿（Edward the Confessor's palace）和修道院为中心发展起来的范围，成为伦敦的第二个发展核心。所以在 16 世纪早期的"伦敦"实际上包括两个城市：伦敦本身和威斯敏斯特。它们之间通过泰晤士河连接起来，也通过另一条街道——某种意义上的一条交通干路，这条路上现在有白宫（Whitehall）、斯特兰大街（Strand）和舰队街（Fleet Street）——的延伸而连接起来。另外，还包括一些城堡和村庄②。

在近代早期，在后来成为"西端"（West End）的范围内，土地基本上属于修道院和教会基金会。通过购买和征用的方式，亨利八世（Henry VIII）得到了这里大部分的土地，他要通过拥有这些土地来确保在白宫的新宫殿的供水。稍后一段时期，在伦敦周围扩展的过程中，邻近的一些土地被转卖或转让给英国最显赫的贵族。当时，这里大部分还是农业用地。但是，随着伦敦城市人口的发展，对住房的需求不断上涨。人们不再顾忌皇家禁令，开始在郊区建造房屋③。

第一个认识到把农业用地开发出来，通过建造房屋来提取价值的人看来是贝德福德（Bedford）伯爵四世，他在 1630 年代规划开发了考文特花园（Covent Garden）和附近的街区。在以后的几个世纪里，不同家族进行了类似的开发项目：贝德福德、格罗斯文诺（Grosvenor）、波特兰（Portland）、波特曼

（Portman）、鲁塞尔（Russell）、南安普顿（Southampton）或者是机构：例如英格兰教会、育婴堂等机构。根据通行的"租赁期"系统（Leasehold System）的规定，土地所有者并不出让土地所有权，只是出让土地在一定期限内的使用经营权，这个期限一般是 99 年。在期满之时，土地连同上面建造的房屋都归原主。在规定的期限到达时，土地所有者可以对其上面的房屋制定新的租赁协议，也可以拆毁这些房屋，让下一个承租者建造新的房屋。这种租赁模式在本书所研究讲述的其他城市中都没有类似的例子。

这样，根据土地出让合同的一些详细规定，在房屋的设计和使用上，要提防出让的土地不发生贬值，和确保不会贫民窟化。例如，1964 年奥尔森（Olsen）指出，一块占有大面积并有多个分块的地产项目，土地主人一般是富人，他们一般都注重土地的长期价值的升值，而不求短期资本获利。奥尔森还认为，迄今为止，根据观察，这些地产开发活动都是连续和综合的，他们活动的目的就是创造和保证这块地的环境，并能吸引富裕和有社会声望的人来到这里。最经典的例子贝德福德广场。它开始于 1776 年，广场周围是统一的立面，有着小心翼翼模仿古典的装饰，在中间有一个花园。很多后来设计的广场就是模仿这个例子。

但是，无论这些规定多么详细，这些地产开发项目所能影响的只是伦敦的一小部分，大伦敦的其他部分还是众多小型、不同种类的模式在发展。1666 年伦敦大火后，有了第一次公共规划的尝试。但是我们可以发现，这次努力的结果还是无足轻重的。1790 年代，有人提议修建一条街道直通马里波恩公园（Marylebone Park）——就是后来的摄政公园（Regent Park）❸，以提高那里的房屋品质。这个公园连同附近的范围是英王在伦敦的最大地产。这项提议得到了摄政王子，也就是后来的乔治四世的支持，他想在通往他的住所卡尔顿（Carlton）宫殿时能够看到一条纪念性的大道。新街道是约翰·纳什（John Nash）❹ 规划的。1812 年他建议波特兰宫殿的总宽要延伸到牛津大街，而牛津大街要以一个圆形的广场结束（这里大约就是今天牛津街圆环广场（Oxford Circus）。这条大街一直按照同样的宽度沿直线延伸，但今天有一段朝东方向偏转。这一段街道上装点着柱廊和商店。这条街道结束在一个广场的一角，该广场中间被一栋公共建筑占据，然后街道从广场对角方向穿过一个圆形广场 [这就是皮卡迪利圆形广场（Picaddilly Circus）] 继续向前，最后到达卡尔顿宫殿④（图 4-1~图 4-3）。

1814 年约翰·纳什开始规划摄政大街（Regent Street）❺。在他的规划中，方形广场曾经被放弃掉，在皮卡迪利北面的新街被规划成宽阔的圆弧形街道，但是这种规划代价太大了。项目实施面临着巨大的困难，主要的原因是所涉及的地块有一大半是皇家的。尽管如此，很多地块还是被征用了，新的租约也重新签订了。最后这条街道能够完成建设，主要应归功于纳什的个人策略。他不仅规划了这条街道、设计了这里的许多建筑，他本人还从事了多宗主要的土地买卖。无论如何，随着工作的开展，这条路还是相对于原来的规划实实在在地发生了改变。例如，乔治四世（原来的摄政王子）把关注点从原来的住所卡尔顿宫殿转到了白金汉宫。卡尔顿宫殿是原来规划方案的基本出发点，现在被拆毁用作建设卡尔顿宫殿台地（Carlton House Terrace）。然而这个台地并不是新的街道的合适终点。

摄政大街成为 19 世纪城市设计最突出的成果，主要来自于它中心的部分：Quadrant（四分圆街），在这里纳什发展了一种

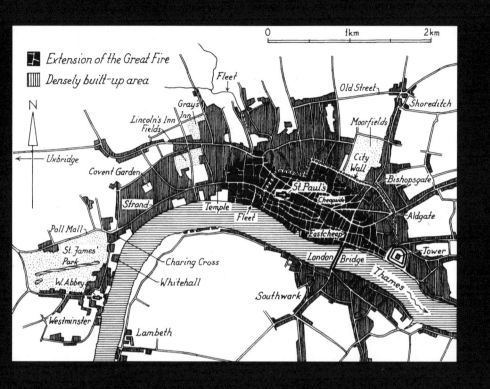

图 4-1 1666 年大火前的伦敦。(中间深黑色的)长方形的城市形状的演变与泰晤士河密切相关。(来源:地图由埃里克·洛兰奇重新绘制)

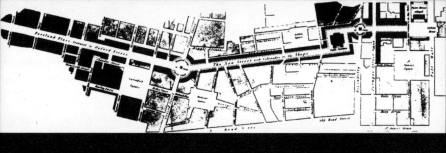

图 4-3 伦敦。建成后的摄政街。（来源：地图由埃里克·洛兰奇重新绘制）

新月形的模式，他把房屋布置在街道两边并用柱廊把街道连接起来。纳什这样建设也承担了风险，当时没人愿意向此处投资开展项目，这也意味着街道拥有了其他地方难得的建筑统一协调。四分圆街那里尽管有很多改变，但可以感觉到强烈的动态张力。他的实践提供了更为精彩的论题：绝妙的建筑处理往往是极其困难条件下激发出来的成果。

摄政大街原来富于变化但却和谐统一。这个特点不同于当时的巴黎街道，同时代巴黎的另一个著名街道——里沃利大街则充满了庄重的仪式感纪念性质。但是，巴黎里沃利大街在法兰西第二帝国时代延伸时，仍然保持了它原先的建筑设计特点。伦敦摄政大街在世纪末期立面发生了变化，高度加大，到了20世纪时拆毁了几栋建筑，修建了体量更大的房子。纳什在当时复杂的条件下因地制宜灵活地创造出了一系列精巧的街景，不过今天，游走在摄政大街的游客们却无法欣赏到当时迷人、快乐的气氛了。

早在1812年，约翰·纳什在一份报告中提出要在查令十字（Charing Cross）修建一个开放空间，这可能成为伦敦最重要的节点。这里由来自威斯敏斯特的白厅和来自伦敦的斯特朗德（Strand）结合在一起成为一条街通向干草市场（Haymarket），再通过波尔厅（Pall Hall）到达将规划的摄政大街。此外，连接城东北的一条重要干道圣马丁路也接到查令十字，终止于斯特朗德。当时，纳什提议的这个项目的用地被皇家马厩（Royal Stables）占据。大约在1820年，这个提议被再次提出，1826年约翰·纳什提议建设一个广场，广场包括国家绘画和雕塑美术馆，选址就在后来建成的国家美术馆（National Gallery）所在地。接近1820年代后期，广场动工建设，1830年被命名为塔拉法尔加广场（Trafalger Square）。在这十年间，人们一直在讨论是否要建个纪念物来表彰纳尔逊（Nelson）⑤。

到 1800 年，伦敦周围的居民已经超过 100 万，这已是规模巨大了。50 年后，人口又过了 270 万，伦敦的规模超过了人类历史上任何一个城市，是当时最大的城市。再往后 20 年，人口再增加了 100 万。直到 19 世纪中期，伦敦就是在完全没有一个总体规划或者其他类似的协调工作的状态下，高速发展完成的。据当时估计，伦敦是分别在 300 多个组织结构下管理运行的，"无限多的地域区分、行政区划和地方组织……他们的权利来自于 250 个地方组织"——他们很多是被含糊定义了职能、效能的范围，拥有很少的资源和很低的权利⑥。当地唯一有决策能力的是伦敦市政府，但它被每一个新成立的机关所抵制⑦。奥尔森（Olsen）指出，城市包含了"一大堆的自治村庄，它们很多都对自己有仔细的规划，但和相邻的村庄则毫无关联⑧"。当时人们很回避去处理这些关系。在 1856 年，伦敦就像人们看到的那样，"如同一个巨大的灾难现场⑨"。

糟糕的卫生条件、霍乱流行、混乱的交通等促使城市要求改善。因此，在摄政大街项目之后，第一个主要的改造项目是由一个新的城市公司（City Corporation）在得到伦敦市的特许授权下开展的。1825 年到 1831 年间，一个新的街道延伸建设规划开始实施，这个项目在全欧洲来看都是令人瞩目的，它包括：威廉国王街（King William Street）、摩尔门（Moorgate）、格雷肖街（Greshaw Street）、法令顿街（Farringdon Street）⑩。伦敦其他地方的发展都很缓慢和徘徊不前。纳什又提出了一系列新的街道改造项目，但都从来没有被认真考虑去实施。纳什的继任者，伦敦新的规划负责人是詹姆斯·佩内索恩爵士（James Pennethorne），他提出了一些想法，尤其有"中央大道（Great Central Thoroughfare）"。

这条大道位于斯特兰德和舰队街北面，连接西伦敦（West End）和城区（the city）。但是，在市区以外任何街道发展规划都需要国家支持和特别委员会（ad hoc committees）批准。在世纪中期以前，议会任命了一个委员会来讨论街道发展的不同规划，有些后来完成了，例如新牛津街（New Oxford Street）、克兰杜恩街（Crandourn Street）、恩德尔街（Endell Street）、商业街和维多利亚大街。佩内索恩（Pennethorne）参与了所有这些项目，并且以"大都会发展建筑师和测绘师（Architect and Surveyor for Metropolitan Improvements）"的名义参与了一些其他的项目，然而他的方案经常由于资金短缺而遭到缩减和更改。另外还有一个长椭圆广场的规划——它让人想起马德里的太阳门广场（Puerta del Sol）——在新牛津街和迪亚特大街（Dyatt Street）的交点；如果当时这个广场能够实现，它会是这一带最重要的节点⑪。

这些改造项目的主要目的是改善交通；1835年某一委员会报告中说道"更为重要的结果是"，开辟一条新街能够给那里带来健康，消除疾病、贫穷和犯罪⑫的温床。新街道的位置和方向有利于最大限度地考虑铲除贫民窟。

尽管到19世纪中期伦敦的城市建设还是取得了一些实在的成绩，政府还是认为离所应该的目标太远。显然，要想规划更为有效，以及更为重要的，为了规划能够实施完成，政府应该建立一个长期稳定的机构，这个机构负责应对首都的不断扩展。在很长的时间里，城市规划的某些功能被指派给女王的森林、猎场和土地税收办公室来负责，但第一个真正的规划管理机构则是在1855年⑬由议会决定建立的，即"大都会工程委员会"（Metropolitan Board of Works）。这个机构的成员是根据一系列复杂的法规从地方政府中选拔出来的，负责主要街道、建造规则和排水系统的设定。该委员会的主要收入来源是煤、酒税和财产税[14]（图 4-4）。

大都会工程委员会遵循的街道发展政策，是在其成立十年前就通过的，它继续按照过去的模式工作，用一样的旧眼光去尽量多地拆除贫民窟、修建必要的交通设施。这一阶段建成的最重要的街道中，有查令十字路、沙夫茨伯里大道（Shaftesbury Avenue）、维多利亚女王街（Gueen Victoria Street）、诺森伯兰大道（Northumberland Avenue）、南华克街（Southwark Street）、维多利亚·阿尔伯特（Victoria Albert）、切尔西堤防（Chelsea Embankment）[15]。但没有一个能和以前的摄政大街媲美。除此之外，这个新机构做的城市改建就是排水系统，这可能是他们最大的成就。但他们的努力还是太少。有限的资源、低效的管理使得任何真正有效的工作都不可能。

大都会工程委员会的寿命很短。新的地方政府重新组织起来，同时也产生了新的议会系统，都市工程委员会于 1889 年就被伦敦郡议会（LCC，London County Concil）取代了。这个新组织的所有成员都是直接选举出来的，他们完成了一些实在的事情。在他们做的其他事情中，还包括为工人建造符合规定要求的住宅，提高其居住标准。但在具体的规划方面，他们继续之前都市工程部开始的工作，没有取得多大的进展。1899 年市政机构的改革，将原来伦敦的许多区和教区分给 28 个自治区，其他规划就也没有开展起来。在伦敦郡议会范围之外，周围许多郊区涌现，带来层出不穷的新问题[16]。

有图（图 4-5）[17]可以告诉我们，19 世纪伦敦中央城区（central London）街道路网变化的想法，它和当时其他欧洲城市所发生的程度相当。巴黎所发生的剧烈变化集中在比较短的时

间，而伦敦的过程就比较漫长。我们也不能得出结论说，伦敦所采取的方法比其他地方要更无序；多条街道的改造扩展，通常之前都有综合的投资，以及来自不同委员会和实体的讨论，大型地产都在这些"规划"活动中被充分地考虑和兼顾。伦敦和其他欧洲首都城市的一个区别是，它缺乏全局的规划⑱，当然这也不是说——其他地方如巴黎也未必有更为系统的规划——任何城市规划都没有在伦敦被考虑过。整体规划缺失的原因，可以从伦敦行政体系的碎片化来解释，也与英语世界里，人们对公共生活奉行不干涉主义的传统也有关。英国政府对首都事务的消极态度，与其他欧洲国家政府，尤其是法国政府的态度形成鲜明对比。法国中央政府认为自己有责任来完成首都城市的全面变化。

到 19 世纪的末期，伦敦西区（West End）和东区（East End）的割裂已经成为一个事实。在伦敦中心之外，那些不成形的郊区几乎没有什么公共管制，城市不断地蔓延和扩展，使得伦敦成为有史以来最为庞大的都市区域。这个过程还得益于不同铁路系统的延伸，本书就不讨论了⑲。上述事实催生了伦敦在城市规划史上最大的贡献：埃比尼泽·霍华德（Ebenzer Howard）的《明日的田园城市》（*Garden Cities of Tomorrow*）。

注释

① 学者拉斯穆森的研究（1973 年，首次版本 1934 年出版），也出现在几个英文版本中（例如 1988 年；第一次 1937 年）。是否还有其他城市拥有关于建筑历史的专著与这本书一样享有盛誉，值得怀疑。这本书作者雄心勃勃地想找出伦敦发展的独特之处，并在传统建筑关于设计和风格的影响话语之外寻找解释。该书中，所有权模式被强调为影响因素，还有社会条件和土地的重要性等等，当然现在已经过时了。但从长远来看，该书仍将是一个对伦敦复杂建设历史的鼓舞人心的研究介绍。关于西区从 17 世纪开始形成，读者应该转向学者奥尔森的两部作品（1976 年，特别是

1964 年），参见萨默森（1978 年）。似乎没有对 19 世纪的规划和街道建设进行任何详细的调查研究，但这个主题已经在几篇文章中有所涉及，例如蒂欧丝（Dyos，1957 年）和萨特克利夫（1979 年）。最近的学者杨和加赛德（Young and Garside，1982 年）的研究并没有过多地说明伦敦的物理空间规划。最后应该提到学者阿什沃斯（Ashworth，1954 年）的研究，它提供了一个英国城市规划的起源和发展基本的调查，并因此经常提到伦敦。还有学者希伯特（1969 年）的研究，它简要介绍了伦敦的历史，并在一定程度上关注了伦敦的物理发展。

② 有关伦敦的早期发展，主要参见学者拉斯穆森（1973 年）和希伯特（1969 年）的研究。

③ 例如，在学者奥尔森（1964 年）的研究中描述了这个过程。以下演示文稿主要基于这部作品。

④ 摄政大街项目已经在许多作品中进行了讨论。这条街基本事实的起源可以在拉斯穆森关于伦敦的著作中找到，它首先于 1934 年出版；在这里，我们找到了对建筑和城市特征的分析——街道，以及对后来变化的描述（拉斯穆森，1973 年），第 255 页及以下）。拉斯穆森的演讲得到了各种版本的补充，萨默森的《纳什传记》（Nash Biography）（见 1980 年，第 75 页和 130 页及以下各页）和同一作者的《乔治时期 的 伦 敦 》（Georgian London）

（1978 年，1945 年首次出版），第 177 页及以下各页。学者霍布豪斯（Hobhouse，1975 年）提供了摄政街历史上的大量图片。还应该提到曼斯布里奇（Mansbridge，1991 年），第 130 页及以下各页；梅斯（1976 年），第 31 页；桑德斯（Saunders，1969 年）。

⑤ 学者梅斯（1976 年）描述了特拉法加广场的讨论和纳尔逊纪念碑漫长的历史，以及——本书的主题——伦敦政治生活中的广场功能。纳什上述关于设计广场转载于梅斯书的第 38 页。

⑥ 奥尔森（1964 年），第 viii 页；引自《泰晤士报》（The Times），1855 年 3 月 20 日，摘自杨（Young）和加赛德（Garside）（1982 年），第 21 页。

⑦ 萨特克利夫（1979 年 b），第 76 页。

⑧ 奥尔森（1964 年），第 5 页。

⑨ 同上，第 6 页。

⑩ 特雅科（Tyack，1992 年），第 44 页。

⑪ 特 雅 科（1992 年 ）， 第 43 页 ff（《彭特农为大中央大道的规划》（Pennethorne's Projects for a Great Central Thoroughfare），转载于第 48 页 f）；参见蒂欧丝（1957 年）。

⑫ 引自蒂欧丝（1957 年），第 262 页。

⑬ 早在 1848 年，就成立了下水道委员会，这是整个伦敦的第一个联合机构。

⑭ 见 萨 特 克 利 夫（1979 年 b）， 第 77 页。

⑮ 希伯特（1969 年），第 188 页。

⑯ 萨特克利夫（1979 年 b），第 77 页。

⑰ 这张地图的数据是由伦敦金融城公司规划总监彼得·里斯（Peter Rees）收集的，我要向他表示感谢。

⑱ 萨特克利夫（1979 年 b）第 77 页关于大都会工程委员会的以下评论：它开始进行一系列重大的街道改善，尽管与巴黎相比，这些规划的要素不那么明显，但仍然与早期研究中出现的总体规划相对应。另见贝克和罗宾斯（Barker and Robbins，1975 年），第 10 页 ff et passim。

⑲ 参见加赛德（Garside，1984 年），第 229 页及以下。

译注

❶ City of London，现在一般翻译为伦敦城，或者通俗的叫法为"伦敦金融城"或者为"金融城"，或者小伦敦。City of London 是大伦敦的 33 个行政单元下的其中一个。小伦敦位于伦敦著名的圣保罗大教堂东侧，面积 2.6km²，也被称为"一平方英里"，由于该地聚集了大量银行、证券交易所、黄金市场等金融机构，所以又称为伦敦金融城。与"小伦敦"相对应的为"大伦敦"，位于英格兰东南部，是英格兰下属的一级行政区划之一，范围大致包含英国首都伦敦与其周围的卫星城镇所组成的都会区。行政上，该区域是在 1965 年时设置，其下包含了伦敦金融城与 32 个伦敦自治市（London Boroughs），共 33 个次级行政区。除了是英格兰的一级行政区外，大伦敦也曾经是脱欧之前欧洲议会选区（European Parliament Constituency）之一，设有九个欧洲议会议员（MEPs）席次。除了是整个英国的行政中枢所在地外，大伦敦地区也是全国人均国内生产总值最高的行政区。

❷ 威斯敏斯特市（英语：City of Westminster，又译为西敏市）是英格兰大伦敦下属一个拥有城市地位（City status）的伦敦自治市（London Borough）。威斯敏斯特市是英国的行政中心所在地，英国国会威斯敏斯特宫（Palace of Westminster）就位于威斯敏斯特市境内。威斯敏斯特市位于伦敦市的西边、泰晤士河北岸，是伦敦下属 33 个单一管理区里面，两个被称为"市"的管理区之一。

❸ 摄政公园（Regent's Park），又叫丽晶公园，位于伦敦市中心，由知名建筑师约翰·纳什于 1811 年设计，是伦敦最大的可供户外运动的公园。附近有伦敦大学、英国皇家音乐学院、中国大使馆、大英博物馆、伦敦动物园、国王十字与圣潘克拉斯火车站（King's Cross and St Pancras）等。摄政公园是一座 19 世纪风格的大花园，因此亦是伦敦当时最新、最堂皇、也最多风貌的公园。这一片占地 500 多英亩的绿地，于 1812 年围起成为公园。原先的构想是要建立一座供摄政王休闲娱乐的行宫，计划中包

括至少 56 栋古典式别墅、摄政王夏日别馆、供奉英格兰伟人的祠庙等，目标是建造一个完美的花园都市景观，但最后受限于经费只盖了 8 栋别墅并无行宫，且直到 1838 年才对外开放。

❹ 约翰·纳什（1752 年—1835 年 5 月 13 日）是英国建筑师，摄政时期伦敦的主要设计者。在继承了大笔财产之后，他退隐住在威尔士，由于投资失败失去了许多财产，他在 1783 年宣布破产。这迫使他重操建筑师旧业，最初集中设计乡村住宅，后在 1792 年，纳什回到伦敦工作。纳什的工作受到摄政王（后来登基成为乔治四世）的注意，在 1811 年委任他开发马里奉波恩（Marylebone）公园地区，以及摄政大街的后部，纳西制定该地区总体规划。纳什参加和主持的项目包括白金汉宫修复、特拉法加广场、圣詹姆斯公园、海马克剧院（1820 年）、切斯特阶梯（1825 年）、坎伯兰阶梯（1827 年）、（重建）皇家穹顶宫（Royal Pavilion）、布赖顿（1815—1822 年）。

❺ 摄政街（Regent Street），也译作丽晶街，是位于英国首都伦敦西区的一条街道。为伦敦的主要商业街，以高质量的英国服装店著称，也是一百多年来伦敦城市文化的象征。摄政街的历史要追溯到 200 年前，1811 年，年轻并热爱时尚的摄政王乔治四世（George IV）取代其父乔治三世掌管政权。摄政王非常欣赏拿破仑在巴黎的城市规划，于是让著名建筑师约翰·纳什为其在从摄政王宫到摄政公园间设计一条全新的道路，纳什用了十年设计修建而成这个宽阔且拥有漂亮、流畅大弧度的皇家大道，也就是后来的摄政街，现在伦敦最典型的时尚地标之一。该街道曲折蜿蜒，连接牛津广场和皮卡迪广场。这个地区在 19 世纪时，是皇亲国戚及上流社会的购物街，现在虽然光芒减退，但仍然是老英国的活动地区，可以观察到属于上一代英国的优雅气质。

第 5 章

HELSINKI

赫尔辛基

赫尔辛基（Helsingfors）的城市发展方式如果与俄国新首都圣彼得堡比较的话，它与后者的不同在于，不是从零开始建设，但它的时间段和圣彼得堡一样，直到一个世纪前才被确定规划为首都①。自中世纪以来，芬兰曾是瑞典王国的一部分，但在1808—1809 年俄国和瑞典之间的战争之后，芬兰成为俄罗斯沙皇统治下的一个自治大公国❶。图尔库（Åbo）长期以来一直是瑞典王国统治芬兰地区期间事实上的首府，在战争结束后不久，新的芬兰便提出了将政府迁往赫尔辛基这个当时还是个微不足道的小城市的想法。不过，赫尔辛基的有利条件是，它的位置更靠近新归属的俄罗斯的首都圣彼得堡，而远离古老的宗主国瑞典。此外，1808 年的一场大火摧毁了赫尔辛基城的大部分地区，使得这里比老首府图尔库更有机会打造壮观的城市景观。芬兰甚至在开始认真考虑政府搬迁之前，就成立了赫尔辛基重建委员会，它由市民代表组成，地方长官担任主席。1810 年，委员会提交了由安德斯·科克（Anders Kocke）中尉绘制的规划提案。②规划提案对原有市区进行了一些扩展，但对旧规划（图 5-1）的主要思路没有根本性的改变，后者是在 17 世纪由安德斯·托斯滕森（Anders Torstensson）制定的③。

规划提案于 1811 年获得新宗主国俄罗斯沙皇亚历山大一世批准，但显然差强人意，尤其是如果赫尔辛基将转变为远期的新首都功能，规划方案就需要修改。在 1812 年初，约翰·阿尔布雷希特·埃伦斯特伦（Johan Albrecht Ehrenström）按要求编写了一份修改后的报告版本，但最终没有得到批复。

埃伦斯特伦是一名军事防御工事官员，外交官和朝臣。他出生于赫尔辛基，早年移居瑞典，并在最后的瑞典国王古斯塔夫三世在位三年期间，成为国王信任的助手。几年后瑞典国王去世，

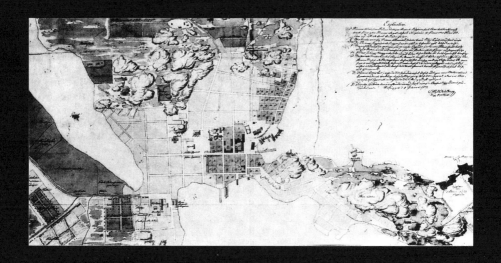

他被莫须有地指责与俄罗斯密谋；他被判处死刑，但后来被赦免。1811年秋天，他回到芬兰，在那里他的个人特长受到欢迎。他显然没有城市规划的经验，尽管他作为军事城防官员经常参与城镇的布局，而规划的制定是城防军事理论中的一个问题。当他受委托制定赫尔辛基城市规划时，并不是因为他的任何规划专业知识，而是因为他经验丰富而且擅长编写报告。

　　然而，埃伦斯特伦对规划方案进行了详细分析，并提出了一定的反思④。他认为赫尔辛基显然是新大公国的首都，基于这一事实，应该在城市规划中对于建设的投资成本予以考虑。他报告中的主要思想是，只允许在"城"内建造砖砌房屋；任何想用木材建造的房屋应该降级到郊区，并且要用河流与主要城区分开。这个思想绝不是原创，在挪威首都克里斯蒂安尼亚（奥斯陆）的规划过程中，我们也会看到，自1624年挪威首都奥斯陆设立以来，城内就从未允许过建造木屋，而且自16世纪以来，当局一直在颁布法令，以禁止斯德哥尔摩和其他瑞典城内规划建设木构房屋。赫尔辛基建设委员会曾一度考虑在市区最中心的部分采用砖砌建设，而同意在中心部分以外的地区可以采用木材建设房屋。但埃伦斯特伦对此原则十分清晰明确：城市只能采用砖构建设房屋，并且应该清晰地与在郊区的木构房屋分开，市区内不能有任何例外。埃伦斯特伦没有说明这个非常具体的、要求非常严格的动机原因。但对于他那个时代的人来说，这种考量是必要的。有效的防火措施和创造有价值的城市景观都是众望所归。此外，埃伦斯特伦强调了将街道（甚至是小街）建设得笔直并以直角相交的重要性。即使地形条件在某些地方是尴尬的，也不允许干扰这个规划原则。他还提倡建设运河和宽阔的堤防，并强调城市规划要建立在仔细的测量基础之上。

埃伦斯特伦对建设委员会规划议案的看法得到了积极的回应，委员会要求他另外提交一个规划议案。新一版规划方案很快就上报了，国王亚历山大一世很快于 1812 年 4 月批准，赫尔辛基正式成为首都⑤。同时埃伦斯特伦被任命为建设委员会的主席，主要负责赫尔辛基的空间开发，直到 1820 年代中期。

埃伦斯特伦获得任命后，继续他的规划工作，并对于城南郊区做了规划方案；⑥ 城南项目与市区项目被合并在一个总体规划中（图 5-2），并报沙皇于 1817 年⑦ 批准。该规划最显著的特点是宽阔的非建设区，通过两排树木的环绕，将城市与郊区分隔开来，或者换句话说，高密度中央核心区被周围的低密度区环绕。这条分隔带从一开始就被指定为林荫景观大道（Esplanaden）。它的北边有一条运河。塞纳托盖特（Senattorget）中央广场在当时已经更具仪式感特征。它的场地和规划显然是从建设委员会第二次的失败方案中提炼出来的，但埃伦斯特伦提出了在广场北面的山上建一座中央主教堂，与建设委员会在那里建造皇宫的建议思路不同，这种方法使得城市的景观效果更加光彩⑧夺目。广场的短边布置着风格统一的公共建筑。在城市的西北规划了花园和公园，以及沙皇的住所宫殿。街道网络是严格直线的，没有被打断，直接穿越老城区。

在郊区，由于地形的特点而规划设计了两个不同的街道网络：西段的主轴是一条绿树成荫的道路，现在的林荫大道——布列瓦尔登（Bulevarden）与滨海大道一起形成了一个贯穿整个半岛的不间断延伸，每端都有海港边的广场作为收口。中央广场，即现在的卡塞恩托格特广场（Kaserntorget），位于东段，没有以任何特殊方式加以设计，只是由一个非建设街区组成⑨。后来随着卡尔·路德维希·恩格尔（Carl Ludwig Engel）军营的修建

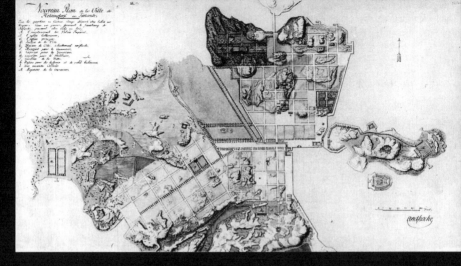

图 5-2 埃伦斯特伦的赫尔辛基总体规划。沙皇于 1817 年批准的规划方案的初稿。（来源：赫尔辛基市立博物馆）

才形成其建筑特色。

埃伦斯特伦在 1820 年代的建设项目，至今仍然是赫尔辛基城市中心。本书讨论的案例还很少有如此高的持久实现度。这不仅是因为该规划的质量，还因为十多年来，埃伦斯特伦本人负责建设实施，当时的威权专制政权给了他影响深远的权力。在实现这一结果的过程中，建筑方面也是独一无二的，埃伦斯特伦很幸运能够与高水平的建筑师，例如卡尔·路德维希·恩格尔一起工作。后者在新古典主义——在北欧国家被称作"帝国"风格（empire）⑩——的独特变体下，创建了风格统一的城市景观。

学者斯文·埃里克·阿斯特伦（Sven-Erik Åström）在其研究论述中，对埃伦斯特伦重建赫尔辛基的工作对社会结构的影响做了很多研究⑪。工匠和身份低下的人由于没有得到法令资源的保护而被迫离开"城市中心"——他们越穷，就搬迁得更远。因此，市中心的居民主要是由贵族、各种高级官员、批发商、少数制造商等组成的上层阶级，越是富有者，能够获得政府的财政支持反而越多。埃伦斯特伦和他的负责人显然很清楚这种影响，并极力利用它。早在 1571 年，瑞典国王约翰三世就下令"所有那些即使不是完全富有，至少也有合理财富的人，如果他们想成为城市的居民，就应该用砖建造；那些没有意向、没有可能或没有办法建造此类房屋的人，应住得远远的"⑫。换句话说，人们早就认识到，提高建设标准必然会造成社会隔离，虽然这并不是城市改造的首要目标。因此，值得反思的是，正如埃伦斯特伦所说，我们是否真的可以在这里谈论社会规划？或许更多是在讨论物理空间的规划问题？事实上几乎所有这样的工作项目都会带来社会后果。

在此之后到 20 世纪初的赫尔辛基的规划历史进程中，都看不到其他规划有与埃伦斯特伦方案类似的广阔视野。1830
年开始了规划的扩建：包括格洛特湾（Gloet）、参议院广场
（Senatstorget）以西的地区和景观大道⑬以北。格洛特最初是
一个海湾，直到 1920 年代，它几乎延伸到达了后来的滨海大
道北侧。正如我们所见，埃伦斯特伦的最初想法是通过一条运
河和一条滨海景观大道将格洛特与南部港口连接起来。但这个
想法后来被放弃了，格洛特湾逐渐干涸并被填充建设，这意味
着街道和克罗诺哈根（Kronohagen）街区网络在参议院广场
（Senatstorget）周围，并可以扩展到西边。到本世纪中叶，除了
有些地块尚未建设外⑭，规划范围基本成形。

　　在 19 世纪的中后期（1850—1875 年），赫尔辛基迎来它的
新时代，伴随着工业化的到来和人口的增加，铁路交通开始加
速发展。除了火车站的确立和连接城市车站的街道网交通和规
划讨论，现在的规划发展主要集中在半岛的南半部和斯卡图登
（Skatudden）地区。这里从 1830 年代以来就涌现了一系列项
目⑮。新总体规划涵盖整个赫尔辛基全城（图 5-3），在 1875 年
得到市政府批准⑯，基本上这个规划由各种子项目组合在一起扩
展，在现有的街区和街道系统基础上，一条宽阔的绿树成荫的街
道穿过南部地区的主要干道，红山 – 罗德博根（Rodbergen）的
丘陵地区被留作公园。

　　但 1875 年的规划仅在有限的程度上影响了随后的发展。在
城市半岛上，东南部分，即布伦斯帕肯（Brunnsparken）西北
部和观察点（Observa）西南部都按照规划得以实施。建设的内
容主要包括大片住宅，由私人开发商运作。在西南外侧，1907
年针对一个叫作埃拉（Eira）的新地块按照不同的思路做了规划。
设计师贝特尔·荣格（Bertel Jung）、阿玛斯·林格伦（Armas

图 5-3 赫尔辛基城市规划，1875 年批准。(来源：赫尔辛福斯塔萨科夫)

Lindgren）、拉尔斯·松科（Lars Sonck）按照卡米洛·西特的
城市美学思路，充分利用地形特点来创造了一个不同的城市景
观[17]。1895年，斯卡图登（Skatudden）地区规划的最终版本得
以批复，具体开始实施则到了后面的20世纪头十年。

　　为什么1875年的规划在很大程度上仍未实现？阿斯特姆似
乎暗示它是由于多种因素：在19世纪后期盛行的自由主义价值
观（liberal values）下，规划者的地位作用反而比上个世纪更威
权专制（authoritarian system）的政府体制下要弱小；该规划也
没有能适应后来新的政治、经济或技术现实条件[18]。

　　大约在世纪之交，规划转向了福拉姆勒·托罗（Främre
Tölö）和波特勒·托罗（Bortre Tölö）往西北的进一步扩张，
1902年古斯塔夫·尼斯特罗姆（Gustaf Nyström）和拉尔斯·松
科（Lars Sonck）[19]为该地区制定了一个有趣的受到卡米洛·西
特风格启发的规划。[19]几个郊区住宅也以同样的方式规划，例如
拉尔斯·松科的布兰多地区（Brändö）。[20]城市半岛北部的地区
贝尔加霍尔－索尔纳斯（Berghäll-Sörnäs）有些问题。除了住
宅区德珠花园（Djurgården）外，这里还有大型工人阶级住区，
这些地区是自发发展的。因此，这是一个在重建和补充建设的帮
助下，提高整体标准的问题。[21]正如奥斯特罗姆（Åström）所说，
"更好"的地区是预先规划的，工人阶级的郊区则是事后来弥补
的。在1910年之前，工人住房从来没有机会成为一个已经存在
规划地段的主角，那里的建筑土地昂贵，建筑自由受到严格限
制……[22]奥斯特罗姆的话可能适用于许多北欧城镇。

　　直到1910年左右，人们才认真关注区域方面的规划问题。[23]
不久之后，埃利尔·沙里宁（Eliel Saarinen）提出了他创造性的、
国际知名的蒙克斯纳哈加（Munksna Haga[24]）地区规划方案，

随后是大赫尔辛基（Greater Helsinki）的总体规划（1918 年），
这是北欧规划的一个重要的发展历程[25]。

注释

① 学者奥斯特罗姆（Åstrom，1957 年
b）对 19 世纪的赫尔辛基城市空间
发展进行了研究。然而，他的研究目
的不是为了描述城市规划的发展，而
是从社会生态的角度，来分析区域的
自发性和规划起源之间的关系。奥
斯特罗姆（1979 年）提供了对早期
著作主要论点的英文摘要。学者林
德伯格（Lindberg）和雷因（Rein）
在 1950 年详细介绍了规划和建设运
作。他们的研究中对于约翰·阿尔
布雷希特·埃伦斯特伦的生平和他
在各个领域的工作在布洛姆斯特德
（Blomstedt，1966 年）中有描述。
《芬兰城镇发展史》（Suomen
kaupunkilaitoksen historia，1981、
1983、1984 年）也讨论了赫尔辛基
的规划，这是芬兰城镇物质空间发展
史基础性的标准研究著作。在赫尔
辛基城市历史地图（Stadsplane byc
historiska atlas）（1969 年）中可以
找到大量旧规划，这是一本非常有用
的出版物。还应该提到学者桑德曼
（Sundman，1982 年）；它显示了
建筑面积的范围，即 1700、1800、
1850、1900、1940、1960 和 1980
年 的 情 况。桑 德 曼（Sundman，
1991 年）对芬兰城市规划进行了广
泛的调查，其中许多都提到了赫尔辛

基，但主要关注 20 世纪。

② 赫尔辛基城市地图集，第 71 号。

③ 同上，第 3 号；另参见爱么尔（Eimer，
1961 年），第 272 页 f et passim。

④ 转载于奥斯特罗姆（1975 年 a）。

⑤ 赫尔辛基城市（Stadsplane histor-
iska）地图集，第 72 号，该规划由
安德斯·科克（Anders Kocke）绘
制，随附报告发表在奥斯特罗姆上
（1957 年），第 343 页及以下各页。

⑥ 赫尔辛基城市地图集（Stadsplane
historiska），第 73 号。

⑦ 同上，第 74 号；批准的版本是转载
为第 77 号。

⑧ 埃伦斯特伦已经提出了这个建议，他
提交了关于该建筑物委员会的规划
报告。

⑨ 尽管他们仍然在谈论"the town- 城
镇"和"the suburb- 郊区"，但在
1817 年的规划中已经表明将划分为五
个区，每个区都有自己的广场，长期
以来代表该城的行政区划：克罗诺哈
根与伊丽莎白斯克韦伦（Kronohagen
with Elisabetsskvaren），格洛特与塞
纳托格特（Gloet with Senatstorget），
加德斯塔登与卡森托盖特
（Gardesstaden with Kaserntorget），
坎彭与山特维克斯托格特（Kampen
with Sandvikstorget）和罗德卑尔根

（Rodbergen）与三角形飞地特勒坎腾斯·斯卡瓦（Trekantens skvär）。直到 1875 年，才开始考虑另一个地区，即爱尔拉（Eira）。斯卡图登（Skatudden）及其更简单的建设长期以来被简单地称为"东区"，不算作一个区。

⑩ 恩格尔（Engel）还担任过规划师；除此之外，他在 1827 年大火后为埃博制定了新的规划。

⑪ 参看奥斯特罗姆（1957 年 b），第58 页及以后和过去，以及同上（1979 年）。

⑫ 引自约瑟夫森（1918 年），第260 页。

⑬ 参见赫尔辛基城市规划地图集，第100–104 号。

⑭ 参看桑德曼（1982 年），第 33 页。

⑮ 参见赫尔辛基城市规划地图集，第90、92、93、110、111、113、120、121、128、140、151、158、174 和 190 号。

⑯ 同上，第143 页。另见奥斯特罗姆（1957 年 b），第 129 页及以下各页。修订版于 1887 年获得批准（赫尔辛福斯大学历史地图集，第 156 号）。

⑰ 赫尔辛福斯大学历史地图集，第200 和 201 号和桑德曼（Sundman，1991 年），第 73 页 f。在这方面，应该提到的是，建筑师古斯塔夫·斯特伦格尔（Gustaf Strengell）出版了《作为艺术的城市》（Staden som konstverk，1922 年），总结了当前的城市设计辩论，并倡导具有古典签名的艺术城市规划。

⑱ 奥斯特罗姆（1957 年 b），第 220 页及以下各页，同上（1979 年），第63 页及以下各页。

⑲ 赫尔辛福斯大学历史地图集，第192 号；另参看第 193 号和桑德曼（1991 年），第 71 页及以下各页。

⑳ 赫尔辛福斯大学历史地图集，第 206号和桑德曼（1991 年），第 74 页及以下各页。

㉑ 参见赫尔辛福斯大学历史地图集，第188 号。

㉒ 奥斯特罗姆（1957 年 b），第 262页。

㉓ 参见赫尔辛基城市规划地图集，第210 和 213 号。

㉔ 同上，第 218 号和桑德曼（1991年），第 76 页及以下各页。

㉕ 赫尔辛基城市规划地图集，第219、222 号和桑德曼（1991 年），第 78 页。

译注

❶ 芬兰历史开始于 1 万多年前人类在现芬兰地域的定居，这种原始公社制度在芬兰一直持续到 12 世纪。经历了瑞典发动的一系列扩张活动后，芬兰于 1362 年开始被瑞典帝国统治，直到 19 世纪初。1809 年，俄罗斯帝国击败瑞典帝国，芬兰成为沙皇统治下的一个大公国，获得了比瑞典帝国时代更多的自治权利，包括芬兰自己的语言，而不再使用瑞典语作为官方语言。从 1809 年到 1917 年芬兰大公国的这段时间，芬兰的建设既有自

己相对独立的一面，也有受到俄罗斯影响的一面。随着俄国爆发十月革命，芬兰于 1917 年 12 月 6 日宣布独立。1918 年的芬兰内战使俄国布尔什维克势力退出芬兰国土。在短暂的王国政体倒台后，芬兰共和国于 1919 年成立。1939 年，苏联发动了苏芬战争，芬兰被迫割地，此后，芬兰在 1941 年加入德国阵营参加了对俄战争。二战结束后，芬兰成为战败国，主权和外交长期受制于苏联，没有接受美国的马歇尔计划。苏联衰落后，芬兰逐渐摆脱了苏联的影响，并于 1995 年加入欧盟。

第 6 章

ATHENS

雅

典

雅典①，在历史的现代阶段重新成为首都的时间比较晚❶。直到 1820 年代，希腊还在为争取独立自由而斗争，1830 年第二次于伦敦签订的协议，宣布希腊成为主权国家。1832 年，王冠被授予巴伐利亚王子奥托，他当时还是未成年人。1833 年，雅典确定为新希腊王国的首都。对于欧洲人来说，这个决定属于众望所归：欧洲人支持希腊赢得独立战争，并视雅典为他们的文明摇篮，对于希腊文明的认同必须尊重。

当时的雅典是一个微不足道的小地方。它的人口，在 19 世纪开始时大约为九千到一万，1820 年代希腊独立战争期间甚至可能下降到四千。大部分建筑被摧毁，只有大约一百所房屋可以住人。古代雅典遗迹在频繁的战争中遭到破坏，古雅典时期的许多旧房屋已被纳入到土耳其统治时期所建房屋的新结构里，或者被后来的建设完全覆盖。在希腊独立战争的后期，雅典卫城甚至曾被作为军事防御堡垒，破败衰落十分严重。可以说，雅典当时是一个名副其实的小城镇……从那时起，这里将诞生一个现代希腊国家的首都。因此，通过大刀阔斧的规划建设，来清除历史尘埃，使新首都雅典迎来扩张发展，十分迫切，十分必要。

两位建筑师，古斯塔夫·爱德瓦德·舒伯特（Gustav Eduard Schaubert）和斯塔马生·科里安特斯（Stamatios Kleanthes），接受了委托，为新雅典制定总体规划（图 6-1）。前者来自德国西里西亚，后者来自德国色萨利②。两人都是申克尔❷的学生，都在 1820 年代后半期于柏林建筑学院（Bauakademie）学习，他们都曾短期在雅典受雇为地方政府的官方建筑师。此后，他们与一些考古学家共同工作，对雅典及其古典遗产作了一份详细的测量调查，并开始着手准备为新城做规划。地方政府对他们进行了官方委员会的委托——显然是基于科里安特斯③——

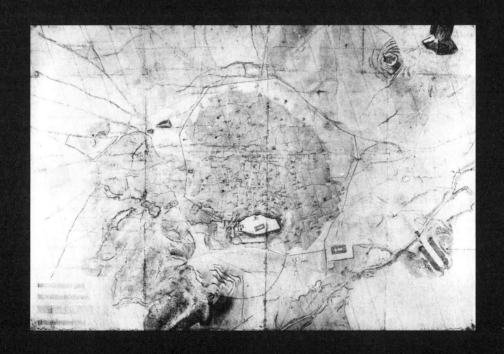

图6-1 建筑师舒伯特、科里安特斯于1831年和1832年绘制的雅典地图。[来源：照片由雅典帕帕乔吉乌－威尼托（A.Papageorgiou-Venetas）提供]

在 1832 年 5 月所做的规划方案。

各方对于规划并没有具体的指导要求，都是希望能反映古雅典的辉煌历史声誉，并迎合当下生活④的时代要求……在规划的备忘录里，建筑师解释说："……我们不确定是否要将雅典设想为未来的首都或简单的省会城市，也不清楚政府将为新城市的建设提供哪些资源支持⑤。我们考虑了希腊人的普遍期望，雅典将成为新希腊的首都⑥。"1833 年年初，这两位建筑师提交了他们第一个版本的规划方案。然后，他们按照反馈要求进行了修订，同年 7 月获得批准，定都雅典方案得到了正式批复⑦。我们无法找到批复原件，但两位建筑师的规划方案，能从其他几个已知的版本——虽然它们彼此之间有一些偏差——得出基本一致的规划思路⑧。

雅典在古典时期，城市的中心位于雅典卫城（Acropolis）以北，该地区大部分后来被中世纪的建筑所覆盖，并被切分成为狭窄和不规则的街道。1778 年建设了城墙，19 世纪的雅典城市建设的范围是以卫城为界，位于卫城的东面和北面。对两位建筑师舒伯特和科里安特斯来说，最根本必须解决的问题，是必须确定是在现有的街道和用地结构基础上进行规划和扩展，还是建设新的城市核心区——如果是后者的话，一个可能的选址在卫城以南的地方，那里地势比较平整有利，没有山丘阻碍未来的发展。另外一个选址就是卫城本身及其西南面的山丘。另外接下来将要看到的是，另外有人提议选址在卫城以南建设。

但是，这两位建筑师决定规划建设选址于卫城北侧，并且避开古代雅典城区的中心范围，在其外的地段来建设新城，保留下来的古雅典城将作为考古区。作出这一考虑的决定性因素，是希望在地形上将新城与古城联系起来。在规划方案的备忘录里，记录着考古区是其中的主要项目之一："如果希腊目前不对其作保留，那么后代必然会责备我们缺乏远见。"备忘录的文字记录了19世纪的价值观："如果考古发现成果少于人们的预期，至少残留的古代遗址，也能展示古雅典的风貌荣耀：通过利西克雷特纪念碑（Lysicrates）❸、风之塔和哈德良竞技场，而不是依靠之后新建的房屋来展示"⑨。这些空出来的用地以后可以植树绿化，建设成为考古公园。

新规划的起点定在卫城——这是古希腊雅典城的历史上具有决定性的地标。在卫城以北对位的点是王宫，它们之间是一系列的广场和林荫大道。这条主轴上有雅典卫城的山门（Propylaea）和洞穴壁画（Cave of Pan）成为焦点。轴线从新城中心引出，直到雅典卫城的入口。轴线穿过古城及考古遗址区，另一边到达王宫。这样，王宫和卫城，作为雅典城市的两个重要特征地标，它们之间采用轴向系统相互连接。根据建筑师备忘录，主轴的两侧是平行的街道，主轴上一方面有风之塔和雅典卫城山顶之上帕提农神庙的废墟，另一方面是竞技场的废墟遗址普罗梅斯（Prolemeys）和古老而杰出的亚略巴古斯山（Areopagus）的皇冠⑩。

规划原来的想法是，新城区被中轴线分为东西两半，基本对称。每一半都有自己的宽阔主街，两条主街从王宫前面的广场辐射出去，形成自己的星形广场开放空间，外围有连接远方的交通干道。两条主街尽端有两个星形的广场，它们之间由一条较窄的街道连接起来，经过考古区的边缘并形成等边三角形街道的底边。⑪在考古区和新区之间城市街区以街道网络形式开发，但需要保留旧建筑。不同的解决方案有不同的规划版本。由于这些斜交街道体系的引入——再配以规划的体育场和皮雷奥斯

（Pireos）——构想中的新城区，仿佛在向古雅典敞开怀抱，并拥抱它（图6-2）。

中心部分街块的朝向顺应了中轴的关系，相对于对角线侧翼的街块则作了调整。两个对角排列的广场规划了公共建筑，使得两个角度的斜交有了过渡，从而避免地块最后会缩小到一个点。林荫道宽38米，连接这两个广场，继续作为主要的外围交通连接，环绕宫殿区域，从而形成了一个大广场氛围。在该规划的大多数版本里，在未来的皮里奥斯那里还有一个广场，它位于上述广场的西南。此外，在宫殿以北还规划了一个大的公园，并沿着街道建造大量公共建筑。这个想法显然不是为了转移人们对宫殿和古典纪念碑的注意力，尽管后来，设计师库恩声称，它们没有被降级，只是为了展示……在适当的距离，它们仍然被包围在适当的尺度范围内（图6-3）。[12] 与商业有关的建筑物，例如海关邮局和法院，应该在皮里奥斯或者这条街道上的两个广场上；文化机构，例如大学和图书馆将在体育场大街；而政府，议会和中央行政机关如各部委，将设在国王宫殿附近。从王宫到卫城[13]的主街轴线上的广场上，布置着剧院、股票交易所、赌场和巴扎大市场。住宅建筑要保持低矮，只能按照十人左右的规模居住，并以花园[14]环绕。

舒伯特和科里安特斯的雅典规划，构思精巧，兼顾审美和功能要求，并保持开放性，能为将来进一步的城市发展扩张提供可能。[15]它很好地适应了地形状况。这不禁让人想起王宫之城德国卡尔斯鲁厄和法国凡尔赛[16]：城市主要街道从王宫前面或后面的空地广场出发，采用放射状延伸到城市和公园。雅典新的地形规划明显是借鉴了法国皇城凡尔赛[17]放射状格局的灵感，并作出了适合自己城市的规划发挥。在某程度上，他们的雅典规划还让人

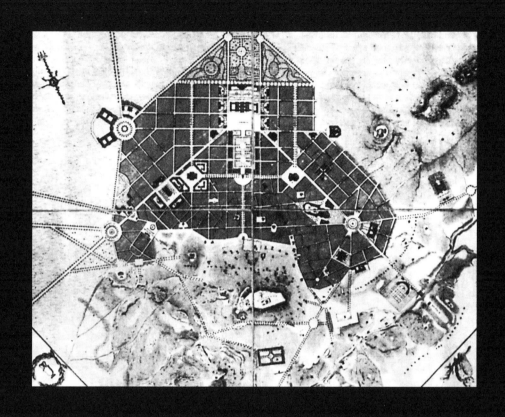

图6-2 雅典。建筑师舒伯特、科里安特斯为新城的规划和扩建提出的建议。
（来源：雅典和慕尼黑制作的石版画复制品）

感到了西班牙设计师罗维拉（Rovira）在几十年后为巴塞罗那做的规划。雅典和巴塞罗那的两个城市案例，都考虑了如何在新城规划中发挥出历史城区的美感。

雅典的扩建规划，在欧洲 19 世纪上半期，成为当时最受关注和最为完整全面的城市规划。这看起来令人惊讶，如此重要的项目委托给两个年轻的建筑师，虽然之前缺乏城市规划经验，他们依然成功地执行自己的任务，学者库恩（Kuhn）认为他们并不是独立完成这一任务的，在规划成果的背后有不少人的帮助，而另一位学者鲁萨克（Russak）[18]也早在 1942 年就提出过类似看法。库恩认为两位建筑师的老师申克尔曾主管卫城[19]的宫殿项目，应该也介入了新雅典的规划，并提出了一些重要的改善建议。不过，目前找不到具体的资料来予以证明[20]。

正如我们所见，舒伯特和科里安特斯的雅典规划于 1833 年获得批准，并于 1834 年 4 月由奥托国王在他们的规划中建议的地点举行了宫殿奠基仪式。然而，规划实施后不久，问题就出现了。规划区域内的土地早已被投机者购买。这些土地的土耳其裔前业主 ❹ 离开时，土地价格暴涨，给修路和建设广场[21]等规划实施工作带来困难。政治和社会局势也动荡不安，一方面是由于统治希腊的是外来的德国国王和德国的大部分行政官员 ❺，另一方面是由于快速增长的希腊人口。比较而言，芬兰首都赫尔辛基在几十年前启动的城市规划，其成功的基本条件是有赖于社会稳定和政治领导清晰有力，而此时的雅典城则缺乏这样的条件。

1834 年夏天，来自德国巴伐利亚的路易一世作为希腊国王奥托的父亲，把建筑师列欧·冯·克伦泽（Leo von Klenze）作为外交使团的一员派往雅典，负责监督规划问题和组织对古典古迹[22]的保护。建筑师只要有机会，就一定会对重大规划修改实施发言权，克伦泽也不例外。克伦泽回到慕尼黑之后，针对批准的规划写了一个评论，针对当时流行的建筑规划原则、思路提出了一个不同的新想法。他写道："看来，现代城市建设者试图采用图面规整的规划结构和各种复杂的几何图形，来追求视觉上的愉悦感受。但他们却没有意识到，一旦城市建成了，人是无法在地面上来感知（图纸面上的）整体效果的。"克伦泽还在评论中引用了很多卡米洛·西特的城市理论，值得全文备注：

如果我们考虑街道的秩序，例如庞贝的广场和建筑物，或者古典世界的首都罗马规划，那些城市遗留下来的细节，那么我们必须承认，老城区，即使像平原上的城市庞贝，或像丘陵上的城市罗马，它们都与我们所谓的美丽城市结构规律，例如都灵、南锡、圣彼得堡、曼海姆、卡尔斯鲁厄等，是有很大差别的。

但是，当我们以崭新的眼光看待如画风景的（英语 picturesque，德语 malerisch）的魅力，那都灵、南锡等这些城市有什么特点呢？它们只有单调的疲劳，沉闷的灰色外墙的直线方阵，不足挂齿的视线焦点，夸张的建筑定位……这些如果要和古典城建如画般的丰富性组合来作比较，后者虽然没有所谓的几何规则，甚至有点风貌混乱，但足以完胜前者。

根据这些观察，特别是为了重建雅典，我按照给定的条件，提出我的想法：建筑之美，我最倾向的选址是在雅典卫城的西侧和南侧的高地，那里作为高高耸立的开阔地带，它向海风敞开，新雅典城选址可以从缪赛昂（Mouseion）到卡利尔霍（Kalirrhoe），再到莱卡贝托斯（Lykabettos）。

可惜的是，新城建设的用地选址已经确定，我不再有选择的自由机会了！

我发现，雅典新规划的作者有着完全不同的口味——与我关于城市的美学结构不同，他们只使用地形高区的一部分：在莱卡贝托斯脚下，并开发城市最低最平的地段，在以前的阿查尔奈（Acharnaian）门外，克拉米科斯（Kerameikos）和朝着第派龙门（Dipylon）之间的用地。几乎没有考虑到地形的性质，用地的高度和深度，规划了漫长而过分宽阔的道路与巨大的广场和建筑，这似乎与新雅典的需求无关。

克伦泽的结论是"应该结合雅典的历史和当下，采用尊重历史并与诗意相结合的原则，来规划建设。"[23]

那么，这个浪漫的规划建议如何付诸实施呢？其实，舒伯特和科里安特斯的规划当时已经开工了。克伦泽希望新城的建设选址在卫城的西边和南边，在那里它会更高并且地势"开放"——朝向大海，能有海风吹拂。这个选址是从缪赛昂到卡利尔霍，然后从那里到莱卡贝托斯，但实际上是无法实现的。但是，舒伯特和科里安特斯必须对克伦泽的意见有所反应，并满足修改的要求，必须"改善该规划的过于几何化而带来的缺陷……要有如画般的感觉。[24]"克伦泽修改规划最重要的想法之一，是把王宫的位置调整到西边对角线街道的南侧（图6-3），靠近特爱昂（Theion）街。这样可以更好地看到古代遗迹。舒伯特和科里安特斯的选址，在克伦泽看来，不但在场地地形上来说不合适，而且对于周围景观条件来说也不合适。皮里奥斯和体育场本来要规划成为矩形的广场，后来被改成了圆形广场，里面规划了一个教堂作为视线焦点。面向对角线大

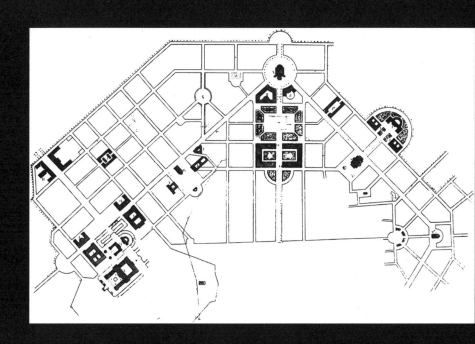

图6-3 雅典。克伦泽的新城方案。[来源：比里斯（Biris，1966年）]

街的城市街道和街块将相互形成对接关联，这意味着汇聚到交点的缩小街块将会更少。中心地段重新做了设计，大部分旧建筑都得以保留。体育场也不再按照舒伯特和科里安特斯原方案的直线扩展。相反，针对早先的规划作了调整，采用半圆形的广场收尾，广场里面有一个新规划的教堂㉓。克伦泽希望缩小街道的宽度，他还建议沿街建设多层楼的房屋，比舒伯特原来的规划方案规划得更加紧凑。舒伯特和科里安特斯的规划方案显然引起了人们强烈的反对，因为相对较高强度的开发，能够让土地的所有者更受益。总之，一系列这样和那样的修改，使得原来已经批复的规划方案有了很根本性的变化。

1834 年 9 月，克伦泽的规划获得了批准㉖。但雅典的情况十分混乱，规划的实施建设一直无法有清晰统一的思路。所以很难评估克伦泽规划的重要性。事实上，舒伯特和科里安特斯的规划思路已经不能对开发商予以限制管控了。

如果要在两个规划案之间进行一个对比，会发现一个十分有趣的情况：规划的结构基本上都实现了㉗。三角形的街道体系，这是舒伯特和科里安特斯规划的基本要素，也被克伦泽认可了，就是现今的体育场，皮里奥斯和俄尔牟。两个对角线布局的广场虽说有一些修改，也实现了，但在目前的布局安排里面不是一个太完整的韵律系统（platia eleftherias and klafthmonos）。这些街区不是舒伯特、科里安特斯原先的规划意图，而是切分为不同的、不那么规则方正的形态模式，但与克伦泽的意见比较的话，还是相对更加接近二位建筑师的原先想法。在中心地块，没有按照舒伯特、科里安特斯的提议在广场四边植树的思路。旧城的大部分得以保留，符合克伦泽规划思路㉘。舒伯特、科里安特斯规划思路中的考古预留区，按照克伦泽的建议作了缩小的调整，保留在规划中。对于古代集市区（Agora）的考古挖掘工作，一直延续到 1930 年代，然后到 1940 年代和 1950 年代，才得以部分实现。在中心轴线上的两个规划方案中的广场，只能停留在规划的图纸的想法上，仅有科特兹雅广场（Platis Kotzia）和现在的集市得以实现。在朝向雅典卫城的壮丽轴向结构中，只有今天的雅典娜大街依旧存在。在与这条街道平行的两条街道中，特别是在克伦泽的规划中，现在的艾欧娄（Eolou）建在东部，这是一个重要的元素。它的北段可以欣赏到卫城的伊瑞克提翁神庙和帕提农神庙的壮丽景色，正如建筑师所希望的那样。西面平行的街道则没有实现，也许是因为它没法达到当时所设想的那种景观效果。所以，阿西纳斯（Athinas）、艾格尔德（Eogered）和俄尔牟（Ermou）三条街道像箭头一样，从街区穿越过去，最终形成一个经典的欧洲范式，后来在欧洲很多首都都有类似的做法，不过比较起来雅典的这些街道较为简单而且狭窄[29]。

在体育场的南面，王宫终于建成了。除此之外的其他建设项目没能实现，在这里克伦泽的建议可能也影响了最终选址的决定。克伦泽规划的向北的圆形开放空间，一直包含在雅典的规划中[30]，但当欧摩尼亚（Omonia）协和广场最终在 1860 年代建成时，它被改成了一个几乎是正方形的矩形。这是否可以被解释为回到舒伯特、科里安特斯的规划，仍然是一个悬而未决的问题；但是现在的欧摩尼亚广场肯定与最初提议的宫殿广场几乎没有任何共同之处，并且在没有任何主要的仪式性建筑引导主控的情况下，无法按照建筑师的意图在城市场景中发挥作用。街道不能没有经过规划，而直接突兀地进入到广场中，也不能没有视觉焦点就尝试成为一个整体。而且，街道进入广场的尺度和形状，需要设计的控制才能够获得效果。现实的情况难以令人满意，并加剧了失衡的状态，因为雅典娜大街无法形成有中心的广场。它与帕那皮斯提米欧（Panepistimiou）街道方向的对接联系也不成功。目前，欧摩尼亚协和广场空间印象混乱，而且这种混乱还由于建筑的尺度和风格的混乱而被加剧了。

关于1830年代批准的两个规划及其对后续发展的影响的问题，在我们离开这个话题之前，还应该谈谈街道的宽度。克伦泽的一个主要想法，是缩窄街道的宽度，从而让风景更加如画，而且也不会占用那么多昂贵的土地。就这些意图实际上的实现程度而言，正如我们今天所看到的那样，它们反而是对城市造成了真正的伤害。库恩声称，"在未来的几年里，街道的这种减宽收窄和广场面积的缩小，证明对雅典随后的城市发展具有明显的抑制作用"[31]。

但是，从现有资料来看，克伦泽的提议显然主要是针对二级街道，将其宽度从12.5米减少到10米，从而将征地成本降低五分之一[32]。主轴道路宽度仅需略微收缩[33]。此外，早在1833年秋天，在舒伯特、科里安特斯的规划第二次获得批准时，一些街道的宽度就已经缩小了。另一方面，克伦泽的干预，可能确实起到作用了，对旧城区核心街道网络没有予以改造。

到1830年代后期，雅典的城市发展已经在关键方面偏离了两个原先批复的总体规划[34]的原则。造成这种情况的一个主要原因是1836年开始的王宫建设，它是按照弗里德里希·冯·加特纳（Friedrich von Gärtner）的规划来进行的，但不在以前的任何规划中。在王宫面前，是一个大型开放广场，它就是现在的宪法广场，因而迫使体育场的街道和帕那皮斯提米欧两条街道不得不以别扭的方式弯曲，为的是以直角靠近广场。这一规划外的建设，导致城市结构重心的变化：城市的中心之前是规划在欧摩尼亚协和广场，而现在必须调整到王宫广场来。而且帕那皮斯提米欧大街作为平行于体育场的街道，获得了比之前规划预想更大的强化效果：这是因为一系列文化机构——大学、学院和国家图书馆——的古典风格建筑都沿着它一字排开。首先开建的是 1837 年汉森（H.C.Hansen）的大学大楼。这条街是在 1830 年代后半期建造的，其线路比批准的规划中规定的要宽㉟；在 1837 年的地图上，它被称为"林荫大道㊱"。

根据迈克尔的说法，对 1840 年代当时的城市规划进行了大量修改和扩大，主要是以"规划规定（planning provisions）"的形式，也就是说"小部分的街道规划，公共工程办公室的工程师通常被迫采用这些规划来处理建设过程中出现的各种缺陷，使之改善后合乎法规。"因此，这些"规划规定"补充了克伦泽的规划，并共同构成了雅典目前中心地区㊲的规划基础。

直到 1843 年，官方才首次尝试制定新的总体规划，但该版规划似乎没有发挥太大影响㊳。1846 年，在政府的倡议下任命了一个委员会来制定新规划。1843 年希腊修宪时，政府公职的所有外国雇员 ❻ 都被解雇，而希腊人本身由于缺乏相应的教育培养，而产生了相应人才的短缺，无法适应所需的公共职位。这意味着政府中的许多此类职位都是由武装部队的军官转来担任的。1846 年委员会的主席是斯莫冷斯基（L. Smolenski）上校；其他成员是另外两名军官和两位建筑师——莱桑德罗斯·卡夫坦佐格鲁（Lysandros Kaftanzoglou）㊴（图 6-4），以及作为私人建筑师留在雅典的西奥菲尔·冯·汉森（Theophil von Hansen）❼。该委员会于 1847 年到位开始工作，并提出了规

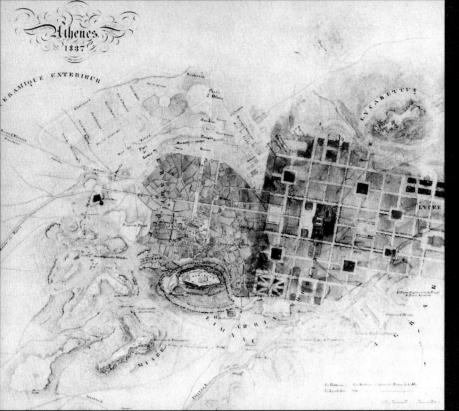

划建议方案，但没有涉及城市空间结构性的根本变化，而是对细节进行了各种调整和一些补充建议。在城市的东侧，学院街（Akadimias）被标示出来，王宫的南面是皇家公园。在西边，克伦泽规划的宫殿工程已经被放弃，相应地对规划进行了修改，并对地形进行了更充分的考虑。在凯拉梅科斯（Kerameikos）地区也布置了街区。在城市中心，克伦泽的规划被简化：在未来的欧里皮杜（Euripidou）和索福克利乌斯（Sophocleous）之间设想了一个新的开放空间，两侧是两座 U 形集市建筑，在这个建筑群的北面规划有一个公园，但与建筑没有任何关系。以克伦泽规划确定形态的协和广场仍然可以看到。环绕雅典卫城，从宪法广场（Syntagma）开始建设莱奥福罗斯·阿玛利亚斯（Leoforos Amalias），作为林荫大道绿环。1847 年版的规划从未被正式批复，但的确对后来的发展[40]也产生了一些影响。

随后的 1850 年代，阿玛利亚王后（Queen Amalia，1836—1862 年）十分关注城市规划，她长期担任摄政王，在她的支持下，规划继续实施执行，期间有一些细节上的修改调整。从 1856 年至 1858 年间，大约有 30 处的修改，例如小幅改动以拓宽一些街道，或略微扩大旧城区的一些教堂广场。特别值得一提的是一项拓宽街道的决定，即将俄尔牟的西段从 10m 扩大到15m，以便更好地连接市中心和比雷埃夫斯火车站的终点站。然而，该决定的实施很困难，因为这个想法遭到了土地所有者的强烈反对。[41]

1847 年版本的规划未能达到预期的效果，因此很明显需要一个新的总体规划。1858 年，雅典市政府开始征集一个新的总体规划。1860 年政府任命了一个委员会，由 D. 斯塔夫里迪斯上校负责。成员包括另一位军官，市长，政府内政部的卫生部长，一位桥梁工程师和一些建筑师；后来又有考古学家加入委员会。委员会于1860年年底提交了规划报告。该规划的范围被俄尔牟街和埃奥卢街（Eolou）两条街道划分为四个部分（图6-5）。规划建议对街道网络进行一些改进，从而影响了米特罗波利斯（Mitropoleos）周围和几个新广场：未来的科罗那基（Kolonaki）广场、坎尼格斯（Kanigos）广场、蒙娜斯提拉基（Monastiraki）广场等。欧摩尼亚协和广场被赋予了一个新的形状，非常接近后来最终的解决方案。规划还建议在城区所有地段设置市场、学校和其他各种公共建筑的用地位置。古希腊时期的集市场地及后来古罗马时期的城区范围将共同形成一个连续的考古区。可建设用地范围也得到了扩大。

　　1860年的规划受到了严厉批评，主要是因为对于赔偿问题考虑得不够。它因为不切实际并会使市政府承受太多财政负担而被否决。然而，市政府还是批准了有关考古区的建议，但国家层级的几个部委还是否决了该规划，理由是它与其他问题一样不切实际。因此，该规划未获批准。随后，它被交给城市军事规划办公室进行修改。[42]

　　1862年，奥托一世退位，次年乔治一世登基，这期间政治迎来了动荡和"过渡期"。在此期间，一些决定被匆忙通过了，主要是考虑如何有利于土地业主的利益；其中一些街道的宽度变窄了。为了保证相邻地块[43]可用用地的建设面积，欧摩尼亚协和广场用地也被缩小了。1864年由军政府修订规划完成，相对于1860年版本没有太大的变化。该规划除了西南段因与在考古区征地有关的问题而被推迟，其余部分于1864—1865年获得批准。在延续七十多年的过程中，该部分在城市中心[44]批准的规划仍然有效。

图 6-5 从埃奥卢到雅典卫城山顶上的伊瑞克提翁的前景。老照片显示了舒伯特科里安特斯以及克伦泽规划的城镇景观。（来源：照片由雅典瑞典研究所提供）

19 世纪的最后几十年，雅典的人口增长较快，人数从 1870 年的 44500 人增加到 1896 年的 123000 人[45]，期间雅典的工业化也开始，城市有更好的供水、路灯系统，引进了公共马拉 - 轨车等公交系统。通往西边爱琴海港口的比雷埃夫斯的铁路线于 1869 年开通，通往劳里昂（Laurion）❽ 的铁路线于 1885 年开通[46]，政治舞台上，这一时期的主导思想是影响深远的阿里乌教派主义和自由主义信仰。

1860 年代以来，城市逐渐向北发展，首先从埃奥卢开始，然后是经过帕提神（Patission）的道路的发展，它连接了旧城和新城，并通向发展中的北部地区和郊区。1860 年代理工大学和国家考古博物馆的建设，增加了帕提神的重要性。规划区域沿帕提神向北延伸至皮皮诺（Pipinou），1871 年和 1879 年规划了在这条线之外的两个郊区，主要采用了直线型街道网络。这里是阿诺和加藤帕蒂西亚[47]，欧摩尼亚协和广场作为交通枢纽变得更加重要，并开始呈现出某种"中心"特征，这都是舒伯特、科里安特斯本来规划考虑的，不过其实现方式主要是通过商业性质的运作，而不是建筑师规划所设想的应由公共市政当局来统筹建设。

除了上述讨论的规划措施外，雅典并没有认真尝试如何控制城市发展[48]过程中的建设蔓延。城市向所有方向发展，有时按照私人开发商的个体规划而批复，既缺乏通盘综合考虑的权威，也缺乏对于公共设施或交通的考虑；有时只是为了满足土地所有者自己的利益[49]，而缺乏任何批准的总体规划和建设许可。

1878 年规划权力从军方手中转移到民事领域，国家层面设立了一个新的公共工程行政当局。这意味着进一步限制了公共服务发展的机会。与军队不同，文职官员很容易罢免；因此，他们更难以承受来自政治家和其他各种利益相关方的压力，尤其是在面对土地业主意愿的情况下。政治家也没有为城市的实际发展承担责任。因此，狭隘短视的土地业主有相当大的自由发挥空间。在 1878 年至 1900 年的 22 年间，1864 年版本的规划受到了 173 次扩大和更改，但都不是基于全局的考虑。雅典的城市规划在此期间[50]混乱不堪，缺乏协调，难以看到对于全面发展的掌控。

这里要提到一个人的影响，G. 吉尼萨利斯（Genisarlis），他是城市工程师和技术大学的教授，其对雅典城市的未来影响特别大。他认识到早期规划的严重缺陷，即街道网络与周围的交通干道系统没有充分联系，他认为雅典将因缺乏交通干线而使得交通堵塞窒息。[51]1876—1878 年，吉尼萨利斯成功地促成建造了两条宽阔的林荫大道。第一条路连接了城市东北和西北地区之间、基菲索斯盆地和伊利索斯盆地之间的交通；第二条路则是一条向南、通往法勒龙和比雷埃夫斯的相当宽广的出城道路。吉尼萨利斯是将莱奥福罗斯（Leoforos）、瓦西西斯（Vasilissis）、索菲雅斯（Sophias）延伸至莱奥福罗斯（Leoforos）亚历山大（Alexandras）的主要推动者，目的是为吕卡贝托斯（Lykabettos）周围的建设范围创建一条合适的交通路线。这些街道项目大多在规划区域之外，不是由市政府，而是由军方实施。[52]

进入 20 世纪的前几十年，雅典公布了几个雄心勃勃的规划。两个国际规划的权威人士来雅典参与了其规划——来自德国的路德维希·霍夫曼（Ludwig Hoffmann），曾在柏林担任市政建设主任（Stadtbaurat），后来还有来自英国的城市规划师托马斯·莫森（Thomas Mawson），他们都提出了雅典综合总体规划[53]，但是该总体规划从未得到批复，城市发展基本上沿着与 19 世纪末相同的线路。[54] 我们今天可以反思自己，今天的情况与当时的雅典规划相比，未必有所不同。如果我们忽略大雅典那些因地形或考古因素而无法建造的地区，雅典城市似乎在单调无趣的街道网络中绵延数里，以沉闷的印象而示人，几乎没有保留以前的村庄或规划新的现代化的郊区和绿地来缓解城市的扩张。20 世纪雅典的发展，似乎比本书讨论的任何其他城市案例，更具有上个世纪遗留下来的自由主义态度；除了直线街道网络外，几乎没有任何系统控制。从菲洛帕波斯（Philopappos）山顶上环顾四望，可以使人们对这片向四面八方延伸的房屋海洋的广阔程度有所了解。特别是朝向雅典城区西侧爱琴海港城的比雷埃夫斯，街道在建筑物的坚固体块之间切割，看起来像一系列无尽的长直沟堑。

附录：申克尔对于雅典规划的可能贡献

卡尔·弗里德里希·申克尔（Karl Friedrich Schinkel）

学者玛格丽特·库恩认为，舒伯特、科里安特斯的规划是申克尔来修改的。这篇论文引发了许多争议问题。首先我们可以简要地看一下库恩自己的论点，来自于柏林的前皇家收藏中，有舒伯特、科里安特斯雅典规划的修改版本（转载于库恩，1979：510）。根据库恩的说法，这是规划的初步阶段，不是最终版本，因为"它的城市和建筑形态，必须在几个重要的方面服从第二个版本"。除此以外，连接雅典卫城和宫殿之间的轴线更加明确，并过渡到侧面对角排列的用地街块。在规划的第二个版本中作了修改，添加了两个对称布局的广场。此外，在几个重要方面，柏林的修订版比后期版本更符合建筑师的描述。早在 1832 年 1 月，舒伯特就曾在给柏林一位同事的信中提到，他想就新雅典的规划征求申克尔的意见。次年 7 月，舒伯特在柏林，据库恩分析，此行舒伯特的主要目的是咨询申克尔。在这种情况下，舒伯特会带来柏林保存的规划修订版本。但是，不能证明舒伯特和申克尔之间是否确实有过会面。最迟在 7 月 4 日，申克尔已经离开柏林去进行与他的工作有关的长期旅行。但学者库恩假设他们之间有了某种形式的接触，也许只是一次讨论，在此期间，申克尔可以提出某些改进建议。她写道："建筑师自己会推敲发展出前后如此明显的差异并重新表述，更像是一个有机体，从而从他们自己早期规划的可能性中，引发共鸣的城市和建筑特征，在我们看来不太可能"。她还声称在最终修改的某些部分认出了申克尔"笔迹"的迹象，特别是在宫殿北部的结构和一些广场的设计中。

这些是库恩的论点。显然，柏林的规划修订的时间段，是在雅典新规划时间段的早期阶段，很可能是建筑师的记忆——备忘录里面的属于这个修订版本。另外，不太可能把这个修订版本在 1833 年提交给政府批准。这个规划版本对建筑师来说似乎太临时、草率了，如果是打算将其作为最终版本的话。重要的是，对于这个版本，他们没有使用他们自己的测量图纸，不过是在一张印刷的地图上做出的。他们应该不会采用这样的版本来提交给政府进行最终评估。丰图拉基（Fountoulaki，1979 年）提出了理解这个问题的思路：他发现了规划备忘录属于雅典规划在柏林的修订版本。虽然学者库恩似乎认为 1833 年夏天批准的在柏林进行的修订版本，丰图拉基却将其视为同年年初，提交评论的初步版本——这个假设似乎是合理的。

很难判断申克尔对于雅典规划的贡献。我们知道，建筑师会去咨询他们的老师是十分自然的事情，尤其是接到了这样重要的一项任务。舒伯特是有可能在他 1833 年到访柏林时，随身携带修订版本的规划文件，去找申克尔来寻求他的看法的。引起怀疑的首先是这些事件的年表。根据库恩的说法，舒伯特于 1833 年 7 月抵达柏林——《博物馆》杂志被引述为这一消息的来源——而申克尔则于 1833 年 7 月初离开柏林。根据这个时间就足以能质疑。但主要的反对意见是，如果是修订版于同年夏天在雅典批准——确切表明是这个时间点——如果我们接受库恩分析的时间点，那么就可能要排除申克尔合作参与的可能性。该规划就在舒伯特到达柏林的时候被批复了，而据称他又是到柏林向他的老师征求意见。另一方面，根据丰图拉基的"时间表"，1833 年年初舒伯特来到柏林，在那里待了六个月（丰图拉基，1979：38）。然而，此信息与同一本书中的注释 172 不能一致，在一封信中舒伯特据称从 1833 年 3 月 29 日 /4 月 11 日起直到同年 9 月 "在德国休假"。如果第二个日期是正确的，那么舒伯特就可以在三个月的时间内设法前往柏林，咨询申克尔并将他的建议和修改足够迅速地传达给希腊，以便修订后的规划得以在 6 月 29 日 / 7 月 11 日在雅典批准实施。这确实并非完全不可能，尽管这本来是时间上很接近的事情。然而，舒伯特德国之行，是否找到申克尔并询问老师的修建建议，这些蛛丝马迹的确难以落实，要彻底消除疑惑的必须考证已经超出了本书的范围。

学者库恩毫无疑问是正确的，因为规划修改的那些细节，可以被认为是申克尔的想法。但受申克尔启发，却很难证明老建筑师的直接参与；两个年轻人都在他的指导下接受过训练，自然而然地受到了他的城市设计理念的影响。该规划的最终版本优于初步版本这一事实，也没有提供任何具有约束力的证据，证明申克尔为此作出了贡献。目前，这个问题必然悬而未决：不能排除申克尔干预的想法，但没有证据表明两位建筑师不对修订版本负全部责任。帕帕杰奥奇奥·维内塔斯（Papageorgiou-Venetas）最近谈到了申克尔的合作问题（1994 年），他采取了谨慎的怀疑立场。他还补充了一些反对这种可能性的新论据：首先，如果这位著名的建筑师确实参与其中，舒伯特、科里安特斯在他们的规划项目受到批评指责时，几乎肯定会提到申克尔。他还指出，一方面，舒伯特、科里安特斯的规划对古典遗迹的尊重，与申克尔对雅典卫城不受限制的改造之间，存在明显的差异；另一方面，克伦泽未必会知道申克尔的贡献，他的报告没有任何内容表明申克尔曾经在规划雅典的工作过程中出现过。

注释

① 在现代雅典城市规划的第一阶段，德国建筑师发挥了重要作用，几位德国学者对这个时代的城市历史表现出兴趣。开创性的研究成果是卢萨克（Russack，1942年），它也附在舒伯特、科里安特斯的规划的备忘录，学者库恩（1979年）主要致力于表明舒伯特、科里安特斯提交的规划已被申克尔修改过（参见Excursus，第112页）。克伦泽的贡献在于对建筑师赫德勒（Hederer，1964年）的研究。希腊学者的文献针对相关问题作了讨论。

在德国，学者西诺斯（Sinos，1974年）处理了1830年代发生的各种规划讨论，除了提到以前被否决的规划方案（参见注释26），对卢萨克（1942年）几乎没有增加论述。这里还应该提到两篇在德国的大学提交的研究论文，分别是学者迈克尔（Michael，1969年）和学者丰图拉基（1979年）。然而，前者并没有深入讨论这个问题，而是将整个19世纪作为一个整体来处理。后者的研究是关于科里安特斯的专著，它很好地调研了建筑师科里安特斯与舒伯特一起参与雅典规划的情况，在某种程度上依赖于以前未调查过的资料以及补充早期作品。《雅典－慕尼黑》（Athen-München，1980年），巴伐利亚国家博物馆的一本小出版物，也值得一提。它在安杰利基·科库（Angeliki Kokkou）撰写的一节中简

要总结了雅典的城市发展。

希腊文也有大量文献，特别是自1840年以来的发展，但关于这些发展在德文文献中要么仅仅是简要介绍，要么就根本不介绍。在学者科斯塔斯·比里斯（Kostas Biris）的众多出版物中，应特别提及他于1966年发表的伟大著作，它必须被视为对近代雅典物理空间发展的开创性研究。另一位具有核心重要性的学者是乔安尼斯·特拉夫洛斯（Joannis Travlos），他的著作发表于1960年，他的研究探索了雅典直到19世纪和20世纪的地形发展。博迪尔·诺德斯特伦（Bodil Nordström）在翻译现代希腊语方面给了我宝贵的帮助。最近，亚历山大·帕帕杰奥奇奥－维内塔斯（Alexander Papageorgiou-Venetas）关于雅典的宏伟作品出现了，《首都雅典，古典主义的城市理念》（Hauptstadt Athen，Ein Stadtgedanke des Klassizismus，1994年）。这项细致的研究，为雅典的第一个规划阶段，提供了迄今为止更详细和更有支持的图片，但它主要研究范围涵盖早期研究。

② 关于舒伯特、科里安特斯的章节主要来自于卢萨克（1942年）和库恩（1979年）的两篇研究，以及卢萨克采用的两位建筑师的备忘录。

③ 比里斯（1966年），第22页。

④ 引自《雅典－慕尼黑》，第17页。

⑤ 引自卢萨克（1942年），第177页。

斯塔廷（Statin）考虑到雅典将成为首都城市的规划，建筑师进一步假设必须将他们的规划扩展到"至少35000-40000名居民人口"（同上，第178页）。

⑥ 该决定是在1833年6月29日/7月1日作出的。第一个日期是指儒略历。根据比里斯（1966年）的说法，该规划早在1832年年底就已提交批准（第236页）。关于规划的两个版本之间的关系，参见 Excursus，第112页。

⑦ 参看注21。

⑧ 规划的几个修订版本曾经出版过，但通常没有任何分析，甚至没有对原件出处有适当说明。卢萨克（1942年）展示了三个版本，比里斯（1966年）展示了四个。这些材料有时令人困惑，对它们整理下来发现，柏林发表的规划版本（发表于库恩，1979年，第510页）与其他规划明显不同，显然是一个初步版本（得出这一结论的原因在 The Excursus，第112页f）。卢萨克（1942年，第29页）发表的其中一个规划版本可能代表了方案处在下一阶段。那么关键的问题是，其他幸存的规划版本中哪一个最接近或可能构成1833年6月29日/7月11日批准的版本。比里斯声称这是来自雅典市图书馆的规划版本；这张地图是大比例尺（1：2000）并且是非常仔细地绘制的（转载于比里斯，1966：27）。另一方面，丰图拉基认为最接近批准版本的规划是在慕尼黑绘制的，它被用作下面提到的石版画

的模型。德国考古研究所在雅典拥有一个与刚才提到的规划版本非常接近的版本（转载于卢萨克，1942：19）、比里斯（1966：33）、库恩（1979：511）和丰图拉基（1979：224）。丰图拉基认为该规划是1833年批准的规划的直接基础，而比里斯则将其视为同年秋季修订和批准的版本（参见注释21）。这三张密切相关的地图的微小偏差出现在卢萨克（1942：27）和比里斯（1966：28）展示的两个几乎相同的规划。慕尼黑和雅典都出版了平版印刷版（此处复制为图6-2）。难以找到可以确定为1833年秋季批准的规划修订版。

帕帕佐治奥（Papageorgiou-Venetas, 1994）最近研究了这份规划材料。然而，这位作者并没有提供一份系统目录，调查所有现存的规划图，也没有提供完整的说明，说明这些地图的出版和讨论地点。考虑到该书的设计和目标，这样的调查本应是自然而然的。

⑨ 引自卢萨克（1942年），第178页。

⑩ 同上，第181页。托勒密的体育馆（Gymnasium of the Tolemeys）是后来挖掘集市的地区的废墟的名字。然而，它们实际上并非来自托勒密时代，而是公元400年左右。最引人注目的元素包括取自阿格里帕（Agrippa）的万神庙（Odeon）的四个巨人［见雅典集市，第33页，平面图和第110页及特拉夫洛斯（Travlos，1971年），第233页］。如果要从远处看到这些历史古迹纪念

物，其中许多需要进行广泛的挖掘，即使如此，鉴于它们的中间的尺度规模和地形的性质，它们也很难成为视觉焦点。

⑪ 在该规划的较早版本中（参见注8和Excursus：112），这条街会与对角线街道的宽度相同；经过收窄其宽度，使其与历史核心的边界变得不那么明显（参见库恩，1979：515）。

⑫ 库恩（1979年），第519页。

⑬ 本演示文稿基于建筑师的备忘录。然而，这并不一致——特别是关于中轴线——此处复制了版本；相反，它指的是第一项建议（参见注8和Excursus，第112页）。

⑭ 卢萨克和西诺斯显然都想将舒伯特、科里安特斯的规划方案解释为19世纪后期的第一个花园城市项目。西诺斯写道："……在欧洲花园城市的发展中，这应该占有一席之地"[西诺斯（1974年），第47页；参见卢萨克（1942年），第28页]。这肯定是走得太远了。带花园的独立式房屋在前工业城市中绝非罕见。在雅典，正如两位作者都指出的那样，鉴于当地的建筑传统，这可能是自然的解决方案。

⑮ 两位建筑师自己在他们的备忘录中强调了城市扩张机会的重要性，这一点参见卢萨克（1942年），第178页。

⑯ 规划方案中非常重视将宫殿纳入视线系统（Sight-lines），并在备忘录中指出，"皇宫的阳台同时俯瞰着吕卡贝托斯的美丽形状，希罗德斯阿迪克斯的泛雅典体育场（Panathenian Stadion of Herodes Atticus），雅典卫城（Acropolis）及其丰富骄傲的回忆，比雷埃夫斯（港）和埃留西尼亚公路的军舰和商船"（卢萨克，1942年，第179页f）。但这种描述是不现实的；克伦泽批评宫殿位置的主要观点之一：视线缺乏（the absence of sightlines）。

⑰ 学者库恩对其与柏林哈勒舍斯托尔（Hallesches）的环形交叉路口的研究比较似乎不太相关（1979年，第513页）。

⑱ 拉萨克·卢萨克（1942年），第26页。

⑲ 见福斯曼（Forssman，1981年），第216页及以下各页。

⑳ 参看《摘录》，第112页。

㉑ 结果这项规划有一些反对和调整，主要是缩小一些街道和广场的面积来增加建设用地面积，此后该规划于1833年10月再次获得批准（比里斯，1966：32；丰图拉基，1979：40）。比里斯对这些变化的描述似乎不是基于文件，而是基于德国考古研究所的地图，在他看来，该地图再现了10月批准的规划。根据这一假设，他声称，除其他外，斯塔迪欧（Stadiou）和皮雷欧斯（Pireos）街道的宽度从22m减少到20m，其他街道从15m减少到12m，Athinas北部从40m减少到20m，而南部被加宽，使街道整个都是20m宽。他还说，皮西里斯（Psyrris）地区的一个集市广场在规划里没有了，建筑的南部界限在未来的科拉夫特莫诺斯（Klafthmonos）和埃勒夫特里雅斯

（Eleftherias）广场（位于科拉夫特莫诺斯广场 Platia Klafthmonos）移动了 20m。

㉒ 关于克伦泽的希腊之旅和他在雅典规划贡献的历史研究，见赫德尔（Hederer，1964 年），第 53 页及其后各页和第 140 页及以下各页。

㉓ 引自赫德尔（1964 年），第 142 页及以下各页。

㉔ 引自学者库恩（1979 年），第 520 页。1833 年，建筑师费迪南德·冯·夸斯特（Ferdinand von Quast）在德国期刊《博物馆》（Museum）上提出了一个论点，该论点与克伦泽的思想有关。除其他事项外，他指出雅典卫城以北的平地适合建造新城，但补充说："然而，这样一个城镇以雅典的名字命名是否合理？这个名字与雅典卫城有着不可逆转的联系。只有在雅典卫城，雅典的名字才能引起我们都渴望的共鸣。然后，他认为新城应该位于雅典卫城周围的丘陵地区："这些地区在不同的山丘上分组得多么漂亮，所有的生命都集中在山谷中！国王可以回到凯克罗普斯（Kekrops）的旧城堡，并在靠近伊瑞克修斯（Erechtheus）的房子附近建造他的房子……然后，房屋可以在山边如画般地分组布局，融合到自然绿色丛中，采用台地的方式在山丘里，有漫长柔和分布的别墅，像油画那样安排在花园中，就像是相互紧靠、长条逶迤在港口中的船队……"（引自卢萨克，1942 年，第 21 页及以下各页）。该文本与申克尔关于在

雅典卫城建造皇宫的建议一起第二次出版在一本名为《古代和新雅典笔记》（Mittheilungen über Alt und Neu Athen）的小册子中。也许帕帕杰奥奇奥·维内塔斯（Papageorgiou-Venetas）过于认真地对待冯·夸斯特的愿景了——它从未在一幅画中呈现出具体的形式；它似乎由相当模糊的描述形成（1994 年，第 103 页及以下）。在同一章中讨论的一个更有趣的问题是，申克尔是否将他的宫殿规划方案视为一个孤立的项目，或者它是否是城市化概念的一部分，如果是这样，这种概念的形状是什么。由于现有的档案证据中缺乏关于问题的信息，这仍然是一个悬而未决的问题。

㉕ 西诺斯（Sinos）中肯地指出克伦泽的规划"更多地被设计为原有城市扩建，而不是规划为一个新城的出发点。"另一方面，更难理解他的想法，即克伦泽的规划"在意识形态上必须被视为比舒伯特、科里安特斯的规划中提出的解决方案更接近威权君主制的想法"（西诺斯，1974 年，第 19、48 页）。毕竟，宫殿的规划角色在他们的方案中更多地驾驭统治着城区，较之他的规划方案。

㉖《雅典－慕尼黑》，第 18 页。基于抗议，舒伯特、科里安特斯都提交了辞呈，他们从首席建筑师和雅典民用建筑管理部门主管位置辞职，但很快又重新回归职位（参见卢萨克，1942：35f）西诺斯注意到新雅典还有另一个规划。这是由奥古斯特·特拉克塞尔执行的，并于 1836 年在巴黎出版

（西诺斯，1974年），第48页和图4；另见丰图拉基，1979年，第4、63页）。该规划受到舒伯特和科里安特斯以及克伦泽建议的影响，但似乎仍然以自己的方式处理。不过，这个提议似乎并没有对雅典的发展产生任何影响，因此在此不再赘述。可以补充的是，帕帕杰奥奇奥·维内塔斯非常批评特拉克塞尔（Traxel）的提议，他认为该提议是垃圾、幻想、混乱和渴望宣传的产物（帕帕杰奥奇奥·维内塔斯，1994年，第193页）。

㉗ 在这方面，见比里斯（1966年）第29页的图，其中舒伯特和科里安特斯的规划已被纳入现有的城市规划。

㉘ 这个想法在舒伯特和科里安特斯的第一个版本比他们的第二个版本发挥了更大的作用。

㉙ 在时间和类型上与雅典的例子最接近的可能是巴塞罗那的费兰街道 Carrer de Ferran。

㉚ 参见1847年和1854年的规划，转载于比里斯（1966年），第87和100页。

㉛ 库恩（1979年），第521页；参见比里斯（1966年），第35页。

㉜ 根据帕帕杰奥奇奥·维内塔斯的信息，另见1834年8月雅典街道宽度的备忘录，可能是克伦泽和帕帕杰奥奇奥·维内塔斯（1994：330f）。

㉝ 舒伯特和科里安特斯自己说，规划中最宽的街道"有60~70ft宽"，相当于18~21m（卢萨克，1942：181）。事实上，根据他们的规划，皮雷欧斯（Pireos）和斯塔迪欧（Stadiou）

街道被设想为22.5m宽；但它们的最终宽度仍然是20m宽，按照最终修订版本的规划所看到的（参见注释21）。然而，欧里皮杜街（Euripidou）、埃奥卢街和俄尔牟街的距离从12.5m减少到10m，穿过阿提纳斯（Athinas）的其他一些街道也是如此。在舒伯特和科里安特斯及克伦泽的规划中，后者的宽度均为32m；实施时，它的宽度为24m。遵循克伦泽的想法，公共广场的尺寸也被缩小了（我感谢亚历山大·帕帕杰奥奇奥·维内塔斯帮助我解决了与街道宽度相关的问题）。

㉞ 在今天的普拉卡地段，原来规划的历史考古挖掘区，因为缺乏资金的支持，政府无法按照规划来征用土地，感到有必要允许实施建设。1836年舒伯特和H.C.汉森为该地段制定了一个与以前几乎相同的街道开发网络的规划（《雅典－慕尼黑》，第18页）。

㉟ 因此，该地段获得了文化中心的特征，而文化中心曾经是舒伯特、科里安特斯的意图。

㊱ 转载于比里斯（1966年），第71页。在雅典市博物馆有一个有趣的1：1000的比例模型，在乔安尼斯·特拉夫洛斯（Joannis Travlos）的指导下于1977—1979年制作。它显示了1842年的小雅典城。可以看出，新城的建设才刚刚开始。

㊲ 迈克尔（Michael，1969年），第40页f。

㊳ 《雅典－慕尼黑》，第19页。比里

斯（1966年）没有提到这个规划。但是，找不到该规划（根据安杰利基·科库（Angeliki Kokkou的口头信息）。比里斯（1966年），第86页转载的规划能否反映本方案中的想法？该规划似乎在某种程度上预示着1847年的提议。

㊴ 关于这位建筑师，他参加了1830年代雅典规划的讨论，并主张在雅典卫城以西以系统的网格规划定位新城，请参阅迈克尔（1969年），第33页ff，更重要的是亚历山大·帕帕杰奥奇奥·维内塔斯（1994年），他重新发现了之前仅从卡夫坦佐格鲁（Kaftanzoglou）的描述中得知的规划。但是，该规划（图6-4）在发布时，似乎并没有引起太多注意，仅仅是产生了讨论，对随后的发展没有影响。

㊵ 比里斯（1966年），第82页及以下各页。以下演示文稿主要基于这项工作。

㊶ 比里斯（1966年），第88页f。1872年，格尼萨里斯（I. Genisarlis）等人阻止了这种扩大的尝试（比里斯，1966年，第163页；关于格尼萨里斯，参见：同上，第188页及以下），比里斯（1966年），第88页。

㊷ 比里斯（1966年），第108页及以下各页。参见迈克尔（1969年），第41页及以下各页。

㊸ 比里斯（1966年），第159页。还有进一步的拆除Kapnikarea的规划，包括拆除俄尔牟上的拜占庭教堂，但这在最后一刻因刹车而幸免了。

㊹ 比里斯（1966年），第161页及以下各页。遗憾的是，无法获得可复制的图片来讨论的这个和后来雅典的其他规划。

㊺ 迈克尔（1969年），第49页ff提供了对19世纪下半叶发展情况的调查（人口数字来自：同上，第68页）。

㊻ 比里斯（1966年），第193页及以下各页。

㊼ 比里斯（1966年），第163页。

㊽ 1881年批准了卡托·帕提西亚（Kato Patisia）郊区的规划，缺乏远见的典型表现，该规划涉及打破特里尼斯街（Tritis Septemvriou）的直线延伸和阿基欧美乐提欧（Agiou Meletiou）的东部平行街道，尽管当时的市政规划边界在可德里克通诺斯（Kodrictonos）（比里斯，1966年，第163页）。

㊾ 比里斯（1966年），第163页。

㊿ 同上，第190页及以下。参见比里斯的三个短视规划的例子。

(51) 同上，第188页及以下各页。这方面的一个例子是三个街道：欧摩尼亚协和广场与里欧西翁（Liossion）和阿查侬（Acharnon）之间的不良联系，格尼萨里斯（Genisarlis）试图改善。

(52) 比里斯（1966年），第188页及以下各页。从比里斯（1966年）第240页的地图中可以看到1900年的规划情况，其中显示了当时批准的建筑分界线。

(53) 迈克尔（1969年），第54页ff。关于霍夫曼的规划，请见施密德

（Schmidt，1979 年）论文。迈克尔（1969 年），第 54 页及以下各页。

(54) 直线街道网络在越来越大的区域内的连续拓宽，在比里斯（1966 年）的地图上得到了惊人的说明，第 319 页。

译注

❶ 希腊独立战争，是指希腊反抗奥斯曼帝国的一场独立战争，是奥斯曼帝国占领下的欧洲的第一次民族起义。19 世纪初，希腊人民要求摆脱奥斯曼帝国军事专制制度的束缚，建立自己的国家。1821 年 3 月 25 日，希腊反对奥斯曼帝国统治的独立战争拉开序幕，并迅速发展到整个伯罗奔尼撒半岛、克里特岛、爱琴海诸岛屿、卢麦里以及马其顿等地。9 月起义军控制伯罗奔尼撒半岛。1822 年 1 月 1 日第一届国民大会宣布希腊独立，成立希腊执行委员会。这场战争结束了土耳其对希腊近 400 年的军事专制统治，是希腊社会发展史上的一个重要里程碑。

❷ 卡尔·弗里德里希·申克尔（亦作 Carl，1781 年 3 月 13 日—1841 年 10 月 9 日），普鲁士建筑师，城市规划师，画家，家具及舞台设计师，德国古典主义的代表人物。其作品多呈现古典主义或哥特复兴风格，极大地影响了柏林中区（Berlin–Mitte）今日的城市风貌。申克尔长期担任普鲁士王国首席建筑指导及国王御用建筑师，领导最高建筑委员会并成立机构，从经济、功能、审美等方面审核国家建筑委托。其建筑作品遍布全境，设计理念影响深远，其弟子与再传弟子等一批在柏林工作的建筑师被称为申克尔学派。

❸ 在雅典的利西克雷特的 Choragic 纪念碑，是第一个按照柯林斯设计模式建造的古老纪念碑。利西克雷特是一个人的名字，他出资建造了这座纪念碑，以纪念他赞助的一个合唱团在比赛中获得第一名。对于 18 世纪的建筑师来说，位于雅典的利西克雷特纪念碑是装饰细节的常见灵感来源。

❹ 土耳其对希腊有近 400 年的军事专制统治，雅典之前很多土地产权属于来自土耳其的业主，希腊独立战争后，这些土耳其业主离开雅典。

❺ 1831 年，由于希腊独立后的政治派别斗争，首任总统卡波第斯特里亚伯爵在走进教堂的时候被枪杀。以希腊为欧洲文明源头的各个欧洲国家出面，英、法、俄等国为希腊寻找到一个各方面都能接受的外国王子任国王时，希腊陷入了血腥的无政府内战状态。1832 年，热爱希腊文化的巴伐利亚国王路德维希一世同意让其 17 岁的幼子奥托接受希腊王位。然而这位国王信奉天主教，希腊的东正教不给他举行加冕典礼。奥托国王就任了 30 年后，到 1862 年，由于希腊政党内部的派系斗争，奥托国王在乘游艇环游希腊的时候被废黜掉了。

❻ 此处指以因巴伐利亚奥托国王摄政而带来的德国官员。

❼ Theophil von Hansen 西奥菲尔·爱德华·冯·汉森男爵（1813 年 7 月 13 日—1891 年 2 月 17 日），是丹麦建筑师，后来成为奥地利公民。他因在雅典和维也纳的建筑而闻名，被认为是新古典主义和历史主义的杰出代表。汉森出生在哥本哈根。在接受普鲁士建筑师申克尔的培训并在维也纳学习了几年后，他于 1837 年移居雅典，在那里他学习建筑和设计，专注于拜占庭式建筑并对其感兴趣。在雅典逗留期间，汉森设计了他的第一座建筑，雅典国家天文台和构成所谓"雅典三部曲"的三座相邻建筑中的两座：雅典学院和希腊国家图书馆。雅典国家天文台的第三座建筑是由他的兄弟汉斯·克里斯蒂安·汉森设计的雅典大学即国立卡波蒂斯坦（Capodistrian）大学。

❽ 劳里昂矿区是古代矿区，位于希腊阿提卡南部的索里库斯和苏尼翁角之间，在雅典市中心以南约 50km 处。该矿以出产银而闻名，但也是铜和铅的产地。该地区至今仍保留着许多矿山遗迹（竖井、坑道、地面工场）。在史前时代，这些矿山曾是铜和方铅矿的产地。公元前 1 世纪，该矿区被废弃，1864 年被重新启用，法国和希腊公司在此开采铅矿，直至 1978 年。

第 7 章　奥斯陆

CHRISTIANIA

奥斯陆①，其城市在中世纪阶段就具备一定的重要性，那里有主教，几座修道院和广泛的贸易活动。早在14世纪，奥斯陆就承担了"首都"的职能。1450年它与丹麦建立了联盟关系，但由于宗教改革的影响，使得它在挪威城市中的地位下降；除此之外，奥斯陆还损失了大量与德国商人的贸易额。在近代早期，奥斯陆城经常遭到围攻和火灾的破坏，在1624年的一场大火之后，克里斯蒂安四世（Christian IV）❶决定将该城从阿克塞尔瓦河以东的原址（现在称为嘉木乐布延（Gamlebyen）的地区）转移到河以西的新选址，靠近阿克斯胡斯城堡（Akershus Castle，图7-1）。正是由于这一举动，城市按照克里斯蒂安四世的名字，改为克里斯蒂安尼亚（Christiania）（到1925年恢复奥斯陆这个名字）②。

克里斯蒂安尼亚是根据当时流行的思想规划的，有笔直的街道和矩形的街区网格。规划有一个广场朝向阿克斯胡斯城堡布置，广场三面有闭合的角落收口处理，旁边是1639年建造的城市新教堂。克里斯蒂安尼亚随后得以发展的一个重要因素，是城（墙）内只允许建造砖砌房屋，结果带来城（墙）外的郊区建出了大片木构房屋。起初克里斯蒂安尼亚城是有城墙防御系统的，但在1686年，城墙在火灾后被拆除。与此同时，在大火中严重受损的教堂也因军事防御原因被拆除，因为它离阿克斯胡斯城堡太近了。取而代之的是一座新教堂——现在的主教大教堂——建于旧城墙北，1697年竣工。大约在1730年，新的集市广场按照规划布局建设出来，即现在的斯托托威特（Stortorvet），教堂在这个集市广场的东边，集市广场的南边曾经是过去的城门，孔根斯（Kongens）门上。因此，新的克里斯蒂安尼亚城，在自上而下自主规划的网格状城区和自下而上自发生长的蜿蜒郊区之

KONGENS GATE

AKERSHUS CASTLE

HARBOUR

0   100   200   400 M.

CHRISTIANIA

1624

图 7-1 1624 年新成立时的克里斯蒂安尼亚。(来源: 埃里克·洛兰奇绘制的地图)

间，拥有了一个新的城市中心，而后者的人口有时甚至超过城区本身（图 7-2）。

1814 年 ❷，挪威从丹麦分离出来，但同时被迫接受瑞典国王为挪威的君主。克里斯蒂安尼亚因此成为双重君主制的两个首都之一，它获得了与布达佩斯在奥匈帝国类似的地位，不过时间上比布达佩斯晚了半个世纪。但挪威完全掌握自己国家的内政权利，例如挪威建筑立法的制定方式便与瑞典不同。早在 1821 年，挪威议会就提出了一项建设法案，但从未在议会进行过辩论。1827 年议会批准了克里斯蒂安尼亚特别建设法案的方案。该法案规定，除其他事项外，应任命一个委员会"以确定在克里斯蒂安尼亚或城镇范围上的郊区，应该延长或拉通哪些地点、广场和公共出口的道路，其费用由城市承担"③。这成为由政客和官员组成的常设市政规划机构——监管委员会（Reguleringskommisijon——的起点。该法案规定的考察是在拖延了很长时间之后的 1829 年秋天进行的。它采取的形式是一系列的程序、清单，要求列出所有期望的更改。然而，各种建议主要涉及细节，实际上仅限于在现有的城市结构内改善，并且没有制定任何规划。

自 16 世纪以来，木材产品出口一直是挪威首都经济的一个重要组成因素。许多锯木厂沿着阿克塞尔瓦河边布局。木材产品贸易在 18 世纪越来越重要。它主要不是基于当地的锯木厂，而是来自挪威国内的木板板材供应。在 1840 年代，更新的现代工业类型开始出现，特别是纺织业和工程机械制造业。克里斯蒂安尼亚成为当时挪威最重要的工业城市。从克里斯蒂安尼亚到埃兹沃尔（Eidsvoll）的第一条铁路线于 1854 年开通。1800 年，城市人口超过 1 万人。到本世纪中叶，克里斯蒂安尼亚及其郊区有

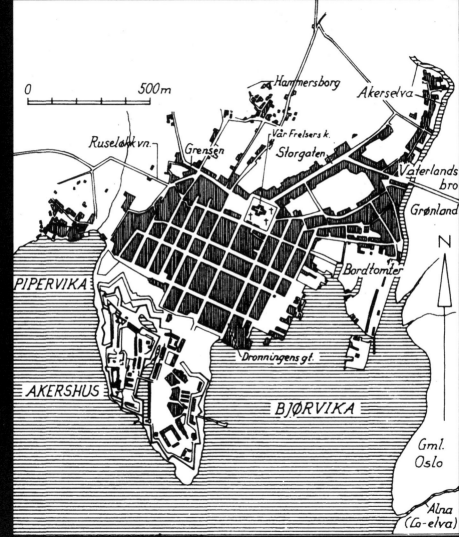

0   500m

Ruseløkkvn.

Grensen

Hammersborg

Akerselva

Vår Frelsers k.

Storgaten

Vaterlands bro

Grønland

N

PIPERVIKA

Bordtomter

AKERSHUS

Dronningens gt.

BJØRVIKA

Gml. Oslo

Alna (Lo-elva)

4万名居民。在这方面，克里斯蒂安尼亚作为首都的新地位具有决定性的重要意义，因为这意味着公共资金可用于建设，而且其他的新行政地位角色和工作业务将更加集中于此④。

因此，克里斯蒂安尼亚的建成区无论是密度上还是范围上自然不断增长。在1830年代，越来越明显的情况是，克里斯蒂安尼亚周围曾经保有的大部分开放空间很快就会被开发完毕。这些空间主要由所谓的伊奥克内（løkkene）或未经建设的私人区域组成，这些区域最初是克里斯蒂安尼亚公共土地的一部分。虽然克里斯蒂安尼亚已经认识到需要一项总体规划，但还是没有着手制定总规。例如在1836年，有人在市议会提议应该安排设计竞赛以制定规划，但该建议没有得到任何回复。相反，城市监管委员会不得不对每一个扩建项目分别单独进行评估。城市监管委员会也没有资源或控制手段对这些个别项目施加太大影响⑤。因此，那时的城市结构由一系列单独的项目拼贴而成，它们彼此各自发展，它们彼此之间几乎没有任何联系。

这里只能提到其中的几个情况。有个地方叫作扬斯罗肯（Youngsløkken），它是根据城市建筑师科赫·格罗施（Chr. H.Grosch）于1839年制定的规划（图7-3）开发的。一个大广场，在现在的扬斯托盖特（Youngstorget），和几个矩形地块共同嵌入斯托加塔（Storgata）和莫勒加塔（Møllergata）之间，两条现有的道路共同形成一个略微不规则的V形。此前一年，即1838年，皇家建筑师林斯托（H.D.Linstow）提交了一份规划建议，他将宫殿和城市之间的地块进行了系统化考虑（图7-4）。当时宫殿正在建设中，城市和宫殿之间的地块仍未开发。林斯托的主要想法是，从宫殿沿着轴线延伸的道路应该与现有的一条17世纪建的街道在轻微的弯道上连接起来，从而形成

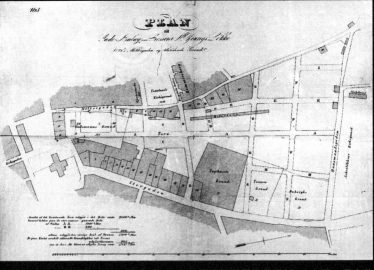

图 7-3 克里斯蒂安尼亚。格罗施 1839 年开发扬斯罗肯的规划。[来源：里克萨基维特（Riksarkivet），奥斯陆]

图 7-4 克里斯蒂安尼亚。林斯托于 1838 年为宫殿周围设计的项目。[来源：卡福利（Kavli）和赫杰尔德（Hjelde，1973 年）]

一条横跨城市的主干道。在新区中间的一个大广场周围，将规划建设为大学和其他重要机构。这条街，也就是未来的卡尔约翰斯（Karl Johans）门以及与之平行的其他街道，还有对角线街道圣奥拉夫门（St Olavs Gate）都是根据林斯托的意图实现的。大学或多或少是在林斯托的规划意图下建造的，但广场并未按照他的想法完成。卡尔约翰斯门北侧的土地业主买下了南侧的土地，并将其捐赠给城市，条件是不得在其上建造任何东西。中央公园（Studenterlunden）就是通过这种方式诞生了。议会大厦（Stortinget）在公园的东端建立起来。接下来，国家剧院经过多次讨论，也在公园内建设。与林斯托的概念相比，最初在公园起来的建筑物，改变了从街道到宫殿的前景，同时中央公园的树木确实给街道带来了一种半透明的"墙"式的承托。卡尔约翰斯门地形的缓坡和宫殿抬高的场地相结合，使人产生了一种印象：十分深远的城市风景[6]。

人们越来越明显意识到需要一个总体规划，1841 年修订《克里斯蒂安尼亚建筑法》（*The Building Act for Christiania*）时，有人建议应该委任监管委员会——Regulerings-Kommisjon——制定这样的规划，"以防止目前在建设时发生违规行为，因为开发建设活动非常随意，完全没有考虑街道环境，已经对城市造成极大的损害。"议会起草了一项更加严格的方案，批准的条款如下："管理委员会将立即制定一项规划，为城市及其邻近的各个地区拉通、扩展和布置街道和公共广场，规划将提交给市政当局的代表，随后要征求国王的批准"[7]。

因此，政府至少在纸面上，以当时不寻常的方式为渐进式规划创造了条件；本书研究讨论的其他首都城市，在如此早期的阶段，都还没有常设规划机构，也没有任何同等的建筑立法。但接

下来仍然没有见到实质上的规划成果。城市建筑师格罗施随后在
1843 年提出了总体规划建议，该总规方案被监管委员会提交给
了一个小组委员会，但小组委员会似乎没有采取任何回应措施。
尽管《克里斯蒂安尼亚建筑法》的措辞非常明确，但规划的问题
还是没再被提出。1855 年，委员会的一名成员要求尽快制定该
法案规定的规划；这也未能达到预期的结果。但是，在这些行
动过程中，一个常设工作小组委员会成立了，这使委员会的活动
有了更坚实的基础。两年后，理事会决定聘请一名兼职官员，其
任务包括执行一项总体规划。不过事实上，新任命的建筑师布尔
（G.A.Bull）被其他日常事务所占据而无甚作为。

1861 年，在一起重要的土地征用司法诉讼中，市政当局败
诉。法院裁定，征用只能依据批准的现有规划进行，但当时尚未
有这样的规划。然而市政当局并没有因此而开始制定规划，反而
要求摆脱制定总体规划时的强制性要求。管理委员会因此抗辩
说，实施这种总体规划所面临的困难，无论是在财力上还是技术
上，都是无法克服的，最好是进行循序渐进的规划。议会尊重了
市政当局的意愿：针对法律进行修订，城市有权决定是否以及
为哪些地区制定规划。如果没有规划，则应采用监管委员会的要
求。因此，正如朱哈斯（Juhasz）所指出的，早期经常受到批评
的"零碎改进"模式现在已经在法律上得到了认可[⑧]。

在 1860 年代和 1870 年代，规划一点一点地继续进行，
有时可以一次性针对相当大的区域。现在布尔接替格罗施成
为城市建筑师，他规划的两个区域，一个是在格罗内罗肯
（Grünerløkken）的工人阶级区，规划有欧陆型公寓楼；另一个
是宫殿西北部的住宅区，在霍曼斯比恩（Homansbyen）。场地
的地形、所有权边界、市政边界和早期建筑等因素，通常比有关

城镇整体结构的任何想法都起着更重要的作用⑨。到了 19 世纪末，人们对于规划问题的辩论变得更加活跃。各种问题都有所讨论，例如关于阿克斯胡斯（Akershus）地区港口和码头以及火车站的位置，以及关于搬迁东部车站（Φstbanestasjon，现在的 Sentralstasjon）的建议。

19 世纪晚期克里斯蒂安尼亚地图（图 7-5）显示，那个时代的城市规划的典型特征非常少；没有一条树木繁茂的街道配得上林荫大道或大道的名字，几乎没有中央公园区域，线性规划的区域很少，只有一两次尝试创建纪念性广场。例如，圣奥拉夫斯布拉斯（St Olavs Blass）可以被描述为一种类似星形广场的地段，这种效果继而又被后来的发展所破坏。克里斯蒂安四世时代的矩形规划平面图保存完好，在中心形成了一个均匀的区域。如朱哈斯（Juhasz）所说，"今天奥斯陆市中心的街道网络看起来好像被分成了不同大小的碎片"⑩，这是缺乏任何整体规划的自然结果。鉴于政府和议会多次主动发起规划活动，在 19 世纪的大部分时间里，克里斯蒂安尼亚是本书研究的首都城市里面，唯一设置了规划行政机构的城市，用来维持规划和街道改善，然而城市形态却呈现碎片化的结果，这似乎令人惊讶。几个因素结合起来可以解释这种情况。地形特征和早期建设无疑带来了限制条件。缺乏任何称职的管理者、规划区域范围的不确定性也带来了一定的影响。但归根结底，最重要的是，无论是监管机构还是市政当局，都不想承担公共财政的费用代价，也不愿意干预土地所有者对自己财产的权利，因此也就不会产生任何名副其实的总体规划。在像挪威这样在某些方面是进步和民主的国家，其（经济）自由主义（Liberalistic）的价值观显然比在更威权统治（Authoritarian Rule）的国家，所面临的规划障碍困境更加严重。

图 7-5 19 世纪末的克里斯蒂安尼亚。(来源：官方地图，由埃里克·洛兰奇修订)

注释

① 关于 19 世纪克里斯蒂安尼亚城市发展的研究文章很少。以下介绍主要基于朱哈斯（Juhasz，1965 年）和皮特森（Pedersen，1965 年）的研究，前者描述了 1860 年前后监管委员会的活动，后者概述了克里斯蒂安尼亚规划的演变。詹森（Jensen，1980年）在与我们相关的时期对克里斯蒂安尼亚的重视程度不高。关于 19 世纪奥斯陆总体发展的开创性著作是麦赫尔（Myhre，1990 年）；同上（1984年），是对同一时期的简短调查。

② 1877 年，拼写改为克里斯蒂安尼亚。

③ 引自朱哈斯（1965 年），第 14 页。

④ 参见米克兰（Mykland，1984 年）。

⑤ 监管委员会（Reguleringskommisjon）自己对这些问题的描述如下："关于街道的正常建设，委员会通常不能积极采取主动，除非提供建议或适当的内容。《建设法》没有赋予委员会任何正式权力，以强迫业主遵循特定规划或在它要求的地方铺设街道；只有当一些业主要求建造一条街道时，委员会才能看到这条街道具有法律要求的品质和适当的方向，或者拒绝允许其建造。只有当一块相当大的土地的所有者在划分地块之前要求一条街道时，委员会才能相对自由地确定街道的方向；然而，这种情况很少发生，因为大多数大片土地的所有者首先沿着现有街道出售尽可能多的地块，只有在这些土地开发建成后，他们才最终要求建造一条新街道；但到那时，

选择已经非常有限。因此，实现任何形式的定期规划的唯一可能性是购买土地用于建造街道；但可用于此的资金非常有限。"（引自朱哈斯（1965年），第 22 页。

⑥ 林斯托（Linstow）长期参与宫殿周围区域的规划建设——第一次研究可能早在 1825 年就出现了——已经在皮特森（Pedersen，1961年）和卡福利（Kavli）和赫杰尔德（Hjelde，1973 年）中进行了探索，第 45 页及以下；另见洛兰奇对该地区的分析（1984 年），第 128页及以下各页。显然，林斯托从一开始就希望建立一个新的宏大氛围的场所，来连接宫殿和城镇，但是在阿克斯胡斯城堡前建造一块更中心的土地由国家支配，因此很难获得太多支持来开发当时相当边缘的地段。然而，在 1836 年，军方决定再次将阿克树斯（Akershus）用于防御目的，因此禁止在附近进一步建造。因此，林斯托有一个很好的机会来重新启动他的旧想法。同年，他去了德国，在那里他访问了柏林和慕尼黑等地。他以慕尼黑的路德维希大街为模型，自然也对申克尔的建筑和规划感兴趣（当大学建筑——实际上是由格罗施设计的——正在规划时，咨询了申克尔，该建筑拥有了某些明显的申克尔的灵感特征）。更令人怀疑的是，正如库恩所建议的那样，林斯托的克里

斯蒂安尼亚规划是否可以与舒伯特和科里安特斯的雅典规划联系起来（Kühn，1979 年，第 519 页，注 20）。即使林斯托在访问申克尔时看到了雅典的规划——这似乎没有得到证实——他也已经在与宫殿在同一轴线上建造一条街道的想法下工作了很长时间。当然，雅典和克里斯蒂安尼亚的地形条件完全不同。

⑦ 引自朱哈斯（1965 年），第 24 页。

⑧ 同上，第 34 页。

⑨ 这里特别重要的是城墙边界（Murgrensen），这是必须用砖砌成的边界。这个边界，以及不完全相同的法定城市边界，在 1858—1859 年和 1878 年两次被进一步移动。第一次，劣质的木制建筑的范围就在城市边界之外生长；第二次，通过设置禁建令，禁止在边界附近的城镇外作任何建设来避免这种情况。

⑩ 引自朱哈斯（1965 年），第 23 页。

译注

❶ 克里斯蒂安四世（Christian IV），丹麦 – 挪威国王（1588—1648 年在位）。弗雷德里克二世之子，即位初由母后摄政，1596 年亲政，执政期间，采取措施促进工商业的发展，扩大哥本哈根的港口，建立新城市，废除汉萨同盟的特权，自荷兰引进新技术，并开始建立强大的航海舰队，于 1619 年指派茵斯·蒙克开辟绕道美洲北部到印度的航线，夺得印度的特兰克巴尔为其殖民地。又派遣三个探险队去格陵兰岛，重新建立殖民联系，成立格陵兰公司。1611—1613 年对瑞典进行战争。后参加三十年天主旧教和基督新教之间的宗教战争，对神圣罗马帝国和瑞典都失利，1645 年被迫签订《布勒姆塞布罗条约》，割让部分土地给瑞典，从此一蹶不振。

❷ 1814 年丹麦在拿破仑战争中战败，被迫签订《基尔条约》割让挪威予瑞典。挪威不满条约内容，趁机宣告独立，选出总督克里斯蒂安·弗雷德里克为国王，并于 5 月 17 日制定宪法。但瑞典不久便入侵挪威，挪威被迫在 8 月 14 日莫斯会议上同意和瑞典成立君合国。虽然挪威议会选出瑞典国王卡尔十三世为挪威国王，但挪威仍可根据宪法拥有自己的议会、法院和政府。然而，挪威的外交关系由国王委派的瑞典外交部负责。两国人民大致关系良好，国王也会同时考虑两国的利益。1905 年 6 月 7 日，挪威议会宣告瑞典 – 挪威联合解体。经过瑞典和挪威多月的协商，瑞典终于在同年 10 月 26 日承认挪威为独立的立宪君主国。奥斯卡二世当日放弃了挪威王位，丹麦的卡尔王子于 11 月 18 日登基为挪威国王哈康七世。

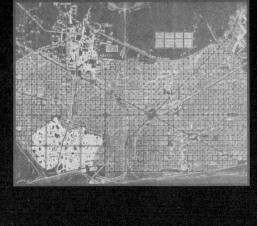

第 8 章

BARCELONA

巴塞罗那

巴塞罗那①，在城市规划史中的两个维度上拥有着特别重要的地位：首先是对于其城市的扩展延伸——西班牙语为Ensanche②——它在1860年左右的规划以不寻常的均一性方格网作为城市规划建设的背景；其次是对于其历史城市核心，其中大部分的历史结构和早期开发阶段的许多建筑物都得到了有效的保护、保留。

在古罗马时代，巴塞罗那可以说是一个小小的省会城市③。在现在的街道网络中仍然可以瞥见古老的建筑肌理。巴塞罗那在古罗马时期的两条主要街道，分别是东西轴（Decumanus），位于现在的解放大道（Carrer de la Llibreteria），和南北轴（Cardo），位于现在的比斯贝街（Carrer del Bisbe）。而且部分古罗马时期的城墙仍然存在。公元801年，基督徒成功地（从穆斯林占领者手上）重新夺回对巴塞罗那城市的控制权，城市开始逐步发展为中世纪的主要城市，成为比利牛斯山脉以南的重要前哨和最重要的城市。接下来，巴塞罗那伯爵在与摩尔人的频繁战斗中逐渐扩大了他们的领土。公元985年，巴塞罗那成为一个独立国家，包括今天的大部分加泰罗尼亚地区。12世纪，它与（西班牙境内的另外一个主要力量）阿拉贡王国联姻，巴塞罗那成为联姻的新国家统治者所在地。此时巴塞罗那已经是地中海贸易区领先的商业城市之一。巴塞罗那在古罗马时代的古城周围有了许多新城（Vilanovas），其中最重要的是维拉诺瓦·拉马尔，沿着现在的阿根廷大街（Carrer Argenteria）发展。13世纪下半叶城市修建了城墙，西侧的河床就是现在的拉兰布拉（La Rambla）大街。

在15世纪与其他贸易城市的竞争过程中，西地中海变得越来越重要，该世纪后期的几十年里发生了几次重大事件，对巴塞罗那影响深远。西班牙的阿拉贡国王费迪南德二世（Ferdinand

II）于 1469 年与卡斯蒂利亚女王伊莎贝拉（Isabella of Castile）
联姻，建立了统一的西班牙国家，其政治中心位于卡斯蒂利亚。
在哥伦布于 1492 年发现美洲大陆之后，地中海贸易让位于大西
洋新航线，巴塞罗那港口的作用被西班牙的滨临大西洋的加的斯
城所取代。对于巴塞罗那来说，16 和 17 世纪是一个停滞和衰落
的时期。这期间城市的建设量很小。不过，在 15 世纪，巴塞罗
那城墙进行了改造和扩建，这意味着拉兰布拉大街以西[④]的地区
得到加固。在很长一段时间里，这个地区建设很少，主要是教会
的建设。

　　在西班牙王位继承战争期间（1701—1713 年），巴塞罗那由
于站位支持了帝国方面，其城市遭到了法国菲利普五世极其严厉
的惩罚。加泰罗尼亚失去了以前的自治权，巴塞罗那市区东部的
大部分地区都被拆除，并修建了一座军事城堡来俯瞰、监控城
市。大约从 18 世纪中期开始，为安置那些因此而无家可归的人，
巴塞罗那在城墙外的郊区开展建设，其规划由法国建筑师普洛斯
佩尔·德·韦尔布姆（Prospère de Verboom）负责。今天，这
个地区呈现出一幅奇怪的画面——其狭窄细长的矩形地块和街
道，以及相对于它们之间的街道而言很高的房屋。但在当时它被
设想为旧城区的进步替代方案。每家每户都能看到前后两条街，
建筑物要保持低矮，以提供良好的环境。但直到 1850 年代，城
墙外的建设禁令才被解除，所以之前城墙内的用地过度开发的状
态停了下来（图 8-1）。

　　18 世纪后期，巴塞罗那的工商业地位越来越重要，随着人
口增长，大量建设活动集中在坚固城墙内剩余的场地。之前的
水渠被填埋变成了拉兰布拉大街，水渠被覆盖并种植树木。在
1820 年代，街道网格迎来了重要的改造：在旧街道结构建设了

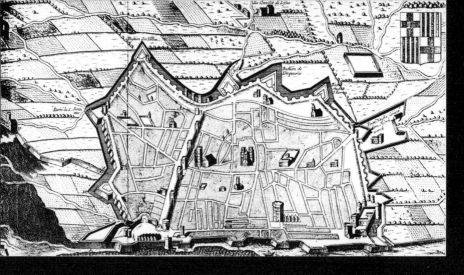

大约 10m 宽的费兰街 Carrer de Ferran，并延伸为普莱斯萨街（Carrer de la Pricesa）。规划师是建筑师何塞普·马斯·维拉（Josep Mas I Vila）⑤。

西班牙工业化相对较晚。陈旧的社会结构由教会和地主贵族占主导地位，他们阻碍了社会的快速变革。但在巴塞罗那，早在 1830 年代就建立了蒸汽技术的大型工厂。与此同时，巴塞罗那的港口和贸易重要性正在增长，到世纪中叶，它已成为主要工商中心。但同时它还是重要的堡垒，仍然被封闭在原来的城墙防御工事中，城墙内的开发非常拥挤，卫生条件很差。19 世纪中叶，巴塞罗那在这方面可能是欧洲最糟糕的。在城墙外，由于防御的原因，还保留了一个宽阔的防御缓冲带，不能用于建设。在这个区域之外有几个村庄，其中最重要的是北部的格拉西亚。早在 1830 年代，政府就在讨论改变一小部分的城墙防御工事用于开发的规划。这个规划是何塞普·马·普兰斯（Josep Ma.Planas）提出的（图 8-2），但由于无法就规划设计达成一致的意见，再加上有人对土地所有权提出了反对意见，讨论破裂了⑥。政府越发意识到，仅仅依靠一点小规模的规划建设是不够的，必须采取更大胆的措施。1853 年，一个委员会被授权来起草关于拆除防御城墙的提案，但就像在其他有防御城墙的首都城市一样，提案遭到了军方强烈反对。直到 1854 年严重的霍乱流行之后，大家才下定一致决心拆除城墙⑦。

正在此时，伊尔德丰索·塞尔达（Ildefonso Cerda）出现了⑧。塞尔达出生在加泰罗尼亚的一个乡村庄园，曾在巴塞罗那学习数学和建筑，之后就读于马德里的道路、运河和海港建筑学院。在 1840 年代，作为国家工程兵团的成员，他收到了许多与加泰罗尼亚和其他地方的公路和铁路建设有关的项目委托。他于

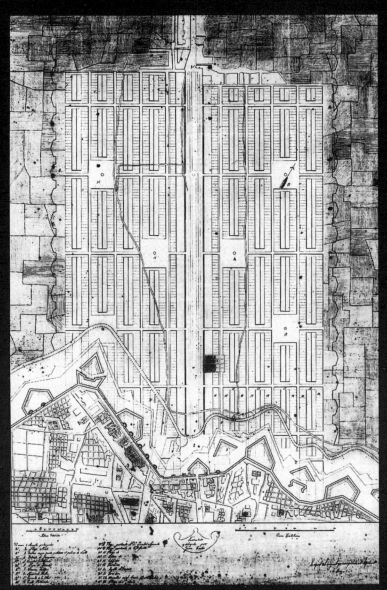

图 8-2 巴塞罗那。1850 年代的项目，由何塞普·马·普兰斯设计。沿格拉西亚大道在巴塞罗那主城和郊区格拉西亚之间延伸。（来源：照片来自巴塞罗那加泰罗尼亚和巴利阿里群岛建筑学院）

1848 年从军队退役后，开始研究城市发展问题。

19 世纪的西班牙，经历了一系列的暴力政治冲突，政局在进步和反动保守之间来回反复。在国家层面，1850 年代是宪政和自由化的时期。对于进步党（Partido Progresista）来说，施政主张首先是西班牙国家社会现代化并使其更有效率。还有一个更激进的组织，即民主党（Partido Democratico），它希望进行社会改革。塞尔达对广大工人的生活状态深为同情。1850 年代初，几个政治委员会授权让他作为议会（Cortes）成员，并作为巴塞罗那的地方行政当局成员，来参与工作。然而在地方层面，保守派团体掌握了地方事务的领导权，1854 年和 1855 年，巴塞罗那发生暴力骚乱，社会动荡不安。

塞尔达在巴塞罗那的第一个正式规划任务，是对城市周围环境进行调查。他于 1855 年自费完成该项调查，在专业界被视为同类杰作（图 8-3）。塞尔达主动从这幅地图上进行了追踪，并提出了针对防御城墙外军事缓冲地带区的规划建议。不幸的是，该调查原件已经丢失，不过我们还能找到对于这个调查的评论⑨。在接下来的几年里，塞尔达继续致力于他的规划建议，同时参与各种活动，以改善巴塞罗那工人的条件。他发表了《1856 年巴塞罗那工人阶级统计专著》（Monografia Estadística de la Clase Obrera de Barcelona en 1856），该报告提供了完整、有序而全面的统计数据，在当时属于独创性的工作。该报告单独出版，还作为《城市化总论》（Teoria General de la Urbanizacion）第二卷的补编收录。

1858 年巴塞罗那军方终于作出了最终决定，对原来城市的城墙防御区予以拆除。与此同时，维也纳城也对类似军事防御城墙区，在同期不到一年的时间里实施拆除。在这一点上，官

图 8-3 伊尔德丰索·塞尔达对巴塞罗那周围平原的调查，1855 年。[来源：巴塞罗那加泰罗尼亚和巴利阿里群岛建筑学院（Colegio Oficial de Arquitectos de Cataluna y Baleares，Barcelona）]

方去咨询塞尔达是很自然的——市政领导可能很清楚他一直在制定 1855 年方案。但思想保守的市政当局显然对他不放心，他们更愿意按照巴塞罗那的城市建筑师米克尔·加里加一世·罗卡（Miquel Garriga I Roca）的想法来实施巴塞罗那城的扩建，因为罗卡得到了市议会的委托来展开巴塞罗那的城市规划，市议会在 1858 年 4 月批准了罗卡的规划（图 8-4）[⑩]。

　　但是，塞尔达将巴塞罗那的规划视为他的人生使命，绝不让步。相反，他向马德里中央政府提出申请，并于 1859 年 2 月获得中央批准，他在没有收到任何经济报酬的情况下开始规划。正如我们所看到的，塞尔达准备充分，他的规划方案（图 8-5）于同年 6 月 7 日获得西班牙中央政府批准。但巴塞罗那市议会不愿意简单地接受，他们认为这是中央政府对地方政府内部事务的干预。1859 年春天，巴塞罗那组织了一场城市规划竞赛，塞尔达没有参加。因此，当竞赛于 1859 年 8 月结束时，中央政府批准的塞尔达规划已经存在。规划竞赛提交了 14 项方案，评审团由大学校长主持，评审团还包括四名建筑师、一名医生、一名工程师、一名律师和一名物理学教授。一等奖一致投给了城市建筑师安东尼·罗维拉·特里亚斯（Antoni Rovira Trias）提交的方案（图 8-6）[⑪]，二等奖由工程师弗朗西斯科·索雷·格罗利亚（Francesc Soler Glòria）（图 8-7）获得。塞尔达参与了一场混乱的地方辩论，马德里中央政府拒绝了安东尼·罗维拉·特里亚斯的规划，塞尔达的规划提议在 1860 年再次获得中央政府的批准。

　　很难理解这错综复杂的戏剧性过程[⑫]。这里面显然至少有四个冲突：第一，中央和地方政府在能力和权力方面的冲突；第二，进步和保守团体之间的政治冲突；第三，与政治冲突密切相

图 8-4 米克尔·加里加一世·罗卡关于巴塞罗那扩建的建议，1857 年。（来源：巴塞罗那加泰罗尼亚和巴利阿里群岛建筑学院）

图 8-5 伊尔德丰索·塞尔达关于巴塞罗那扩建的方案，1859 年。（来源：巴塞

关的是，喜欢传统定式设计的和喜欢理性创新的两类人群，在城市发展意识形态上存在意见分歧；第四，两个职业团体之间的专业冲突，工程师和建筑师（正如我们所看到的，他们在评委中有很大的代表性）。除此之外，还必须加上某些经济因素：塞尔达的规划项目很可能看起来太宏大了，从地方城市的角度来看成本过高，同时也不利于一些土地所有者。尽管地方城市层面反对，塞尔达的规划仍能通过，这是由于他的能力、他作为工程师的良好声誉、他的好斗和毅力、他对任务的全面广泛的准备、他压倒性的专业知识，以及同样重要的是，他的私人手段使他能够全力以赴，无偿工作，在多达七名助手的帮助下完成他的项目，并为此四处游说。

　　现在我们来看看巴塞罗那主要的规划建议方案。第一名是加里加·罗卡，方案不太引人注目（图 8-4），在老城区和加西亚村之间的地区，采用了方形或者接近方形的规划思路。它包括六个巨大地块，相互之间用很宽阔的街道划分开，它的宽度超过了之前街道宽度一倍。在每个这样的大街区中，中间部分都被预留了一个广场，并点缀着公共建筑。在新区的中轴线上规划了一个大的矩形广场，紧邻旧城区，位置在现在的加泰罗尼亚广场以东。在格拉西亚北部规划了一个类似的开放空间。在西广场和东广场也标明，前者是半星形广场，后者是完整的星形广场，没有公园。对几条街道的标记更加模糊，超出了规划区域本身，并表明将进一步扩张。经过老城区的街道让人想起后来的加泰罗尼亚大道；它继续向西穿过一个形态不明确的星形广场。这里有一个有趣的问题，似乎没有在文献中讨论过：即加里加·罗卡的规划是否借鉴了 1855 年塞尔达的规划。地块的形状和隐约可见的街道长轴线想法，很可能来自塞尔达。

罗维拉·特里亚斯的规划方案更为复杂，它试图将传统设计语言与现代城市的需求相结合（图 8-6）。新城区被一系列主要街道分隔开来，从老城区向外辐射，让人想起规划理论家推崇的放射规划。一个宏伟的纪念性广场：伊莎贝尔广场（Foro de Isabel），被设想为新旧城区的共同中心，紧邻旧城区。从这个广场上，一条公园般的街道：赫尔辛基（Esplanade）滨海大道的感觉——向北通向格拉西亚。这条名为格拉西亚大道（Passeig de Gràcia）的道路早在 19 世纪初就已经铺设好了，并出现在几个方案中。通过这条大道，其中间部分已扩大形成一个大型绿化空间，城市的中心部分分为两个对称的半部。侧翼扇区与这个中心扇区相结合，形成一个对称的整体。两个外部区域也被正方形和小公园各一个轴线分开，尽管不是对称的。就中间部分而言，在许多公园和广场周围规划了各类公建，例如学校、博物馆、医院和市场大厅。博物馆和其他机构建筑围绕侧翼部分中轴线的外广场进行布置，让人想起一年前维也纳环路规划竞赛中，（奥地利）冯·西卡斯堡（Von Sicardsburg）和范·德·努尔（Van der Null）提交的参赛作品中所规划的玛丽亚·特蕾西广场。老城区中心被一条名为林荫大道的街道所环绕。在东部，已经创建了一个更简单的街道网络，并指出了向不同方向扩展的可能性，例如在市区外的一些星形广场。西侧还规划建造一座监狱。许多街道都很狭窄，但几乎所有街区的一侧都面向开放空间，要么是广场、林荫大道，要么是宽阔的放射状街道[13]。罗维拉·特里亚斯的提议非常严格地遵循了竞赛要求。除其他事项外，这意味着需要在旧城区外建立一个大型开放空间（正如加里加的方案所建议的那样），以及笔直的出口道路和纪念性建筑[14]。

罗维拉·特里亚斯的方案似乎更像是一个理想的规划，而不

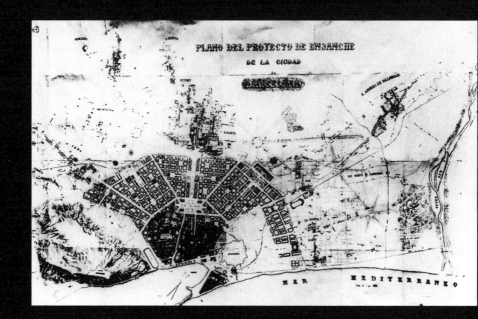

图 8-6 安东尼·罗维拉·特里亚斯关于巴塞罗那扩建的获奖方案，1859 年。（来源：巴塞罗那加泰罗尼亚和巴利阿里群岛建筑学院）

是一个大城市发展的可行思路。尽管如此，它还是满足新规划的若干要求，例如允许与周围村庄进行良好的连接，其中一些村庄或多或少已经城市化。该规划还作出了许多宏伟的设置。不难看出为什么巴塞罗那的领导决策层被该规划所吸引，他们显然发现该规划比塞尔达的巨大规划方案更令人印象深刻，更适合他们的需求，也更现实。评委们中有四位建筑师事实上可能也支持像罗维拉这样的方案，因为它的建筑种类丰富。

　　弗朗西斯科·索雷·格罗利亚的方案有两个不同方向的网格，几个大型公园和一些宽阔的大道（图 8-7）。该方案的主要想法之一，是在旧城区以西建造一个大型内部码头，从卫生的角度来看，这个举措存在隐患。该项目是一个明显的"工程师规划"，没有任何建筑设计上的雄心抱负，但也缺少罗维拉·特里亚斯规划方案的一致性（在规划方案的几乎所有其他方面，这两者都是彼此的对立面）。由何塞浦·风特赛尔（Josep Fontserè）提交的三等奖获奖项目则自由地结合了星形广场、对角线街道和矩形块[15]。

　　因此，现在让我们转向塞尔达的方案——这无疑是 19 世纪最引人瞩目的城市发展项目之一（图 8-5）。如果罗维拉·特里亚斯的项目可以被描述为一个明显的"建筑师规划"，那么塞尔达的规划提议就是一个同样明显的"工程师规划"。城与周围群山和村庄之间的所有自由空间都充满了方形街区，所有方块的大小都相同（113m×113m），具有相同的截断角，由宽度均匀的街道（20m）隔开。这一次，"棋盘规划"一词用在他的规划身上是完全合理的。网格被几条更宽的大道（50m）穿过，这些大道与其他街道平行或对角线延伸。在两条对角线大街道的交叉处，有一个巨大的广场。该平面图不仅标明了街区的边界，还标明了街区

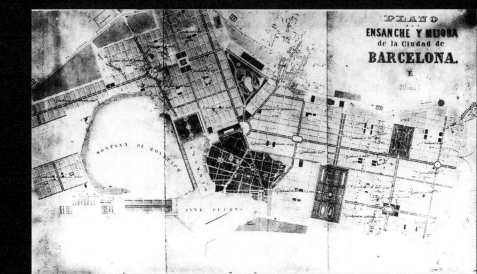

内建筑物的所在地。大多数街区只在两侧建房，有一排房屋。街区的其余区域将主要由种植的开放空间组成。塞尔达还提出了几个公园，以及其他公共机构，如市场大厅、教堂、医院等。东部与建成区接壤的大型公园，西部的蒙特惠奇（Montjuich）山旨在作为相应的公园。

在其规划区域的庞大规模中，塞尔达的巴塞罗那规划方案是压倒性的，而其开放式街区是一项激进的创新。不过，街区的统一形状并不少见，对角线街道也不少见。尽管建筑物的分组有所不同，但该规划的总体印象是单调的；没有景观变化或建筑效果，也没有试图实现这些特征。大型中央广场在设计和交通网络中的作用都明显薄弱。

塞尔达的规划方案独树一帜，与其说是其建筑价值，不如说是其理论基础和作者的科学工作方法。在这方面，巴塞罗那规划标志着某种历史性的突破。在规划启动之前，从未有过如此多的数据汇集，从未有如此全面的理论基础。规划中的每个细节都有其原因，没有随机添加任何内容。将规划视为一种科学分析，通过数据的搜集，来寻找功能最佳解决方案的技术。他认为，这种解决办法应具有普遍适用性。他的经验基础来自巴塞罗那的案例，但其目标更高，即制定城市合理设计的一般原则。他在许多出版物中提出了他的想法，其中最重要的是他的"城市发展通论及其原则和学说在巴塞罗那重建和扩展中的应用"（Teoría General de la Urbanización y Applicación de Sus Principios y Doctrinas a la Reform and Ensanche de Barcelona，1867 年）。但是，这项工作是在规划阶段结束后很久才完成并出版的，在此之前，已经存在与方案更直接相关的备忘录⑯。因此，巴塞罗那规划的演变与理论体系的建立之间存在着持续的相互作用。理论被用来证明规划的合理性，而规划被用来阐明理论。我们也许会好奇，塞尔达的理论在多大程度上早于这个规划，在多大程度上是理性的回顾。但要回答这个问题，可能就是解决关于鸡生蛋、蛋生鸡的经典问题了[⑰]。

塞尔达的著作，像许多类似的宣言一样，充满了有时令人困惑的抽象理论和具体细节的混合，有远见的概括和技术的特殊性。详细地考察他的理论内容不属于本书研究的范围[⑱]。可以说，将城市视为两个基本要素的结合，即空间土地和人口（urbe o continente, contenido o poblacion），即作为容器的物理空间结构，以及赋予其内容的人口和活动。根据塞尔达的说法，每个城市情境的基本要素都是街道和街区，或者用他自己的术语来说，是通过（Via）和在其间（Intervia）。他的基本想法之一是：街道，作为无限交通系统的一部分，应该是笔直的，宽度相等，以直角相互交叉，并且街区应该具有均匀的等边设计。正是这种统一性对规划方案来说至关重要。城市的所有不同部分都应该按照相同的原则设计，应该具有相同的价值，并且应该可以通过添加新的街区来无限扩展城市区域——这一想法预示着奥托·瓦格纳的"无限"城市理念。塞尔达还努力确保主要街道，代表了进入城市的主要入口道路的直接延续。

街道应宽 20m，行车道应宽 10m，以允许四辆车并排，分配给行人的空间不应少于 10m，即应有两条人行道，每条人行道宽 5m。建筑物不应高于街道的宽度，似乎一层或两层的房屋更受其青睐。[⑲]塞尔达也十分注意街道与通风和日照条件的关系。

街道宽度和房屋的允许高度，与其他内城区的尺寸没有显著差异；区别主要在于提供了更充分、更深刻的考量。然而，在其他方面，塞尔达的想法超出了当时公认的概念。关于街块切角的要求，发生在 19 世纪后期的几个大城市，但在巴塞罗那的规划中，街区的拐角被放大到这样的程度，以至于每个十字路口都呈现出一个八角形的地方，其中每边都长 20m。塞尔达非常重视这一点，部分原因是交通效率，但也出于社会原因：街角将用作聚会点，提供商店、聚会场所等。塞尔达的另一个基本要求是，每条街道都应沿着人行道边缘以 8m 的间隔种植树木，每个街区有 65 棵树。在其他地方，沿着主要街道种植的树木必须足够。根据的说法，即使是钟、水井等设施也应被视为城市环境的一部分。

但是，塞尔达规划中最激进但也最具争议的一点是，这些街区地块只能沿着两侧建造，并且应该由高度不超过 20~24m 的低矮建筑组成。其余的应该留给花园绿地等开放空间。关于建筑物在街区中的布局，主要为平行模式，但也出现了彼此呈转角 L 形的垂直模式。两种模式都允许一些变化，但通常沿地块的外侧平行放置（图 8-8a）。这两种类型的街块以不同的方式组合，有助于形成城市结构的整体格局。因此，这些街块被归为一个中心周围的邻里单位，这些建筑有教堂、学校、市场大厅等公共建筑（图 8-8b）；这些街块又合并成更大的单元，为八个大区块。[20]在某些情况下，几个模块被组装成更大的单元，用于工业厂房、公园和其他空间要求更高的结构。

将塞尔达的规划和巴塞罗那的现代地图进行比较，可以发现街道和街区的布局非常相似。最明显的区别是，目前的网格没有规划中的网格向东延伸那么远；该规划方案的东半部的主要部分从未实施。但现有网格的西半部分显示出与规划的相差无几。50m 宽的西—东轴线，即现在的加泰罗尼亚大道（Gran Via de les Corts Catalanes），已经实现，其他规划的主要街道也是如此，特别是长而宽的 50m 宽的西北—东南对角线大街

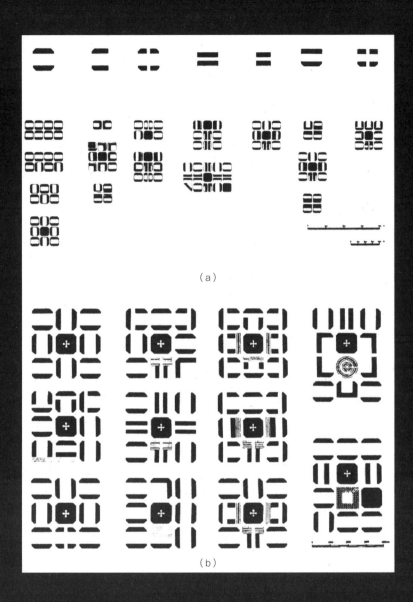

图 8-8　巴塞罗那。塞尔达规划的例子，即（a）平行的建筑物排，以及（b）不同形式的邻里单元。（来源：莲花国际，1979 年第 23 期）

（Avinguda de la Diagonal）。相应的西南—东北对角线，即子午线大道（Avinguda de la Meridiana），仅部分实现㉑。格拉西亚大街（Passeig de Gràcia）已经存在，并且由于其倾斜的方向和更大的宽度，它略微扰乱了直线网格。

然而，仔细研究就会发现，只有街区的划分和街道的方向才遵循规划，地块的内容不同；从本质上讲，开发与其他大城市一样密集。只有几条孤立且发育不良的通道穿过街区街块的内部，隐约回应着原规划的意图。特别值得一提的是帕萨奇珀曼耶（Passatge Permanyer），那里有露台和花园。此外，几乎所有的公园，从规划到落地实施，后来都消失了。原本是城市中心的巨大广场——加泰罗尼亚荣耀广场，也从未实现过。几十年来，它只不过是交通路线的别扭的交叉点。新中心从未实现过这样的规划，取而代之的是，在新旧城区之间的交汇处发展起来了围绕现在的加泰罗尼亚广场和天使之门大道（Avinguda del Portal de l'Àngel）及其通过新区 ensanche 延伸的格拉西亚大道。沿着这条路周围有百货公司、商店、银行、办公室和世纪之交的一些最重要的建筑，例如高迪的米拉之家。在这里我们应该记住，罗维拉·特里亚斯设想在老城区中心旁边建造一个大广场，而这样的广场是规划竞赛简报的要求之一。然而，加泰罗尼亚广场应被视为城市发展自由发挥的结果，而不是对规划的调整。塞尔达的意图是，老城外的扩建区应该是一个全新的城市，旧城中心将是其中的一部分；但他低估了传统中心在城市生活中的重要性。

关于巴塞罗那规划大量的研究文献，主要集中在规划的意图上，而对缓慢而艰巨的实施执行过程的关注似乎较少㉒。规划区内的土地主要由教会基金会和私人拥有，其开发由几个不同的公司进行。与其他地方一样，市政当局的关注显然主要针对街道的建设。对私人建筑的公共控制似乎是通过建筑条例行使的，仅限于检查是否遵守了街区和建筑物的标明边界，以及是否超过允许的最大高度。另一方面，针对超过塞尔达的原规划意图、以更高强度进行的投机开发，从法律上也没有来尝试阻止，显然在实施过程中，政治上也没有这样做的意愿。早在 1859 年，当规划获得批准时，政府发展部（Ministerio de Fomento）就颁布法令，允许在规划的基本单元地块的三面建设房屋（塞尔达的原规划意图是一般只允许沿着地块四边中的两边建设，留下另外两个边能向城市开放——译注）[23]，政府随后批准了那些与原规划意图原则冲突的开发。塞尔达似乎已经接受了这个现实。1863 年的巴塞罗那规划有一个修改，显然是塞尔达本人的方案，其中大多数街块都沿着三边甚至四边来建设[24]。如果能更多地了解规划的起源以及本身在城市扩建实施过程中的作用，将会很有趣。例如，在 1863—1864 年，他为开发商——巴塞罗那扩建环境协会（La Sociedad Fomento del Ensanche de Barcelona）制定了两个街区的当地规划，采用了两组三面相对的 U 形建设[25]。

　　1890 年的一项调查规划（图 8-9）显示，在格兰大街（Gran Via）和格拉西亚大街周围的中心地区，开发方面取得了相当大的进展，现在许多街区在地块的四个侧边都进行了建设[26]。这个被称为 Quadrat d'Or "黄金区" 的部分很快就从一个简单的开始，发展成为巴塞罗那最时尚的地区[27]。在规划为竞技场（Hippodrome）的对角线大道（Avinguda de la Diagonal）外的地面上，圣家族（Sagrada Familia）教堂开始建造。另一方面，在网格的更外围地区，开发尚未开始。向东扩张受到铁路的阻碍。此外，相当多的建设开发是在规划之外的郊区进行的[28]。1868 年革命后，市政当局获得了原来军方的城堡（Ciutadella）

PLANO GENERAL
DE
BARCELONA
y de los pueblos que deben agregarse
á la misma

MAR   MEDITERRÁNEO

的土地，曾设想将该地区划分为多个街区，但现在被设计为公园并用于准备 1888 年世界博览会。为了这次世博会，对城市美化升级改造，进行了大量投资，在辉煌的景观和视线节点塑造（Visual Markers）上做了大量工作。其中最重要的是哥伦布纪念碑，它是兰布拉斯大道（Rambla）和海边的哥伦布大道（Passeig de Colom）的焦点，但哥伦布大道则不是规划中构想的[29]。

到 19 世纪末，跨城区城市的区域问题开始显现出来。周围的村庄或多或少已经完全城市化，并相继合并。1903 年，政府组织了一次城市规划竞赛，旨在改善扩建区和周围建筑群之间的对接[30]。竞赛的参考地图显示，规划的大部分地区仍空白未建[31]，但该规划思想仍然得到遵循，至少在街道和街区方面，直到 1930 年代，甚至到 1953 年还继续有效。甚至可以说到最近的城市东侧海岸地区的奥运村，特别是它旁边的一些新街区。最后，大型中央广场——加泰罗尼亚荣耀广场（Placa de les Glories Catalanes），尽管形状完全不同，但似乎遵循了塞尔达规划设想的重要思路，按照他之前的规划需要建立一个礼堂和一个新的国家剧院。

关于老城区，塞尔达提议开辟三条街道穿过它，打开老的城市中心和扩建区之间的交通，即现在的莱塔纳街（Via Laietana），西侧的一条相应街道，作为现在蒙塔纳街（Carrer de Muntaner）的延伸，以及与这些街道成直角的另一条街道，与现在的主教堂大道（Avinguda de la Catedral）在同一地点，方向相同。1889 年，市中心的规划获得批准。它由安吉尔·何塞浦·白西拉斯（Àngel Josep Baixeras）起草，主要还是基于塞尔达的规划思路[32]。但由于原土地业主强烈反对，莱塔纳大街

直到 1908 年才开始[33]。西侧的平行线大街从未实现，穿越老城区
开辟新道路连接的工作仍然是片段式的，仅由主教堂大街和弗朗
切斯克·坎博大街（Avinguda de Fracesc Cambo）组成。原因
是人们越来越认识到这里历史和文化价值的重要性，如果老街体
系被打破，会导致历史传统的丧失。

　　人们经常指出，塞尔达对城市扩建区的规划愿景，与实际演
变实现的城市结构之间的差异。但事实上，更引人瞩目的是，在
街道网络和街区划分方面，该规划得到遵循的程度。在本书所研
究的其他城市中，没有一个城市的原始规划想法，得到了如此充
分的实现，从而在欧洲创造了一个无与伦比的城市网格。要找到
相似之处或原型，有必要转向美洲大陆。"也许这位工程师（塞
尔达）最伟大的发明和成功表明，（美洲）殖民地城市模式可能
服务于新的工业大都市，新的商业城市"，弗雷切拉（Frechilla）
指出[34]。从塞尔达的评论报告中也可以明显看出，巴塞罗那的规
划为不同时期的西班牙裔美洲殖民城市都提供了模型和原型，其
中尤其是布宜诺斯艾利斯[35]。

　　在过去的几十年里，关于塞尔达规划的各种研究出版物，都
试图在他身上看到后来规划意识形态的影响。在他的科学规划方
法中，还有他对于整体性的和绿地的追求中，展示了强烈的功能
主义[36]倾向。但他的住房理想更接近花园城市概念，而不是勒·柯
布西耶和格罗皮乌斯的高层楼房的愿景，他的平等主义城市概念
与国际建筑师协会（CIAM）规定的功能分区相反。在很大程度
上他是那个时代的产物：在他的乐观主义、对问题的分析方法和
对技术的信心方面看，他是一个典型的 19 世纪的人。除此之外，
还有他取之不尽、用之不竭的精力，他的工作能力，以及他的自
信心[37]。在西班牙以外，似乎直到最近塞尔达才成为研究的对象，

他对欧洲其他地区的发展几乎没有任何影响。尽管如此，我们有理由认为，塞尔达是现代城市规划的杰出人物之一。

注释

① 在过去的 20 年左右的时间里，关于巴塞罗那 19 世纪的规划及其发起人伊尔德丰索·塞尔达的研究文献已经写了很多。在本书所讨论的项目中，它因此成为最受关注的两个首都城市规划项目之一——另一个是巴黎。然而，这主要是文章或相对较短的文章的问题；令人惊讶的是，仍然缺乏对巴塞罗那规划的条件及其起源和实施的基本和权威调查。

在过去十年中对塞尔达研究的活跃性是由他的主要著作《城市化的一般理论及其原则和学说——在巴塞罗那改革和扩张中的应用》(Teoria general de la urbanizacion y aplicacion de sus princepios y doctrinas a la reforma y ensanche de Barcelona) 的出版引发的，该书于 1968 年出版，因此与 1867 年最初出版的一百周年相差一年。同样重要的是，1976 年的展览及其目录《伊尔德丰索·塞尔达（1815—1876 年）——纪念逝世一百周年展览目录》(Ildefonso Cerdá (1815–1876 年), Catalogo de la exposición conmemorativa del centenario de su muerte)。

也许我们可以谈论关于塞尔达的两轮研究出版物，第一轮在 1980 年左右，以期刊文章和简单印刷书籍的形式进行开创性研究，第二轮在 1990 年代初，大量出版物反映了塞尔达，他从规划历史中的神奇角色到加泰罗尼亚伟人的变化。让我们先来看看第一个时期。在主要针对塞尔达的研究期刊中，可以提到《建筑与城市规划笔记本》(Cuadernos de arquitectura y urbanismo)， 第 100 和 101 页（1974 年）和 2C 的《城市建设》(Construcción de la Ciudad)，第 6–7 页（1977 年）。2C 建筑师小组在《莲花国际》(Lotus International)，第 23 号（1979 年）上发表了对规划的分析，其中对街区的设计，建筑物在街区内的分组方式，以及规划的理论背景给予了相当大的关注。关于塞尔达早期的研究文章还包括索拉·莫拉莱斯等人的文集（1978 年）。它采用了城市发展和历史视角，主要参考了西班牙其他城市的扩张规划，但也包括其他地方。城市理论的发展在 Soria y Puig（1979 年）中进行了讨论，这是对书目的主要贡献之一。《伊尔德丰索·塞尔达——城市化通论》(Ildefonso Cerdá, La théorie générale de l'urbanization，1979 年) 是《城市化总论》的选集，译自法文，由安东尼奥·洛佩斯·德·阿贝拉斯图里介绍。罗德里格斯－洛雷斯（Rodriguez–Lores，1980年）试图将其置于政治和历史背景下。

第二阶段是两部文集：《巴塞罗那扩展区形式》（La formacio de l'eixample de Barcelona，1990年）和《巴塞罗那的扩展区》（Treballs sobre Cerba I el seu Eixample a Barcelona）（附英文翻译），从不同方面涉及巴塞罗那。加西亚·埃斯普切（Garcia Espuche，1990年）展示了大量优秀的19世纪的照片。此外，塞尔达自己的两卷著作已经出版：《城市建筑的理论——塞尔达和巴塞罗那》（Teoria de la construccion de las ciudades，Cerda y Barcelona，1991年）和《城市生活，塞尔达和马德里》（Teoria de la viabilidad urbana，Cerda y Madrid，1991年）。最近的出版物是展览目录，《城市和领土：未来的愿景》（Cerdá，Urbs i territori: una visió de futur）。

巴塞罗那的规划历史有两本出版物。最全面的是《巴塞罗那地图集》（Atlas de Barcelona，1972年）。另一组规划出现在Torres、Puig和Llobet（1985年）中，涵盖1750年至1930年期间。

还应该提到马托雷尔·波塔斯、弗洛伦萨·费雷尔和马托雷尔·奥泽特（Martorell Portas、Florensa Ferrer和Martorell Otzet，1970年），这是对19世纪和20世纪巴塞罗那规划发展的调查，描述了规划的背景及其在随后的城市发展中的作用。

② 在接下来的几页中，将使用卡斯蒂利亚语形式——ensanche——而不是加泰罗尼亚语——eixample，因为塞尔达用卡斯蒂利亚语写作，并且ensanche一词已在国际上确立。在卡斯蒂利亚语中带有尖锐的口音，在加泰罗尼亚语中带有严肃的口音。在这里，我采用了卡斯蒂利亚形式，这是国际上使用的形式；这也是塞尔达本人使用的拼写。直接引用和书籍或文章的标题除外，这些标题在原始版本中给出。街道名称是按照我所陈述的原则，即尽可能使用1990年代初当地使用的形式，以加泰罗尼亚语命名。

③ 历史调查首先基于施特劳斯（Strauss，1974年）。另见《西班牙生活与城市主义》（Vivienda y Urbanismo en Espana，1982年）。

④ 几乎所有的巴塞罗那地图都以东北部最上面显示。在地图上，ensanche的街道似乎是南北向和东西方向的，实际上是西北—东南和东北—西南。为了避免混淆，这里遵循了地图的方向，即当"西北"确实更准确时，使用"北"。

⑤ 在赫尔南德斯·克罗斯、莫拉和普普拉（Hernández–Cros、Mora and Pouplana，1973年）第17页复制的Mas i Vila（我的村城）的地图中，我们可以看到费兰街（Carrer de Ferran）尚未延伸到圣若梅广场（Plaça Sant Jaume），但在1850年代末与城市发展讨论相关的地图中显

示了它的整个长度。

⑥ 见马托雷尔·波塔斯、弗洛伦萨·费雷尔和马托雷尔·奥泽特（Martorell Portas、Florensa Ferrer 和 Martorell Otzet，1970 年），第 17 页及以下各页。

⑦ 同上，第 19 页 f。

⑧ 关于在 19 世纪中叶左右在巴塞罗那的职业生涯和情况的比较详细的描述可以在罗德里格斯·洛雷斯（Rodriguez-Lores，1980 年）处找到。

⑨ 第一个方案在首次出现时似乎已广为人知，并在公共工程部（Ministerio de Fomento）中提供给卡洛斯·玛丽亚·德·卡斯特罗（Carlos Maria de Castro）（见第 151 页）。

⑩ 《巴塞罗那地图集》，第 421 页。批准的规划是由加里加（Garriga）制作的四个版本之一。

⑪ 《巴塞罗那地图集》，第 169 和 170页。罗维拉·特里亚斯和加西亚·罗卡（Garriga i Roca）都被称为城市建筑师（arquitecto municipal）。由于一些建筑师显然是"城市建筑师"，因此这个头衔很可能应该被视为城市官方的"授权"，而不是一个职位的指定。

⑫ 对索里亚和普伊格（Soria y Puig）发展的调查（1992 年）。

⑬ 作为一个奇怪的细节，可以提到设想一条运河环绕新旧市区。类似的想法在布达佩斯存在，我们将在更晚的阶段在后面看到。

⑭ 规划竞赛摘要转载于 Solá-Morales

等人（1978 年），第 48 页及以下各页。

⑮ 《巴塞罗那地图集》，第 171 页。

⑯ 《巴塞罗那城的描述——对工作和研究的描述》（1855 年）的评论报告附有巴塞罗那规划的第一版，而巴塞罗那规划的第二版则附有《巴塞罗那规划改革和研究项目建设和研究》（Teoria de la construccion de las ciudades aplicada al proyecto de reforma y ensanche de Barcelona，1859 年）的备忘录。塞尔达的其他主要报告包括《海陆路线运动联系理论，适用于巴塞罗那港》（Teoria del anlace del movimiento de las vias maritimas y terrestres，con aplicacion al puerto de Barcelona，1863 年）和《城市可行性理论和马德里改革理论》（Teoria de la viabilidad urbana y reforma de la de Madrid，1861 年）。该材料在塞尔达的一生中从未印刷过，但在过去的几十年里，在研究过程中被重新发现。它现已出版在两卷中，即《塞尔达和巴塞罗那的城市建筑》（Teoria de la construccion de las ciudades，Cerdá y Barcelona，1991 年）和《塞尔达和马德里，城市活力理论》（Teoria de la viabilidad urbana，Cerdá y Madrid，1991 年），这两卷几乎是书面作品的完整出版物。如上文所述（注 9），备忘录的主要内容大概在专业界很熟悉。但还在《公共工程杂志》（Revista de Obras Publicas）上发表了几篇论文。

⑰ 塞尔达理论的演变在 Puig（1990）中讨论。

⑱ 以下介绍主要基于《莲花国际》，第23期。

⑲ 正如《莲花国际》第23期（第85页 f）的分析所显示的那样，可以阅读巴塞罗那规划复杂的几何图案。然而，似乎在塞尔达的著作中不支持这种结构。

⑳ 参看《莲花国际》，第23期，第83页，图7。对意图的分析很复杂，因为有几个变体显示了相同的街区和街道网络，但在街区中的建筑物方面存在差异（索拉·莫拉莱斯等人复制了三种变体，1978年，第39–41页）。上面转载的规划，即1859年政府批准并随后公布的规划，可以被视为主要建议。

㉑ 其他主要街道，如平行大道、罗马大道、圣胡安大道和阿拉戈大街（Avinguda del Parallel、Avinguda de Roma、Passeig de Sant Joan、Carrer d'Aragó），也是按照意图铺设的。这也适用于"环路"（las rondas），即环绕老城区的环形公路，尽管有人提议建造一条非常宽阔的林荫大道（见 Martorell Portas、Florensa Ferrer 和 Martorell Otzet，1970年，第38页及以下）。

㉒ 埃斯普切、盖点、蒙克鲁斯（Espuche、Guardia、Monclús）和奥永（Oyón，1991年）强调了这一点："缺乏有效的法律、技术和运作机制，市政府和中央政府之间的紧张关系，以及受影响的私人利益的愤怒抵抗，阻碍了发展进程"（第142页）。与其他地方一样，建筑业受到剧烈波动的影响，有低迷和高峰（第142页 f）。

㉓ 《巴塞罗那地图集》（Atlas de Barcelona），第473页。

㉔ 同上，第185页。

㉕ 同上，第186页。

㉖ 同上，第227页。

㉗ 见埃斯普切（1990年）。扩建区到1890年的发展可以在这部作品中发表的一系列图中得以遵循。

㉘ 哈维尔·蒙克鲁斯（Fco Javier Monclús）和路易斯·奥永（Luis Oyón，1990年）强调，邻近村庄的住宅和工业用途郊区化是一个与扩建区开发平行的过程，因此沿着铁路建立了与意图相反的放射状和同心开发。

㉙ 埃斯普切、瓜迪亚、蒙克鲁斯和奥永（1991年）。

㉚ 设计竞赛由莱昂·贾塞利（Leon Jaussely）（参见：《巴塞罗那地图集》，第245页）赢得。

㉛ 《巴塞罗那地图集》，第242页。

㉜ 同上，第225页。

㉝ 参看同上，第255和257页。

㉞ 弗雷奇拉（1992年），第357页。

㉟ 在《巴塞罗那转型与环境建设理论》（Teoría de la Construcción de las Ciudades Applicada al Proyecto de Reforma y Ensanche de Barcelona，1859年）中写道：布宜诺斯艾利斯市建立在四边形系统之上。其街道方向垂直或平行于普拉特河，形成一个

相等的、完全方形的街区系统，边长116m。建筑物通常位于花园之间；它们的深度约为 20m，街道的宽度相同。每个行政区有 16 个街区；每个法院，每个警察部门，每个教区都占有三个街区。并进一步："……西班牙船长为这个君主制征服了新大陆，在一个如此理性和哲学的规划下建立了他们美丽的城市，以至于他们可能事实上已经成为模范"（引自：弗雷切拉，1992 年，第 360 页）。

㊱ 在巴塞罗那的总体规划中，被称为马西亚规划（Plan Macia），由 GATCPAC 在 1930 年代初制定。《加泰罗尼亚建筑师和技术人员小组——致力于当代建筑的进步》（Grup d'Arquitectes i Tècnics Catalanss per al Progrés de l'Arquitectura Contemporània）与勒·柯布西耶（Le Corbusier）一起，再次提到了（参见 Martorell Portas, Florensa Ferrer 和 Martorell Otzet（1970 年），第 103 页及以下和《伊尔德丰索·塞尔达，纪念展览目录》（Ildefonso Cerdá, Catalogo de la Exposición Conmemorativa），第 119 页。

㊲ 由阿图罗·索里亚·普伊格（Arturo Soria y Puig）编制的许多出版物清单见于塞尔达（1991 年）的《城市建设理论》（Teoría de la Construcción de las Cuidades，1991 年）。

第 9 章

MADRID

马
德
里

马德里①，在中世纪曾经是一个不太重要的小城市，城区是围绕着早先摩尔人阿尔卡扎尔王宫（Moorish Alcazar）周围、现在宫殿的遗址成长起来的②。1561 年，菲利普二世（Philip II）将宫廷从托莱多（Toledo）❶迁至马德里，马德里自此开启从地方城市到首都城市的转型。当时似乎只是一种临时安排，但到了 1600 年左右，马德里开始成为皇家所在地。首都功能带来了城市的快速发展；仅在菲利普二世统治期间（1556—1598 年），城市人口就增加了两倍。17 世纪早期的几十年里，马约尔主广场❷（Plaza Mayor）的建设带来了城市的重大发展，这里成为举办贸易和重要活动的场所（图 2-11）。中世纪的城墙围绕着维拉广场（Plaza de la Villa）周围一个相当小的范围。1620 年代，城市修建了新城墙，推动发展的主要原因是国库年收入的增加。

17 世纪和 18 世纪初，马德里除了几个大的建筑外，城市并没有感觉到有多么辉煌宏大；大多数房屋低矮，街道简陋。城市不大，宫廷大门对着马德里东部的布恩·雷蒂罗（Buen Retiro）城外宫殿以及其他地方的其他住宅，如埃斯科里亚尔（Escorial），能享受到更舒适的自然环境。到 18 世纪，西班牙的强国时代结束❸，马德里才开始考虑认真建设首都。1734 年，旧宫殿被烧毁，这才开始弃旧迎新，出现类似巴黎、柏林和斯德哥尔摩的新宫殿的建设机遇。卡洛斯三世（Charles III）统治期间（1759—1788）做了很多新建设，包括普拉多（Prado）宫❹。与此同时，城市在努力提高街道网络、供水等的标准。另一项重要发展是修建了一条景观大道，即帕西奥·德尔·普拉多（Paseo del Prado）❺，它位于城市和雷蒂罗公园（Retiro Park）之间，是马德里目前南北轴线帕西奥·德·拉·卡斯特拉纳大道的起点。

在 19 世纪上半叶，尽管马德里人口不断增长[③]，但政府没有采取相应措施来改善城市的物质环境。原因之一是政治环境不太稳定，另一个原因是工业水平薄弱。此外，1835 年天主教教会财产的世俗化过程中，旧城内释放了大片教会土地可以用于建设，因此马德里扩建似乎并不那么迫切。1846 年，一家名为 La Urbana（城市）的公司成立，提出了扩建城市的建议。然而，城市当局拒绝了，认为不必要和不现实。市政当局对老城区[④]的规划更感兴趣，但也没制定相应的老城区规划。本来可以利用教会用地世俗化进程中释放出来的土地来用于改进城市规划，就像法国革命后的巴黎那样，但机会被白白浪费了。

十年后，马德里城市扩建的问题再次被提出，也许是认识到仅仅对老城区的改造无法解决问题。城市人口不断增长，迫切需要公共建筑空间也是原因。人们还希望防止无规划的城市蔓延。根据发展部大臣克劳迪奥·莫亚诺（Claudio Moyano）的建议，1857 年任命了卡洛斯·德·卡斯特罗（Carlos de Castro）领导的委员会以解决问题。卡斯特罗是一名公共服务工程师，此前曾参与修建从马德里到阿兰朱埃兹（Aranjuez）的第一条铁路线。19 世纪 50 年代[⑤]，他还参与了首都各种任务。该委员会似乎是一个工作组，而不是一个指导机构[⑥]。皇家法令为其工作制定了某些一般的指导方针，强调了卫生问题和创建一个值得西班牙君主政体[⑦]的首都的重要性。卡斯特罗首先进行测量和平整规划的土地，第二年 8 月，对扩大城北部分作出了规划方案（图 9-1）。1859 年，整个方案连同详细报告、扩展地区备忘录和区域规划说明备忘录一起完成（图 9-2）。1860 年 5 月，公共工程办公室（Dirección General de Obras Públicas）要求卡斯特罗修改其方案的北部[⑧]。"最终规划和备忘录"[⑨]于同年晚些时候公布，并于

7月获得政府批准，显然并没有进行太多讨论或进一步的重大变更（图9-3、图9-4）[10]。规划方案由马德里市政执行公会和市政厅批准，也通过了相应的政府部门和道路、运河和港口建议委员会的批复（The Junta Consultative de Caminos，Canales y Puertos）[11]。

在已出版的批准规划文本——该文谦逊自称为初步规划（Ante Proyecto），它强调该规划只是一个批准的草案，内容还缺乏整体性，有待进一步发展——马德里老城三个方向由新街区组成的大片发展区域，周围环绕着环形大道，其周边形成一个多边形，太阳门（Puerta del Sol）大致位于其中心。规划草案尽可能对街块用地进行统一设计，长方或者正方形。街道主要有两种类型，一种是没有行道树的狭窄街道，另一种是有行道树的宽阔街道。报告中称为"三级街道"的较窄型街道宽15m，"二级街道"的绿树型街道宽20m。二级街道和三级街道、四级街道（少数情况），都属于规划使用较多的街道类型。备忘录中还提到了"一级街道"宽30m，人行道上有两排树木。事实上，只有环形大道属于这种类型[12]。除了普拉多大街现有的扩建部分外，没有任何宽阔的纪念性仪式感的街道可以在马德里的不同部分之间提供交通联系，该扩建部分的一侧保留了三排树，另一侧保留了四排树。这条主干道卡斯特拉纳大道（Paseo de la Castellana）令人失望地终止于北部一大片公园地带，而不是延伸至环路[13]。另一个大公园，也有一个湖泊、一个竞技场和一个斗牛场，规划在雷蒂罗公园（Retiro Park）以东扩建宫殿场地；以这种方式，扩展被分为两部分。城市散布着几个较小的公园。当时没有大型的纪念广场，但有人提议修建几个较小的广场，这些广场通常是对街块做直线或曲线的切割而来的。公建会在几个广场上作为地标出现，它们通常占据一个或多个街块。

卡斯特罗规划的原始版本中，保留了一些既有道路，它们斜穿过新的路网，尤其是在旧城区北部，该方案与 1858 年批准的部分规划相符（图 9-1）[14]。但按照两年后 1860 年 7 月商定的修订版本，这些斜穿的新街将不保留。学者哈维尔·弗雷切拉的主要观点是受法国建筑理论家莱昂斯·雷纳德（Léonce Reynaud）的建筑论（Traite d'Architecture）启发，卡斯特罗从一开始就希望创建一个放射状街道系统，主要是为了增强城市的气势 [6]。这当然是一个很有吸引力的想法：在 19 世纪，宽阔的放射状街道特别适合于首都城市，至少适合于一般大城市。但学者哈维尔·弗雷切拉的解释有一个明显的不同看法，他认为卡斯特罗的斜交的街道是由已经存在的街道组成的，因此是对现有条件的适应，就像规划中有意表达的元素一样。

两个版本均未提议对现有城市结构进行任何修改。不过太阳门广场（Puerto del Sol）在平面图上的形状与同时确定的更新规划的结果相同[15]。作为该方案的一部分，珍贵大街（Calle de Preciados）向北延伸至卡劳广场（Plaza del Callao），形成了对更古老的蒙特拉街（Calle de la Montera）的对称补充。早在 1862 年，人们就决定将珍贵大街扩建到今天的西班牙广场（Plaze de España）。这一扩建并未立即实现，但后来成为更大规模的规划项目的一部分，即雄伟大街（Gran Via）。由于涉及融资和必要的土地征用，这项更大胆的建设需要时间才能完成。它是从一个向西的方向开始的。阿尔卡拉大街（Calle de Alcalá）于 1910 年动工，到 1940 年代才完工。这条街道规划为旧城区中心东西两侧新区之间的交通纽带[16]。这条大道与卡斯特罗的规划无关，但其在性质和建筑上都让人想起了斯德哥尔摩的大致同时

ENSANCHE DE MADRID.

PROYECTO DE DISTRIBUCION DE LA PARTE COMPRENDIDA ENTRE LA PUERTA
DE RECOLETOS Y LA DE BILBAO Y PASEOS DE LA FUENTE CASTELLANA, DEL
OBELISCO, DE LA HABANA Y CARRETERA DE FRANCIA

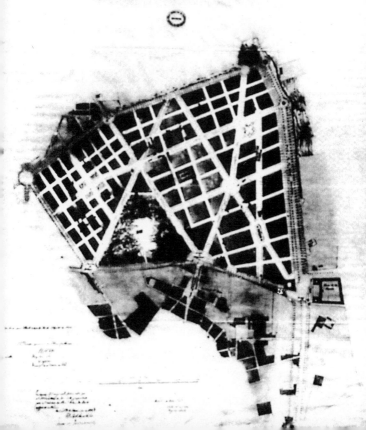

代的昆斯加坦（Kungsgatan）。

卡斯特罗的规划以及本书中讨论的其他几个城市规划，同样面临的问题是，当时的既有老城区和规划新城区之间的交通没有很好的组织，从卡斯特罗的备忘录中看到，他意识到了这个问题[17]。但这超越了其工作职权范围，意味着需要对老城区城市结构的广泛改造。此外，即使是新城区内不同部分之间，交通联系也没有解决好。

但也许卡斯特罗认为马德里的快速交通不是最为急迫的问题。在这里，人们比在其他地方更自觉地倾向于社会和功能分割：功能分区与居住区隔离相结合。事实上，这也是卡斯特罗规划的主要目标之一。规划区将被划分为若干分区，包括：用于特定的社会团体或功能。位于老城北部的查姆贝里区（Chamberi）原规划用作工厂区。这是一个已经部分开发的区域，显然有些相当简单的建筑，现在它将为广泛的综合多种用途功能提供选址，如军营和仓库、屠宰场、市场大厅、监狱等，但也将有相当数量的公园。

紧靠卡斯特拉纳大道（Paseo de la Castellana）西侧，规划为贵族区，配有别墅和花园，并适当靠近这条时尚大道。其社会地位因街道沿线的一系列广场而得到提升，这些广场与萨拉曼卡的卡斯特拉纳大道平行，该街道与现在的阿尔卡拉街（Calle de Alcalá）之间的区域被规划为资产阶级居住区。这里有几个广场和公园，一个剧院和音乐厅，还有一所文法学校。阿尔卡拉街以南、雷蒂罗公园（Retiro）以东的地区将成为工人阶级地区。从卡斯特罗备忘录看出，这个地区的周边位置显然是一个优势。该区中心有几个公园，两侧各有三个半圆形露天场地。除了一座教堂外，没有大型公共建筑，在该地区的一个角落里，还有一家医院和一个"关押或转运囚犯"的监狱——显然是为了警醒当地居民。工人阶级区的南部是上述公园区，除此之外还有一个已有的火车站（现在的阿托查火车站）。在雷蒂罗公园和老城的南部，有一个用于商业功能的区域，如仓库、办公室、工厂、酒店等。该区的设计路线较为简单，几乎没有开放的广场。卡斯特罗说，西南部的地区由于地形恶劣，不适合修建。在这里，他建议规划为种植果园和菜地[18]。

当涉及街道和街区时，不同区域的设计方式基本相同。广场和公园在全城分布也相当均匀，除了雷蒂罗公园以南的地区很少有广场，而在查姆贝里（Chamberi）根本没有广场，这两个地区主要用于非住宅用途。另一方面，公共建筑的分布是按照预定的分区进行的，不过仅仅阅读地图很难告诉我们这一点。还应该指出的是，军营和其他军事建筑分散在整个新城区；看起来，这个想法似乎是为了能够迅速集结军队，以镇压可能发生的骚乱。所有的地区，除了那些打算作为精英阶层居住区的地区，也都有自己的监狱。

城市区域的系统分区似乎是卡斯特罗自己的想法；规划指令中没有提到这一点。卡斯特罗也没有在备忘录中提供任何详细解释[19]；显然，他认为这种分区太自然了，不需要任何特殊的动机。造成这种情况的原因可能有几个：西班牙仍然是一个高度阶级化的社会，马德里的社会结构陈旧而僵化，卡斯特罗本人的思想保守。这说明他把工人阶级当作对既定社会秩序的潜在威胁，可以通过将相关群体集中到城市的一个地区来减少威胁。但他的系统分区也可以被视为19世纪寻求理性和有序解决方案的表现。

卡斯特罗关于这些街区设计的想法在备忘录中予以了解释，并附有两幅插图。建筑物的布置指示了不同的模式。其中，依照

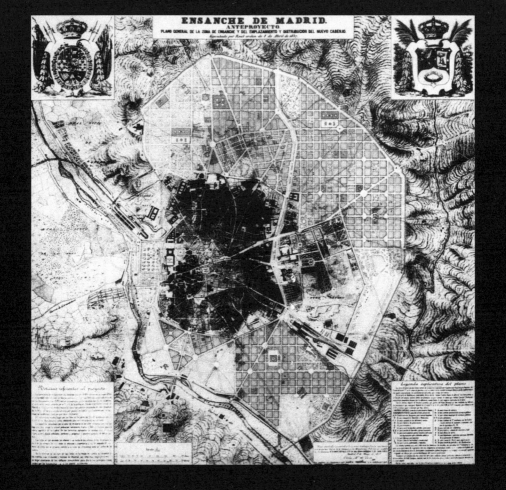

图 9-2 马德里。卡斯特罗的马德里新扩建总体规划的初步版本，由学者哈维尔·弗雷切拉重绘。（来源：弗雷切拉，1992 年）

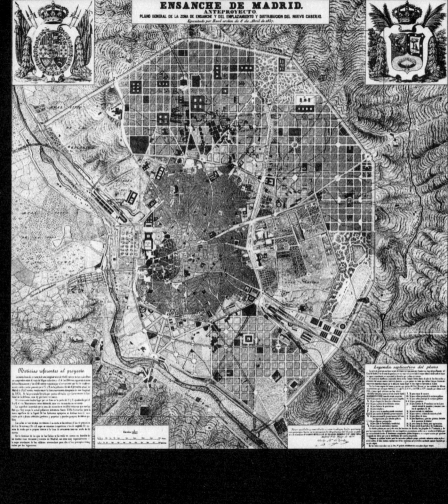

ENSANCHE DE MADRID.
ANTEPROYECTO.
PLANO GENERAL DE LA ZONA DE ENSANCHE Y DEL EMPLAZAMIENTO Y DISTRIBUCION DEL NUEVO CASERIO.
Aprobado por Real orden de 8 de Abril de 1857.

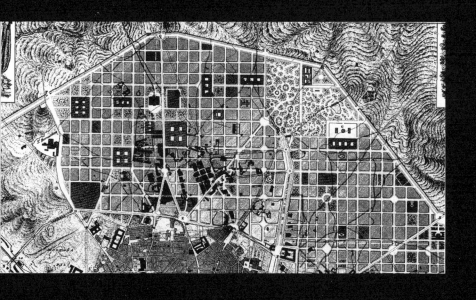

图 9-4 图 9-3 的细节，显示了卡斯特罗的马德里总体规划的北部。

一种街区的变体，将"以传统的方式"向街道封闭，并带有连续的房屋立面；这些房屋本身将沿着街块周围布置，并围绕一个大的内部庭院进行分组，这是一种20世纪20年代许多欧洲城市普遍采用的大街块模式。另一个版本基于更自由的设计，建筑物和前院交替面对街道（图9-5）[20]。

　　将卡斯特罗的马德里规划与塞尔达的巴塞罗那规划进行比较是很有趣的，后者的启动时间比卡斯特罗的稍晚。然而，两者最终都是在同一年，即1860年获得批准的。但值得注意的是，塞尔达已经提出，甚至发表了他的巴塞罗那规划的预备研究报告，卡斯特罗则明确地表示将塞尔达的巴塞罗那规划当作一种模式参考。[21]卡斯特罗和塞尔达的背景基本相同：他们都是建筑师和工程师，他们的专业经验相似。然而，卡斯特罗并不赞同塞尔达的政治进步立场；相反，正如我们所看到的，他表现出更为保守的态度。

　　弗雷切拉最近研究了卡斯特罗的马德里规划和塞尔达的巴塞罗那规划之间的关系。当卡斯特罗提到巴塞罗那规划时，他说的不是巴塞罗那的最终版本，而是1855年的初版，在马德里可以买到。弗雷切拉说，为了提高自己项目的地位，他借鉴的不是具体的当地解决方案或总体规划概念，而是大量的技术解释和备忘录中提出的其他一般背景意见[22]。但即使是塞尔达的巴塞罗那规划的最终版本似乎也对卡斯特罗方案产生了一些影响。这可能就是为什么卡斯特罗在1860年被要求修改他在北段的规划，并用正交网格代替对角线大道的原因。或者，就是确保"街道的方向和街区的表面积与扩展延伸部分的其他部分相协调"。当时这些指令正处在发布当中，规划方案也正在处理过程中；九天后得以批准。因此，人们对这两个规划项目进行比较是完全可能的，而

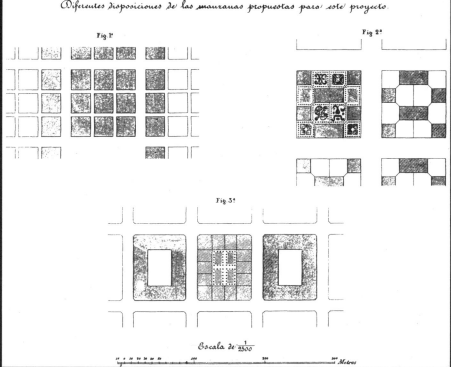

图 9-5　马德里。卡斯特罗规划中街区设计的建议。（来源：卡斯特罗的规划）

且人们认为塞尔达的一致性网格更加合适[23]。

这两个最后的规划——塞尔达的巴塞罗那规划和卡斯特罗的马德里规划——除了网格之外，还有一个共同特点：它们都缺乏罗维拉·特里亚斯在巴塞罗那规划方案的建筑美学雄心。除此之外，差异性比相似性更为显著，很难确定卡斯特罗的做法源于[24]塞尔达的规划。塞尔达的规划方案释放出了一个宏伟的构想；它是一致的，并且基于特定的规划理论。卡斯特罗的规划并不具有相同的连贯性——尽管他明白赋予城市景观某种尊严是其工作的核心[25]——此外，社会分区似乎是一件相当临时的事情。塞尔达的主要目标之一似乎是避免这种分割；他的目标是，城市的所有部分都应该被赋予同等的价值，并给予类似的设计——换句话说，他的方法与卡斯特罗的相反。此外，巴塞罗那是一个"开放的"城市，城市规划师当时的想法是，应该可以在目前规划的用地基础上增加新的用地。马德里的规划，由于其封闭的林荫道，创造了一个内向封闭的城市意向。但这不是卡斯特罗的想法。相反，他在备忘录中批评了规划中的这一问题，并声称是政府的指示迫使他采取这一解决办法。出于财政原因，当局希望有清晰明确的城市边界和数量有限的进入道路，以便收取进入费用[26]。

巴塞罗那和马德里规划项目之间的差异源于规划者的不同态度，以及围绕规划的不同条件。塞尔达是一个乌托邦式的幻想家。而卡斯特罗呢，引用科雷亚评价他的话，是"一个务实的技术人员，一个墨守成规的官僚"。[27]巴塞罗那是一个不断发展的商业和工业城镇，其地形有利于建筑城市新区。另一方面，马德里是一个行政中心，社会结构陈旧，地形条件更加艰难。此外，雷蒂罗公园和其他现有建筑[28]也阻碍了某些发展。

人们很可能想知道，马德里为什么没有请塞尔达为其做规划。塞尔达对城市建设的兴趣是众所周知的，他在专业界的声誉也很高。此外，他似乎得到了中央政府的信任。但可能塞尔达的时间、精力已经完全被巴塞罗那占据了。也许卡斯特罗与马德里有着更密切的联系。也许，激进的想法更适合在其他地方进行试验，而不是在首都进行试验。不过塞尔达对马德里的规划表示了极大的兴趣，1860 年 2 月，塞尔达获得皇家许可，研究首都旧城区的规划问题。他的主要目标似乎是改善城市老中心及其与新区之间的交通。最近的研究发现了塞尔达大量的文件，包括备忘录和图纸。塞尔达提出的一项建议是，用偏离南北轴线 45°的方形街区网格覆盖整个现有城区（图 9-6）。在这一激进的做法中，其想法让人想起了后来勒·柯布西耶关于巴黎改造的思路。另一个更为现实的建议则包含了一系列街道改善规划，包括一条紧跟雄伟大街后期延伸的街道[29]。这里是否有任何直接联系[30]仍然是一个悬而未决的问题。

卡斯特罗的马德里规划在 1860 年获得批准，但在 19 世纪 60 年代，其实施程度很低。人们认为该规划方案不太现实。在市政档案馆（Archivo Histórico de la Villa）中，有一个简化的规划修订版，可能是在 19 世纪 60 年代初制定的。该版本与已发布的方案不同，其中未标明公共建筑，公园较少，环形大道的路线略有不同[31]。1868 年革命后，卡斯特罗被免去负责扩建新区规划负责人（Director del Ensanche）的职务[32]。费尔南德斯·德·洛斯·里奥斯（Angel Fernandez de los Rios）制定了一项新规划。科雷亚认为，这意味着"一个概念和一个规划，与卡斯特罗想法完全不同，即便不是完全相反的话[33]。"革命期间，17 世纪的收费城墙开始拆除。1869 年复辟后，卡斯特罗的规划再次被采纳。但在实施过程中，各方面的角色特别是业主和开发商的利益[34]，

Trazado teorico para el ensanche decretado por Felipe Segundo.

PLANO DE MADRID

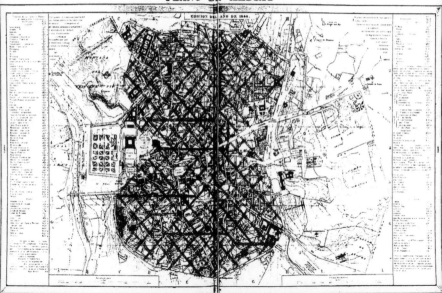

EDICION DEL AÑO DE 1846

带来了许多影响而导致重大的让步。迄今为止，这方面的书面报道很少。19 世纪 50 年代和 60 年代，银行家和地主萨拉曼卡侯爵扮演了一个特别重要的角色。正如科雷亚所说，该规划被不断增长的房地产投机行为扭曲，并最终被摧毁[35]。

　　卡斯特罗的规划在多大程度上影响了城市规划的实际形状？卡斯特罗面对开发的压力，要比他想象的大得多，结果是公园和广场比原规划少很多。除少数例外，公共建筑的选址也不符合卡斯特罗的建议。另一方面，环形大道部分是根据该规划的意图修建的。卡斯特拉纳大街（Paseo de la Castellana）和雷蒂罗公园（Retiro Park）北部和东部的居民区也受到卡斯特罗规划的影响，至少在街道网络和街区划分的基本结构方面是如此。然而，这些街区的开放范围比预期的要小，尽管在最早的两个街区中，我们仍然可以看到按照卡斯特罗的想法设计的大型内部庭院。在老城北部，规划方案与其实施之间基本都得到贯彻，十分接近[36]。而在南部，与规划的偏差更为明显。在北部，还有一些在南部，现有的道路和绿树成荫的小巷被保留为街道，这与卡斯特罗规划的批准版本相反，但显然与第一版基本一致。由于这个原因，萨加斯塔大街（Calle de Sagasta）以北地区的方向偏离了平面图，南部保留了两条 18 世纪的小巷作为主要道路和斜街。还保留了一些现有的圆形广场，如现在的光荣圣玛丽亚广场（Glorieta Santa Maria de la Cabeza）。在现在的托莱多圆环（Ronda de Toledo）的西南—南部，规划了一个类似公园的区域，有圆形空地和绿树成荫的小巷。这在很大程度上实现了，只是该地区的开发程度比卡斯特罗预期的要高。因此，总而言之，我们可以说，卡斯特罗规划的版本已经公布，并得到了当局的批准，但是其影响有限。

　　然而，如果我们转而看《历史档案》(*Archivo Historico*)中的规划，情况会略有不同，该规划似乎是已出版版本的修订版[37]。此处对现有街道网进行了几次调整，同时大部分公园和公共建筑已被拆除。该规划的这种调整与实际结果吻合得更好，即使在这里有许多偏差。与巴塞罗那的情况相比，马德里的规划中建议的街道模式得到了非常一致的遵循，事实上，这是相当难得的。强大的自由主义价值观，加上缺乏有效的控制手段，以及最初缓慢发展但要加速新区建设的野心，这可能是开发商发现他们的要求很容易被满足的主要原因。与此同时，似乎没有人试图借助新的规划来赢得城市整体性结构[38]的实现。

　　卡斯特罗所勾勒的社会分区似乎，至少在一定程度上，与城市扩展的结构一致，而这一结构在今天仍然是该地区的特征[39]。这是否意味着该规划确实引导了事态发展，还是卡斯特罗预见了事态发展的方向？答案可能是两者兼而有之。工人阶级和中产阶级地区的位置可能至少部分地被视为规划活动的影响。但在其他情况下，卡斯特罗只是在推动已经在进行的发展，例如在查姆贝里区和卡斯特拉纳东部的上层阶级地区。

　　20 世纪初，新城拓展区域最外围的地区还没有开发，但在城市边界之外，一些工人阶级地区已经形成。卡斯特罗规划的要点之一是创建一个封闭的城市，几乎没有出口道路。这一目标部分实现了，结果是马德里城市与不断增长的郊区之间的交通连接不充分。1910 年，努涅斯·格拉内斯（P.Nuñez Granés）提出了一项新规划，旨在纠正这一错误[40]。20 世纪初，在中心城区实施了一项重大街道改善项目，即修建雄伟大街。正如我们所看到的，马德里规划自 19 世纪 60 年代以来一直还在讨论中，本质上它仍然是一项典型的 19 世纪的城市规划。

注释

① 很长一段时间以来，西班牙学者甚
至很少关注马德里 19 世纪的城市
规划。直到最近才出版了关于这一
主题的著作。第一个学术研究卡斯
特罗规划（plan Castro）的，是安
东尼奥·博内特·科雷亚（Antonio
Bonet Correa）的"初步"介绍。它
刊登卡斯特罗的规划和附带的备忘
录，以及还可以提到两篇期刊文章，
即费朗（Ferrán）和弗雷切拉·卡莫
伊拉斯（Frechilla Camoiras）（1980
年）以及佩雷斯·皮塔（Pérez–
Pita）（1980 年）。马德里的城市发
展可以在大量制作的马德里城市
地图册（Cartografia casica de la
Ciudad de Madrid）中看到。1990
年哈维尔·弗雷切拉·卡莫伊拉斯
（Javier Frechilla Camoiras）在马
德里的 ETSAM 上发表了大量的博
士论文，论述了马德里新城建筑的
演变（Ensanche, La construcción
del Ensanche de Madrid）。它以极
其全面的档案研究为基础，在许多重
要方面，它应该改变早期关于卡斯特
罗对马德里 19 世纪规划的贡献的观
点。可惜它还没有出版，只有有限
的篇幅。这篇论文的总结已经出现
在《塞尔达和他在巴塞罗那的工作
介绍》（Treballs Sobre Cerda I el seu
Exiample a Barcelona, Frechilla,
（1992 年）上，但其论点过于压缩，
很难详细理解。弗雷切拉的作品最好
用英文出版，这是非常令人期待的。

这里只能透露他的几点新解释。

② 马德里的早期发展可以在《马德里城
市的地图》上找到。

③ 然而，在约瑟夫·波拿巴统治期间，
实施了一些规划，特别是创建了东
方广场（Plaza de Oriente）（见《马
德里建筑和城市规划指南》（Guía
de Arquitectura y Urbanismo de
Madrid），1982 年，第 37 页及其后）。

④ 《卡斯特罗规划》，第 22 页。

⑤ 参考《卡斯特罗规划》（Plan Castro）
中的传记年表，第 LVI 页 f。1854
年，卡斯特罗开始负责马德里的铺路
工程。关于这一主题，他还在 1857
年出版了一本著作：《马德里的铺地
工作笔记》（Apuntes Acerca de los
Empedrados de Madrid）。此外，自
1854 年以来，卡斯特罗一直担任发
展部规划档案馆的负责人。因此，选
择卡斯特罗负责规划行动可能是相当
自然的。

⑥ 卡斯特罗规划第 16 页所列的大多数
名字似乎都是各种各样的助手。

⑦ 卡斯特罗规划，第 5 页及以下和弗雷
切拉（1992 年），第 354 和 357 页，
注 3。

⑧ 见弗雷切拉（1992 年）。

⑨ 二十四个大型地区规划也构成了该
项目的一部分，但它们似乎已经丢
失（费朗和弗雷切拉·卡莫伊拉斯，
1980 年）。

⑩ 关于该规划起源的复杂故事已在弗雷
切拉（1992 年）中进行了研究，在

同一作者未发表的博士论文（1992
年，第 169 页）中进行了更全面的
研究。根据弗雷切拉的说法，印刷的
备忘录中的某些段落指的是该规划的
第一版。因此，我们在这里回顾了雅
典的一种情况，在那里，舒伯特和科
里安特斯的备忘录被证明是指最终规
划的初步研究。

⑪ 卡斯特罗规划，第 178 页。

⑫ 参见卡斯特罗规划中关于兰姆
（Lám.a）3a（图版 3）的部分。

⑬ 在最初的方案中，根据弗雷切拉的重
建 [见弗雷切拉（1992 年），第 169
页]，它通向环路。

⑭ 弗雷切拉（1992 年），特别是第 169
页的重建。

⑮ 根据科雷亚的说法，卡斯特罗规划了
这个广场北侧的新建筑，从而为创
建仍然被认为是马德里的真正中心作
出了贡献（卡斯特罗规划，第 VIII 和
XII 页及以下以及 LXV 之后未编号页
面上的数字）。然而，这种说法没有
出现在任何其他来源中，也没有出
现在《马德里建筑和城市规划指南》
（1982 年），有问题的建筑物被分配
给其他作者。这同样适用于桑布里丘
（Sambricio，1988 年），他也没有将
卡斯特罗的名字与太阳门广场或其周
围建筑物的规划联系起来。

⑯ 《马德里建筑和城市规划指南》
（1982 年），第 59 页及其后各页。

⑰ 同上，第 115 页；另参看第 136 页。

⑱ 卡斯特罗本人的描述见《卡斯特罗
规划》，第 104 页及其后；参见科雷
亚的评论，卡斯特罗规划，第 26 页

及其后。和佩雷斯 – 皮塔（Perez–
Pita，1980 年），第 26 页。

⑲ 卡斯特罗提议的分区在某种程度上符
合当时既定的条件。因此，例如，在
查姆贝里（Chamberi）已经有了一
些工厂。弗雷切拉认为，社会分区的
想法可能是受莱昂斯·雷诺的建筑特
点 启 发 的（Treaite d'architecture,
弗雷切拉，1992 年），第 161 页 ）。

⑳ 关于街区的设计，见卡斯特罗规划，
第 161 页及以下；参看第 33 页。

㉑ "幸运的是，发展部的工作已经进行
了一段时间，类似于我们的任务。它
在巴塞罗那建造一个新区域，它是如
此完整和细致地执行，它处于如此精
心安排的状态，如此充满有价值的细
节，我们毫不犹豫地选择它，并在那
些可能在它们所在的位置实现的方
面，逐步遵循它。"（引自：卡斯特罗
规划，第 93 页）

㉒ 根据弗雷切拉的说法，卡斯特罗"仅
限于使用文件分析部分的索引，以便
事后确定其项目的理由，使每一部分
都适应马德里的情况，甚至复制了
所掩盖的大部分统计数据——包括错
误"（弗雷切拉，1992 年，第 355、
356 页 ）。

㉓ 弗雷切拉（1992 年），第 356 页。

㉔ 人们可能会觉得科雷亚过分强调了对
马德里规划的重要性，例如在以下声
明中："如果没有，卡斯特罗准备的
规划就会有所不同，无论如何都会缺
乏内在的连贯性、街区的一致和规则
形状以及广阔的开放绿地……"（卡
斯特罗规划，第 XXX 页）。绿地和开

放空间是当代规划中的标准元素之一，矩形网格也是如此；然而，卡斯特罗在街区的设计方面可能受到了影响。

㉕ 这是弗雷切拉（1992 年）的主要论点之一。例如见第 356 和 357 页，注 3。

㉖ 卡斯特罗规划，第 13 页和第 96 页，"我们准备放弃这项规划，让城市完全开放……然而，我们不得不遵循皇家法令的明确内容。"参见费朗和弗雷切拉·卡莫伊拉斯（1980 年），第 6 页。

㉗ 卡斯特罗规划，第 7 页。参见：同前，第 15 页："他的干预是由于他担任总工程师，他的任务是为新建成的地区设计一个规划，以美化、尊重和现代化一个古老而破旧的城市，这个君主制的居住地和首都最近也复兴了。"

㉘ 另见科雷亚的介绍，其中有一节专门比较马德里和巴塞罗那的规划情况（卡斯特罗规划，第 XXXIV 页及以下）。

㉙ 见弗雷切拉（1992 年）。该项目是弗雷切拉在第 171 页引述复制的。

㉚ 科雷亚在卡斯特罗规划中讨论了干预马德里规划的企图，他认为的干预没有任何重大的实际意义。然而，在 1862 年，市政当局似乎已经制定了非常先进的规划，让他成为扩建项目的领导者，根据科雷亚的说法，这个想法大概是被省政府阻止了（第 32 页）。

㉛ 该规划转载于费朗和弗雷切拉·卡莫伊拉斯（1980 年），图 2。科雷亚认为，这个规划与出版的版本一样，日期为 1859 年，应被视为初步版本（卡斯特罗规划，第 24 页），而费朗和弗雷切拉·卡莫伊拉斯认为直到 1863 年才制定，尽管他们没有给出假设的理由。关于两个规划分歧的几个点，档案馆中的变体最接近实现的规划，例如关于环形林荫大道的路线，Calle de Sagasta 以北的地区和南部的街道网络。因此，它应被视为对已公布规划的修改，这意味着后一个日期可能更可信。

㉜ 卡斯特罗规划，第 37 页。卡斯特罗似乎早在 1865 年就有了这个委员会（参见：同上，第 LVIII 页）。

㉝ 卡斯特罗规划，第 25 页。

㉞ 同上，第 34 页。

㉟ 同上，第 36 页及以下各页。

㊱ 参看与佩雷斯·皮塔（Pérez-Pita，1980 年）相同数量的 Arquitectura（1980 年，第 222 号）航拍照片。区块由塞拉诺街和克劳迪奥·科埃洛街（Calle de Claudio Coello）以及维拉纽瓦街（Calle de Villanueva）和戈雅街（Calle de Goya）定义。

㊲ 见附注 25。

㊳ 开发的主要特征可以在马德里城的地图中看到。

㊴ 参见佩雷斯-皮塔（Pérez-Pita，1980 年），第 26 页："令人难以置信的是，卡斯特罗所指定的指导原则竟然得到如此忠实的维护。"

㊵ 转载于《马德里基本图》（Cartografía básica de la Ciudad de Madrid）。

译注

❶ 托莱多为欧洲历史名城，公元前 192 年被罗马人占领。公元 527 年西哥特人统治西班牙并在此定都。公元 711 年被摩尔人攻陷。1085 年卡斯蒂利亚国王阿方索六世收复该城后，成为卡斯蒂利亚王国首府和全国宗教中心。1561 年，菲利普二世迁都马德里，托莱多从此衰落，但宗教地位依然如故，至今仍是西班牙红衣大主教驻地。

❷ Plaza Mayor 西班牙语意：主广场。

❸ 西班牙帝国，又称西班牙殖民帝国，是世界上第一批真正意义上的全球帝国和殖民帝国之一，也是世界历史上最大的帝国之一，西班牙帝国被认为是第一个日不落帝国。16 世纪中，西班牙和葡萄牙是欧洲环球探险和殖民扩张的先驱，并在各大海洋开拓贸易路线，使得贸易繁荣，路线从西班牙横跨大西洋到美洲，从墨西哥横跨太平洋，经菲律宾到东亚。西班牙征服者摧毁了阿兹特克帝国、印加帝国和玛雅文明，并对美洲大片领土宣称主权。一时之间，凭着其经验充足的海军，西班牙帝国称霸海洋；凭着其可怕、训练有素的步兵方阵（Tercio），它主宰欧洲战场。法国著名历史学家皮埃尔·维拉尔称之为"演绎出人类历史最非凡的史诗"，西班牙在 16 世纪至 17 世纪间经历其黄金年代。西班牙与敌对国家持续斗争，引起领土、贸易和宗教冲突，都使得西班牙国力在 17 世纪中叶开始下滑。在地中海与奥斯曼帝国战事频繁；在西欧，法兰西殖民帝国逐渐崛起并威胁西班牙的霸权；在海外，西班牙首先与葡萄牙帝国竞争，后来的对手还包括大英帝国和荷兰殖民帝国，而且英、法、荷三国支持海上抢劫，西班牙过度动用军力、政府贪污渐趋严重以及军费庞大导致经济停滞，最终导致帝国的衰落。1713 年的《乌得勒支和约》使西班牙失去了在低地国家的剩余领土，结束了其欧陆帝国的历史。

❹ Prado：普拉多美术馆是西班牙最有名的艺术博物馆，位于西班牙首都马德里，虽然面向交通拥挤的普拉多大街，但普拉多美术馆还是显得非常宁静安详。在卡洛斯三世时代，这里最初是作为自然科学博物馆由建筑学家番德·比利亚努埃巴主持修建的，但由于受法国独立战争等因素的影响，计划的完成变得遥遥无期。其后费尔南多七世国王和伊莎贝尔·德布拉甘萨王妃决定把这里建成美术馆。1819 年，收藏了王宫中众多美术精品的美术馆对外公开开放。收藏有 15—19 世纪西班牙、佛兰德和意大利的艺术珍品。尤其以西班牙画家戈雅的作品最为丰富。该馆的建筑属于新古典风格，在简约之中透露出非凡的品位，所收藏的作品，单是绘画就超过了 8000 件。Prado 在西班牙语国家中代表高级住宅区的林荫大道，上流社会散步场。

❺ Paseo del Prado：漫步大道；Paseo：
漫步，散步。

❻ 莱昂斯·雷纳德（Léonce Reynaud，
1803—1880 年）法国建筑师，建筑
历史学家。他在巴黎最著名的作品是
巴黎北站。莱昂斯·雷纳德经历了奥
斯曼改造巴黎的时间段。他的著作
《建筑论》于 1850 年至 1858 年首次
出版，共分四卷——两卷文本，由巴
蒂尔艺术和建筑物组成。它是如此地
受欢迎，以至于在 1870 年被重印了
四次。雷纳德认为，建筑是从关注材
料的能力而不是模仿自然形式发展起
来的。然而，它具有精神上的意义，
应该表达它时代的精神。

第10章

COPENHAGEN

哥本哈根

　　早期哥本哈根的[①]城市发展，与柏林和斯德哥尔摩有着类似的脉络，都有着中世纪的古老城市核，然后在 17 和 18 世纪有新规划建成的方形的街区（图 10-1、图 10-2）[②]。但哥本哈根不同的是，在 19 世纪仍保留了其城墙防御功能体系。这意味哥本哈根不仅有防御城墙体系包围着，并在其城墙外侧唯一能允许建设的，是简单的半木结构房屋。维也纳一样，在越过城墙外的分界线一定的范围里，不能作任何的郊区建造。正如拉斯穆森所说："随着人口的稳步增长，唯一的扩张的方式是在城墙内建得更高更密集，越发拥挤和局促"[③]。在 19 世纪上半叶，人口增长不大；居民人数一点点在上升，1800 年超过 10 万人，1840 年约为 12 万人。从那时起，增长更加迅速；1870 年这个数字是 18.1 万人，到 19 世纪开始时 36 万人[④]。

　　在 1840 年代，城墙以外的土地获得许可，得以建设游乐场所，这是哥本哈根著名的蒂沃利（Tivoli）游乐园的核心。但除此之外，紧靠城墙外建设的禁令延长到了 1852 年，然后才把禁建范围线扩展到城外的索尔讷（Søerne）[❶]湖区。这些释放的范围在很大程度上属于私有土地，并且在废除禁建令后，土地业主能够赚取巨额利润。在接下来的几十年里，沿着城市一圈的郊区，到布罗恩桥（Broerne），越过老城边的湖泊[⑤]，到处都是投机性建设。为公共利益而进行的控制，来得太晚了；规划管控直到 1857 年才出现，但大部分新建街道已经开发出来了[⑥]。城墙体系上的旧城门出口道路之间的街道网络杂乱无章。根本没有任何仪式性的建筑尝试来引领和导控空间。这种没有规划引导的开发主要为工厂区和工人住房。

　　到 1850 年代中期，情况越来越清楚了：位于索尔讷湖区和老城之间的地段，应该考虑建设。1853 年的霍乱流行病，短短

图 10-1 哥本哈根。在这张 1817 年的地图上，我们可以看到中世纪城市（城墙堡垒系统内建成区的左半部分），以及后来规划的扩建（右侧和左侧下方）。在堡垒（Voldene）外面，我们可以看到护城河和一片未建的土地。然后是索尔讷湖区和一片开阔范围，只允许简单地建设。[来源：哥本哈根城市档案馆（Københavns stadsarkiv）]

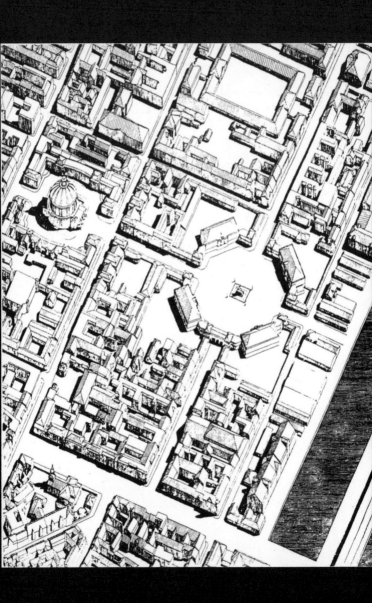

图 10-2 哥本哈根。由尼古拉·艾格特维德（Nicolai Eigtved）于 1750 年左右

四个月⑦就导致了五千人丧命——这证明了当时还继续要求在密集的老城内保留用于军事防御的措施是不合时宜的。相关范围由两个部分组成：第一个范围是"腰带"式包围老城的防御工事，有城墙和护城河；第二个范围是其外侧控制带，用于射击防御，建筑仅限为简单的临时结构，以后很容易被拆除。丹麦国家政府拥有第一个范围的土地产权，而第二个范围主要为私人土地产权。

这次规划的目的是避免在布罗恩区出现之前毫无规划管控的开发。1854年，第一个扩建的建议规划，在当时相当富有想象力，它把地块划分为统一均匀的矩形块⑧。康拉德·塞德林（Conrad Seidelin）1857 年的方案（图 10-3）经过更仔细的考虑并拥有了一些必备的要素，如三排林荫大道、仪式性建筑和宏大的广场，并有绿化种植。还有几个圆形或半圆形的开放场所，中间有雕塑或喷泉，以及辐射街道的建议。此外，规划沿着索尔讷湖区提出一条环形林荫大道；后来研究学者们在一次讨论中解释了为什么环路应该位于这里，而不是更中心的选址，显然当时在规划过程中也讨论过这一选址问题⑨。新区的中心是一个大广场，周围环绕着仪式性建筑。该方案表明塞德林熟悉当时的城市设计思想；他的规划让人想起次年在维也纳举行的规划竞赛的几个参赛作品⑩，他的美学方法让人想起奥斯曼的巴黎。不过令人奇怪的是，规划里面没有考虑公园。

在标出界线的开发范围开始之前，必须确定那些享有受益权的人是否像之前开发布罗恩地区的情况那样，从全部增值中获益。军方的意见是，国家应该征用土地，然后通过开发受益、出售熟地来资助新的外环防御工事。但是很多人认为这样的建议是违反宪法的，所以被丹麦议会否决了。

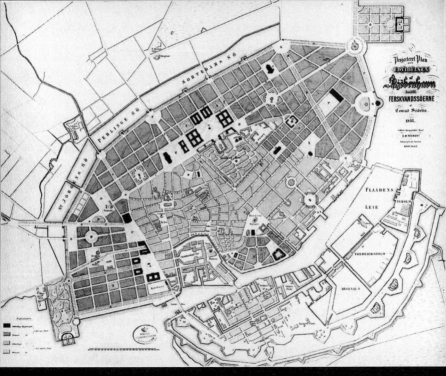

军方对于该地段开发的看法，在 1865 年的项目委员会报告里面有所体现（图 10-4）。该规划的前提之一是，通过最大限度地开发该地段，有可能确保控制索尔讷河湖以外的建设，同时从未来的土地开发建设销售出让中获得令人满意的利润总额。规划中的地块，纵横交错、宽度不同、穿过绿树成荫的街道，中间是一个公园－植物园，保留了部分老护城河和一个湖泊。此功能已经确定，并且是形成孔根斯国王花园（Kongens Have）的延续。规划哥本哈根市立医院位于索尔讷湖区内，于 1863 年竣工。街道路网采用直角相交模式。这里没有内环路，也没有外环路，沿湖泊的窄路一定程度上相当于外环交通的效果。规划中尝试打造一些特殊的节点，但总体上其建设效果比塞德林的规划更谨慎。其规划设计与其说是一个典型的建筑师方案，更像是工程师的规划。无论如何，"对比塞德林的方案，委员会的新方案则是用了更多的绿地"。这两个规划方案都保留了完整的旧城结构，这自然带来旧城与新城区之间的交通连接问题。但无论哪种情况下，都需要付出努力来特别应对拆迁问题，委员会的规划中似乎已经找到了解决方案。

拆迁委员会的规划方案于 1865 年公开展示，因其过度开发而受到批评。在提交意见的人中，来自艺术学院的评价认为，城墙本身的范围应该被布置成环绕市中心的公园绿地。费迪南德·梅尔达尔（Ferdinand Meldahl），一位来自艺术学院的教授，并且是当时丹麦主要的建筑师，他在一个示意图中提出了这样的评价[11]，但实际上这个想法可能最早是由城市工程师科尔丁（L.A. Colding）[12]首先提出的。在第二年的市政专家委员会提交的规划中认为，护城河将保留，但可能在梅尔达尔提出上述思路之前，就保留了护城河工作（图 10-5）。在这个规划中，护城河

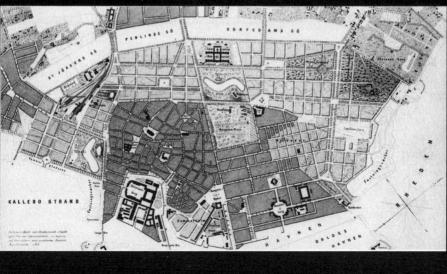

的范围或多或少保持完整，而其余的范围用地则组织在横平竖直的网格中，相当缺乏想象力，它没有开放空间，也没有宽阔的街道。

梅尔达尔当选为市政厅议员，成为市政系统内部成员，因而他能在体系内提出他的想法。当时的规划存在两个讨论的方案：第一个方案采用更高的开发强度，但可以避免郊区过于蔓延；而另一个方案保留老城区周围土地、并规划为公园绿地，但需要占用和开发更多的郊区土地。第一个方案，希望能避免将城区一分为二，并尽量减少新城和老城之间的来往距离，这对军方来说很重要，可以减少防御时调动军队的时间；支持第二种方案者主要是出于健康卫生原因[13]。值得一提的是，人们进一步批评拆迁委员会过度专注住宅区开发，而对工商业关注度不足。

拆迁委员会提出了他们的议案，但在经济和法律层面都面临困难。首先这些即将要开发的土地，都不是公有资产，因而方案被拒了。1867 年，城墙和索尔讷湖之间土地开发的禁令解除了，但业主们为获得土地解禁，而需要支付土地溢价的一半。因而国家和土地所有者共同的利益是，都希望看到土地价值尽可能多地上涨，所以希望高强度开发。新法律授权中央政府把之前的城墙军事用地卖给地方政府，但高额的价格使得城墙没法变成未来的公园。不过协议中要求，城墙用地中的一部分，虽然面积很小，但必须保留为绿地公园。

这个协议达成之后，规划工作进入了更加明确、清晰的阶段。1868 年中央政府和市政当局批准了一个街道规划，1871 年市政委员会提交了一个规划（图 10-6），第二年就获得批复。环路被一个宽阔的林荫大道替代，它连接了老城区和新城区，把现在的东沃尔德噶德（Øster Voldgade）、北沃尔德噶德（Nørre

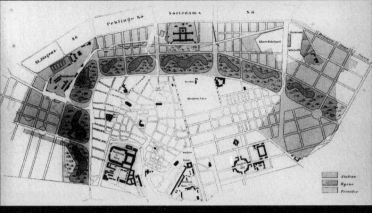

图 10-5 哥本哈根。根据专家委员会 1866 年方案开发城墙防御工事范围的用地。（来源：哥本哈根城市档案馆）

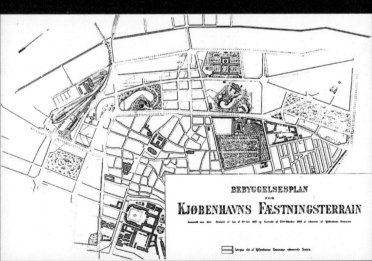

BEBYGGELSESPLAN

FOR

KJØBENHAVNS FÆSTNINGSTERRAIN

图 10-6 哥本哈根。1872 年市政府批准的城墙防御工事范围的规划，在 1885

Voldgade）和安德森大街（H.C Andersens Boulevard）连接起来。另外一条弧形的狭窄街道，把新区的西侧串联起来。城墙的大部分都没有开发，而是形成了一系列的公园。塞德林的星形广场则没有实现；实际上，他们的规划思路基本上没有多少能实现：宏伟的手指状规划结构被用地的边界、地形条件和现存的建筑和其他建筑物所限制了。唯一的广场只是由一个空地块组成，即现在的以色列广场（Isaels Plads）。方形网格的街块分布在此广场周围。1885 年，该规划略作修订后获得批准；这些变化主要涉及公园和安德森大道，现在得以延伸[14]。

1870 年代哥本哈根拆除城墙地块并启动开发，但整个地块直到本世纪初[15]才大部分建成。南段的建设由私人开发商建造的公寓楼组成。大中型公寓沿街而建，而较小的公寓则环抱并俯瞰庭院。在东索加德（Øster Søgade）和东法利马格斯加德（Øster Farimagsgade）之间的北部，台阶式的房屋（terraced houses）建于 1873 年至 1879 年之间，由工人建筑协会（Arbejdernes byggeforening）赞助的工人使用。这个地区有着狭长的街区，在首都城市规划中是独特的，似乎预示着后来的城市发展理念[16]。三个大型公园，欧斯特德公园（Ørstedsparken）、植物园（Botanisk Have）和东安拉格公园（Østre Anlæg），主要遵循 1885 年规划。欧斯特德、东安拉格公园甚至大大扩大了，在所有三个公园中，护城河的大部分都被保留为池塘和湖泊。在前城墙外缓冲地区还建造了几座公共建筑，例如 1892—1905 年期间的嘉士伯（Glyptotek）办公楼、国立博物馆和市政厅（Statens museum for kunst），被公认为建筑师马丁·尼罗普（Martin Nyrop）的杰作。总而言之，索尔讷湖一侧的建筑物标准比布罗恩地段高很多，它们屹立在那

里，辉煌的瑟托韦甜品市场（Søtorvet）和北法利马格斯加德
（Nørre Farimagsgade）的建筑与简陋的南森加德（Nansens
Gade）沿线的建筑之间的差异相互形成的强烈对比，非常引人
注目。

在城墙内老城区还涉及的规划中，包括过去海军使用的加梅
尔霍尔姆地段的规划。该地段的规划，塞德林考虑了宽阔的街道
和建筑风貌的广场。1861年建设开发启动，规划遵循梅尔达尔的
思路来实施，早前的建筑创作的雄心都消失了。该地区在当时建
筑条例允许的范围内进行了大量开发[17]。

19世纪，城市改造开发基本没有考虑从老城区剖开城市结构
来开辟新的街道。1900年，一个混合着拆迁和街道提升的项目
启动了，克里斯汀·伯尼科斯（Kristen Bernikows）街道、加德
（Gade）街道、不来梅霍尔姆（Bremerholm）、克尼佩尔斯布罗
（Knippelsbro）、托尔韦加德（Torvegade），改造持续了很长时
间[18]。但这些大道完全不是采取奥斯曼改造巴黎那样开膛破肚的
方式：它蜿蜒穿过古老的城市结构，就像罗马蜿蜒的维克多·艾
曼努阿勒大街（Corso Vittorio Emmanuele）。与其他城市一样，
铁路在规划中发挥了重要作用。在大部分时间里，火车站选址一
直考虑在索尔讷湖的城区，火车站位于这个范围的西角，对任何
整体解决方案来说都是一个尴尬的问题。关于中央火车站，在
1901年有了初步想法，但经过20年的讨论才确定其选址，最终
搬到了西布罗加德（Vesterbrogade）东南部现址[19]。同时决定在
沃尔德加德纳（Voldgaderne）下的隧道中建造一条铁路连接南
北。富裕家庭的住宅区建在靠近中心的市政边界处，在腓特烈斯
贝（Frederiksberg）和根措夫特（Gentofte）。世纪之交，哥本
哈根针对城市发展开始采取渐进式方法。这里和许多其他城镇一

样，现在开始考虑区域方面。在 1908 年，举办了国际城市规划竞赛。

哥本哈根在 19 世纪中叶的情况并非独有的。欧洲此时几个城市都具有类似的有利条件——从规划角度来看的有利条件——拥有大片未建地，老城的防御体系用地能提供良好的扩建条件。在首都城市中，维也纳有最明显相似的建设条件，但在这两个城市发展过程中，它们的方向却截然不同。维也纳仍然是个帝国城市，其国家领导人从一开始就打算创建一个辉煌的新区。他们的规划，得益于国家拥有土地所有权这一事实的青睐。此外，维也纳的工业主要位于郊区。在丹麦，王室专制体制早在 1849 年就结束了，最新成立的市政当局的地位在哥本哈根相对薄弱。哥本哈根市政府的野心和可利用资源要比维也纳少很多，所以市场的力量发挥了主要作用。整个规划尝试的结果，很明显是由于产权不清晰和碎片化、规划放任产权业主自由行事的原因[20]。维也纳创造了帝国仪式风格的场景，哥本哈根仅仅只是一个普通的 19 世纪城市，到处是不同标准公寓住宅的街块。即使是有些地方也规划了公园，还包括一些公建，但与维也纳相去甚远。也许哈布斯堡王朝的首都维也纳，还是留下了对于哥本哈根的影响：至少哥本哈根借鉴维也纳，有了一个绿环系统。

注释

① 关于哥本哈根的城市建设历史研究的首要著作是 1969 年的拉斯穆森，但与他研究伦敦建设的著作相比来说，相差甚远。它的题目的章节，缺乏索引，常常是个人的观点和论据，难以获得 19 世纪完整的哥本哈根城市发展的清晰解读。从 1840 年到 1940 年的建设发展和规划的概述，是拉斯穆森和布雷德多夫（Bredsdorff, 1941 年）撰写的，该文提供了这一章节的重要信息；该文中的约翰森（Johansen）的两段论述也提供了大量的建设信息。拉斯穆森（1949 年，在 129 页）对城墙地区的规划和边界地段有一段论述，篇幅较短，但与其和布雷德多夫在 1941 年的论述一致。郎伯格（Langberg, 1952 年）的论述则从更为长远的历史视野论述了城市的发展。《哥本哈根历史第四卷》（IV Københavns Historie），（杨森和斯密德，1982 年，159 页）、《丹麦建筑 – 城镇规划和城镇建设 1979 年 》（Danmarks Arkitektur, Byens Huse-Byens Plan）（Hartmann 和 Willadsen, 1979 年）。后来还有拉尔森和托马森（Larsson and Thomassen, 1991 年）。1979 年学者海尔托夫（Hyldtoft）对工业化时代哥本哈根城市物理空间发展，以更加理论化的视野进行了研究。最新的研究则有学者克努德森（Knudsen, 1988 年），他提供了更加宽阔的视野的研究，针对 1840—1917 年哥本哈根的城市转型和现代化，尤其是其市政行政方面的研究。有些研究后来在 1988 年和 1992 年用英文发表。

② 18 世纪中期的一个著名的建设项目是八角形的阿美琳堡广场（Amalienborg Plads），周围是四个风格统一的宫殿，中间是弗里德里克五世的雕像（插图 10.2），一个法国风格的皇家广场。

③ 拉斯穆森（1969 年），第 246 页。

④ 约翰森的人口数字（1941 年 a），第 39 页及以下各页。

⑤ 这一系列事件在汉森（1977 年）那里有所描述。

⑥ 拉斯穆森和布雷兹多夫（1941 年），第 14 页。

⑦ 约翰森（1941 年 b），第 67 页。

⑧ 拉斯穆森和布雷兹多夫（1941 年）中的图片，第 17 页。

⑨ 塞德林（Seidelin）在评论他的规划时写道："很多人都希望看到城墙改造成林荫大道（马车车道中间被树木分开的方式），以便改善空气流通。我们认为，这样的林荫大道必须沿着独特的城墙旧曲线，而不是许多宽阔的统一街道以直角相互交叉，将有利于空气的自由流动，并能彰显旧城墙和堡垒所在地的伟大场所精神。横跨城市的林荫大道也不能为车辆提供同样的好处……在湖畔规划建设林荫大道有好处，因为从其他街道不断穿过的交通流量，会带来拥堵和喧闹，而且因为树木在大城市中不会茁壮成长，特别是如果它是被煤气灯照着就

难以生长。半年来，如果晚上必须经过这些黑暗的街道，体验感觉仍然会很不舒服，因为这样的林荫大道在晚上总是很黑……现在所有这些缺点在水边的林荫大道上都消失了。此外，规划中的街道是如此充足……将可能有足够的空气流入这些林荫大道的城市，沿着它们的整个长度向水开放。[引自：迪布达赫尔（Dybdahl，1973 年），第 53 页]

⑩ 拉斯穆森和布雷兹多夫（1941 年）已经注意到了这一点，第 18 页。

⑪ 根据克努森的信息。

⑫ 参见布达赫尔（Dybdahl，1973 年），第 54 页及以下各页。

⑬ 参看拉斯穆森和布雷兹多夫（1941 年），第 19 页。

⑭ 同上，第 23 页。

⑮ 关于发展过程，见约翰森（1941 年 b），第 24 页 f.

⑯ 参看拉斯穆森（1969 年），第 108 页。

⑰ 拉斯穆森和布雷兹多夫（1941 年）重述了这些规划，第 24 页 f.克努森（1988 年 b，第 57 页 ff）也提供了这些事件的描述，这是对梅尔达尔的批评。

⑱ 拉斯穆森（1969 年），第 152 页。

⑲ 参见拉斯穆森和布雷兹多夫（1941 年），第 28 页 f.关于这个地区的规划，这拖延下来几十年后，见：同上，第 30 页及以下各页。

⑳ 然而，索尔讷湖地段一侧的工业在很大程度上被禁止了，主要是由于地役权规定 [信息由奥尔·海尔德多福特（Ole Hyldtoft）提供]。

译注

❶ Søerne，丹麦语，指湖泊。

第11章

VIENNA

维
也
纳

　　大城市一般都包括了复杂的城市结构，很难用简单的模式来把握和描述。维也纳则在某种程度上，是个例外。维也纳①有一个中世纪的核，外面有三层向心的环：环形大街区、内城郊区和外城郊区（图 11-1b）。这四个部分彼此之间有相当明显的特点，有各自的街道系统和不同的建筑特点。

　　历史的核心区——也就是中世纪的城区——可以上溯到古罗马时期。古罗马帝国时期诸多边疆城市中，温多博纳（Vindobona）也就是后来的维也纳，仅仅是莱茵河边和多瑙河边的一个普通城市。古罗马时期直线矩形网格的居住肌理模式还可以在现在某些街区的走向中看到，不过现在只是中世纪城区中很小的一部分。古罗马时期的维也纳，的确就仅是一个小小的驻军要塞城镇②。

　　到了中世纪的早期，随着古罗马帝国的衰落，维也纳逐渐失去了其城市功能，人口大为减少。从天主教教区等级来说，这里没有达到主教教区层级，因为它连一些基本的城市特性都丧失了。❶ 到了 10 和 11 世纪，这个过去的古罗马城市开始重新发展，沿着扩展城区的周围开始建造城墙。这些城墙主要建于 13 世纪。维也纳基本上按照常规模式发展。公元 1200 年左右，城墙建好了，它的面积规模达到了古罗马时期的四倍。一般来说，中世纪的城市是根据地形和原来的道路轨迹和建筑来发展的。12 世纪，维也纳成为巴本贝格（Babenberg）王朝的首府。到了 13 世纪的后期，城市的控制权掌握在哈布斯堡王朝 ❷ 手上，维也纳迅速成为哈布斯堡王朝的中心城市。从 15 世纪开始，维也纳连续成为日尔曼皇帝的都城。1529 年，土耳其人围攻维也纳城，但维也纳人成功地防守抵抗住了，这是一项辉煌的胜利。维也纳城被新的防御工事包围，成为西方文明抵御穆斯林进攻的文化象

征。之后，一个很重要的特点就是在城外地面不能建房屋，因为
要利于防守。经过多次扩建，这个不能建设的区域——格拉西斯
（Glacis）城墙外的缓冲区——形成了一个 500m 宽的环形带状空
间（图 11-1a）❸。

　　随着哈布斯堡王朝世袭领地稳步增加，维也纳作为中世纪
神圣罗马帝国"首都"的地位不断加强。因此，城市迫切需要
扩张，但因为城墙周围军事防御区的建设禁令，导致了城内建设
的压力。这一压力带来了内城更密集的土地开发，当时所有欧洲
首都城市，都集中在防御的城墙内发展，并进入了相对快速的建
设过程。郊区也开始沿着禁建区外进出城门口的道路增长。因为
郊外土地价格便宜，又可以开发，最重要的是能免于城镇内的关
税❹，更加推动和增加了郊外的土地开发需求。

　　1683 年土耳其人发动了对维也纳城的第二次围攻，所幸维也
纳这次也一样转危为安。不过，城墙外的建筑分别被攻防双方军
事交战毁灭殆尽。虽然周围防御区域禁建的命令依然有效，但是
城市此时已经开始了从中世纪核心区向外的扩建。沿着出城道路，
郊区开始建设起来，这一次属于永久性的建设。工匠手艺人和商
贩不断增加，为自己建造房屋。城市中心变成了城墙环绕的特别
场所，里面是行政中心、高级商业场所、贵族和正在形成的富裕
中产阶层的住所。1704 年，在原来老的城墙外 2000m 的地方，
新的堡垒城墙（Linenwall）建成、环绕着维也纳。这意味着原来
的郊区失去了他们的免于纳税自由，但也表明他们获得了"大维
也纳"的身份。

　　18 世纪早期，在原来环城不能建设的带状空间的两侧，开
始了活跃的建设活动。在内城防御体系之外，由于重要建筑严重
匮乏，卡尔大教堂（Karlskirche）建设由约翰・贝恩哈德・费舍

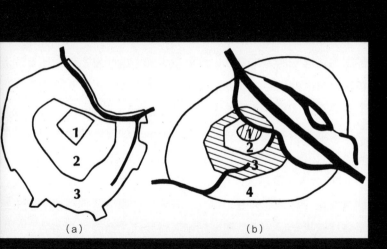

(a)   (b)

尔·冯·厄尔拉赫（Johann Bernhard Fischer von Erlach）负责；
尤金亲王的美丽宫（Belvedere），由卢卡斯·冯·希尔登布朗
（Lukas von Hildebrandt）负责。玛丽亚·特蕾莎执政后期，行
政、司法、教育系统应该是越发成型；维也纳已经可以说是一个
符合现代意义的首都了。女皇最大的建设工程美泉宫（Palace of
Schonburnn），虽然只是她在郊外的一个规模庞大的宫殿，但在
其就位前就已经开工了。从这点来看，它和它借鉴的原型凡尔赛
宫（路易十四的永久住所）❺ 是有不同的。美泉宫是在城墙外环
以外。贵族们也在维也纳附近建设他们的夏休宫殿，其中美泉宫
最为出名。到了世纪末，原来城墙包围的城市周围，环绕着一个
很独特的城市景观：郊区、宫殿、公园，农村和耕地，在北面、
南面和西面有葡萄园和村庄（图 11-2）。

　　拿破仑战争时期，虽然在这里举行了 1814—1815 年和会，
但维也纳的地位并未得到加强。19 世纪中期，皇权体系遭受到了
不同的挫折，但直到 1860 年代维也纳才迎来历史上的黄金时代，
1867 年维也纳成为奥地利 - 匈牙利双帝国的首都。19 世纪上半
叶人口有了快速的增长，从 1800 年的 24.7 万人增长到 1850 年
的 44.4 万人③。城墙内的古老城市核心人口增长的压力在提高。
1827 年，平均每套房子里的人口是 37 人，到 1857 年这个数字
增长到 54 人④。因为几个世纪之前，维也纳问题就尤为严重了，
城区内的土地已经过度开发了⑤。

　　很明显，解决方法就是开发城墙之外周环形空地，它也能为
皇家建设提供很好的场地。霍夫堡宫这个地方历经皇家多个年代
断断续续地建设，缺乏规划统一、庄严的形象，不像其他首都巴
黎、柏林、马德里和斯德哥尔摩的皇家宫殿区域那样。18 世纪后
半期，人们讨论着对维也纳内城的改造和美化，但很快就被在城

图 11-2 维也纳，首都和帝国所在地及其所有郊区的最新规划，由弗鲁沃斯（E.C. Frühwirth）于 1834 年绘制。局部图。（来源：皇家图书馆，斯德哥尔摩）

墙外围的新用地上建设的想法所替代了。1776 年 ❻ 出版的一个
小册子里说，要把维也纳在几年内建设成为"第二个巴黎⑥"。法
国首都成为一个很好的学习样板，也可能是因为在巴黎北面一系
列的林荫大道带来的灵感，维也纳可以把环绕城市核心的周围地
区建设成为林荫大道环。于是，1787 年这个想法被宣布了，"它
将成为欧洲最美丽的街道⑦"。就如现在对巴黎改造的讨论中，随
着城市宏大壮丽风格的建立，还有富于远见的、提高城市卫生健
康标准的想法同时得到实现；这样的目标在维也纳也同样希望
得以实施。为了控制成本，还对原来城墙堡垒用地如何开发切分
出售展开了讨论⑧。人们提出了很多不同的建议，但没有具体的
结果，不过大家都知道其他首都城市早已不再采用城墙防御工事
护卫了。例如，柏林在 1730 年就已经拆除了城墙，巴黎则在中
世纪后期就没再建设城墙防御工事了。不过，维也纳还是没有
真正考虑过拆除城墙，毕竟人们对 1683 年土耳其人的围攻记忆
犹新⑨。

　　拿破仑战争最后宣告了维也纳城墙防御工事的陈旧落后。法
国军队围城之后没用多少时间，就攻破了城墙并占领了维也纳。
事件的结果，加上 19 世纪上半叶人口不断增长的压力，使得人
们不断要求对城墙下的土地进行开发建设，并提交了多个开发建
议⑩；不过大多数都只是对城墙防御用地范围的小型开发建设。
其中包括路德维希·福斯特（Ludwig Forster）1843 年的提议，
他后来在规划事务中扮演了重要的角色。虽然如此，事实上还是
没发生什么变化——可能主要是由于 1848 年要发生革命，来自
军方的抵制，不过更主要还是由于时任首相梅涅特采取的普遍的
保守思想。

　　1840 年代，随着铁路开始建设，工业化的降临，维也纳终

于迎来了新的时代。1848 年的巨变和改革——虽然短促——接着就是新国王弗朗兹·约瑟夫（Franz Joseph）的就位，相比于原来的保守时期，新国王就位，终于带来了一些政治上的新气象。这意味着维也纳迎来了城市的发展。1850 年维也纳市政府合并了外围的郊区范围，并在 1861 年获得奥地利皇家认可。1852 年，奥地利皇帝弗朗兹·约瑟夫任命了一个委员会，为城市的扩展制定规划。新想法尤其针对在城墙外围的防御用地，此后问题就从是否要建设，变成了如何建设。

这里有好几个因素要考虑。皇室可能考虑国家对外形象问题，要为展示皇权创造一个好的场所——能和其他欧洲国家皇室竞争甚至超过他们。住房短缺问题再也无法忽视了。根据当时的一个备忘录记载，在城市周围空地上建设能够满足"富裕阶层的住房要求"，同时也不能否认"如此大规模的住房增长，必须对中低阶层起到良好的示范作用⑪"。拿破仑三世时期巴黎的宏伟改造给维也纳形成了压力⑫。城墙是否继续保留已经不再是从军事的角度来考虑了；现在的目的就是如何预防郊区人口的暴动了⑬。

军队还是继续反对城市扩展规划，虽然他们也赞成拆除旧的城墙，但是需要再有一个新的防御体系，能在老城和郊区之间建立起来。但是在旧城防范围开展建设的想法，得到了多个大臣的支持，尤其是内务部大臣亚历山大·冯·巴赫（Alexander von Bach），他是一个强有力的政治家，在此事中扮演了重要的鼓动角色。皇帝本人也似乎被说服了，必须让城市得到发展，1857 年整个问题进入了决策阶段。经过很长时间的准备之后，一个文件——手写的提纲——在财政部和内务部出台了，皇帝弗朗兹·约瑟夫（Joseph Franz）在 12 月 20 日用官方文件正式的形式颁布给了内务部。这份文件，在 12 月 25 日由《维也纳报》

（*Wiener Zeigung*）公布了，对后来的开发十分重要[14]：

亲爱的弗莱赫尔·范·巴赫：

我们希望维也纳内城的扩展工作要尽快展开，同时也包括郊区部分。因此要考虑到把我们的居所和首都改造和美化。为了这个目标，我们要利用内城周围的防御工事和护城河边的土地。

总体规划要马上开展，依据它所获得的土地——不能用于其他目的，只能用于建设，所获得的收入要来建立一个基金。基金要用来补偿国家对此项目的投入，尤其是针对公共工程的费用和必须的军事设施和建筑物的转让的费用。

总体规划在得到批准以后，在规划执行和实施城市扩建的工程中，要考虑以下事项：

拆除城墙和填平护城河，应允许沿着多瑙河运河，从比伯巴斯泰（Biberbastei）到人民公园的用地建立宽阔的堤防，而从肖滕托尔到人民花园获得的土地可以部分用于扩大阅兵场。

在这些给定的点之间，内城的扩建应主要向罗绍（Rossau）和阿尔塞尔弗施塔特（Alservorstadt）方向进行，一方面沿着多瑙河运河，另一方面沿着阅兵场的边界，但为现在正在建设的奉献教会教堂（Votivkirche）留出合适的环境。

在规划这个新区时，在未来主环路的延伸线上，首先应注意建造一个坚固的军营，该军营还应容纳大型军事后勤工坊和军事监狱，并且该军营应位于距离奥古斯滕桥（Augarten–Brücke）八十维也纳臂长米（Wiener Klafter[15]——长度单位，来源于人张开双臂的跨度，传统上约为 1.8m——译注）的距离，在未来的主要环路上。

我们城堡前面的空地以及两侧现有的花园将按原样保留，除非收到新的指示。

伯格托尔（Burgtor）以外的范围和皇家马厩应该留着。同样，保留军营上一段主要城墙（比伯巴斯泰 Biberbastei），它承载记录了我们的名字，应该保持不变。

内城的进一步延伸应该在卡林西亚门进行，这在它的两侧，朝向伊丽莎白河——还有蒙德舍因布吕克河，最远处抵达卡罗利宁托。

还应考虑公共建筑的建造，即新的总参谋部大楼、城市指挥官办公室、歌剧院、国家档案馆、图书馆、市政厅以及博物馆的必要公共建筑和画廊，并为这些项目的落实选址。

从卡罗琳琴（Karolinentor）到多瑙河运河的范围也应该保留，作为驻军在伯格托尔（Burgtor）前广场的大阅兵场，一直到肖滕托（Schottentor），老阅兵场应该与这个新阅兵广场相邻。

从多瑙河运河边强化军营到大型阅兵场一个区域采用直线，宽度为一百维也纳臂长米（约180m），应该保留空白不作其他建设。此外，与沿着多瑙河运河路堤相连的路网交通，应该在内城周围建造，在城墙上宽度至少为四十维也纳臂长米（约72m），由两侧的车道组成，旁边是步行和骑行的路径，这条腰带将交替点缀有建筑和开放的公园。

其他主要街道应规划有合适的宽度，甚至侧面次要街道宽度应不少于八维也纳臂长米（约14.4m）。

应该同样考虑在整个城区布局建设市场，市场是要有屋盖的。

同时应适当注意内城的建设改造，当执行总体规划扩展时，特别是从内城开辟与主要交通干道相连的合适出口道路通往郊区，要为这些通道建造新桥梁。

为了制定总体规划，应安排方案竞赛。但应补充一点，要根据事先规定的原则发布、组织设计竞赛，否则，参赛者可能自由随意地制定自己的规划方案，如果他们的方案超出规定的要求就不予理会。

应任命一个评审委员会来评估提交的规划方案，其中包括内政部和贸易部的代表，还有来自我们的中央军事管委会和最高警察当局；还应该包括下奥地利州政府委员会一个成员，以及维也纳市长；此外，内政部要任命合适的专家参与，与其他中央政府部门达成协议，委员会应该由内政部一名部门官员主持。评委会选出了三个最好的方案，并颁发奖金，金额为帝国和皇家铸币厂2000、1000 和 500 金杜卡特。

因此，三个最佳方案应提交给我们讨论来作决定，随后制定有关规划实施的措施，应提交有关工作表格给我们来批准。

您要立即采取必要的措施来执行我们的指示。

维也纳，1857 年 12 月 20 日。

弗朗兹·约瑟夫

人们在 18 世纪曾经讨论过的主要规划观点，在这里都得到了认可：一个林荫大道类型的绿环，一系列的公共建筑，并通过对土地分块出让获得财政收益。老城和郊区之间的新城区要有良好的系统性的路网交通连接，这些都充分考虑到了。为规划举办设计投标竞赛，是一个新的做法。这份文件读起来，就是完整一致的提纲文件，专门针对城墙范围的土地来讨论，为将来的工作打下了良好的基础。19 世纪其他欧洲首都城市在启动发展的时候，是否也在一开始就有这样完整、系统的想法，我们对此表示怀疑。

奥地利皇帝的信件发送出去后，规划竞赛投标的准备工作就开始了；1858 年 1 月，19 世纪[16]的第一个城市规划的投标竞赛正式公布了。根据皇帝信件的意思，竞赛的目标是这样说明的，"……给专家一个机会……来提出他们的建议，根据人口的实际需要，从技术和美学的角度确保能实现城市的扩建和发展与实施……"⑰。除此之外，还给出了一些具体的指导意见，例如各个公共建筑的建筑面积和组织好入口，还为参赛者准备了地图等资料。

竞赛引起了全社会极大的兴趣和关注；规划竞赛的设计大纲分发给了 509 个相关的团体。到 1858 年 7 月 31 日截止，一共收到了 85 个方案。评选委员来自政府不同部门和机构，还有一些建造商和建筑师，以及两个来自维也纳市政府的代表。1858 年 12 月，三个获奖方案公布了，成绩不分先后。作者分别是弗里德里希·冯·斯塔赫（Friedrich von Stache）、路德维希·冯·福斯特（Ludwig von Forster）、埃德瓦多·范·德·穆尔（Eduard van Der Mull）和奥古斯特·冯·斯卡德保（August von Sicardsburg）。他们都是建筑师，除了斯塔赫外都是维也纳美术学院（Bildenden Kunste）的教授。还有另外六个方案也得到关注，其中一个是景观设计师彼得·约瑟夫·雷恩（Peter Josef Lenne），他之前曾经参加了柏林的规划。

三个获奖方案的设计师之前都参与过对维也纳城市发展的讨论。尤其是福斯特之前就发表了对于城市发展的建议。他们都表现出对城市、落地可实施性、建筑设计技巧的丰富学识。很多其他方案看来就很业余，粗糙或者完全不现实，评选委员会认为可以用"完全不可能、不予考虑"等评语予以否决。斯塔赫方案，还有福斯特方案都表现出对于维也纳城完整综合的规划远见，他们都建议在城市周围建设一个环形铁路线路，并在郊区规划一个放射状的道路系统。福斯特方案的评语尤其需要注意，他表现出对维也纳将来发展[18]的远见卓识。竞赛引起了新闻媒体的极大关注。这是第一个"现代"意义上的城市规划竞赛，基本上就是现在组织规划竞赛的模式。

1858 年 12 月一个新的委员会得到任命，要求对规划方案进行整合处理，并最终形成一个总体规划。新的委员会成员的组成基本上是按照评选委员会的原则来进行的，不过福斯特、斯卡德保和斯塔赫也加入了进来。1859 年 4 月，新的委员会提交了一个总体规划（Grundplan）[19]方案上报给皇帝，经过不多的修改后在同年秋天，得到皇帝的批准。这样，整个规划过程持续了接近两年时间。

1859 年，规划开始进入实施阶段。新的城市扩展委员会得到任命，主要协调各政府部门，包括来自内务部的代表和其他相关的部门[20]。行政部门的主体是多个执行机构（Magistrat）和城市建设办公室（Stadtbauamt）。

在和国家层面各个部门博弈的过程中，维也纳市政当局处于弱势地位。市政当局声称，国家无权指导规划，城墙地区的土地最初是出于防御原因从城市移交给国家军事层面的，现在不再需要城墙防御了，因此现在规划指导权应归还市政当局。但这些观点在国家层面没有得到回应。此外，维也纳市政当局将投入街道工程，排水沟和水管的铺设、公园绿地的布局建设，当然还有自己的市政厅的建设。环形大街项目也要大量的私人开发商的投资，但他们获得了长期免税的优惠政策；优惠包括市政和国家两级税收，免税周期为三十年。

环形大街的建设始于 1860 年；以奥皇弗朗兹·约瑟夫名字命名的堤防，以及其沿多瑙河运河的延伸扩建、城墙防御工事的拆除工作已于前一年开始。[21] 在 1860 年至 1870 年的 11 年中，几乎整个绿环都处在建设过程中，并拆除了大部分防御工事。此外，还建造了约 190 栋公寓楼。在接下来的十年中，直到 1880 年，又增加了 200 多栋公寓楼，公共建筑也在向前发展。1890 年左右，住房建设基本完成，它像英格丽·哈马斯特伦（Ingrid Hammarström）在斯德哥尔摩案例中所描述的那样，经历了同样强烈的波动[22]；大多数公共建筑也是如此。整个环形大街项目从动工开始几乎持续了大约 30 年时间完成；1890 年后，主要是新增项目问题，例如重要的新宫殿翼（新霍夫堡）。1858 年至 1914 年间，城市扩建基金的收入为 112525831 古尔登银币，支出费用为 102329686 古尔登银币。同期，与该项目有关的市政支出为 27609619 古尔登银币。[23] 所以，这项伟大的城市开发在经济上取得了成功，至少从政府的角度来看是这样。

到了全面开发时，一共有 590 个公寓楼，其中包括商店和办公室。大面积户型住宅占主导地位；小面积户型住宅只占很小比例。高昂的土地价格使得工人阶级和中产阶级难以入住。所以这里有很严重的社会阶层隔离。还有一些公共建筑，包括两个剧院[霍夫堡宫（Hofoper）和城堡剧院（Burgtheater）]，几个博物馆（艺术史和自然历史博物馆以及艺术博物馆）和一个展览大楼（Sezession），议会，大学，音乐厅（金色大厅），市政厅，司法宫（Justizpalast）和沃提夫还愿教堂（Votivkirche）。此外，还有其他一些公建，还有若干街道和大绿地。

奥地利皇帝于 1859 年批准的总体规划，虽然它可以被认为是一套指导方针而不是具有约束力的文件，但在随后的改造开发中发挥了核心作用。在实施扩建过程中，由于各种重新安排或需要满足不同利益方诉求，规划范围的所有部分都发生了偏差调整。因此，环形大街地区的规划可以说分为四个阶段。第一阶段，是皇帝在信中对规划工作编制和对投标竞赛参赛者的指示；第二阶段，是选出三个优胜获奖规划方案（图11-3）；第三阶段，是总体规划的编制工作（图11-4）；第四阶段，是场地细节层面最终的详细规划，如建筑环境所体现的那样。㉔

规划人员的任务面临几个重要限制。规划范围由一条圆形带组成，最宽处为450m，但其他部分则相当窄。当时习惯的那种城市空间设计，长而笔直的街道和直角的网格，也由于地形条件而变得困难。这在一些不太成功的参赛作品中表现得非常明显。场地条件也不可能允许大的星形广场。具体的建筑功能规划也非常多样和繁重。除了公园和许多公建外，还必须允许在老城区和郊区之间修建环形道路和良好的交通对接，并为该项目提供筹集资金的住房。除此之外，西北部的阅兵场也将扩大。地形和各种现有建筑物也必须考虑在内。

一个关键问题涉及环路的位置。方案在这一点上没有给出任何指引线索。一种解决方案可能是将其定位在老城区附近，这意味着在郊区和防御缓冲区之间空间不会被打断。三个获胜方案中的两个——设计师斯卡德保和斯塔赫的两个规划方案——大体上都遵循了这一思路，而福斯特的方案在规划范围内为他的环路提供了更靠近中心的位置，也导致其西北部分更狭窄。㉕规划委员会选择了福斯特方案所建议的位置，只是这条路要保留其全宽——57m——因为它的整个长度环绕内城。也许有人认为，靠近市中心的环路位置更适合交通疏解；给它一个面向老城区的位置，它产生适当的正面效果会更加容易。此外，整个城墙防御工事体系被拆除之前，不可能在旧城区附近建造一条新街道。除了一些细微调整外，环城大街是按照总体规划的规定建造的，因此这是规划得以实施的重要原因，在同时代首都规划中，是为数不

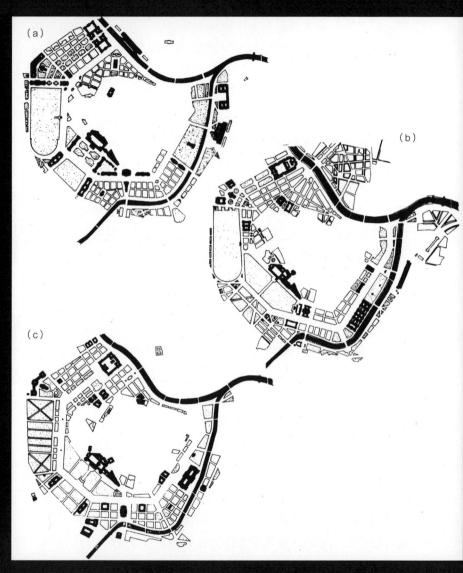

图 11-3 维也纳。1858年城市规划竞赛获奖方案。
（a）西卡斯堡和范·德·努尔。（b）福斯特。（c）斯塔赫（Stache）。图中纯黑色的为公建，图中点点部分为绿地。[摩力克、雷宁和乌尔泽（1980年）重新绘制的简化图纸]

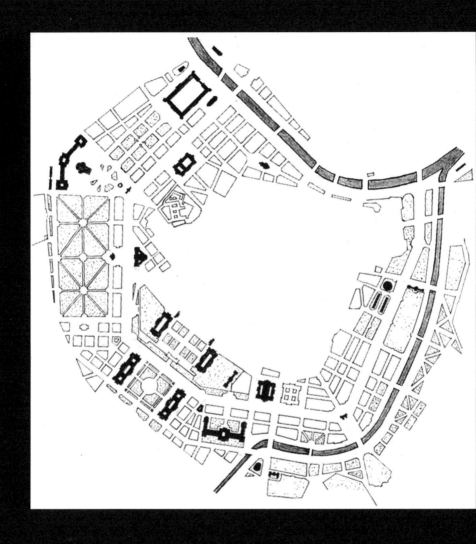

图 11-4 1859 年皇帝批准的维也纳扩建规划。纯黑色为公共建筑，点区为绿地区域。[来源：摩力克、雷宁和乌尔泽（1980 年）复制后的简化图]

多没有任何重大变化的个案。

维也纳首都改造总体规划的一个新颖之处，是规划了"重载道路"（Lastenstraβe，指交通干道——译注），它沿着规划范围的外围，与绿环平行。这是考虑到了改造规划带来繁忙的交通，并要力图避免破坏环形大街的尊贵氛围。这条路仅仅只在场地的西北部建设。福斯特的方案中，在规划范围的东南部类似位置修建一条交通干道。

一个关键问题涉及霍夫堡宫外范围的设计。在皇帝的信函中，指示城堡前面的空间应保持不变，并要求从独立的布尔格托（Burgtor）到帝国马厩之外的邻近范围将保持不变。设计师西卡斯堡和范·德·努尔建议，这些范围应该规划一个大型的帝国广场，由两个大型的绿地组成，在规划的环形道路两侧各有一个。两个部分的短端都应由仪式性建筑封闭收口，同时这些建筑将形成整个建筑群的长边，略微偏离规划范围之外的皇家马厩。设计师斯特赫（Stache）提出了类似的解决方案，但正如方案中建议的那样，在城堡正前方的内部部分的短边上没有建筑物。福斯特——在这里他密切关注该规划——建议规划一个不做任何建筑物的公园区；他的方案注意力集中在原有老皇宫城堡大门上。在这种情况下，总体规划主要遵循设计师斯卡德保的建议，但侧面建筑没有朝向皇家马厩。关于这部分的讨论当然不会因为现在有一个总规而停止。相反，它一直持续到 1870 年代。1866 年，官方宣布博物馆建筑设计竞赛并决定，将沿着广场建筑群的外部建造。在对参赛作品进行评判时，戈特弗里德·森佩尔（Gottfried Semper）被邀请担任专家评估员，并提出了自己的修改建议。森佩尔制定了最终版本的规划方案（图 11-5），基本上是对设计师斯卡德保方案的重新设计：

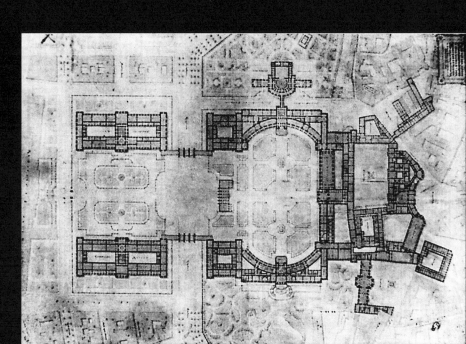

两座博物馆建筑位于公园（未来的玛丽亚·特蕾西安广场）的两侧，背景是皇家马厩，在环形大街的宫殿一侧，两个新的宫殿翼楼形成了一个内部广场（现在的海尔登广场），但只建造了东南方向的那座㉖。

　　之前针对城墙防御斜坡地块的西北部分的设计工作，是按照规划严格控制的。一个守卫的军营和原有的军训场，高度满足了军方要求和内部安全——它们也被连接在一起——按照规划要求采用了一个方形的开阔空间。皇帝的信件中也大致指定了兵营的选址位置，针对要求提出了多个建议，但解决方法都类似。还愿教堂（Votivkirche）也已经开工，同时也要求大学为教堂提供一个背景。解决的方法由设计师斯卡德堡（Sicardburg）和范·德·努尔在1856年提出。有一些参加竞赛的设计者如斯卡德堡（Sicardburg）、范·德·努尔和斯塔施（Stache），针对总体规划，都提出了类似的解决方法。但1868年总体情况发生了一些变化，皇帝同意在原来的阅兵场进行别的建设。所以原来的场地被释放出来了，在这里建了市政厅、议会大厦、大学，这三个建筑作为一组，和城堡剧院整合为一个对称的建筑群，此外还建设了一系列的公寓住宅街区。

　　设计师斯卡德保、范·德·努尔和福斯特三人的规划方案都将帝国歌剧院定位在后来的选址，可能是因为在竞赛阶段已经讨论了。卡林西亚剧院（Karntnertortheater，维也纳皇家宫廷剧院——译注）也在附近。最终选址在总体规划中给出。事实上，歌剧院是第一座开始建造的仪式性建筑。斯卡德保和范·德·努尔曾打算将歌剧院作为一组宏伟建筑的一部分，但总体规划没有采用这一想法。相反，总规中该范围东南街区的布局安排，在很大程度上遵循了福斯特的建议，但他将几个机构部门集中在东面的一栋巨构建筑群中的想法并未被接受。在城墙范围的东侧，所有方案都包括沿维也纳河的绿地，正如皇帝简报中所建议要求的那样；在这里，总体规划遵循福斯特方案的轮廓，在与未来的城市公园（Stadtpark）大致相同的位置建造了一个公园。所有方案还再次根据规划指示，包括沿多瑙河运河修建堤防的建议。参赛者受邀为内城提出规划改进建议，但三个总规获奖者都非常谨慎，仅限对霍夫堡宫周围做出一些干预措施。在总体规划中，注意力完全集中在城墙防御区范围地带。

总而言之，我们可以说，批准的总体规划受到斯卡德保、范·德·努尔和福斯特的方案的极大影响。但是，它并不能因此就可以判断为完全依赖于这两个方案的折中产物；它是一个独立的新成果，其中还包括自己的一些新想法。从结果上来看，在细节上，规划与实施之间只有少量的相同；尽管如此，总体思路还是保留延续了[27]。

1880 年，在维也纳出版了艺术历史学家阿尔伯特·伊尔格（Albert Ilg）的著作《巴洛克风格的未来》（*Die Zukunft Des Barockstils*）。当时，社会几乎确信巴洛克就是展示皇家权力最合适的风格。有几栋建筑，尤其是新霍夫堡宫城（Hofburg），就是新巴洛克风格的，它还影响了雕塑、绘画、室内装饰。我们是否可以说有新巴洛克的规划呢？[28]很难！在巴黎以外，从任何角度都很难下这样的结论，我们之前已经说过，在维也纳很难创造出和巴黎一样的笔直的街道和整体的效果。由于绿环的形状—— 一个不规则的六边形——还有边上定位的树木，都无法产生出一个整体连续的街景。维也纳的美是在角落，尤其是在角落的周围，奥地利作家汉斯·委格尔（Hans Weigle）在对比巴黎和维也纳两个城市[29]的时候十分准确地指出来。这里没有一个连续统一的解决方法，但有一系列断开的节点——其中最精彩的就是施瓦岑贝格广场（Schwarzenbergplatz），它在绿环开发之前就建好了——成为一个独特的整体。它们周围的玛丽亚·特蕾西安广场 / 赫尔登广场（Maria Theresienplatz/Heldenplatz），虽然最后没有完工，但作为一个整体共同营造了效果。市政厅公园（Rathauspark）周围的四个大型建筑物也缺乏协调，风格各异，除了他们的位置是共同围绕着一个开放空间外，缺乏统一感。把这些完全独立不同的元素统一起来的就是绿环大街，它赋予了这里一个整体性。它是许多专家和不同利益[30]的团体共同合作的结果，形成了沿绿环各处巨大不同的景色，这也很可能影响了它以后的空间效果。此外，作为一个整体的绿环——可能是我们的资料中最为独特的一个——是一整套的艺术（Gesamtkunstwerk），这里建筑、景观、雕塑甚至室内装饰一起产生了一个统一的空间氛围，是那个时代美学、社会和政治价值的真实表达。

总体规划内容中没有在老城中开辟新的街道，不过后来对一些街道实施了改造。1860 年代，首先开始了对格拉本小街（Graben Gasse）和在股票广场（Stock im eisen platz）的扩建工程，这样就消除了格拉本小街和斯特芬斯广场（Strphans Platz）之间的交通障碍[31]。之后的改造项目包括卡尔特纳街（Karntner Strabe）、罗腾图尔马街（Rotenturma Strabe）和维普林格街（Wipplinger Strabe）三条街道的延长工程。还有一个重要的项目，就是在 19 世纪末期，为霍夫宫城堡（Hofburg）的主入口前院修建了米开勒广场（Michaeler Platz），工程在著名的鲁斯楼（Looshaus）[32]建成的时候才结束。

在 19 世纪后期的几十年里，维也纳地区的人口增长迅速。环形大街区与城墙外边之间的区域防御工事，随后由外环路（Gürtel），建设越发密集，而在这个边界之外的大片地区，如赫纳尔斯（Hernals）、奥塔克林（Ottakring）和法沃里滕（Favoriten）正在为工业和住宅目的开发（图 11-1b）。不过，在研究和建设辩论中，环形大街地区受到了广泛的关注，虽然实际上这一地段的规划仅代表 19 世纪大维也纳的建设规划的一部分而已。不过尽管大多数努力集中在环形大街，城市外围的发展也进行了一些规划和控制尝试。早在 1839 年，建筑师阿洛伊斯·皮赫尔（Alois Pichl）就为法沃里滕（Favoriten）区的一部分制定了规划。[33] 1862 年，中央政府强制要求维也纳地区的市政当局制定总体规划。在接下来的几年里，为城市地区的各个部分分别制定了一系列规划，通常是以非常简单的形式。它们"只是街道网络规划，在保持旧交通路线的同时，引入了连续拓宽的行动，并根据 1859 年建筑条例第 7 条来执行拉直某些现有街道，但很少注意通过让街道穿过原有街区和重大规划改进，或为保留花园和广场，来为某些范围创建一个高效的街道网络"。[34] 福斯特和斯卡德堡是更雄心勃勃的规划制定者之一。例如，在 1861 年，福斯特为布里吉特瑙（Brigittenau）两人制定了一个规划，几年后设计师斯卡德堡对其进行了修改，而斯卡德堡反过来又为法沃里滕的规划作出了贡献。福斯特的布里吉特瑙规划方案（图 11-6）的主要特征是巨大的主轴大道和林荫街道；斯卡德堡的方案修订则是为了适应地形条件和原有建筑物。

在远郊地区，几个市政当局负责规划，相互彼此独立，也独立于维也纳市，这意味着综合性或常规性的城市之间的规划方面很少受到关注。这些规划得到相关的城镇议会批准，并得到内政部的批准。但事实上，内政部忽视了这一发挥协调作用的机会。

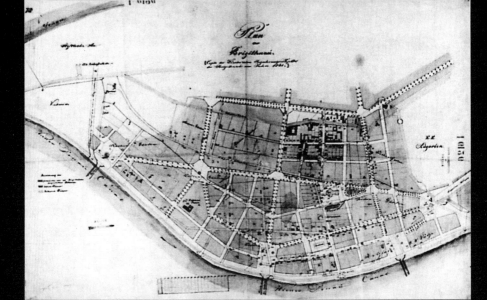

Plan
von
Brigittenau.

这些规划一般看来是由直线型的街道网络和统一的街区组成的，其布局没有很好地考虑地形条件（图 11-7）。在环城地区，国家投入了一切可能的资源来实现这一规划，但郊区的发展通常是各行其道，规划图几乎没有法律效力。不过，在一项重大的郊区项目中，中央政府是主要的推动者，即按照城防防御工事线建造外环路 Gürtel，即欧洲大道。这个项目早在 1861 年就由皇帝决定了，但直到几十年后才得以实现。

郊区的快速发展和基本上无规划的增长带来了许多问题，维也纳市政当局并非没有意识到这些问题。1890 年，郊区被合并，两年后宣布了整个大维也纳综合发展规划（general-regulierungs plan）竞赛，以雄心勃勃地尝试创建今天所谓的区域规划。[35] 约瑟夫·斯图本和奥托·瓦格纳分享了一等奖，引起了国际关注，成为对时代规划思想的总体盘点。但在维也纳，它对未来的发展几乎没有影响，可能除了城市铁路（Stadtbahn）的建设和相关的维也纳河规划（Regulierung）有从中受益。其中，一条新铁路线沿着过去的外城墙（Linienwall）的线延伸；并与外环路一起，成为内郊和外郊之间的边界（图 11-1b）。

第一次世界大战以后，维也纳所在的奥地利，从帝国时代的 5200 万人口缩减为只有 640 万人口的小小的共和国。因此，快速发展的城市状态，让位于人口逐步稳定减少的新情况。这就是为什么战争期间的居民区不再有环线的建设，而战后也没有环绕在外面的郊区建设。草场和葡萄园坡地占据了曾经高度发展的城市的外围。绿环地区在建设和功能方面保持了一个惊人的完整形象。所以，我们猜想，欧洲其他的首都没有哪一个能如维也纳那样，其命运如此紧扣着 19 世纪后期的大欧洲的历史背景。

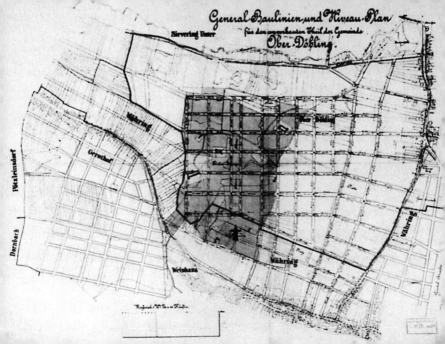

注释

① 针对 19 世纪维也纳的伟大城市发展规划研究著作，即针对环形大街和与之相关的所有建筑物等，无可比拟应该归属于跨学科的系列出版物：《维也纳环城大街，一个时代的写照》（ Die Wiener Ringstraße, Bild einer Epoche ），由雷纳特·瓦格纳·里格（ Renate Wagner Rieger ）编辑。该系列著作由 11 个部分和 15 卷组成。不同的部分分别致力于规划、建筑技术、建筑材料、雕塑装饰、装饰绘画、商业、文化、社会结构等。该系列还包括一些建筑专著。第一部分于 1969 年出版，最后一部分于 1981 年出版。该系列的排版设计成本高昂，并配有高质量的照片、旧图片、地图、图表等。总而言之，它代表着一项令人印象深刻的成就，其几个组成部分保持了非常高的标准。在界定不同卷目的范围方面可能有一些困难，特别是因为自该系列最初出版以来，似乎对其宏大出版计划进行了一些调整。因此，有很多重叠，这是完全可以理解的，当然也不代表很大的缺点。另一方面，如果作者在处理相同或相关的问题时更多地相互提及，将会有所帮助。例如，环城项目的背景，城市规划和实施是主题，在该系列的许多篇幅中得到了不同细节的清晰剖析。这可能部分是因为专门讨论维也纳城市规划方面的卷直到 1980 年才出版，作为该系列的最后一卷，即第

三卷，《维也纳环城大街区的规划和实施》（ Planung und Verwirk-lichung der Wiener Ringstraßenzone ）（ 摩力克、雷宁和乌尔泽，1980 年 ）。

但是，维也纳规划和实施问题在第二卷《维也纳环形大街历史和文化生活》（ Geschichte und kulturleben der Wiener Ringgstrabe ）（ 施普林格，1979 年 ）、第五卷《维也纳城市扩展的经济与社会》（ Wirtschaft und Gesellschaft der Wiener Stadterweiterung ）（ Baltzarek、Hoffmann 和 Stekl，1975 年 ）和第六卷《维也纳环城经济与社会》（ Wirtschaftsfunktion und Sozialstruktur der Wiener Ringstrabe ）（ 利希滕贝格，1970 年 ）中也作了相当详细的阐述以及导言部分（瓦格纳·里格等，1969 年 ）。莫利克、莱宁和乌泽尔（ 1980 年 ）对规划和执行过程进行了极其详细的描述，并且该作品还包含大量关于其他城镇的材料以进行比较，但其特征是描述性的；没有太多的分析讨论。尽管如此，由于其全面性，该书在 19 世纪城市规划专著中独树一帜，并且一直是维也纳章节的主要来源。还有另外两部关于维也纳的基本著作，在其他城市的文献中没有真正的相当水平的研究，即波贝科和利希滕贝格（ 1966 年 ）和瓦格纳·里格（ 1970 年 ）。第一部分从历史地理学的角度很好地描述了维也纳从 19 世纪中叶开始的城市发展，并用大量的地图和图表进行了说明。

第二部分涉及 19 世纪维也纳的建筑发展，重点是风格问题。环形大街也在许多其他作品中进行了讨论，其中应该提到埃格特（1971 年）和目录《1945 年前维也纳的城市发展》（*Die städtebauliche Entwicklung Wiens bis 1945*，1978 年）。Klaar（1971 年）强调了城镇不同部分建筑模式的有趣方面。1976 年在斯德哥尔摩皇家理工学院发表了一篇关于维也纳的德语论文，但没有对 19 世纪的规划增加任何新内容。它后来以瑞典语出版（Wulz，1979 年）。两部优秀的研究著作讲述了世纪之交的文化状况，即雅尼克和图尔敏（Janik and Toulmin，1973 年）和舒斯克（Schorske，1980 年）。这些书的主要重点是后环城时期，但第二本包括对环城地区建设的描述，将其视为"社会阶层的视觉表达（as a visual expression of a socail class）"（第 24 页及以下）。

② 关于维也纳的早期历史，例如参见《1945 年前维也纳的城市发展》（*Die städtebauliche Entwicklung Wiens bis 1945*）和摩力克、雷宁和乌尔泽（1980 年）。

③ 见表 18-1。

④ 摩力克，雷宁和乌尔泽（1980 年），第 73 页。

⑤ 大约在 19 世纪中叶，85% 的内城范围已经建成（波贝科和利希滕贝格，1966 年），第 63 页），86% 的房屋高度超过两层，58% 超过三层（参见：摩力克、雷宁和乌尔泽（1980 年），第 75 页）。

⑥ 摘自陶贝（F.W.Taube）:《对城市美化的反思和历史信息，自 1763 年以来欧洲最杰出的首都城市如何改善和美化》（*Gedanken uber Verschonerung der Stadte mit einer historischen Nachricht，wie seit 1763 die vornehmsten Hauptstadte sich in Eurapa allmahlich verbessert und verschonert haben*，1776 年），此处摘自摩力克、雷宁和乌尔泽（1980 年），第 84 页。早在 1716 年，玛丽·沃特利·蒙塔古女士（Lady Mary Wortley Montague）在维也纳的一封信中宣布，如果皇帝允许拆除城墙和大门，将内城与郊区统一起来，维也纳将成为欧洲最美丽、最好的城市之一 [根据利希滕贝格（1970 年，第 17 页）]。

⑦ 阿戈斯蒂诺·格里（Agostino Gerli）:《致罗马画家和雕塑家卡拉尼先生的信：关于维也纳市的各种项目》（*Lettera al Signor Callani, Pittore e scultore in Roma Concernente vari progetti sopra la citta di Vienna*，1787 年），此处引自摩力克、雷宁和乌尔泽，1980 年，第 85 页。

⑧ 关于这方面的建议可以在陶贝和格尔利处找到（见以前的注释）。

⑨ 在汉诺威，城墙防御工事于 1763 年被废弃，在格拉茨于 1784 年被废弃（利希滕贝格，1970 年，第 17 页）。在 19 世纪上半叶，不同城镇开始一个接一个地拆除城墙防御工事（见下文）。

⑩ 摩力克、雷宁和乌尔泽（1980 年），

第 87 页。

⑪ 引自摩力克、雷宁和乌尔泽（1980年），第110页。

⑫ 参看《媒体》（*Die Presse*，1857年）在斯普林格（1979年）中的引文，第86页。

⑬ 参看摩力克、雷宁和乌尔泽（1980年），第112页。

⑭ 引自斯普林格（1979年），第94页及以下各页。这封信是用官僚主义和相当老式的德语写的，所以无人尝试翻译。

⑮ 一个维也纳克拉夫特（Wiener Klafter）长度大约相当于1.9m。

⑯ 组织规划竞赛似乎在1857年春天。在主要方面，规划竞赛的叙述遵循斯普林格（1979年），第99页ff和摩力克、雷宁和乌尔泽（1980年），第115页及以下。有关环形大街竞赛与其他城市规划竞赛之间关系的讨论，请参布雷特令（Breitling，1980年）。

⑰ 摩力克、雷宁和乌尔泽（1980年），第116页。

⑱ 评论转载于摩力克、雷宁和乌尔泽（1980年），第472页及以下各页。摩力克、雷宁和乌尔泽（1980年）几乎没有讨论竞争方案中关于环形大街区以外地区的观点，及其对该范围的影响，但在布雷特令（1980年）第36页中有所涉及。

⑲ 能够如此迅速地提出一项方案，而且委员会无论如何表面上都同意该方案，这一事实表明了显著的行政高效率。但是，从路德维希·冯·福斯特（Ludwig von Förster）写给学院教授兼艺术史学家鲁道夫·艾特尔伯格·冯·埃德尔伯格（Rudolph Eitelberger von Edelberg）的一封信中可以看出，这并非没有痛苦的让步。部长将我的规划歪曲了，与其他规划的某些部分混合在一起，这些部分绝不符合我修订后的概念；因此，它是一个大杂烩，如此无效地组合在一起，实际上它没有一条正确的线。在规划的每个部分都可以看到毫无品味和误解。本来是一个绝佳的机会，在这里应该对艺术公正，但是我的心在流血，艺术再次被官僚机构掠夺。这个拙劣的规划随着每一座新建筑的升起而愈加受到冒犯，但要预见到这一点，就超出了那帮人的能力，这帮乌合之众，这帮统治官员……（引自：斯普林格（1979年，第146页）。

⑳ 以下叙述主要基于摩力克、雷宁和乌尔泽（1980年），第177页及以下各页。

㉑ 以下数字引自摩力克、雷宁和乌尔泽（1980年），第189页及以下各页，特别是图28，以及利希滕贝格（1970年），第18页及以下各页和第220页f（附录1）。

㉒ 哈马斯特伦（Hammarström，1979年）。参看：同上，图3（第32页）与利希滕贝格（1970年），图1（第19页）。

㉓ 摩力克、雷宁和乌尔泽（1980年），第187页。

㉔ 制图的资料来源，特别是摩力克、雷宁和乌尔泽的比较地图（1980年，地图附录第54号、55号、56号和80号），

有助于分析规划过程的各个阶段。

㉕ 原因显然是，就在这条街靠近皇帝信中规定的"防御营房"和阅兵场之间的空地。

㉖ 洛茨基（1941 年）描述了这一事件过程。

㉗ 乌尔兹声称，沿着环形大街的仪式性建筑的位置应该是为了创造一个对称的图案，霍夫堡将在其中提供中轴线。对称性适用于分组，乌尔兹（1979 年），第 46 页及以下各页，特别是第 47 页的数字。这个想法很有趣，但可能是过度解释。在一个假设的对称方案中，除了艺术史和自然历史博物馆之外，有可能包括罗绍尔和弗朗兹·约瑟夫军营，沃蒂夫教堂和卡尔教堂以及城堡剧院和国家歌剧院。其他建筑物几乎不能进入这个规划。同样明显的是，可以纳入这种方案的几座建筑物，实际上是根据总体对称原则以外的标准定位的。此外，如果存在这样的原则，那么在关于环城地区规划和实施的大量材料中肯定会提到它。但乌尔兹没有提到任何这样的证据。同样奇怪的是，他完全支持他的理论，而没有考虑到以前的规划活动，其中任何可能的对称原则会得到更多的证明，特别是在皇帝批准的总规（Grundplan）中。

㉘ 法国的弗朗索瓦兹·肖伊认为维也纳是新巴洛克式规划的典型例子（1969 年，第 12 页）。

㉙ 魏格尔（Weigel，1979 年），第 21 页。参见：摩力克、雷宁和乌尔泽的建筑景观地图（1980 年，地图附

录第 84 号），然而，它夸张地说明了从维也纳环城大街实际可以看到的东西。

㉚ 在这方面，应该指出的是，对柏林规划提出野蛮批评的维尔纳·黑格曼（Werner Hegemann）强调，环形大街项目是后来被称为"城市发展"（Hegemann，1913 年），第 249 页及以下）的第一步。

㉛ 巴尼克·史怀哲（1995 年），第 135 页 ff。事实证明，这个项目对市政当局来说是昂贵的，到 1890 年代后半期，规划才再次认真参与市中心街道的改善，但即便如此，缺乏有效的土地征用法也被证明是一个严重的障碍 [（《1945 年以来维也纳的城市发展》（ Die städtebauliche Entwicklung Wiens bis，1945 年），第 27 页 ff 和第 80 页 ff；巴比克－史怀哲（Babik–Schweitzer，1995 年），第 141 页及以下各页]。

㉜ 捷科和米斯特尔鲍尔（Czech and Mistelbauer，1977 年）。

㉝ 摘自《1945 年以来维也纳城市发展》（ Die städtebauliche Entwicklung Wiens bis，1945 年）之二，第 147 页。尽管在建设范围之外保留了绿地，但该规划似乎落后于时代。正方形和街区按照文艺复兴时期模型项目的精神对称排列，但没有现代街道网络。

㉞ 《1945 年以来维也纳城市发展》（ Die städtebauliche Entwicklung Wiens bis，1945 年）之二，第 18 页。这似乎是唯一一部也讨论郊区规划的

作品；因此，它为以下叙述提供了依据。

译注

❶ 古罗马后期解体后，古罗马帝国疆域内不少范围随着罗马天主教成为"国教"而在古罗马晚期被一同接受。奥地利也属于罗马天主教的范畴。其宗教等级体制基本分作神职教阶和治权教阶两类。与教区相关的治权教阶的神职人员分为教皇、大主教、主教和神甫四大等级。治权教阶细分则教皇居首，以下是枢机主教、宗主教、牧首主教、省区大主教、都主教、大主教、教区主教等。主教教区则是最基层的"治理"单元。

❷ 哈布斯堡王朝（英语：House of Habsburg，公元 6 世纪—1918 年），欧洲历史上最强大及统治领域最广的王室之一，曾统治神圣罗马帝国、西班牙帝国、奥地利大公国、奥地利帝国、奥匈帝国、墨西哥第二帝国等。哈布斯堡家族亦称奥地利家族，奥地利 1278 年开始了哈布斯堡王朝长达640 年的统治。18 世纪初，哈布斯堡王朝领土空前扩大。1815 年维也纳会议后成立了以奥为首的德意志邦联，1866 年，奥在普奥战争中战败，邦联解散。1867 年与匈牙利签约，成立奥匈帝国。1918 年第一次世界大战结束后，帝国解体。

❸ glacis，英语单词，主要用作名词，作

㉟ 关于比赛，参见布雷特令（Breitling，1980 年）。

名词时译为"斜堤；缓慢倾斜，缓斜坡；缓冲地区"。这里特指中世纪欧洲城市城墙和防御工事体系中向外防守的斜坡，它的向外部分设定了一定的禁止建设、利于防守射击的空旷范围。

❹ 中世纪的欧洲城墙城门体系，既是军事的防守界限，也是货物进城的征税处。进城获得了军事保护，也获得了货物出售的商业盈利的条件，而城门外则无此责任、义务和权利。

❺ 本书在第 2 章专门介绍了法国太阳王路易十四全盛时期建设的放射状路网布局的凡尔赛皇宫。其间法国实际首都和政治中心已经从之前的巴黎市中心卢浮宫于 1682 年迁到了郊外 30多公里处的凡尔赛皇宫，并持续 107年，一直到 1789 年法国革命爆发、国王路易十六被从凡尔赛宫驱逐回到卢浮宫软禁、直到 1793 年被砍头。拥挤首都城市郊外的宫廷环境优雅的生活模式，影响从文艺复兴的意大利到法国，再到奥地利和很多其他欧洲君主制国家。

❻ 法国路易十六执政期为 1754—1793年，虽然 1776 年是路易十六在巴黎郊外凡尔赛皇宫继续执政居住的第22 年，但也同时对巴黎老市区进行了部分改造工作。

第 12 章

BERLIN

柏
林

　　萌芽期的柏林①包括两个小城，紧靠在一起的柏林（Berlin）和科尔隆（Kölln），它们都是在 13 世纪建立的。直到第二次世界大战前，它们的中世纪古老城市结构都保留下来了，尤其是柏林的部分。易北河东侧的诸多小城，只有柏林 – 科尔隆成功地转变成为中欧的中心城市。这个过程伴随着一个转型过程，经历了边疆省份到日尔曼国家的转型，霍亨索伦（Hohenzollern）王朝从一个偏远的伯爵侯国变成统治四方的帝国。其中起到最重要作用的是 1640—1688 年在位的选帝侯腓特烈·威廉大帝（Frederick William）。他倡导了一系列的内务和军事管理的改革，也极大地加强了柏林的地位。在他的管治下，柏林变成了重要的行政要塞。②从 1658 年起，城墙堡垒系统开始在上述两个城周围建造，这个堡垒系统还包括弗里德里希斯韦德的郊区，后者在 1662 年拥有了自己的城镇宪章。

　　之后，政府在城墙环绕的城市和王家狩猎园蒂尔加滕（Tiergarten）之间的道路边，种植了树木。这条礼仪大道——菩提树大街（Unter den Linden）❶有 1.5 公里长，和 60 米宽。它有三排行道树，中间有一个专门供人行走的步行道，两边各有一个马车道。菩提树大街和巴黎北郊的林荫大道几乎同时代诞生，菩提树大街对后来的柏林发展影响很大。此时，柏林西区毫无疑问地成为最优雅的地方。菩提树大街也成为后来规划的起点：包括从 18 世纪到 19 世纪早期的阶段，这期间柏林的市中心逐渐有了仪式感的特点；还包括后来的纳粹阶段，建设了一条横贯全城东西的轴线③。这条大道直到今天还是柏林连接东西的通道，也还是重要的阅兵游行场所（图 12-1）。

　　1670 年代，多罗特恩施塔特（Dorotheenstadt）作为第四个市政单元也加进了柏林。它位于菩提树大街的北面，还包括

南面的几个街块。它后来变成了十分繁荣的街区，沿着菩提树大街建设起来了宏伟的城市建筑。二十年后，在多罗特恩施塔特南面的另外一个市政单元腓特烈城（Friedrichstadt）的建设也开始了。腓特烈城建设的主要原因是为了安置来自法国的新教移民，他们因为南特诏令而撤来，希望在这里能找到一个人间的天堂❷。这个街区的特点应该是受到瑞典城市发展的影响，是规则的街块模式。在长街道的两侧有两个短街道。1730 年这里开始扩展的时候，在城门的里面被建造了三个广场来美化空间。在南面，有一个圆形的开放空间——百丽联盟广场（Belle Alliance Platz），就是现在的梅赫林广场（Mehring Platz）——就像罗马的波波罗人民广场（Piazza del Popolo）和巴黎凡尔赛宫前的军队广场（Place d'Armes）一样，有三条放射状的街道。同时，两个更富于建筑意义的广场也建好了，一个是莱比锡大街尽头的莱比锡广场（Leipziger Platz），一个是菩提树大街尽头的巴黎人广场（Pariser Platz）。柏林，此时也拥有了自己版本的巴黎④样式皇家广场。

　　1701 年，腓特烈三世（Frederick III）加冕为普鲁士的腓特烈一世，定都柏林，虽然柏林位于新王国的实际边界之外，但它成为王权的所在地。在 18 世纪初期，人们提出了许多改造柏林市中心的建议，但大多数只是纸上谈兵。后来，在腓特烈大帝（1740—1786 年）的领导下，实施了一些项目工程来美化这座城市。特别值得一提的是两个大广场：御林广场（Gendarmenmarkt）和倍倍尔广场（Bebel Platz），还有一个为"弗里德里克广场（Forum Friedericianum）"。然而，这些都可以归类为"在地设计规划（local design planning）"的范畴。18 世纪柏林的人口从大约 5 万人增加到近 17 万人，但腓特烈城建立后似乎没有更多的扩张规划。1709 年五个城正式合并为一个城市行政单元。到 18 世纪中叶，城墙防御工事系统已经失去了防御功能，正在相继被拆除。1734 年，城市建造了新的关税墙（tariff wall）。当柏林城的老边界在 1737 年扩张迁出时，它的新的城墙包括的面积几乎比之前翻了一倍。

即使在 19 世纪初，位于东侧的中世纪古老城市核心，与西侧的新郊区之间仍然没有直接的道路交通联系。在 1817 年制定的有远见的"总体规划（master plan）"（图 12-2）中，申克尔通过对问题和需求的分析，概述了如何改善城市东西两半之间道路交通的规划，并在一段时间内，强化弗里德里希斯韦尔德（Friedrichswerder）与城堡（Schlossinsel）的建筑和功能的效果。尽管不断遭到反对，但在接下来的几十年里，他成功地通过各种建筑项目对城市结构进行了某些改变。包括在鲁斯特花园（Lustgarten）建造一座博物馆，同时在城北进行了改进，并建造了一个新仓库（Packhof）。在南部地区，腓特烈城和东部地区的主要街道科尼格街（KonigstraBe）之间的交通得到了改善，不过远不如申克尔所希望的那样系统化，1820 年弗里德里希 – 韦尔德什教堂（Friedrich-Werdersche-Kirche）建成，建筑学院（Bauakademie）也在 1820 年代建成⑥。

法国拿破仑在击败普鲁士后占领了柏林，并推行了广泛的改革和国家振兴，将普鲁士从一个落后的农业和军事国家变成了一个现代社会。维也纳会议也有利于普鲁士，国家的政治地位因此得到了加强，神圣罗马帝国解散。19 世纪中期普鲁士经历了一段衰落，然后在对丹麦、奥地利和法国的战争中获得了胜利。德意志帝国于 1871 年成立，证明了普鲁士的领导地位。因此，柏林成为中欧的中心——普鲁士王国和德意志帝国的首都。

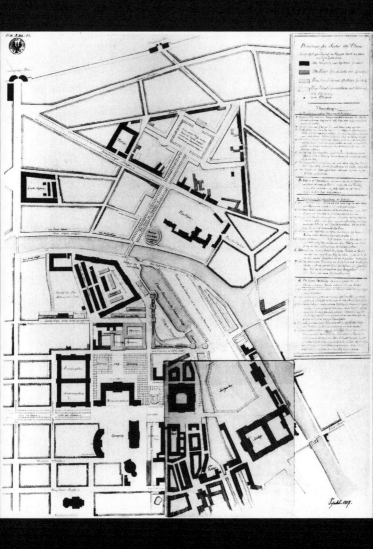

图 12-2 柏林。卡尔·弗里德里希·申克尔于 1817 年绘制的中心区域总体规划。
申克尔似乎从柏林市中心的整体概念开始,即使他受到的委托是设计单体建筑。
(来源:柏林国立博物馆)

19世纪中叶，德国迎来工业化进程。这一时期的前期，大量的制造业涌入柏林。鉴于优越的地理位置和日益增长的政治、经济重要性，柏林成为德国铁路、公路和水路的交通枢纽。1871年后，柏林工业迅速发展，成为德国工业化程度最高的城市，人口从1800年的17万人，增加到1850年的42万人，到1900年的190万人[⑥]。所以，在19世纪的一百年里，柏林居民的数量增加了十倍以上。1800年，柏林还仅仅是德国和中欧比较重要的城市之一，而到了1900年它跃升排名欧洲第三大城市。

人口的增长对于城市物理空间结构产生了根本的影响。首先，新增人口对空间日益增长的需求，必须小于对于旧城区的开发，并在外围新建功能简单的房屋。为满足快速增长的人口需求，柏林城市的管辖范围有几次扩大，城墙防御工事在18世纪已经失去了原来的功能意义。城市扩展受制于法律层面的限制。直到18世纪上半期，农地才可以出售用于私人开发。

1784年，普鲁士的《土地共同法典》（*Allgemines Landrecht*）规定，作为国家在地方的执法者，警察有义务在城镇扩张时标明新街道和街区（Fluchtlinen）的边界。1808年，依据《城镇管理法》（*Stadteordnung*）普鲁士城镇获得了自治权，警察开始向市政机构负责，接管了街道规划的间接责任。不过，柏林是个例外，警察和城市规划都在中央政府的直接管辖之下。[⑦]

1825年，柏林建筑警察（Baupolizei）开始规划关税城墙内的未建地区。他们特别把注意力转向了科佩尼克训练场（Köpenicker Feld），未来的路易森城（Luisenstadt），面积约370hm²，是当时用地规模最大的场地。根据建筑总督察（Oberbaurat）施密德（J.C.L.Schmid）制定的规划（图12-3a）[⑧]，在1830年左右开始启动开发。这是一个典型的"工程"

思维的规划产品，没有任何对美学质量的追求。直线区块划分主要遵循土地所有权边界，该区域由思普列（Spree）和蓝德威赫尔战壕（Landwehrgraben）之间的运河划分。在该规划方案提交给政府部门时，王储（未来的腓特烈·威廉四世 Frederick William IV）主持了会议，王储本人还亲自制定了一份更注重建筑设计的替代规划方案。柏林警局把规划提交给申克尔。申克尔在 1835 年 1 月的一份报告中为该规划进行了辩护，并批评了王储的规划。申克尔认为，第一个规划方案应"尽可能最大程度地关注当地条件，这意味着保留了现有的田地和园地边界……因为如果没有这种小心谨慎，将来的补偿和建设过程将是非常复杂和成本昂贵的。"他还指出，不应该有尖角的地块，而且"方便的交通和良好的联系"已经让各方需求得到了满足⑨。然而，王储对申克尔的声明并不满意，而是命令皇家花园测量师莱内（J.P.Lenné）在 1840 年设计了一个方案（图 12-3b）。在王储的提议下，规划有一个星形场所，形成了宏大叙事空间。在后来的修订版中，显然是为了回应建筑管理局（Baubehörde）的批评，星形广场被取消，取而代之的是沿着运河规划的一个广场，迈克尔教堂（Michaelkirche）成为广场的聚焦点。另外还规划了玛丽安广场（Mariannenplatz）。调整后的街道和街区街块的划分方法，几乎与最初的规划方案相同（图 12-3c）⑩。

　　不过，人们似乎已经认识到，在关税城墙外也可进行大规模的建设。早在 1830 年，施密德就为高级建设委员会（Technische Oberbaudeputation）绘制了一份柏林周边的平面图（其中一部分现无法找到）⑪。十年过去后，1840 年，莱内提出了他的规划方案，即《柏林与周边地区规划方案⑫》（*Projectirte Schmuck und Grenzzüge von Berlin mit Nächster Umgegend*）（1843 年修订版），

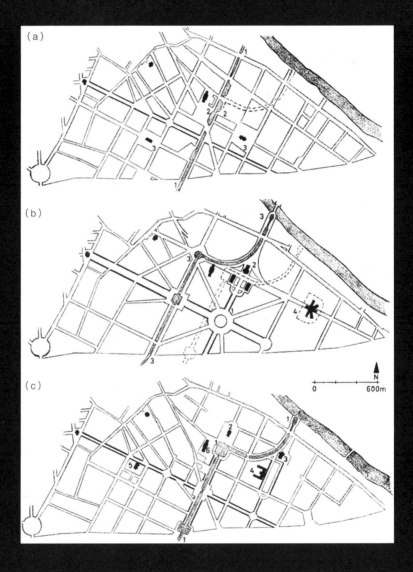

图 12-3 柏林。科佩尼克训练场（Köpenicker Feld）的各种项目，由辛茨（Schinz）重新绘制。（a）施密德的规划提议，1826 年，根据该提议开始开发。（b）J.P. 莱内于 1840 年 1 月提交的备选方案。（c）最后规划。（来源：辛茨，1964 年）

除了其他内容外，该方案提议在城市周围修建一圈林荫环道，从
而为之前将柏林规划为德国皇家城市的建设打下一个终止符，并
迎合新兴工业城市需求。^⑬

19 世纪 50 年代初，柏林警局总部（Polizeipräsidium）讨
论了新建设规划的问题，并于 1857 年提交了一份实施方法的报
告。除其他事项外，报告建议将规划分区从之前的五个调整为
十四个。报告还认为，几个"已完工或正在建设项目，尤其是火
车站及其铁路线附近的范围"，这些早年规划的项目基本上与新
时期的条件不再吻合了。1859 年，贸易部长向国王提出了该议
题。他建议国家和柏林城市两个层级共同分担建设费用，并强调
问题紧迫。工作的第一步是进行广泛的测量和场地平整。在此基
础上，再行修改现有的规划，将街道网络扩展到以前未规划的新
区域^⑭。

1858 年，负责规划的警局负责人生病，于是他的工作就移
交给了 32 岁的詹姆斯·霍布雷希特（James Hobrecht）。一年
前，霍布雷希特取得了水务铁路总建设商资格（Baumeister für
den Wasser、Wege und Eisenbahnbau）。霍布雷希特此前求学
于柏林建筑学院（Bauakademie）并成为土地测量师。他在铁
路建设方面获得了大量实践专业经验。后来，霍布雷希特在柏林
的建筑管理部门担任"污水处理专家"，在此方面十分成功。但
在 1858 年接手规划任务时，霍布雷希特对城市发展问题毫无经
验。1859 年，他被正式任命为"柏林周边地区发展规划编制委
员会（Kommissarium zur Ausarbeitung der Bebauungspläne für
die Umgebung Berlins）"的负责人。霍布雷希特的就任，似乎有
一定的偶然性。但是，也许选择一个在土地测量和水利工程方面
都有能力的人是个好主意，因为当时的工作包括污水系统的规划

建议。⑮无论如何，当时缺乏更加合适的人选。然而，选择一个经验如此贫乏的人表明，这项任务并不被认为是特别复杂或重要的。引用一个当时的说法，它实际上表示"地方警察大量的规定已经确定了城市管辖范围内哪些地块应该修建，哪些地块不应该修建并保留给公共街道和开放场所"⑯（图12-4）。

霍布雷希特在柏林的规划工作断断续续持续了三年半，到1861年12月，他离开去了什切青（Stettin），并换了工作。霍布雷希特留下几名助手在柏林继续之前的规划工作，这项工作显然是在与警察局和地方当局或多或少的不断沟通中进行的。霍布雷希特的指示很简短，但包括了他在制定规划时要考虑的一些要点。指示中的第三点如下：

应利用迄今收集的所有材料，并在考虑现有规范（Feststellungen）的情况下，编制建筑平面图，只要这些规范可行且适当，并在以下几点的指导下：

（a）应对未来交通可能需要的所有街道结构，进行规划，在该规划中，贝伦和科赫斯特拉布之间的街道网络中，弗里德里希施塔特街区的大小应作为指南。

（b）应尽量避免尖角地块。

（c）根据其作为林荫大道（长廊）、主要街道、小街或小巷的功能，街道的宽度应分别为13~15m、7~9m、5~6m或3~4m，应特别考虑环带道路。新街道必须以适当方式与现有街道连接。

（d）建议街道的方向分别为从西南到东北和从西北到东南，并通向教堂、纪念碑、其他重要建筑，朝向水或树林或花园。

（e）现有街道和道路，尤其是经法律批准的（rezesse），仅应在迫不得已的原因下进行更改；此外，目前的边界或私人地块应尽可能小心地穿越，不留下无法建造的土地碎片，这通常可以

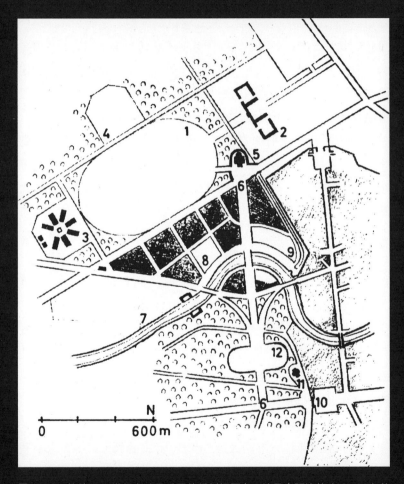

图12-4 柏林。19世纪中叶最重要的规划问题之一涉及摩阿比特（Moabit）的
大片地区，该地区毗邻现有的城市结构，并且在火药工厂搬走后变得可以开发。
图为申克尔1840年未实现的规划项目，后来由莱内（Lenne）重新设计。该规划
以大型钻场（1）为主。从北到南有一条道路联动（6），并规划有一所教堂（5）
提供焦点强化。在南部，这条街经过狩猎场蒂尔加滕花园的一个仪式感的广场
（12）。后来，德意志帝国时代的雄心壮志将在国王广场（Konigsplatz）上形成，
以胜利纪功柱（Siegessäule）为中心节点，以议会大厦（Reichstaggebäude）

通过稍微调整边界来确保新街道可行。

（f）露天场地应根据需要尽可能均匀地分布，特别是如果考虑在此基础上修建教堂，则应尽可能位于最高点，或靠近河流、运河或港口；还应考虑在这些地区进行适当的绿化种植。

（g）如果可能的话，应该考虑在施普雷河、潘克河或运河附近建造大型水库来收集和净化街道用水[17]。

此外，他还指示：应考虑早期规划的影响，有时还应考虑土地所有者的意愿。事实上，他的规划行动受到各种限制。人们普遍认为他或多或少是根据自己的判断来执行规划的，这是不正确的[18]。1862 年皇家批准规划后，先后编制并公布了 14 个子规划[19]。

霍布雷希特的任务与巴黎奥斯曼的任务几乎在各方面都有所不同。在巴黎，奥斯曼主要是针对老的街区来进行重建，清理老的建筑，从中开膛破肚来修建新街道；而在柏林，这完全是制定新的用地建设规划的问题。巴黎的基本目标之一是通过市中心建立一个新的高效路网街道系统；在柏林，城市中心没有直接纳入规划建设范围。[20] 由于早期对于交通方面的努力，这里的条件比巴黎更有利，至少在中心城市弗里德里希施塔特（Friedrichstadt）的西部是如此。奥斯曼想要创造一个符合帝国价值的城市。霍布雷希特没有这样的野心，虽然他也参与了若干仪式广场的建设。此外，柏林市中心此前已经有了宏大叙事的空间满足。对奥斯曼来说，重点是实施规划，而霍布雷希特规划柏林的主要目的，是为私人手中土地的未来开发和城市的扩建提出规定导则。

霍布雷希特规划的中心（图 12-5、图 12-6）是旧的城市结构，动物园公园和现已完工的科佩尼克训练场扩建（Köpenicker Feld）。尽管场地预计最大的扩展范围是北部和东部，但周围几

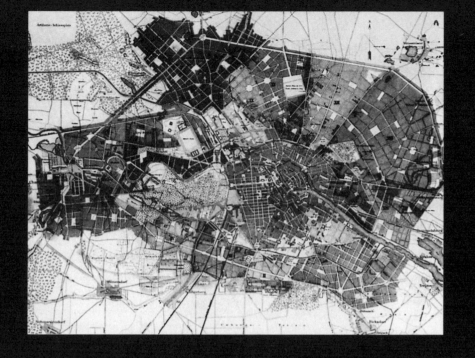

图 12-5 柏林周边地区的建设平面图，1862 年。该规划是詹姆斯·霍布雷希特十四个子项目规划的汇编。[来源：柏林，Stadtentwicklung im 19。贾尔洪德特（Jahrhundert）]

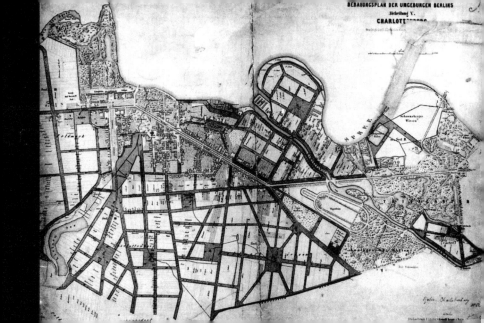

BEBAUUNGSPLAN DER UMGEBUNGEN BERLINS

Abtheilung V.

CHARLOTTENBURG

乎完全被新建筑所包围。出口道路穿过新的环路南段。在这些建设构思的广场中，有几个广场以仪式性建筑为焦点，这一点在详细规划中比在总体规划中表现得更为明显。其东北部大面积的朴素规划设计，非常引人注目，这是普伦兹劳尔伯格未来的地区。霍布雷希特认为那里会是新的工人生活住区，是没有什么地位的东郊；西部和西南部的规划设计，是更昂贵的住房，主要针对富人的居住生活。

总体规划本身似乎有些松散，好像没有总体指导思想。如广场等建筑成分，显得传统而随意。街区划分似乎是暂时的，环城道路似乎与其所包围的城市结构缺乏任何组织联系。但应该记住，霍布雷希特并不是从任何包罗万象的概念开始的，而是依据不同地段的建设预期规划指导来开始工作的。事实上，霍布雷希特甚至没有为整个柏林重新制定总体规划；另一方面，他要汇编与合并各个单独地块的详细规划。当然，这并不意味着霍布雷希特完全没有总体观点，而是因为此时此刻的现实客观条件是他规划工作的基本出发点。

因此，对霍布雷希特方案的分析和评估不应从总体规划开始，而应从局部详细规划开始。当时的情况是什么，问题是什么，霍布雷希特是如何进行的？学者海因里希（Heinrich）在他1962年的研究中，涉及了霍布雷希特柏林十四个规划子项中两个项目的详细规划，并第一次尝试回答这些问题。他的结论是，霍布雷希特在很大程度上调整了他自己之前的规划思路，以适应原有的街道、建筑物、财产边界、地形条件等[21]。正如我们所看到的，这就是霍布雷希特所要面对现实的基本情况。

此外，根据海因里希的分析，霍布雷希特的规划主要是为地块开发工作"建立基础"[22]。他的工作未在具体层面实现过。即使是将该规划方案与后来的城市地图进行简单的比较，也可以看出，仪式感的宏大概念在很大程度上被抛弃了，地图上的街区划分和道路往往与之前的规划方案存在明显偏离。[23]也许我们可以说，我们看到所实施的结果，与霍布雷希特的规划思路是一脉相承的，但与霍布雷希特的原版初衷并不完全相同。因此，规划思路对事态发展影响有限。如果能对实施规划的过程进行研究，可能能够解释这种偏差，但到目前为止还没看到有任何学者作这种研究。

1875 年普鲁士的改革，引入了逃生路线法（Fluchtliniengesetz），街道规划的责任从警察转移到市政当局。到 19 世纪末，几个德国大城市引入了建筑高度梯级法规（Staffelbauordnungen），这可以被描述为允许不同地区设限不同建筑高度的建筑法规，从而作为一种分区工具。[24]尽管在不同时期出现了不同的修改[25]，霍布雷希特规划一直未正式生效，直到 1919 年。

同时代的人不断地批评建筑师和规划师，后者往往需要等待很长时间才能得到客观的评价。这同样适用于他们创造的建设环境。最初的否定性判断会反复出现，有时会持续几代人。霍布雷希特的遭遇，就是一个例子。从 1870 年左右开始，大约在接下来的 40 年里，租金物业（Mietskasernen）的投机建设蓬勃发展，使柏林成为"世界上最大的公寓城市"。[26]这些公寓通常提供的是恶劣的生活条件，狭小的后院周围聚集着简单的小公寓。早在 19 世纪 70 年代，就有人声称霍布雷希特的规划催生了这种类型的建筑，而在沃纳·黑格曼（Werner Hegemann）1930 年出版的《柏林石匠》（*Das Steinerner Berlin*）中，规划师的表现就好像他几乎是柏林公寓楼蔓延的罪魁祸首。他的规划被描述为"难以置信的糟糕"，代表了普鲁士政府"庸俗主义"的品味，并导致了一个

"如此糟糕的环境，无论是最愚蠢的恶魔，还是柏林最尽责的议会枢密院议员（Geheimrat）或投机开发商，都无法制造出更糟糕的环境"。批评不仅仅针对霍布雷希特作为规划师的价值观和能力；该规划还被认为是一项拙劣的工作，加上"幼稚的轻率"，不考虑现有条件。[27] 自那以后，霍布雷希特的负面形象就一直存在。例如，辛茨（Schinz）写道："他可怕的工作让他的名字不朽。"[28]

公平地说，评估霍布雷希特的工作时，应考虑他短暂的投入时间和受限的条件，以及他的经验和现实情况。在批准霍布雷希特规划百年之际，海因里希发表的研究文章作出了这种评估，他说，霍布雷希特做了一项称职的工作，指控他无知和漠不关心是没有道理的。此外，霍布雷希特的上级领导并不期望他提出任何宏大或激进的解决方案。相反，通过对地产边界和地形条件的关注，实施成本将尽可能被降低。正如我们刚才所看到的，申克尔在早期阶段就为这种方式辩护。期望一名官员在其任期开始时就采取更激进的做法是不现实的——这并不意味着一个经验丰富、勇于创新的规划师就不可能制定出更好的规划[29]。

该规划中有一个明显的弱点，霍布雷希特可能要对此负责，那就是街区街块规模的过大尺度——特别是在他的简报中说，他将遵循弗里德里希施塔特街区（Friedrichstadt）已经采用的尺寸。但正如学者海因里希分析中所指出的，霍布雷希特可能预想到这些街区在建成时会进一步分割。此外，他也许会保留街区的内院大部分不建设，为花园和开放空间提供条件（图12-7）。

但是，即使受制于工作条件，霍布雷希特的规划在随后的发展中还是发挥了决定性的作用，不管事实如何——他的批评者基本上忽视了这一点，即他的规划肯定没能在所有细节上得到实施。然而，即便如此，我们有理由问自己，在任何其他的规划

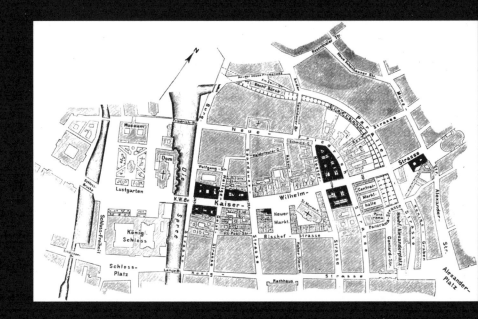

图 12-7 柏林，1890 年左右的中心城区。霍布雷希特的柏林规划，与奥斯曼在巴黎展开的伟大剖切（Great Percées）之间，完全不能等量齐观、予以比较。不过值得一提的是，一些 1880 年代在柏林老城区的街道改造，它们与霍布雷希特的规划及其实施完全无关。其中最重要的是凯撒·威廉街（Kaiser-Wilhelm-Straße）、新弗里德里希街（Neue Friedrichstraße）和平行大街（Parallelstraße）。后来的威廉时期（Gründerzeit）下的任何城市更新都主要发生在现有的城市街块结构中。[来源：恩格尔（1976 年）]

中，是否可以避免市中心建筑[30]的高密度——甚至更高的密度，尤其是当时有法律条件规定的前提下。答案是不可能的。更应该说，大规模开发条件下的建筑条例，对后来的发展方式负有责任。但这一假设也没有找到根本依据。考虑到当时的建筑传统和技术可能性，在当时的社会和经济条件自然选择下产生了密集住宅的建设[31]。只有当这些条件发生改变时，才有可能创建其他类型的居住环境，如 20 世纪 20 年代的定居点（Siedlungen）❸。

注释

① 关于柏林城市发展史的经典著作来自于黑格曼（Hegemann，1930 年）。但他的这本书极具争议性，特别是关于 19 世纪下半叶的发展和主要角色詹姆斯·霍布雷希特。今天，这本书应该被视为它自己时代的文献，而不是一本学术著作。辛茨（1964 年）很好地概述了柏林的建筑历史，通过重建图纸和地图进行了很好的说明，但重复了对霍布雷希特活动的传统诋毁。海因里希（1962 年）首次尝试对 19 世纪柏林的规划进行更客观的分析，该书提供了自 18 世纪末以来柏林城市发展的概况。格斯特（Geist）和库尔维斯（Kürvers，1980 年）提供了关于柏林 19 世纪规划历史的广泛信息；虽然这是一篇相当具有挑战的论述，但它很好地描述了霍布雷希特的活动和工作条件。许多文章也以不同的细节论述了柏林 19 世纪规划的主题，其中马策拉特

（Matzerath）和蒂内尔（Thienel）在 1977 年以及萨特克利夫（1979年 b）应该提到。但总的来说，令人惊讶的是，很少有人专门研究霍布雷希特规划，至少与其他许多首都规划相比。关于工业化期间柏林的物理空间发展的一项主要工作是蒂内尔（1973 年），尽管他的研究报告并不特别关注规划。马苏尔（Masure，1970 年）给出了同一时期更广泛的历史观点。

② 以下对柏林早期历史的描述大体上遵循了学者辛茨（1964 年）的观点。

③ 关于东西轴线，见拉尔森（Larsson，1978 年），第 55 页及以下各页。

④ 显然，人们尽可能地利用教堂塔楼和宫殿作为街道的焦点 [参见辛茨（1964 年）中的平面图，第 97 页]。

⑤ 关于申克尔在柏林的活动，见培德特（Pundt，1972 年）。

⑥ 见蒂内尔（1973 年），第 369 页。这

些数字指的是柏林。大柏林在 1900
年有超过 2700000 名居民。

⑦ 萨特克利夫（1981 年 b），第 11 页 f。

⑧ 根据沃利斯（Wenzel, 1989 年）第
71 页，施密德，不仅为收税边界内
的未建区，而且为整个周边区域制定
了规划。但这些规划似乎尚未公布。

⑨ 引自辛茨（1964 年），第 224 页 f。

⑩ 根据辛茨（1964 年）的说法，最
终版本应该是由——建筑事务管
理局（Baubehorde）制作的。但
在莱尼（Lenné）1840 年的总体
规划——Projectirte schmuck-und
Grenzzuge von Berlin mit nachster
Umgegend——施穆克和格伦苏格·
冯·柏林（Nächster Umgeggend）
项目——中，科佩尼克训练场
（Kopenicker Feld）的设计与莱尼草
案中给出的版本不一致，但更接近最
终解决方案。因此，如果莱尼本人不
负责 1840 年总体规划中科彭尼克·费
尔德（Kopenicker Feld）的形式，那
么必须在同一年完成另一个具有这种
设计的方案，并将其纳入他的方案
中。然而，莱尼被恩格尔（1976 年）
第 50 页和温泽尔（Wenzel, 1989 年）
第 75 页及其后被视为最终规划的作
者。莱尼可能起草了该规划，但对其
进行了调整以满足相关当局的要求。

⑪ 盖斯特和库尔弗斯（Geist and
Kürvers, 1980 年），第 466 页。

⑫ 其大致含义是：沿边界规划道路，美
化柏林市及其邻近地区。

⑬ 盖斯特和库尔弗斯（1980 年），第
476 页及以下各页。莱尼的贡献在恩

格尔（Engel, 1976 年）中也有涉及，
第 50 页。

⑭ 上述描述主要基于盖斯特和库尔弗斯
（Geist and Kürvers, 1980 年），第 468
页及其后和海因里希（1962 年）。

⑮ 参看盖斯特和库尔弗斯（1980 年），
第 485 页。这项工作直到 1859 年 4
月才开始。

⑯ 引自海因里希（1962 年），第 42 页。

⑰ 引自盖斯特和库尔弗斯（1980 年），
第 485 页 f。

⑱ 这是在盖斯特和库尔弗斯（1980
年），第 485 页 FF 中令人信服的分
析，在规划中的部门 IX 和 XI（在
关税壁垒的北侧，到世诺豪瑟大道
Schonhauser Allee 西侧）的分析中。

⑲ 见海因里希（1962 年），第 45 页。

⑳ 参看萨特克利夫（1979 年 b），第
83 页。除了霍布雷希特规划的实施
外，柏林市政府在旧城区进行了一
些街道改造划分切割，其中最重要
的是 1877 年至 1887 年间修建的凯
撒·威廉街。这项工程清除了臭名
昭著的国王墙上的小巷（Gasse an
der Königsmauer）的妓院和色情业
[见图 12-7 和拉迪克（Radicke），
1995 年]。

㉑ 海因里希（1962 年），第 55 页。
盖斯特和库尔弗斯（Geist and
Kürvers, 1980 年）证实了海因里希
的解释，他们得出了类似的结论。

㉒ 海因里希（1962 年），第 55 页。

㉓ 该规划与其结果似乎没有任何完整的
比较。海因里希的结论是，霍布雷希
特的规划"无可否认，其制定的主要

思路都得到了实施，但在细节解决方
案方面却较少；特别是，许多地方
的街区被进一步分割，但与规划中方
式不同。"[海因里希，1962 年，第
50 页]。

㉔ 参看萨特克利夫（1979 年 b）第 83
页 f 和 1981 年 b，第 19 页 ff）。萨
特克利夫和早些时候的黑格曼一样，
认为由于霍布雷希特在柏林建筑管理
局的职位，霍布雷希特停止了进一步
的规划。然而，这里需要指出的是，
霍布雷希特后来的工作全部集中在污
水处理设施的建设方面；似乎没有具
体证据表明他试图阻止柏林规划中的
发展举措。

㉕ 关于十四个子项详规中其中一个"部
分（Department）"的不断修订，见
海因里希（1962 年），第 45 页。

㉖ 这句话是维尔纳·黑格曼（Werner
Hegemann）的《柏林的石材》（*Das
steinerne Berlin*）的副标题。

㉗ 黑格曼（1930 年），第 295 页及以
下各页。

㉘ 辛茨（1964 年），第 121 页。

㉙ 海因里希发起的霍布雷希特对柏林规
划贡献的重新估价，得到了盖斯特和
库尔维（Kürver）的研究支持。

㉚ 海因里希（1962 年），第 50 页。

㉛ 参看同上，第 52 页。蒂内尔（1973
年，第 43 页）提出了类似的观点。

译注

❶ 菩提树大街（Unter den Linden）：德
语本意是"椴树下大街"。源自印度
的菩提树是热带植物，只在赤道至南
北纬 23.5° 的地区生长。位于北纬
52° 的德国柏林市，不具备菩提树的
生长条件。著名的"菩提树下大街"
（简称"菩提大街"）中的"菩提"，
实际上是椴树。这条街的德文名称
"Unter den Linden"意译就是"椴树
下"。这种错译首先是语言的转换所
致。这种错译能保持到现在的原因是
它成功地转译了椴树对德国人所特有
的意义，真切地"模拟"了德国人对
椴树的情感，让这条大街平添了几分
禅意。椴树在德国几乎无处不在，过
去典型的村庄总会有一棵高大美丽的
椴树。人们在椴树下聚会、聊天、举

办婚礼等。椴树常被认为是女性物
种，拼写与德语"柔和"一词"lind"
音近，并被日耳曼人敬为爱情与幸运
女神费里娅，因此也是神圣的树。

❷ 南特敕令（法语：Édit de Nantes），
又称南特诏令、南特诏书、南特诏
谕，法国国王亨利四世大致在 1598
年 4 月 13 日签署颁布的一条敕令。
这条敕令承认了法国国内胡格诺教徒
的信仰自由，并在法律上享有和公民
同等的权利。而这条敕令也是世界近
代史上第一份有关宗教宽容的敕令。
不过，亨利四世之孙路易十四却在
1685 年颁布《枫丹白露敕令》，宣布
基督新教为非法，南特敕令亦因此而
被废除。16 世纪中叶以后，马丁·路
德在德意志境内推行新教宗教改革，

而新教的加尔文教派也逐渐在法国境
内活跃。他们的出现，令原本的天主
教徒感到受威胁，但新教教徒的影响
力日益增加，双方发生冲突。1559
年，法国国内的新教教徒组成了胡格
诺集团，对抗捍卫天主教的统治阶层
吉斯家族。1562 年，双方爆发武装
冲突，史称"法国宗教战争"。诏令
在许可和禁止之间来回反复，并在
1618—1648 年爆发了三十年宗教战
争，导致欧洲人口锐减过半，也带来
了人口的大迁徙。

❸ 柏林现代主义住宅区（德语：
Siedlungen der Berliner Moderne），

于 2008 年被指定为世界遗产，由柏
林的六个独立的补贴住宅区组成。主
要追溯到魏玛共和国时期（1919—
1933 年），当时柏林市在社会、政治
和文化方面特别进步，它们是建筑改
革运动的杰出典范，为改善低收入人
群的住房和生活条件作出了贡献。布
鲁诺·陶特（Bruno Taut）、马丁·瓦
格纳（Martin Wagner）和沃尔特·格
罗皮乌斯（Walter Gropius）是这些
项目的主要建筑师，这些项目对世
界各地的住房发展产生了相当大的
影响。

第13章

STOCKHOLM

斯德哥尔摩

斯德哥尔摩的城市发展，可以追溯到 13 世纪的末期①。城市起源于一个岛上，后来被称为 Stadsholmen❶，位于梅拉伦湖（Lake Malaren）和波罗的海之间。最古老的定居点位于岛上的三角形高地上，四周是一堵简单的城墙。在 14 和 15 世纪的发展过程中，岛屿陆地规模有增长，部分原因是土地抬高，部分是因为垃圾淤塞使得岛屿面积扩大。此时，放射状的街道网络作为老城早期的典型特点出现了。早期在大陆北部和"城岛（Stadsholmen）"以南有一些建设，就是现在叫作玛尔玛（Malmar）和北玛尔玛（Norrmalm）的郊区，和城墙外的南玛尔玛（Södermalm）。15 世纪人们开始建造新城墙，但一直没能完工；16 世纪这里又失去了它之前曾经的重要性②。

17 世纪中叶，瑞典大力发展城镇，人们认为，大陆式城市系统对瑞典作为欧洲大国的新形象（事实上也是其新功能）至关重要。斯德哥尔摩自然吸引了最多的关注。总理阿克塞尔·奥克森斯蒂尔纳（Axel Oxenstierna）坚信"只要斯德哥尔摩能够发展，人口开始膨胀，其他城市也会发展起来"③。斯德哥尔摩受到青睐，因为它获得了大量的土地捐赠。瑞典北部的城镇被禁止从事外贸；所有货物运输都必须通过斯德哥尔摩或爱博（Åbo）进出。但这些利益也伴随着一定的义务。根据克里斯蒂娜女王摄政政府发布的指令，斯德哥尔摩实施了瑞典（可能乌普萨拉除外）或欧洲其他地方都前所未有的城市规划改进。对于斯德哥尔摩的规划在 1620 年代就开始了。当时城市中世纪核心的西部在火灾后开始了新的城市规划。然后在 1630 年代末，郊区重建开始了。几十年后，蜿蜒的中世纪街道旧网络消失了，为系统的城市规划开发腾出空间，新的系统则由笔直街道组成，以直角相互正交，并尽可能形成形状规则的街块。因为地形的原因，每个街区都有自己的顺应地形的朝向，并有着各自的集市广场（图13-1）。17 世纪的街道网络保持相对完整，一直延续到今天。17 世纪规划制定和实施的负责人是安德斯·托斯滕森（Anders Torstensson），他从 1636 年起担任城市工程师，成为斯德哥尔摩历史上第一位拥有这样职位的人。托斯滕森还负责了几个地方的规划，包括索德塔尔杰（Södertälje）、乌普萨拉和爱博三个地方。因此，当时人们有理由认为他是一位专业的规划师。

19 世纪，初斯德哥尔摩有大约 9 万名居民。19 世纪前 40 年，瑞典全国人口增长最快，从 240 万人增加到了 350 万人，但城市人口的比例保持不变，约占总数的 10%。1850 年斯德哥尔摩的人口已经略微上升到接近 10 万人。

瑞典的工业化起步较晚，在 19 世纪的前期没有多大起色。但在 19 世纪中期有了一些变化，并为后来的城市发展提供了有利的条件。行业公会制度于 1846 年废除，到 1864 年贸易完全自由化。公司法于 1848 年生效。1866 年旧议会被两院议会系统替代，虽然不是完全由民主选举产生的。1862 年，一个新的市政管理系统已经成形。另一个重要因素是 1855 年开始修建铁路。1862 年的斯德哥尔摩和哥德堡之间的全国西线铁路通车，1864 年全国南线铁路，连接斯德哥尔摩和马尔默，其中途经法尔雪平的铁路也通车了。1860 年，全国人口中城市人口的比例开始增加。城市人口占比从 1850 年的 10% 上升到 1900 年的 20%，和 1930 年的 30%。斯德哥尔摩的人口在 1856 年约为 10 万人，至 1884 年约为 20 万人，到 1900 年约为 30 万人。同时城市正在经历快速工业化，斯德哥尔摩成为全国城市工业的领先者，所有重要的工业，都聚集在首都，包括最为先进的机械生产、食品加工和印刷工业[④]。

正如我们已经指出的，瑞典的城市规划活动早在 17 世纪就

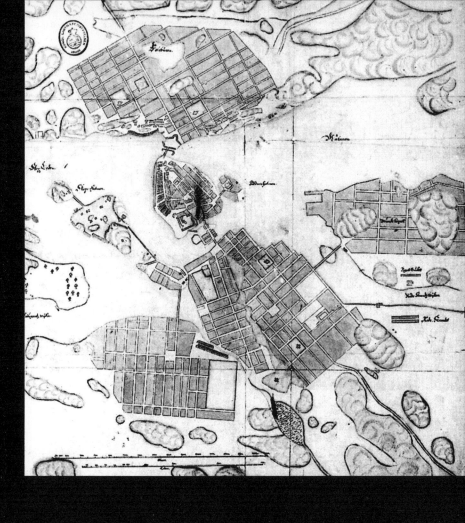

已经发生。该倡议来自中央政府；市民对于城市改进的态度通常是消极的。大多数项目仍然停留在纸面上。斯德哥尔摩是很少的能够比较成功地实施规划调整和引导发展的城市。到 17 世纪末，规划实施成功的不多。1718 年查理十二世去世后，宪法修改削弱了政府的权力。18 世纪，人们讨论对街道进行改造，但毫无例外是由于火灾导致的破坏，迫使大家必须面对这些问题。城市较一个世纪以前更加强大，因而变化相对是轻微的[⑤]。1862 年市政改革后，中央政府重新认真对待城市规划的问题。1874 年颁布的建设条例规定，城市必须制定规划。实际上，在这之前有些城市就有了规划，例如范尼斯博格（Vänersborg）、卡尔城（Karlstad）和于摩奥（Umeå）[⑥]。早在 1861 年，就针对哥德堡，举行了首次全国规划竞赛。

斯德哥尔摩的规划相对起步较晚，这绝不意味着现有的情况令人满意。相反，在 19 世纪，其卫生和建筑标准就很糟糕，虽然城区各个地方有所不同。桥间城区（staden mellan broarna，指城岛——译注），即中世纪的城市核心的条件最为糟糕。街道狭窄，交通拥堵，绿地和公共开放空间几乎没有；房屋又小又高而且拥挤。一位美国游客在 1857 年抱怨说，街道"和纽约一样脏"[⑦]。其实这就是当时大城市的类似问题。不过，有些地方就不错，例如玛尔玛的环境要好很多。城市的开发没有那么密集，有许多花园，光线明亮。幸亏在 17 世纪城市就进行了改造，街道笔直、宽阔。但在某些地方，城市的水体污染严重。港口混乱，滨水区被制革厂和其他工业活动占据。此外，供水和垃圾处理系统都很差，特别是在城市中心。

负责解决这些问题的城市行政部门，采取的是老派组织方式，以地方法官（magistraten）作为执行机构，以五十长老作为决策机构。由政府任命的总督（överståthållaren）处于强势地位，主持地方法官和长老的会议；如果要取得任何具体成果，这位总督必须精力充沛⑧。

　　1850年代是斯德哥尔摩城市发展史上的一个转折点。人们在讨论多项重大项目，并开始动工。这时候的斯德哥尔摩基本上是一个航运和贸易城市，它首先启动了港口建设和对装备进行现代化的改造。1850年代的"城岛（Stadsholmen）"周围水岸两边都是新码头。⑨同时，第一个煤气厂竣工，给水排水主干管开始规划。铁路也在这个时候出现了。由国家铁路公司负责，根据在议会（riksdag）中作出的决定，三条长途铁路主干线从斯德哥尔摩向外辐射。因此，要在市中心建设一个主线火车站，铁路总工程师尼尔斯·埃里克森非常着急要解决这些问题。起初城市倾向于两个"倒车站（Reversing Station）❷"的想法，主要是因为他们担心规划中的梅拉伦湖上的铁路连接将对港口带来不利影响。然而，埃里克森的想法得到了中央政府的积极响应，主线车站位于西部北玛尔玛在以前的海岸克拉拉（Klara sjö）。第一段于1860年开通，连接线路（Sammanbindningsbanan）于1863年开工并于1871年开始运营。自此，斯德哥尔摩获得了一个所有主要铁路干线都相交连通的中心火车站，其选址有利于市中心的发展，而其他首都城市多在当时的城市边缘选址建设多个火车站。

　　铁路连接线的问题与码头扩建规划有关；地方法官和五十长老的大多数成员都想通过在立达霍尔门（Riddarholmen）建造码头来反对铁路连接线的想法，但政府和州长力促投资合并的码头，和沿着尼布洛维肯（Nibroviken）滨海大道（Esplanade）的未来的项目斯特兰德瓦根（Strandvagen）。工程始于1861年，它为斯德哥尔摩提供了第一条宽阔的林荫大道。从交通角度来看，斯特兰德瓦根也许不是当时最紧迫的项目，但几十年来，它是城里最时尚的街道，适合散步和呼吸新鲜空气。

铁路线和码头的建设，以及它们的连接方式，是对未来城市发展至关重要的问题，但当时尚无总体规划。1846 年，在私人倡议下，针对"城岛"地区的规划启动了。这项规划是由建筑师切委兹（G.Th.Chiewitz）主持的，但可惜原规划资料没能保留下来。不过，它被引用了多次，例如 1857 年在市政厅关于需要征用伯格斯庄园（Burgers' Estate）建设公共建筑项目的论证中，就使用了这个规划。其中一位演讲者提到了当时在巴黎的规划，要求相应制定"城岛"的规划[⑩]。他的要求获得满足，并且得到了比他预想更进一步的成果：由建筑大师鲁德伯格（A.E.Rudberg）在 1860 年提交规划，并在 1862 年出版了规划修订版[⑪]。这个规划中，除了几个重要的历史古迹建筑被保留之外，旧建筑被夷为平地，取而代之的是笔直的街道和规则的地块（图 13-2）。在对规划的辩护中，鲁德伯格解释了大规模拆除旧房屋的原因，描绘了一幅原有城市结构及其诸多缺陷的黯淡图景。

鲁德伯格的规划当然没有那么容易获得市政府的认可。然而，早在 1857 年——也就是议会要求城市规划正规化的同一年——有一位名叫舒尔德海斯（A.E.Schuldheis）的梳子制造商在地方长官和长老会议上提出议案，要求制定"一个……持续改善和美化城市的计划"[⑫]，为此应该组织一次规划竞赛。这个方案建议规划应该以"城岛"为中心，并扩展到全市的范围。然而，舒尔德海斯的建议是模糊的和准备不足的，当他正要撤回时，另一个成员宣布，如果舒尔德海斯撤回提案，他将采纳它作为自己的建议再次提出来。舒尔德海斯的建议受到了强烈的批评，其中有人说，一个规划无论如何都只不过是一个绘图板上的产品，没有人能承诺

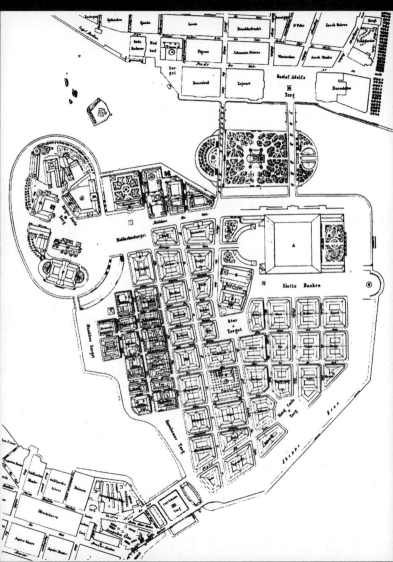

任何事情。自然，人们也担心规划会威胁到土地所有者的利益，此外，这个想法与保守主义和谨慎相冲突，这是当时典型的市政政治常态。尽管如此，会议最后还是以 18 票对 13 票决定任命一个委员会来研究这个问题。18 个多月后，委员会作出了一份报告，在报告中，委员会支持甚至阐述了舒尔德海斯的想法：制定一个全面改善所有码头、街道和广场的规划，还应该包括建设新街道、种植树木等建议。但是一年后，在 1860 年，当地方长官和五十长老再次讨论这个问题时，他们宣称制订这样一个规划的时机还不成熟；他们还提到，没有任何充分的前期调查作为基础。

　　但根本性的变化已经迫在眉睫。1862 年，上述市政改革终于通过，同年，41 岁的比尔特将军（Gillis Bildt），瑞典前首相的曾祖父，被任命为斯德哥尔摩总督。比尔特是一个精力充沛、积极进取的人，他渴望斯德哥尔摩能继续前进，并成为更加健康、效率更高的城市。也许他是受到当时奥斯曼的启发，奥斯曼当时知名度很大，且尚未遭到过任何严厉的批评。1863 年初，比尔特致函市政当局，提到舒尔德海斯的提议，并强调了制定区域规划的必要性，包括现有的城市结构和尚未建设的地区。规划还应考虑如何提升交通，加强郊区和市中心的联系，并且尽可能把路网交通覆盖到城市边缘的街道、码头和外围地区。他的信件还包括对规划改进方案和街道增设的具体建议。比尔特的一个重要观点是，这个规划不包含桥间城镇；他承认那里的规划建设工作也很紧迫，但觉得那里的工作十分复杂并且成本很高，需要作为一个单独的项目来另行考虑。比尔特这点和奥斯曼不同，奥斯曼的工作基本点是对于老城市核心区的清理。比尔特的目标也不同于柏林和哥本哈根，这两个城市几乎与奥斯曼的巴黎接近，采用了类似在老城区开辟新街道的方式，对原有城区结构进行开膛破肚的穿越式改造。斯德哥尔摩的城市建设的范围，没有包括"桥间城镇"的老城部分，对于后来的斯德哥尔摩来说意义重大。城市中世纪的核心区因此而被保存下来了，现在我们也可以发现它就是一个简单意义上的"老城"[⑬]，注定要失去其作为北玛尔玛市中心的功能的新机会。[⑬]

　　按照总督的信，城市工程师沃尔斯特伦（A.W. Wallström）被要求与上述的鲁德伯格一起制定必要的总体规划，后者曾经为"桥间城镇"制定了一个有价值的规划[⑭]。市议会为这项工作划拨了必要的资金。该方案先后以七个地段的规划形式提出（图 13-3），其中第一个规划于 1863 年秋天提交。随后，就像几年前霍布雷希特的柏林规划一样，斯德哥尔摩的整个城市规划的图纸是整合了一系列先前子项规划的二次组合成果[⑮]。因此，每个地区都是单独规划的，这可能意味着最重要的城市整体关系没有得到充分的考量；而鲁德伯格和沃尔斯特伦似乎更注重细节，而不是从整体考虑，柏林的霍布雷希特也是如此。因此，原有城市结构基本保持完整，除了规划中的中央车站附近有一些改进之外。

　　城市北部片区之间缺乏充足的交通考虑。有人建议在约翰娜（Johannes）地区建一个地下隧道，但其通行能力没能与西边城市路网系统作很好的对接，难以形成足够的通行量。新区域的规划是通过在现有街道上增加延伸部分（通常会更宽）来实现的，但总体上街道宽度还是控制得比较谨慎。新创建的十字路口带来了大街区网络的混乱；同时，直通道路系统似乎也没有得到足够的重视。绿树成荫的街道和公园主要集中在城市的外围，对中心区的状况几乎没有任何实际影响。与霍布雷希特的柏林规划一样，按照总督本人的指示，市区的很大一部分被城市边界的环形林荫大道包围。在几个地方已经规划了集市

图 13-3　斯德哥尔摩。鲁德伯格和沃尔斯特伦改善圣克拉周边地区的项目，这是斯德哥尔摩的七个地方规划之一，1863 年。（来源：斯德哥尔摩孔利加图书馆）

广场。规划中还包括一些星形"广场"，主要位于环形林荫大道上。总而言之：鲁德伯格和沃尔斯特伦的提议当然是出于最好的意图，其细节在许多情况下都是经过深思熟虑的，但它对斯德哥尔摩城市环境的改善，缺乏基本的伟大愿景。

1864 年，鲁德伯格和沃尔斯特伦的方案先后由总督提交给新成立的财政委员会（drätselnämnden）。这是市议会下属的一个实体，于 1863 年开始运作。显然，总督预判市政当局对这个问题的处理将主要限于划拨必要的资金。但财政委员会并不准备马上批准新规划。相反，它任命了一个特别委员会来审查该方案。无论是对规划进行评估，还是为了展示市政府的新自治权，该委员会都必须保持开放态度。无论如何，这个委员会的工作实际上由常任副国务卿和后来的最高法院成员阿尔伯特·林德哈根主导，他很快成为该委员会的主席。结果是鲁德伯格和沃尔斯特伦的规划思路被宣布无效。林德哈根主持下的委员会的报告以新规划方案的形式于 1866 年提出，并于次年发表⑯。

这个规划高瞻远瞩，具有广阔视野和说服力，它代表了斯德哥尔摩规划史上的高水平（图 13-4、图 13-5）。但是，我们应该稍加谨慎地接受林德哈根委员会对鲁德伯格和沃尔斯特伦规划方案的批评看法，因为这是工作必要且重要的出发点，林德哈根委员会并给了它对规划工作的具体想法。

林德哈根委员会规划方案最引人注目的元素，是一个宽度达到 70m 通长的大道，横跨整个北玛尔玛，从布伦斯威肯（Brunnsviken）至古斯塔夫 - 阿道夫 - 托格（Gustav Adolfs Torg），"宽阔的……交通、空气和明亮光线的……大动脉。"⑰这个宏伟的大道是 19 世纪最伟大的规划项目之一，其北段跨越了尚未开发或者开发不多的地段，南段则穿越了整个布伦克伯格

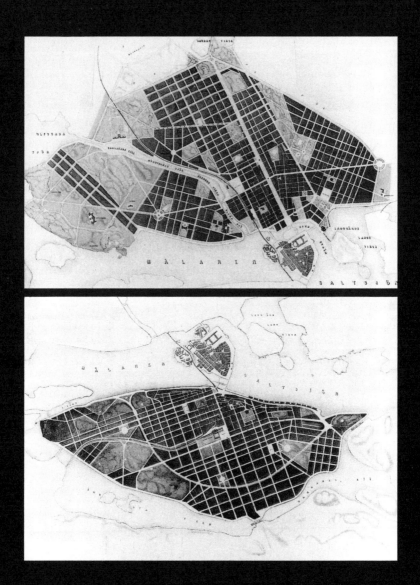

图 13-4 斯德哥尔摩。林德哈根委员会（Lindhagen committee）于 1866 年提出的改善和扩建城市的方案。上图：北段。下图：南段 [来源：由塞林（1970 年）提供资料]

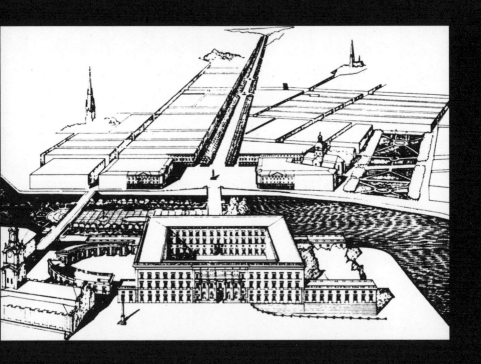

图 13-5 斯德哥尔摩。根据林德哈根委员会的项目，斯维瓦根（Sveavagen）、塔格·威廉·奥尔森（Tage William-Olsson）重建的透视图。[来源：圣埃里克斯·阿斯博克（Sankt Eriks årsbok，1930 年）]

（Brunkeberg）进入布伦克伯格山脊，从北到南跨越北玛尔玛中部的建成区，为它让路而必须拆除的建筑物是阿道夫弗雷德里克教堂（Adolf Fredrik's Church）。在这东边规划了一条稍微狭窄的绿树成荫的街道，它像箭头一样笔直穿过整个城市的北部地区贝尔兹里公园（Berzelii）。东西连接采用一条街道朝向附近的星形广场——现在的弗里德姆斯街区（Fridhemsplan），以对角线方式通过昆斯霍尔门（Kungsholmen）的街道网络到北玛尔玛，与现有的街道路网对接。开放的模式有利于交通连接布伦克伯格，然后再采用对角线模式穿越东玛尔玛（Ostermalm）到另外一个新的星形广场——现在的卡拉普兰（Karlaplan）。在北玛尔玛南边，已经打开了一条宽阔的大路通过原有的城市结构，从贝尔兹里公园穿过国王大街花园（Kungsträdgården），并沿着雅各布斯加坦的整个长度，到达现在的泰格尔巴肯（Tegelbacken）。北部的主要路线是在卡尔博格斯瓦根（Karlbergsvägen），大致在现在的俄登嘎坦街道（Odengatan）。其他道路则包括码头和道路，沿着堤岸码头和林荫大道，围绕北部的建成区和城市的东边。

在南玛尔玛（Södermalm）原来的主要街道系统中，霍恩斯加坦（Hornsgatan）街和哥加坦（Götgatan）街将被拓宽，一条环路将环绕着大部分用地。然后，借助坡道或高架桥通往索德马尔莫斯托克（Södermalmstorg）的交通，可以破解之前尴尬的交通问题，使之前南玛尔玛（Södermalm）到低洼路堤的交通得以改善，该地区之前由几处障碍性岩石山体组成。鲁德伯格和沃尔斯特伦的规划方案在同一地点包括一条环路，但与堤坝没有任何直接联系。隧道是为了满足抵达这里的交通需求。

在南玛尔玛单独的规划图上，林德哈根委员会提出了将主要街道系统与城市周围路网连接起来的建议，并建议拉直几条道路以建造新的路段。[⑱]

　　这个方案的显著特点是丰富的公园绿地系统。特别值得一提的是，哈姆来公园（Humlegården）与环形林荫大道外的林地和公园区相连，一直延伸到城市边界。从哈姆来公园出发，一条绿树成荫的大道通向贝泽丽（Berzelii）公园，该公园也因充满了整个尼布罗维肯（Nybroviken）而大大扩展。这个公园与国家博物馆以东的布拉西霍尔门（Blasieholmen）上的另一个公园相连，并通过现在的北玛尔玛斯托格（Norrmalmstorg）的绿地进一步与昆斯特拉公园相连。规划还提出了许多其他公园，主要位于难以建设的地形范围。

　　在北玛尔玛，林德哈根委员会建议在与鲁德伯格和沃尔斯特伦指出的大致相同的地点上，建造两个大型集市广场：一个在现在的诺拉班托吉特（Norra Bantorget）附近，另一个在尼布罗维肯（Nybroviken）以东。至于地块的设计，林德哈根委员会的方案与鲁德伯格和沃尔斯特伦的方案几乎没有分歧；两个方案中，地块都是矩形的；有些地块尺度非常大。然而，应该指出的是，林德哈根版本包括在卡尔贝格斯韦根北部和其他部分的街区绿化种植前院。林德哈根委员会的提议除了标明几座教堂的地点可以这样实施外，不考虑用于新的公共建筑；在这方面，它与大多数其他首都城市规划不同。也许委员会受到与最近竣工的国家博物馆建筑有关的所有筹资问题和不断增加的费用的影响。但是，一两座公建的建设投资成本，还是可以比所有这些宽阔的大道系统的投资额度，相对可实现一些。

　　林德哈根委员会规划方案的思路并不是随意的，从其所附的解释中可以得出结论。依据其他国家经验，规划者推测斯德哥尔摩的人口将从 1865 年的 12.6 万人迅速增加到 1890 年的 20 万人和 1915 年的 30 万人。事实证明，这一预测非常准确：实际上分别为 24.6 万人和 36.4 万人。委员会认为这一人口增长过程是有隐患的，但也无法阻止。因此，必须通过有远见的规划等方式，来预防其消极后果。委员会认为，如果可能的话，规划有效的交通路网线路，建设适当宽度的街道，种植树木，建设堤防和大量公园，是针对"我们城市的所有可能糟糕结局的重要补救措施，如果没有这些措施，会带来危害身体健康、导致严重污染、破坏社会心智⑲的后果。

该方案还讨论了规划实施，这部分的措辞语气出人意料地带有防御性，大概是因为规划编制者非常清楚政治上可能的情况。规划实施主要依赖土地业主自愿清理和自主开发。城市当局的建设活动仅限于为街道道路征地、建设街道道路，并采用分阶段措施，与土地业主自主开发活动同步。根据过去几年的建设规模推算，估计实施将需要 63 年。在此期间，许多街道上的一些房屋比其他房屋后退道路更远，委员会认为这不是个特别严重的不利条件。在整条街道拓宽之前，这样形成的未建造的口袋场地可用于绿化。委员会看来对拟建的街道道路的工程困难和成本问题采取了轻描淡写的态度。

这份伟大的城市规划方案及其附带的讨论，是委员会的正式产物。除林德哈根外，委员会还包括两名建筑师——P.J. 佩克曼和路德维希·哈维曼（P.J.Pekman, Ludvig Hawerman），一名引擎工程师雷·琼纳克（F.W.Leijonancker）、一名房屋制造商及承包商阿克尔·阿尔姆（Axel Alm）。所有成员都是当地政客。但学者塞林（Selling）认为林德哈根是该规划的主要作者，当然，这也是林德哈根同时代人对他的看法。此外，在林德哈根的著作中，规划评论的原始手写版保存了下来。正如学者

塞林所说，除了林德哈根之外，最重要的角色可能是莱乔南克
（Leijonancker），他有过广泛的国外旅行经验，熟悉国外城市正
在经历的事情，并且还规划了斯德哥尔摩的第一条水管[20]。

外界对林德哈根委员会规划方案的反应褒贬不一。例如，《斯
德哥尔摩日报》（*Stockholms Dadblad*）写道："人们可能认为这
仅仅是大规模的规划推销"，并认为这种激进而深远的重建是完全
没有必要的，而其他人可能会承认规划的适当性，但会从所涉及
的代价中退缩。但就该报本身而言，他们认为应尽快通过该方案，
而不是推迟到不确定的未来，否则实施方案的困难只会增加[21]。其
他评价则持谨慎态度或怀疑态度。总的来说，正如《斯德哥尔摩
日报》所担心的那样，人们似乎觉得这个规划"太宏伟了"。

林德哈根委员会完成规划方案工作后，规划就悬而未决地拖
延了八年。对此似乎没有任何明显的单一解释。一个重要的因素可
能是 1860 年代[22]后期房地产市场的低迷；因此总体规划的问题似
乎不是很紧迫。另一种解释可能是，总规方案的规模和复杂性使人
们尽可能地推迟问题的解决。此外，正如学者塞林指出的那样，如
何处理整个议题存在诸多困难。城市没有相关领域的专家官员，城
市建筑师也没有参加规划讨论，因为规划不被视为建筑学的一部
分，而城市工程师自己的规划建议被林德哈根委员会拒绝了。此
外，这两类人群（指城市建筑师和城市工程师）都对治安法官领导
下的旧贸易和财经委员会（handels-ochekonomikollegium）负责，
该委员会监督城市的建设活动，并且不被新的市政组织机构所接
受[23]，因此大家都不清楚由谁来作决策。

到 1870 年代初，建设活动再次开始回暖；例如在 1872 年，
两家房地产开发公司成立，两家公司都对未来的运营制定了宏
伟的规划。在私人主持下实施了若干地方街道改造规划[24]。很明

显，如果城市想保持对发展的任何控制，就必须采取行动。城市
建筑师等人还敦促财经委员会再次开展规划活动。行政问题正在
解决。在 1870 年批准的建设附则中，颁布法令规定，"有关建造
新街区或改变旧街区的问题应由市议会处理"。一个委员会正在
着手废除旧的贸易和财经委员会，以结束新旧市政机构的双重领
导，从 1874 年起，新的财经委员会由一位建设主任作为专家。
1874 年全国所有城镇的建设条例也非常重要；它们是由阿尔伯
特·林德哈根起草的。规定建设问题应由专门的建设委员会处理，
而不是由地方官下属的部门处理。此外，必须强制性地要求各个
城市制定规划。

　　1874 年 1 月，斯德哥尔摩总规的问题终于被再次讨论。就
这样开始了五年的方案提出和反对，推荐和评论，保留和修改，
一次又一次的妥协，一次又一次的投票，规划最终被接受㉕。规
划问题首先在财经委员会的一个特别工作小组委员会中讨论，林
德哈根是该委员会的成员。接下来，规划方案被提交给起草委员
会（Beredningsutskottet），该委员会将它们发送给包括建设委
员会在内的各个机构征求意见，然后将方案提交给市议会。一旦
该规划得到理事会的批准，就必须由执政长官提交给政府批准。

　　这里甚至无法用最简单的纲要性文字来描述规划方案的艰
难过程，因为它们在市政机构中历尽曲折。在工作小组委员会
的第一次会议上，很明显，意见是多种多样的，冲突不可避免。
为了推动规划方案前进，并防止规划外的矛盾，1875 年㉖批准
了一项部分规划，涉及东玛尔玛的一个基本未建成的小场地范
围。原则上它遵循了林德哈根委员会的街区划分原则，但砍去
了规划的对角线街道。事实证明，这是对委员会方案的几次致
命打击中的第一个。另一个是发生在新规划方案中，新的城市

工程师鲁道夫·布罗丁（Rudolf Brodin）以及新任命的建设总监科诺斯（C.J. Knös）于 1876 年年初，受委托制定一个新的规划方案。该方案（图 13-6）被称为"代表方案"，旨在简化委员会拟议的开发规划并控制建设成本，在某些方面符合鲁德伯格和沃尔斯特伦的规划。林德哈根委员会方案上的所有主要街道要么被缩小规模，要么被移动位置，要么被彻底取消。啤酒花农场（Humlegården）东北部的街道被拓宽为滨海大道，即现在的卡拉瓦根（Karlavägen）；㉗这条滨海大道还将延伸到城市北部的规划范围。东边的外环大道被废弃，主要是因为它会触及皇家土地，而所涉及的相关机构不顾一切地维护自己的个体利益。政府似乎也持这种态度。与维也纳相比，这里有一个显著的不同，在维也纳，奥地利国家中央政府理所当然地认为国有土地 ❸ 应该为了城市的利益和改善而开发。

　　对林德哈根来说，新任命的规划小组的不同的规划思路，对他原来的规划来说是一个严重打击，但好在他之前就已经准备好了答案。㉘甚至在布罗丁（Brodin）和克诺斯（Knos）完成他们的工作之前，他就已经根据委员会方案中的想法为北玛尔玛提出了一个新的规划。在接下来的几年里，这个议题慢慢地通过了所有必要的层面。㉙例如，市议会在 1877 年 11 月至 12 月召开了八次会议，次年又召开了三次会议，才完全处理了北玛尔玛规划。所有这些会议的讨论往往围绕着细节——街道的宽度或延伸等——而不是从整体上处理规划。有时甚至在一条街道的不同部分进行单独的投票。选票往往以微弱多数赢得，支持者和反对者从一个问题转向另一个问题，决策在一个层面上以一种方式进行，而在另一个层面上以另一种方式进行。林德哈根似乎是政治家中唯一从深思熟虑的整体观点出发的人，他坚持不懈地为他

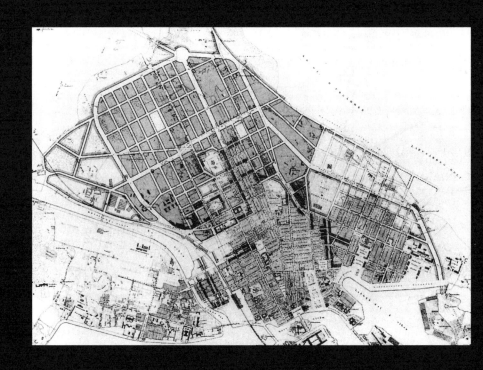

图 13-6 斯德哥尔摩。1876 年扩大北玛尔玛的"代表规划（the delegates' plan）"。[来源：学者塞林（1970 年）]

的提议而奋斗。反对他的是控制成本、力图节俭的鼓吹者，各种房地产利益相关者㉚和各种专家。古斯塔夫·内尔曼（Gustaf Nerman）是一位工程师和作家，曾在 1862 年哥德堡城市规划竞赛中获奖，是一个严肃的对手。在许多方面，他持有进步的观点，但他似乎不喜欢林德哈根规划中长而宽的街道。他还代表上述一家房地产开发公司的利益发言。他强烈批评林德哈根的规划思路，有时也许纯粹出于维护自己声望的原因，转而支持了城市工程师和建筑总监提出的其他建议。

最激烈的斗争围绕着规划中的比尔格·贾尔斯加坦（Birger Jarlsgatan）展开，根据林德哈根的说法，该方案应该扩展到尼布罗维肯（Nybroviken）。一个强大系列的想法，继续斯图雷加坦到北玛尔玛斯托格；该小组包括两家房地产公司的代表，他们参与了这条街沿线和啤酒花园东北部邻近地区的开发。然而，林德哈根在这一天的讨论中险胜（46 票比 45 票）。㉛另一方面，比尔格·贾尔斯加坦的规划方案中，其上部没有林德哈根设想的直线延伸。根据代表们的建议（图 13-6），奥登加坦（Odengatan）将在其长度方向中间的正方形（大致相当于现在的奥登普兰 Odenplan）稍微侧移，但林德哈根成功地实现了一条笔直的街道，尽管没有他想要的那么宽。这场胜利也是以一票险胜。在林德哈根委员会的方案中，卡拉普兰是星形的。在代表规划的思路中，这个广场被完全放弃了，他们建议使用一个"正方形"的广场。在这个问题上，林德哈根也在市议会中获得了多数席位，星形广场得到了批准。此外，决定斯维瓦根继续通往阿道夫·弗雷德里克斯·基尔科加塔（Adolf Fredriks Kyrkogata），但其宽度从 70m 减少到 48m；孔斯加坦的最西端也已确定，但其宽度从 24m 减少到 18m。然而，在其他重要观点上，林德哈根被彻底打败了。

孔斯霍尔姆（Kungsholmen）的规划也引起了相当大的争论，决策过程也有类似的经历。主要集中在是否接受林德哈根委员会对角线通道的提议，通过将皇后岛街道（Drottingholmsvägen）延伸至孔斯霍尔姆贯穿整个地区，或者按照代表们的建议，这意味着拓宽弗莱明加坦（Fleminggatan），让一条短的十字路口将道路从那里连接到德洛特宁霍尔姆斯瓦根（Drottningholmsvagen）。起初，林德哈根的替代方案得到了积极的回应支持，但是，一位孔斯霍尔姆居民代表向当地议员们提交了一个修改版，并成功地击败了对林德哈根方案的支持[32]。

塞德拉姆（Sodermalm）的规划争议较小，在市议会的一次会议上讨论。这里的一个重要特点是环城路（Ringvägen），它以各种修改形式出现在所有方案中。霍恩斯加坦（Hornsgatan）也将扩大[33]。

北玛尔玛规划于 1879 年获得批准，孔斯霍尔姆和南玛尔玛的规划于 1880 年获得批准。[34] 这三个规划，可能除了南玛尔玛之外，都是典型的妥协产物，缺乏林德哈根委员会规划方案的一致性和广阔视野。但是，尽管如此，获批方案还是作出了尝试，提供路网交通系统，它主要来源于林德哈根的各种建议。总的来说，批准的规划是可行的，适合现有资源。但是，许多问题暂时被搁置，例如现有建成区的改造重建，以及在各个地区之间建立良好的交通连接。

斯德哥尔摩的这些规划活动是在伟大的建设时代到来之际完成的。在接下来的几十年里，每年新增库存建设单位很少低于 5000 个；有些年份，这个数字超过 10000 个。[35] 随着 1879—1880 年的街道网络规划被批准，密集的城市核心蔓延到旧的摇摇欲坠的地区和前绿化园林区。城市政府的责任通常仅限于建设街道道路，这必然涉及广泛的土地交易。就像几十年前在巴黎一样，事实证明，购买整块地开发房地产，并在道路铺设竣工后出让成熟的土地地块，比只征用规划的道路用地部分更有利可图。因此，到 1895 年年底，城市以超过 3200 万克朗的成本获得了总面积近 500 万 m^2 的土地。开发成熟后，仅一小部分土地被再出让，但很明显，土地价值的增加将大大有助于支付道路改造的费用。[36]

1879—1880 年批准的规划在 20 世纪的前几十年基本实施。但在世纪之交，新的不同的规划理想出现，很快卡米洛·西特学派在瑞典的第一位推崇者佩尔·奥洛夫·霍尔曼（Per Olof Hallman），成为斯德哥尔摩城市规划负责人，并为内城的一些未建成的岩石地区制定规划。

尽管城市成功地实施了规划，但事实证明，1874 年的建设条例和基于它们的城市规划都缺乏足够的法律影响力。1907 年，一项《城市规划法案》公布，使城市规划有可能制订包括有关建筑物设计的具有约束力的规定。[37]

林德哈根委员会规划方案中的一些想法在 1870 年代的市议会讨论中保留下来了。1887 年批准将孔斯加坦延伸至斯图热普兰（Stureplan），1896 年批准将斯韦瓦根延伸至孔斯加坦。1928 年，新任命的城市规划总监阿尔伯特·利林伯格（Albert Lilienberg）提出了一个总体规划方案，其中最显著的特点是斯维瓦根应该扩展到古斯塔夫·阿多尔弗斯·托尔格范围（Gustav Adolfs Torg），但其街道的版本比林德哈根设想的更窄。直到 1945 年，这仍然是斯德哥尔摩规划辩论中最具争议的问题，当时市议会决定斯维瓦根应该在克拉拉伯格斯加坦（Klarabergsgatan）结束。

最近，北玛尔玛范围根据 1947 年、1962 年和 1967 年[38] 提出的市中心规划进行了彻底的调整。这些规划中，林德哈根委员会规划方案中的许多特征再次出现，例如斯特罗门（Strömmen）和布拉歇赫尔门（Blasieholmen）的道路交通路线，雅克布斯加坦（Jakobsgatan）那里考虑了更宽阔的道路，以及开通从西部北玛尔玛到东玛尔玛的东西向道路连接的想法。[39] 当然，这并不意味着现代规划是从林德哈根规划中衍生出来的。相反，这些问题在许多方面是相同的，因此产生了类似的解决方法和规划方案。

注释

① 在 19 世纪下半叶欧洲各国首都的城市规划中，斯德哥尔摩的规划工作属于开创性的，1970 年学者塞林的研究，针对斯德哥尔摩规划决策的全过程提出了详细的说明。塞林的工作为本书关于斯德哥尔摩的规划研究，提供了主要资料来源。塞林在 1960 的研究可以看作是对后来的研究工作打下了基础。他在涉及斯德哥尔摩的规划论述中，虽然篇幅简短，但提到多位学者的开创性研究工作，包括 G. 包尔森（G. Paulsson，1950 年）、格杰瓦尔（Gejvall，1954 年）、T. 包尔森（T. Paulsson，1959 年）、拉伯格（Råberg，1979 年）和托马斯·霍尔（1991 年），第 185 页。学者哈马斯特伦（Hammarström）在 1970 的工作，关注了同期斯德哥尔摩商业和工业城市经济发展的角度。

威廉·奥尔森在 1937 的研究，提供了一个典型的经济地理的发展范例。学者林德伯格在 1980 年的研究中也描述了市政政策的发展。学者霍格博格（Högberg）在 1981 年的研究，包括斯德哥尔摩的历史概述，尤其是对于城市发展的广泛研究。

② 斯德哥尔摩中世纪的发展的基础研究工作来自于 1953 年的学者阿赫恩伦德（Ahnlund），学者托马斯·霍尔在 1974 年提供了详细的文献研究。

③ 关于 17 世纪斯德哥尔摩城市的发展，请见学者托马斯·霍尔在 1970 年的研究和文中提到的文献；参见拉伯格（Råberg，1979、1987 年）。拉伯格提出了一个关于古斯塔夫二世统治时期的规划理论，反对者可以提出看法。但是，这个问题的讨论都超出了我们目前的主题范围。

④ 关于这些发展，特别见哈马斯特伦
（Hammarström，1970 年）和阿赫
尔柏格（Ahlberg，1958 年）。

⑤ 关于瑞典 18 世纪的规划，见尼瑟尔
（Nisser，1970 年）。

⑥ 参看霍尔（1991 年），第 174 页和
第 189 页及以下各页。关于于默奥
（Umeå），见埃里克森（1975 年）。

⑦ 引自塞林（1970 年），第 2 页。以下
叙述主要基于这项工作。

⑧ 关于此时斯德哥尔摩的行政组织，见
霍杰尔（Höjer，1955 年和 1967 年）。

⑨ 参看哈马斯特伦（Hammarström，
1970 年）。

⑩ 1856 年和 1857 年在斯德哥尔摩议
会由议会市民选举记录（Protocoll
hallna hos vallofliga borgarestandet,
vid lagtima riksdagen I Stockholm
aren 1856 och 1857），III， 第 257
页（1857 年 4 月 22 日）。

⑪ 鲁德伯格（1862 年）。参看关于该规
划的评注，见第 297 页，注 20。

⑫ 引自塞林（1970 年），第 4 页。

⑬ 威廉 – 奥尔森（William-Olsson）在
1937 年报道的数据中可以遵循这一
过程。塞林在 1973 年专门研究了关
于《旧城》问题的讨论。

⑭ 引自塞林（1970 年），第 6 页。

⑮ 学者塞林（1970 年）的研究中，部
分规划的图纸组合（图 3 和图 4）是
有他制作的。在讨论 19 世纪 60 年
代时，还尚未有这样的图纸组合。

⑯ 声明与斯德哥尔摩街道监管的建
议（Utlåtande med förslag till
gatureglering I Stockholm）。

⑰ 同上，第 42 页。

⑱ 发表于塞林（1970 年），图版 5 和 6。

⑲ 关于斯德哥尔摩街道监管方案的声
明，第 4 页。

⑳ 塞林（1970 年），第 13 和 47 页。

㉑ 斯德哥尔摩 Dagblad 1867 年 6 月 15
日，此处引自塞林（1970 年），第
13 页。

㉒ 参见哈马斯特罗姆（Hammarström，
1979 年），第 33 页及以下各页和图 4。

㉓ 塞林（1970 年），第 13 页及以下各页。

㉔ 塞林（1970 年）在林德哈根（1970
年）的著作和一篇特别论文（1975
年）中讨论了这些房地产开发公司。

㉕ 许多规划建议方案出现在塞林
（1970 年）的大规模复制品中。

㉖ 塞林（1970 年），图版 9。

㉗ 这是公共工程和建筑委员会
（överintendents-ämbetet）在审查
上述 1875 年北玛尔玛部分地区的规
划时建议的，并参考了建筑条例中
关于滨海景观大道（esplanade）的
法令。

㉘ 塞林（1970 年），图版 11。

㉙ 同上，图版 12~16。另见第 279 页
及以下各页。

㉚ 由于采用了加权投票制度，房地产权
益在市政机构中占有重要地位，这意
味着大量房地产利益相关者在市议会
选举中获得了大量选票。

㉛ 塞林发现，在十二名市议会成员中，
肯定有人是其中一家公司斯德哥尔摩
建筑协会（byggnadsförening）的
股东，有十人投票支持斯图雷加坦
替代方案，只有一人投票支持比尔

格·贾尔斯加坦；第十二位股东不在场（塞林，1975 年，第 223 页）。

㉜ 参见塞林（1970 年），图版 17~20。

㉝ 图 21 和 22 板块。根据代表们的建议，市议会重新引入了路德博格（Rudberg）规划的隧道和沃尔斯特伦（Wallström）（虽然东部隧道的位置不同）；但是当政府批准该规划时，他们被排除在外。

㉞ 参见塞林（1970 年），图版 23 和 24。

㉟ 哈马斯特伦（1979 年），图 4。另见石头城的建筑师（Stenstadens arkitekter，1981 年），图 3。

㊱ 斯德哥尔摩（1897 年），第 242 页

ff。之后似乎没有对城市房地产交易结果进行任何评估。斯德哥尔摩，1897 年，第 242 页。

㊲ 参见托马斯·霍尔（1991 年），第 180 页。

㊳ 参见托马斯·霍尔（1985 年）。

㊴ 1887 年 4 月，阿尔伯特·林德哈根在他的最后一次市议会会议上提出了一项建议，即铺设一条穿过布伦克贝格山脊的道路交通路线，从诺拉班托盖特到恩格尔布雷克茨普兰，作为昆斯加坦延伸的替代方案。该方案被拒绝了，但塞林在《城市》杂志提出了反对的隧道方案（1970 年，第 44 页 f 和 50 页）。

译注

❶ Stadsholmen：城岛，瑞典语。

❷ 尽端式火车站。19 世纪铁路大建设时期，伦敦、巴黎、布鲁塞尔、柏林、罗马、马德里和巴塞罗那等主要的首都城市的铁路和火车站的建设，都基本采用了在老城区的外围建设多个尽端式火车站的模式，以联结通向全国不同方向的铁路。一方面避免了铁路穿越老旧城区的问题，但同时也需要解决老城核心地区通往车站的路网交通问题，这在本书的布鲁塞尔的篇章里面专门叙述了其带来的持续的规划问题。

❸ 本书作者在此进行奥地利维也纳和瑞典斯德哥尔摩的"国家土地"（原文"state-owned"）土地态度比较。在19 世纪从君主制度到君主立宪制度到完全废除君主制度的三种阶段和模式中，皇家的土地可能属于"国有"也可能属于皇家"私有"，存在着不同的态度和处理方式。例如，法国革命后新政府就基本没收了之前皇家和教会的土地财产；没有经历过剧烈革命的国家，例如瑞典的皇家的土地态度早期比较接近英国皇家，都坚持属于皇家所有，但英国皇室后来逐渐开放或者捐赠了部分自己的土地财产，例如伦敦的海德公园和摄政公园，奥地利皇家的土地态度在维也纳改造过程中则更为开放、考虑国家形象和公共利益；托马斯·霍尔在本书批评了瑞典皇家在斯德哥尔摩的"皇家土地财产"面对城市改造和开放过程中的保守自私的态度。各国首都在进行近代化建设和规划的过程中，都受到了上述"皇家"产权变迁的很大影响。

第14章

BRUSSELS

布鲁塞尔

中世纪的布鲁塞尔①，因为其区位处在德国科隆和比利时布鲁日之间的贸易线路上的地位角色，而具备了一定的重要性，同时它自身还是毛纺业繁荣的贸易中心。很早的时候，它还是布拉班特公爵（Duke of Brabant）的座城。1100 年左右布鲁塞尔修建了第一道城墙，第二道则是在 14 世纪中叶修建的。第二道城墙长度超过 7km，城墙圈起来的范围很大，墙内的部分到 19 世纪都没有完全开发。城市包括两个部分，每个部分有其特别的自然地形，一个叫作低城（Ville Basse），另一个位于东面更高的山岗上，叫作高城（Ville Haute）。在位于塞恩河（Senne）❶ 两岸河滩成长起来的低城属于城市平民，而位于高城的则是贵族统治的库登堡（Coudenberg）。这种一边是商业城区，一边是皇家城区的二元划分模式，一直延续到今天（图 14-1）。

布鲁塞尔在 16 世纪伴随着维勒布鲁克运河（Willebroek Canal）的修建，迎来了大发展。它与鲁帕尔河（Rupel）和舍尔德河（Schelde）一起，成为通往大海的绝佳通道。同时在 16 世纪，它成为低地国家❷ 的首都，在查理五世皇帝去世后，这座城市被并入菲利普二世的西班牙帝国。菲利普二世企图将荷兰纳入西班牙王国的野心，导致了分裂，南部天主教省份成为西班牙治下的省份，而北部的新教最终成为独立的荷兰。18 世纪，属于西班牙的荷兰部分首先属于哈布斯堡帝国的一部分，在被拿破仑打败后②并入法国。

1782 年，约瑟夫二世（Joseph II）决定拆除荷兰南部所有城镇的城墙防御工事。但直到拿破仑时期，布鲁塞尔才在原来城墙防御工事的基础上开始修建了一圈林荫大道取代其城墙防御工事体系，这些防御工事沿着中世纪的城墙线而建。③ 这项庞大的工程，几乎持续了 19 世纪百年间的大部分时间，才形成了所

图 14-1 布鲁塞尔及其周边地区地形图。杜普伊斯（L.A.Dupuis）的版画，1777 年。[来源：布鲁塞尔圣卢卡萨酋长（Sint-Lukasar Chief）]

谓的"腰带林荫大道（Boulevards de ceinture）"。④ 除了少数部分外，这些林荫大道似乎并没有像巴黎的林荫大道（grandes boulevards）一样成为城镇生活中至关重要的街道；它们首先是城市与其邻近城市之间的边界标记，并作为交通路线；这最后一项功能在本世纪得到了加强，当时改建将腰带林荫大道变成了一条纯粹而简单的交通干道。

不过，在这之前布鲁塞尔的重要发展规划已经开始了。1770年代，公园街区（Quartier du Parc）和皇宫广场（Place Royale）启动建设——皇宫广场的灵感来自波尔多、南希、兰斯、鲁昂等其他法国城市，可以说是布鲁塞尔城市现代规划的第一步。随后，不仅在高城（ville haute），而且在几个郊区和低城（ville basse）的某些街道的范围，确定了后来开发建设的总体思路。在布鲁塞尔的"荷兰时代（Dutch period）"（1815—1830年），当哈布斯堡王朝的维也纳议会确立了下属的荷兰王国在奥兰治-拿骚（House of Orange-Nassau）王朝统治下，"高城区"街道网络的现代化就开始了。首先是延长皇家大街（Rue Royale）——抵达布鲁塞尔公园（Parc de Bruxelles）——接着是环形林荫大道，然后是城市边界之外，并将摄政街（Rue de la Regence）延伸到索布隆圣母院（Notre-Dame-du-Sablon）。这最后一条街道代表了公园一条对角轴线的延伸，并构成了皇家广场的中轴线（图14-2）。几十年后，这两条街道形成了城市空间的焦点，前者位于圣玛利亚教堂（Eglise Sainte-Marie，始建于1845年），后者位于博勒特（Poelaert）的司法宫（Palais de Justice），于1866年开工。⑤

1830年比利时革命在布鲁塞尔开始，第二年新当选的国王利奥波德一世正式进入独立的新比利时王国首都布鲁塞尔。在随

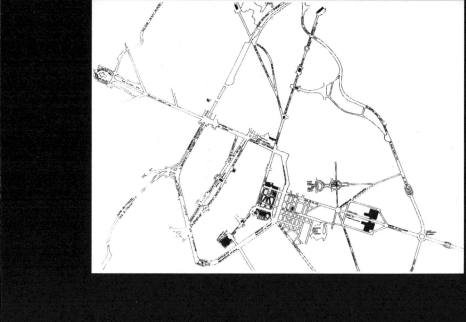

后的几十年里，布鲁塞尔的工业迅速发展，商业扩展迅速，并超过很多其他欧洲大陆城市。欧洲国家许多铁路开始建设并促进了贸易的增长，这些国际铁路线交汇在布鲁塞尔，使之成为北欧最重要的铁路枢纽之一。

　　但是在 19 世纪中期，布鲁塞尔的城市仍然保留着中世纪的城市规模，城区局限在（原来城墙防御体系拆除后的）林荫大道环绕的范围里。所以很多扩张发生在城市边界的外围地区。城市被村庄包围着，这些村庄在本世纪中叶的前后都在快速发展。1838 年，比利时地方政府授权市政当局进行规划，对街块建设进行切分和划分。这类总体规划（plan generale）的第一个案例，与最早开发火车站地块有关，它是火车北站所在的沙尔贝克（Schaerbeek）地段，由政府来制定总体规划。第一版的规划是在 1838 年，第二版也是最终版本则是在 1840 年。该规划由弗朗索瓦·科彭斯（Francois Coppens）制定，是政府与铁路公司合作的成果。城市街块跨越了古老的农田边界，但没有采用十分固定的网格模式，而是因地制宜采用了灵活方式。与铁路平行的是一条有纪念性的大道，有两个圆形的广场和一个带有闭合角落收口的正方形广场。⑥

　　1837 年一家叫"比利时首都土地和改造协会"（Societe Civile pour L'Agrandissement et l'Embellissement de la Capitale de la Belgique）的公司成立，它曾经尝试着对郊区的土地进行扩展开发，这个项目规模更大，力图为城市精英创造一个奢华的环境。这家机构买下了林荫大道东端以外的一块土地，它横跨了两个行政区划下的两个村落。它还紧靠公园街区，能借助公园概念提升项目名气。建筑师蒂尔曼·弗朗索瓦·苏伊斯（Tilman-François Suys）为这个新郊区——利奥波德区（Quartier

Léopold）作了总平面规划，其总图与布鲁塞尔公园的道路做了协调考虑（图 14-3）。这个规划雄心勃勃，希望在传统城区网格框架里面构建一个引人瞩目的新城区，新区的中心整体布局了一系列的公建和公园。

　　利奥波德街区没有马上启动。1853 年该地段划入布鲁塞尔，市政委员会决定延长罗伊街（Rue de la Loi），连接城市和郊区后，才正式开始地块建设。但之前的规划被大大简化了，罗伊街中心地段的仪式性宏大效果也没有实现。建设重点主要集中在建筑设计和新的街区方面，利奥波德街区和新的东北街区（Quartier Nord-Est）融合在了一起。儒勒·安斯帕赫（Jules Anspach）执政时期，由建筑师盖德翁·博尔迪奥（Gédéon Bordiau）编制总图，获得了社区委员会批复。玛丽·路易斯广场（Marie-Louise）和安比奥里克斯（Ambiorix）广场，加上连接它们的帕默斯顿大道（Avenue Palmerston），形成了一个由公园和广场组成的宏大综合群体——与它们周围的城市结构相比，可能有点太大了。[7]这里可以清楚地看到设计思路的发展，从利奥波德街区略带静态的网格规划（grid planning）到东北街区的巴洛克式动感态势（Baroque dynamism），这意味着：即将到来的利奥波德二世（Leopold II）时代，有着更为宏大的规划愿景。[8]

　　另一个备受争议的规划问题与路易丝大道（Avenue Louise）有关。19 世纪 40 年代末，两位土地开发商获得了一项特许权，以便在环形山上开辟一条新的大道，从林荫大道环路到坎布雷森林（Bois de la Cambre）。该项目之所以重要，是因为它能把城市和适合公共公园的林地连接起来。两位开发商未能实现他们的规划，但在中央政府的持续压力和财政支持承诺下，布鲁塞尔当局接管了该项目，完成这条 55m 宽、近 3km 长的大道。为了补偿

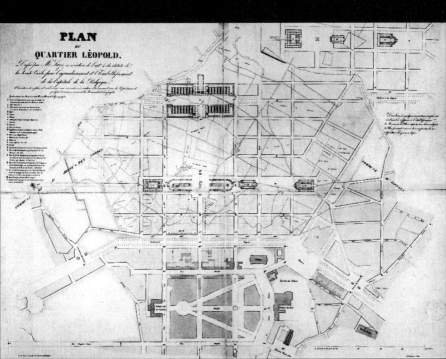

PLAN
DU
QUARTIER LÉOPOLD.

成本，布鲁塞尔市允许——尽管有来自旁边的伊克塞尔（Ixelles）市的抗议——将街道和两侧延展 40~100m 的范围合并在一起。今天，布鲁塞尔市仍然像楔子一样插入相邻行政辖区。路易丝大街两边都是华丽的豪宅，很快就成为布鲁塞尔最时髦的住区之一[⑨]。

　　1830 年以来，布鲁塞尔的人口规模和城市重要性都在迅速增长，并且逐步成为欧洲主要商业中心之一。但到 17 世纪中叶，除了上面提到的高城的变化和低洼地区的一些小调整外，中世纪的街道网络仍然完好，没有受到影响。因此，把多处房产包含在内的第一次城市更新，建设了圣舒贝特购物拱廊街（shopping arcade Galeries St Hubert）（1836—1835 年），这是欧洲城市更新先驱之一，至今仍在运行：狭长的布莱斯街（Rue Blaes）穿过了历史悠久的马罗伦街区（Marollen Quartier）（1853—1860 年）。[⑩]

　　然而，对于管理机构来说，它们主要代表商人精英阶层的利益，显然需要施加重大影响力。他们可以看到奢侈品贸易的增长速度比其他城市慢，而且这种贸易也在倾向于往东边的郊区转移。[⑪]城市里也缺乏任何适合证券交易的场所。在 19 世纪 50 年代，布鲁塞尔关于城市发展的讨论集中在两个问题上：塞恩河，以及通过老城区建立南北道路交通连接线。第一个问题，是塞恩河，城市最初是沿着河岸成长起来的，它有许多支流蜿蜒而行，流经下城区。这带来了不少问题。塞恩河成为城市的下水道，河流污染严重，带来卫生问题。更为紧迫的问题是不断威胁大片城区的洪水。此外，蜿蜒的河道加剧了规划的困难，它使得土地十分碎片化，很难对小片地块和狭窄巷子进行系统化的整理。虽然沿河风景如画，但缺乏特色，很难契合现代化的首都城市的需求

（图 14-4）。19 世纪 60 年代的前半期，人们提出了很多建议，包括调整河道的走向，或者把河道盖住并建设一个排水渠。

第二个主要议题是跨越城区南北的交通，需要提供足够的交通通行能力。在中世纪，最重要的交通干道——斯滕威格（Steenweg）——沿着现在的弗兰德街（Rue de Flandre）、圣凯瑟琳街（Rue Sainte-Catherine）、普列特进军街（Rue du Marche aux Poulets）、赫伯斯进军街（Rue du Marche aux Herbes）的路线向东西方向延伸，一直延伸到现已消失的拉库尔山（Montagne de la Cour）。19 世纪，南北交通变得越来越重要，主要是因为在城市的每一侧都有两个主要的火车站：位于林荫道环线北段外的北站，也位于如今的罗杰广场（Place Rogie）的城市边界外，还有林荫道环内的中心车站，在今天的鲁佩广场（Place Rouppe）。火车北站是荷兰、德国、安特卫普和列日 ❸ 铁路的到发站，而中心车站是法国、比利时南部和大西洋海岸线城市过来火车的到发站。

这两个车站带来了大量来往于市中心的交通需求。但是，承载这些交通流量的南北路网是完全不够的。解决这一问题首先需要尝试修建中央大街，从南站向北连接市中心，这条大街分为两个阶段。火车北站的位置，在 17 世纪时可从新街到达，新街的最北端稍有改道。但是，这些街道的通行能力很差，特别是在非常狭窄的中心路段弗里皮尔斯街（Rue des Fripiers），那里的圣尼古拉斯教堂仍然朝向街道。19 世纪 60 年代，人们准备将中央车站迁至林荫大道环线外的新地方[12]，这使得情况更加复杂；这将使两车站之间的交通更加糟糕。人们提出了各种各样、或多或少切合实际的建议，以连接北站和中央车站，例如沿着穿过城市的宽阔街道运行一条双轨线路。[13] 林林总总的建议最终汇集成为

图 **14-4**　布鲁塞尔。在塞恩河被覆盖之前，沿河建筑。后来建设了位于市区中心的林荫大道。(来源：布鲁塞尔的圣卢卡萨酋长的老照片)

一个可行的规划项目，并得以实现，这在很大程度上归功于一个人，这就是朱尔斯·安斯巴赫（Jules Anspach），一名律师和政治家，1863年，他年仅34岁时，就出任市长。

因此，安斯巴赫到任时，已经有很多建议，并且不少人支持采取激进措施。安斯巴赫之所以重要，主要在于他意识到了一次性解决两个最紧迫的城市问题的最切实可行的方法，即覆盖塞恩河，并修建南北主干道。同时，污水问题可以通过与河流管道平行的排水管来解决。同时并建设一个有顶盖的市场和交易所。⑭1865年10月，城区委员会就这一方案作出了原则性确定。建筑师莱昂·苏伊斯（Léon Suys）负责该项目道路规划。1867年，在他雄伟的规划中，一条中央大道以直线穿过城市，形成一个简单的矩形广场，在那里，中央大道分叉形成一个Y形三叉；从这里开始，林荫大道的一个支路沿着塞恩河的路线走，而另一个支路则通向北站（图14-5）。长长的主干道在分叉处，采用了喷泉在视觉上分开；在它的北部，一侧建设有一个大的商业交易所，另一侧建设中心市场，但商品交易所和中心市场没有采用对位对称的方式来处理。⑮

安斯巴赫是一个坚定的自由主义❹者，他显然认为伟大的工程最好在私人私企管理模式下实现。在与有关各方谈判后，与为此目的——与一家英国公司合作——成立的比利时公共工程公司达成协议，该公司将以2600万比利时法郎的价格接管所有相关项目，包括证券交易所、大厅和喷泉的建设。城市将安排必要的房地产征用许可证，而公司将负责补偿业主。作为回报，公司将有权通过出售开发出来的新地块，从项目将产生的土地溢价中获利。⑯ 安斯巴赫非常坦率地向社区地方议会证明这一程序的合理性，他说，"法律在公共责任上设置了许多障碍……市政当局很

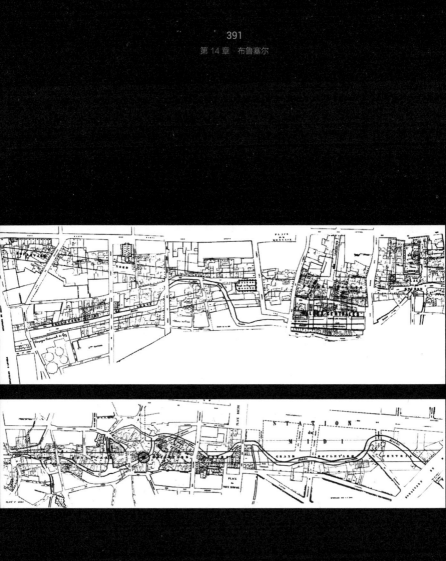

难有效开展工作，即便是最诚实合法的经营盈利行为，也很难通过特别合同让私人私企合作方可以从中产生合法受益的条件；市政当局不能以从事房屋开发盈利为目的，也因此很难以年金偿还贷款，或者一句话，政府很难利用房地产公司可以采取的所有手段，来确保土地开发有利可图，从而确保城市开发、项目经营的最终成功。"⑰

　　这项工作始于1868年，但公司很快就遇到了资金和融资问题；过了一段时间，城市政府不得不介入并完成该项目。1871年11月，林荫大道正式开通时，大部分地块尚未建成，后续开发进展缓慢，有多方面的原因。引入巴黎公寓楼模式不成功；在布鲁塞尔没有这种居住传统，很多能买得起这种新公寓楼的人宁愿选择在郊区入住时尚的别墅。公寓的开发公司破产后，城市不得不接收了公寓。此外，地块太小或者形状不太合适；在房地产征用的时候，人们对于塞恩河的曲折河道和早期的街道路网给予了太多的关注。

　　市政当局通过各种方式，包括组织最漂亮的街道外立面竞赛，试图加快建设速度，提高建筑质量。在城南还建设了一个大型的有顶盖的市场——中央宫殿（Palais du Midi），把城市活力带进那里。总之，规划已经实现了，唯一意外的是没有建设喷泉，这也是长轴——安斯巴赫林荫道显得相对单调的原因之一，特别对于向南步行的人来说更是如此。这条街道也相对狭窄，只有28m宽，它的两侧更窄，因此没有足够的空间容纳成排的大树。也许应该补充一点，城市政府和开发公司基本上没有为无家可归的拆迁户做些什么，他们大约有13000人，这些人由于贫民窟被拆迁而无家可归。⑱

　　穿过布鲁塞尔市中心，修建林荫道，这种想法当然是受到巴黎林荫道系统的启发。安斯巴赫把自己看作是比利时的奥斯曼：至少有一次，他征求了巴黎长官奥斯曼的意见。在当时的舆论中，他被称为"安斯曼（Ansmann）"[19]。与奥斯曼一样，安斯巴赫试图将城区清理、道路建设和污水处理系统的建设结合在一起。将规划执行权移交给私营公司的这种想法也在巴黎进行过尝试。在巴黎，也有几条林荫道被设计成通往火车站的道路，布鲁塞尔的市场大厅（Halles）在某种程度上，或多或少是巴尔塔（Baltard）为奥斯曼设计的那些市场大厅的翻版。但也有不同之处：安斯巴赫是布鲁塞尔地方政府市政官员，不像奥斯曼那样有国王专门的特殊任命；此外，布鲁塞尔市中心的林荫大道的建设纯粹是一项市政工程，不像巴黎的街道改造那样，由法国中央政府推动。布鲁塞尔的新林荫大道也没有采用巴黎最优秀的建设模式，在巴黎的街道具有高度的建筑统一性，以不朽的风格为特征（图 14-6）。如果奥斯曼处在安斯巴赫的位置上[20]，奥斯曼肯定会更深入地致力于组织建筑的视线焦点。从这一方面来看，只有现在的阿道夫·马克斯大道（Boulevard Adolphe Max）以这种方式处理，收口在北站，但以对角线的方式靠近火车站，部分原因肯定是由于"这只是一个市政项目"；当比利时国王亲自介入规划时，打造一个雄伟城市形象就变得更加重要了，我们将在下文中看到。

　　除了与中央大道相关的一些补充改造外，在安斯巴赫任职期间，还进行了另一项重大开发，即开发林荫大道环路东北角的奥克斯内日圣母院区（Notre Dame aux Neiges district）[21]。这个项目很有趣，因为它不属于道路建设，而纯粹是一个城市清理。执行这项工作的背景是当地人口过多、住房条件差、疾病率高。但显然，人们也希望把从林荫大道[22]环延伸到 19 世纪 50 年代修建的国会大厦（Colonne du Congrès）前，不过这需要大量的

图 14-6 布鲁塞尔。德布鲁克尔广场（Place De Brouckère），中央林荫大道
分为两部分。在右侧道路的末端，可以瞥见火车北站。喷泉正在建设中。（来源：
布鲁塞尔圣卢卡萨酋长的旧照片）

土方挖掘作业。在新规划平面中，两条对角道路相交于中心广场（图 14-7）。为此成立了项目公司——奥克斯内日圣母院街区机构（the Société Anonyme du quartier Notre-Dame-aux-Neiges），由该公司来推进城市清理工作，但也同样没有解决因拆迁而无家可归者的住房问题。[23]

　　布鲁塞尔城市发展所面临的根本问题，源于城市边界内的可用面积非常有限，所以大部分扩建发生在邻近的市政行政管辖单元。1831 年，布鲁塞尔约有 10 万居民，而周围的 18 个市镇加起来只有 4.1 万人，为城内人口的一半，而每个这些市政单元内的居民都不超过 5000 人。1900 年左右，当核心城区的人口达到其最大规模时，大约有 18.5 万人，也就是说自 1831 年以来，其规模尚未翻倍。在同一时期，周边城市的人口增加了十倍多，现在达到 44.2 万人。因此，郊区的人口是布鲁塞尔市区本身人口的两倍多。其中最大的郊外市政单元沙尔比克（Schaerbeek）有 6.3 万人[24]，相当于城区人口的三分之一。工业开始出现在郊区，主要靠近港口和塞恩河的西侧，以及南部。

　　其他几个首都城市和大城市也有类似的问题，但布鲁塞尔是最明显的例子之一。由于中央辖区非常有限，邻近地区的发展不像其他地方那样具有明显的郊区特征，而是在功能和视觉上成为中心城市核心的外延。这可能是布鲁塞尔能够在不寻常的早期阶段，就认识到城市发展不受任何总体规划限制的弊端的原因之一。解决问题的办法是行政辖区合并，布鲁塞尔市政当局对这一想法的态度积极——不同于其他城市——可能是因为周围的市政当局拥有理想的空地和很少的低质量贫民窟建筑。然而，郊区市政当局不想合并，1854 年，一项关于行政辖区合并的政府法案被否决；[25] 在 19 世纪，只有三家小型开发公司成立，包括我们上

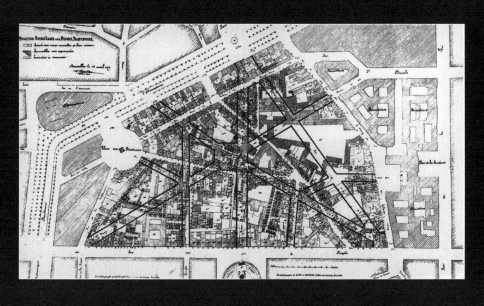

图 14-7 布鲁塞尔。圣母院重建项目，埃贡昂（G.Aigoin）和蒙内西耶（A. Mennessier），1874 年。（来源：布鲁塞尔的圣卢卡萨酋长）

面讨论过的利奥波德街区和路易丝大道相应的开发公司。

　　但布鲁塞尔也进行了其他尝试来控制城市扩张。1859 年，年轻的土地测量师维克多·贝斯梅（Victor Besme）被布拉班特省议会任命为"布鲁塞尔郊区道路测量员"（inspecteur voyer dans les faubourgs de Bruxelles），直到 1903 年。他的真正任务是协调布鲁塞尔郊区的道路规划，但他实际希望实现的目标，可以说是接近城市间区域规划的内容，尽管首都本身的区域不包括在内。他在一份题为"布鲁塞尔郊区，布鲁塞尔区域扩展和美化的综合规划"（faubourgs de Bruxelles，plan d'ensemble pour l'extension et l'ambellissement de l'agglomeration bruxelloise）的综合报告中提出了他的想法，该报告于 1863 年出版了第一版，1866 年出版了第二版（图 14-8）。贝斯梅规划的一个基本原则是，整个大都市区将被一条新的高承载力的交通环路所包围，作为现有放射连接的补充，这些放射连接也将增加。此外，该报告还指明了工业和其他结构，以及不同社会群体的公园和住宅区的位置。贝斯梅的提议也许可以说是早期的分区尝试，尽管缺乏执行该方案的法律依据，而且在许多方面他只是按照当时的趋势行事。㉖甚至他规划的主要路线也没有真正得到执行，但这个规划思想，仍然是贝斯梅基于长期工作任职实践而形成的他重要的思想来源。

　　除了安斯巴赫和贝斯梅之外，还有第三个人，即比利时国王利奥波德二世，对布鲁塞尔的空间演化也起着决定性的影响。国王关于城市的想法可能与奥斯曼完全一致。拉涅利（Ranieri）将他的规划总结为三点：大绿地、宽阔大道和私人建筑的统一设计。㉗除此之外，他还要求提升对宏伟的公建和纪念性仪式感建筑的品味。

　　尽管安斯巴赫时期的城市发展项目符合利奥波德二世的想

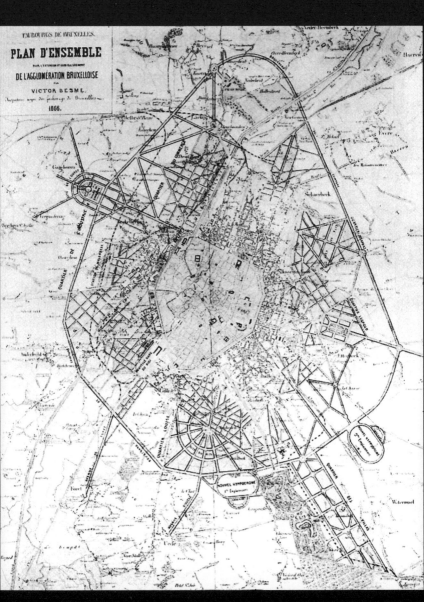

图 14-8　维克多·贝斯梅的"区域规划（regional plan）"，1866 年，布鲁塞尔

法，但利奥波德二世并没有积极参与安斯巴赫时期的工作；显然当时也不需要国王的支持；无论如何，在 1865 年利奥波德二世登上王位后不久，工作就开始了。另一方面，利奥波德二世当时作为王储和布拉班特公爵，他对路易丝大道规划的实施掺杂着个人利益。在 19 世纪最后二十年和 20 世纪第一个十年期间，国王以各种方式参与了一系列城市发展项目。

拉涅利列出了利奥波德二世对规划的 24 项干预措施[28]，其中绝大多数与郊区市政当局有关。"干预"通常是与贝斯梅密切合作进行的。事实上，建造外环林荫大道在很大程度上得益于利奥波德二世的支持。一些主要公园，如圣吉尔斯公园、莱肯公园、约萨法特公园和沃鲁维公园，都是由国王创建或扩建的，一些外围大道也是如此。为建国五十周年而作的综合建设项目，包括公园、拱廊和万国宫在很大程度上是一个皇家项目。如果没有国王的支持，圣心大教堂也不太可能建成；大教堂为林荫大道上提供了一个不同寻常而又令人印象深刻的视觉焦点。利奥波德二世可能是最后一位进行大规模的城市政策行动的君主。[29]

规划结构主要有交通主干道、公园、宏大的城市节点。市政当局与土地开发商一起密切合作，在主要交通干线之间负责街道网络等详细规划。一般模式似乎是由开发公司或资源丰富的个人优先规划和划分了大量土地，然后由小型建筑商一个接一个地建造房屋。三层以上的房屋并不常见，许多建筑物都是独户住宅。[30] 19 世纪下半叶和 20 世纪初，与本书讨论的其他城市相比较，这里有着更加宽阔的街道，更大的绿化区域，以及富有吸引力的立面。

最后，应提及一个项目，它在 20 世纪实施，但仍然受到 19 世纪规划的极大程度的影响。在低城区，随着安斯巴赫下中央林荫大道的建设，交通得到了改善；在高城区，通过扩建皇家大街和摄政大街，在早期阶段建立了良好的南北道路交通联系。但到了19世纪末，城市两侧之间的交通联系仍然不尽如人意，需要跨越高城的人口很多的地段。现有街道中最重要的一条是通往皇家广场的德拉库尔山（Montagne de la Cour），陡峭而狭窄，很难用马车来通行。同时，它也是城市的主要商业街之一，还是奢侈品零售业的中心。这条街的改建早在1850年代初议会就已经讨论过了。1863年，市政当局审查了自1850年以来产生的26个项目，大约十年后，一个委员会审查了162个类似的建议。委员会报告了这些内容，宣称由于涉及不同的层次，一条笔直的连接道路肯定不能满足交通需求，委员会推荐了建筑师亨利·马奎特（Henri Maquet）的方案，该项目涉及一条宽阔的街道，一个有点宽的半椭圆形。这将意味着减轻德拉库尔山的大部分交通压力，从而控制了沿途的交通影响。

但这个规划想法没有起到作用，1881年，利奥波德二世的建筑师阿尔方斯·巴拉特（Alphonse Balat）提出了一个激进的想法，企图通过拆除、拓宽街道和清理现有建筑周围的空间来建设纪念性尺度的公建——博物馆、图书馆和工业宫。这个想法是，应该改变德拉库尔山周围的氛围：原来的嘈杂、杂乱无章和凌乱的市中心将改造，提升价值，并连接通往高地上的皇家上城。㉛

这个建议完全符合利奥波德二世的口味。但是，1893年市议会在其市长夏尔·布尔斯（Charles Buls）的领导下，决定大幅缩小规划的道路体系，同时略微拓宽德拉库尔山最狭窄的部分。实际上，这意味着取消利奥波德想要的解决方案。于是国王采取措施，坚决干预以阻止市政当局的规划。㉜面对许可证将被扣留、没收的威胁，布尔斯市长的建议在议会中以一票之差被否决。在此之后，尽管市长反对，市政当局似乎接受了国王的想法。建筑师阿尔方斯·巴拉特的系列方案现在被称呼为"艺术之山（Mont des Arts）"，由巴拉特来开发。1897 年，开始拆除德拉库尔山以北的圣罗歇区（Saint-Roch）：基于有限干预的解决方案不再可行，根据那里的历史遗产和规模，进行一系列渐进调整的规划尝试，被迫让位于国王亲自推动的宏伟城市项目，推动该城区的性质和功能的全面转变；但实践证明它完全难以被城市承受。经过进一步的拆除和各种项目的启动，整个事情陷入停滞，并在 1909 年——考虑到第二年的世博会，采用了"临时"解决方案。这将在很长一段时间内一直保持在"临时"阶段；直到第二次世界大战后，这些规划才得以实施，然后以调整后的形式得以实现。

关于市长夏尔·布尔斯，应该多说几点。他反对国王大项目，部分原因是出于对城市经济困难的担忧，以及替那些在已经开展项目所在地区的选民考虑。但他自己对城市发展的看法至少发挥了同样重要的作用，他对保护历史建筑和环境的浓厚兴趣也是如此。他对这些问题的承诺，清楚地体现在他于 1893 年出版的一本小册子《城市美学》（*Esthétique des Villes*）[33] 中，这既是对德拉库尔地区发生根本性变化的辩论，也是对城市发展和更新进行有原则的讨论的尝试。他令人信服地表达了一些思想和价值观，这些思想和价值观大约在这个时候开始在欧洲传播，以回应刻板的规划和严厉的城市改造项目。他传达的核心理念是，虽然一个繁荣的城市必须改变，"以适应新的交通要求，适应财富、繁荣、健康卫生和舒适的紧急情况……但是这种演变不应该由蛮力强加；它应该怀着对历史的尊重来进行，尊重所有那些保存有过去痕迹的纪念物。"[34]

布尔斯的辩护，用他自己的话说，是在不知道几年前已经出版的卡米·洛西特的《城市建筑美学原则》（*Der Städte-Bau nach Seinen Künstlerischen Grundsätzen*）的情况下写的，市长夏尔·布尔斯的《城市美学》引起了人们相当大的兴趣，一年后继续出版了第二版（第一版篇幅很小）。它被翻译成英文，德国的约瑟夫·斯图本（Joseph Stübben）为此专门写了一篇赞赏、支持的文章。[35] 不过尽管布尔斯市长的思想获得了国际上的认可，但他仍然无法在布鲁塞尔实现他的想法，他于1899年辞职以示抗议。

国王的"艺术之山（Mont des Arts）"项目，为实现该项目所需的清拆工程，并不是在世纪之交影响布鲁塞尔市中心的唯一大型工程；早在19世纪中叶，在城市中心修建了一个火车站，从利奥波德二世区通过一条隧道到达该车站，就像穿过城镇的连接轨道一样。该想法已经讨论通过了。在20世纪下半叶，人们提出了几个项目，用于组织高城与低城之间的交通连接，其中包括在各个地点建车站的建议。在本世纪的最后几年，布鲁塞尔政府重启了连接北加雷杜和南站的铁路线路的想法。它们与中央车站结合在一起。城市虽然最终批准了这个规划，不过没有太大的热情。国王和地方政府双方达成协议，并于1903年开始大规模拆除。然而，工程进展缓慢，直到1952年新的铁路线才开始运行[36]。"艺术之山"项目已经持续了很长一段时间，还没有完全完成，在20世纪的大部分时间里，布鲁塞尔的中心区域要么被关闭，要么正在建设，这都是19世纪规划项目和理念博弈影响下的结果，在其他首都城市没有出现类似的情况[37]。这一漫长的转型过程意味着，布鲁塞尔城内的许多零售贸易业态和其他活动已经转移到其他地区。如果布尔斯市长能看到今天新的坎特斯廷街和布瓦街，或者中央车站下面巨大的空地，那么他对审美贫乏的批评，很可能是有道理的。布鲁塞尔城区内一个长期未定义的空地，至少在视觉上辜负了它雄伟的名字——"欧洲十字路口（Carrefour de l'Europe）"。

注释

① 三本著作对研究布鲁塞尔的现代规划史具有根本重要性。它们都是与展览有关的出版，即 1979 年出版的《布鲁塞尔，建设和重建》（Bruxelles, Construire et Reconstruire, Architecutre et Amenagement urbain，1780—1914 年）、《波拉特和他的时代》（Poelaert et son Temps）1980 年）和 1982 年出版的《石头和街道，布鲁塞尔：城市增长 1780—1980》（Pierres et Rues, Bruxelles：Croissance Urbaine 1780—1980，1982 年）（这三本书也都以佛兰芒语出版）。前两本由比利时社区信贷银行出版，涉及城市发展和建筑。《布鲁塞尔，建设和重建》（Bruxelles, Construire et Reconstruire）调研了更长的时期，而《波拉特和他的时代》（Poelaert et Son Temps）则专注于约瑟夫·波拉特（Joseph Poelaert）（庞大的司法宫的建筑师）活跃时期的建筑发展，即 19 世纪后期。这两份出版物都包括伊冯·乐布里克（Yvon Leblicq）撰写的对规划发展的出色调研；前者还有乔斯·范登布里登（Jos Vandenbreeden）和 A. 霍彭布劳威尔斯（A. Hoppenbrouwers）的长篇大论，开场部分是"布鲁塞尔的城市主义（L'urbanisme à Bruxelles）"、《理论与现实》（les Théories et la Réalité）《石头和街道，布鲁塞尔：城市增长（1780—1980 年）》。由圣卢卡萨酋长与法国银行共同出版，旨在描述 1780—1980 年两个世纪时长的城市和规划发展；贡献者包括杨·阿培尔斯（Jan Apers），乔斯·范登布里登（Jos Vandenbreeden）和琳达·范·桑特沃特（Linda Van Santvoort）。这本书基于圣卢卡萨酋长收集的有关布鲁塞尔城市发展的大量材料，并配有丰富的旧地图和照片插图，上述其他两本出版物也是如此。这些作品将在下面以各自的标题引用，而不是作者的姓名。值得一提的是，伊冯·乐布里克（Yvon Leblicq）还发表了关于 19 世纪布鲁塞尔规划发展的论文，例如《布鲁塞尔，首都的成长》（Bruxelles, Croissance d'une Capitale，1979 年）。然而，乐布里克最重要的论文可能是 1982 年发表的——《十九

世纪和二十世纪布鲁塞尔的城市化》（ *L'urbanization de Bruxelles aux XIXe et XX°siècles*，1830—1952年）。乐布里克的各种贡献为布鲁塞尔的介绍提供了基本材料。

专注于布鲁塞尔城市发展讨论的主要参与者有两个，即儒勒·安斯帕赫（Jules Anspach）（Garsou，1942年）和利奥波德 II（Leopold II）（Ranieri，1973年）。关于安斯帕赫的工作是按照传统的传记路线组织的，很难说是城市化研究，尽管相当多的篇幅专门用于城市发展政策，因为安斯帕赫在该领域作出了他最著名的贡献。拉涅利的研究在很大程度上受到原始资料，即国王自己的档案的指导影响，并对利奥波德的活动采取了非常积极的态度；研究的中心焦点是君主而不是城镇。因此，这本书主要涉及周围的城市，因为国王的城市活动的主要部分都在那里（例如，安斯帕赫只被提及过一次）。在涉及布鲁塞尔城市发展的早期出版物中，可以提到雅克明斯（1936年）和韦尔尼尔斯（1958年）；然而，最后这句话的语气有些狂想。从19世纪中叶开始，布鲁塞尔的城市发展也在柯林斯（1984年）中简要阐述。例如，万哈姆（Vanhamme，1968年）、《布鲁塞尔历史》（ *Histoire de Bruxelles*，1979年）和《布鲁塞尔，首都的成长》（ *Bruxelles, Croissance d'une Capitale*，1979年）从更长远的角度介绍了布鲁塞尔的历史。最后还可以提到《100年来关于城市的辩论》（100 Ans de Débat sur la Ville，1984年），这是布鲁塞尔议会会议记录的摘录，涉及一些重要的城市发展问题。例如，关于中央林荫大道建设的讨论就被赋予了相当大的篇幅。

② 关于早期的发展，例如布鲁塞尔历史以及亨内（Henne）和沃特斯（Wauters）（1968—1969年）。

③ 参见马蒂尼（Martiny，1980年），第27页。

④ 《石头与街道》（ *Pierres et rues*），第21页。

⑤ 同上，第24页。在1820年代，还进行了其他一些重大开发，例如堡垒广场。这是由工程师维夫卡因（J.B. Vifquain）规划的圆形广场，周围环绕着统一和简单装饰的建筑，道路以放射星形从广场中辐射出来。但是，统一的图案被朝向环形林荫大道的视觉上的开口，以令人不安的方式打破了。还应该提及由帕切科医院，这是建筑师亨利·帕托斯（Henri Partoes）于1820年代在城区西北部建造的作品。开放空间和周围道路融入城市结构的方式，让人见到了灵敏的设计。

⑥ 姆也利和范·登·恩德（Muylle and van den Eynde）（1989—1990年）。

⑦ 《布鲁塞尔，建设和重建》（ *Bruxelles, Construire et Reconstruire*），第18页及以下各页。

⑧ 布劳曼（Brauman）和德马奈（Demanet，1985年）介绍了利奥波德区 – 利奥波德公园（Quartier Léopold–Le Parc Léopold）以东城

⑨ 《布鲁塞尔，建设和重建》，第 32 页及以下各页。

⑩ 斯梅茨和德尔德（Smets and D'Herde）（1985 年），第 451 页和斯梅茨（Smets, 1983 年）。

⑪ 以下对中央林荫大道起源的描述主要基于《布鲁塞尔，建设和重建》，第 41 页及以下各页，皮埃尔等人，第 153 页及以下各页，以及发表在《100 年来关于城市的辩论》，第 61 页及以下各页的材料。

⑫ 斯大林格勒大道（Avenue de Stalingrad）的区域以前被火车站占据，这解释了其惊人的宽度。

⑬ 例如，维克多·贝斯梅的规划方案转载于《布鲁塞尔，建设和重建》，第 81 页。

⑭ 到 1864 年 10 月，这一方案似乎已基本完成（见《城市报》（la ville）第 100 卷，第 91 页）。从现有资料来看，安斯帕赫个人对最终选择的解决方案负有多大责任并不完全清楚。

⑮ 规划的彩色复制品见《石头与街道》（Pierres et Rues），第 42 页。

⑯ 遗憾的是，现有文献中没有复制或详细报告合同 [参见斯梅茨和德尔德（Smets+D'Herde）（1985 年）和《100 年来关于城市的辩论》，第 94 页 f]。应该提到的是，该项目在议会社区中受到技术和经济方面的严厉批评。

⑰ 引自《100 年来关于城市的辩论》，第 94 页。

⑱ 尽管该公司在其合同中承诺为被征用的住房提供替代品 [斯梅茨和德尔德（1985 年），第 456 页及以下各页]。关于该项目对工人住房状况的影响，另见卡尔西斯、德布勒、福蒂和米勒（Cassiers、de Beule、Forti、Miller，1989 年）。

⑲ 参看《布鲁塞尔，建设和重建》，第 42 页。奥斯曼的这封信转载于 Garsou（1942 年），第 132 页。

⑳ 至于随后的拆除，布鲁塞尔领先于巴黎。中央（市场）大厅（Les Halles du Centre）早在 1956 年就被拆除。

㉑ 除了与中央市场大厅和交易所建筑有关的街道外，还有其他较小的街道改进，例如安德莱赫特街（Rue d'Anderlecht）。

㉒ 《布鲁塞尔，建设和重建》，第 64 页及以下各页。

㉓ 该项目的一位当代批评者在议会社区声称，没有证据表明有必要以许可为由进行如此广泛的干预；事实上，这是一个满足"奢侈品问题"的问题……即使从鲁汶门出发的议会柱廊（Colonne du Congrés）的前景可能会让路人着迷，对我来说，似乎还是最好放弃视野，为工作人口保留区的内部，留下现在的斜坡，无论如何都不是很陡峭。[引自：乐布里克（1982 年），第 347 页]。

㉔ 此说明基于《布鲁塞尔，一个首都的增长》（Bruxelles, construire d'une capitale），第 174 页 f。

㉕ 《布鲁塞尔，建设和重建》，第 31 页。

㉖ 贝斯梅在拉涅利（Ranieri，1973 年）中的活动给予了大量关注，第 61 页及以后各页。另见《布鲁塞尔，一个首都的增长》，第 268 页 f，以及斯梅茨和德赫德（1985 年）。在这个问题上，我还从马塞尔·斯梅茨教授以及建筑师赫尔维格·德尔沃（Herwig Delvaux）和乔斯·范登布里登（Jos Vandenbreeden）的对话中受益匪浅。

㉗ 拉涅利（1973 年），第 14 页。在另一种情况下，她写道："对美丽公园和宽阔大道的热爱，在这两个主题下总结了利奥波德的城市设计学说基本原则。"

㉘ 参见拉涅利（1973 年）的地图和列表，第 344 页 f。

㉙ 事实证明，这种说法有点为时过早。在撰写本文时，英国威尔士亲王查尔斯王子已经作为城市发展话语的王室参与者进入名单。像利奥波德一样，他代表了一种从根本上经典化的赞美，但本质上是一种更温和的，并且与强烈的历史连续性相结合。在特拉法加广场的塞恩斯伯里翼和帕特诺斯特广场的更新等项目中，英国王位继承人的影响仅次于利奥波德，但没有国王所拥有的权力。

㉚ 信息由马塞尔·斯梅茨教授、建筑师赫尔维格·德尔沃和乔斯·范登布里登提供。郊区城市街道规划的一个令人印象深刻的例子是沙尔贝克规划（Schaerbeek）的罗杰尔大道（Avenue Rogier）。

㉛ 关于法院山的讨论的详细情况，见乐布里克（1982 年），第 353 页及以下各页。

㉜ 国王在给内阁首相的一封信中写道："我绝不向布尔斯先生隐瞒我正式反对他的想法的力量，也不会用我所能利用的一切手段来击败它。国王还专程去布尔斯那里听取他的意见，恳求他撤回这个项目 [乐布里克（1982 年），第 360 页 f]。

㉝ 第二版于 1981 年由圣卢卡萨酋长以简明形式出版，连同当代英语和现代佛兰芒语译本。

㉞ 布尔斯（Buls，1894 年），第 19 页。斯梅茨（1995 年）对布尔斯的全面研究，强调了布尔斯市长发现自己所处的冲突，一方面原则上接受现代性，另一方面远离其某些文化和社会后果。

㉟ 柯林斯和柯林斯（Collins and Collins，1986 年），第 50 页。布尔斯将斯图本在 1893 年芝加哥世界哥伦比亚博览会上的演讲翻译成法语。建筑师乔斯·范登布里登（Jos Vandenbreeden）表示，布尔斯市长以笔名发表的一些文章表明，他在写《城市美学》（*Esthétique des Villes*）时确实知道西特的作品，尽管布尔斯本人后来否认了这一点。

㊱ 关于事件顺序的说明，见乐布里克（1982 年），第 363 页及以下各页。

㊲ 在斯德哥尔摩，大面积城区也几乎以相同的方式长期不能对公众开放，但在这种情况下，是由于最近的规划项目原因导致 [参见：霍尔（1985 年）]。

译注

❶ 流经布鲁塞尔市区的河流为塞恩河，低地国家北部通用的弗莱芒语为Zenne。塞恩河流入斯海尔德河（这条河流发源于法国北部圣康坦，经过比利时、荷兰注入北海）。很多翻译把布鲁塞尔的塞恩河（Senne）与巴黎的塞纳河（Seine）混淆。

❷ 低地国家是指位于欧洲西北部的荷兰、比利时和卢森堡三国。这个称呼源于该地区普遍较低的海拔，特别是荷兰，大约有四分之一的领土面积低于海平面。在历史上，这片地区曾被称为尼德兰，意为"低地"。"低地国家"在世界上并不罕见，但因其独特的历史背景和地理位置而备受关注。三国共有的低海拔特征，使它们在欧洲历史上扮演了重要角色，例如，它们的地理位置使得这些国家成为欧洲重要贸易路线的一部分，特别是在莱茵河和北海的交汇处，这种战略位置在历史上对英国的"日不落帝国"战略具有重要意义。此外，"低地国家"在政治、经济和文化上也呈现出高度的多元化，三国之间以及与周边国家的往来密切，对欧洲的整体发展有着不可忽视的影响。现在狭义的"低地国家"是指荷兰。三国在宗教和商业传统上，以荷兰为基督教新教的尤其重商，以商人团体为主、国家王室相对弱势；比利时为罗马天主教，有西欧大陆十字路口，是传统羊毛业中心。

❸ 列日（Liège），是列日省省会，比利时第三大城市，地处欧洲的中心，是默兹河（Meuse）、莱茵河（Rhine）流域的"Euregio"地区的大都市，该地区包括列日、亚琛（Aachen）和马斯特里赫特（Maastricht）。列日市位于伦敦 – 布鲁塞尔 – 柏林高速公路网上的7条公路支线网和欧洲高铁的正中心，距荷兰仅30km，距德国仅45km。它是欧洲第三大河港、会议中心、国际活动的所在地以及瓦隆人（Walloon）居住地区的经济中心，2013年1月人口19.5931万人。

❹ 原文liberal——自由主义者，在英语语境中是指自由经济主义的含义，信奉自由市场的力量。

第 15 章

AMSTERDAM

阿姆斯特丹

阿姆斯特丹的历史可以追溯到 13 世纪。[①]它是在阿姆斯特尔河（River Amstel）与伊泽尔河（IJ）交汇 ❶ 的地方发展起来的，当时那个位置仍然是须德海（Zuiderzee）的一个海湾。1270 年左右，阿姆斯特尔河上修建了一道屏障水坝，这座城市以该屏障或水坝命名，其中心广场因此得名为"水坝（the Dam）"。最初的定居点由两条与河流平行的街道组成，即今天的沃莫斯街（Warmoesstraat）和尼乌文代克街（Nieuwendijk）。它周围是简单的防御工事，有两条护城河——纽维兹德斯·福尔堡瓦尔（Nieuwezijds Voorburgwal，现在是一条街道）和乌岱兹德斯·福尔堡瓦尔（Oudeizijds Voorburgwal）。阿姆斯特丹因渔业和波罗的海的贸易而繁荣，并成为一个重要港口。中世纪时，该城曾两次被扩建，获得了与阿姆斯特尔河平行的新街道和护城河，从而形成了中世纪城市特别细长的平面布局外观（图 15-1）。

17 世纪上半叶，政治和经济双重因素推动了阿姆斯特丹成为欧洲领先的贸易城市，这一发展过程持续到 19 世纪末。除了欧洲皇室以外，自信的商人贵族拥有着最为显赫的财富。他们认为自己的城市拥挤不堪，不够便利，缺乏必要的尊严。因此，他们决定在 1609 年实施一项不同寻常的城市扩建规划。首先，是在旧线轴形核心的西部和南部，增加了由三条新运河组成的腰带——赫伦拉赫特（Herengracht，绅士运河）、凯泽斯·格拉赫特（Keizers-gracht，皇帝运河）和普林森拉赫特（Prinsengracht，王子运河）——以及它们之间的街区。在这条腰带的西面，一个新的区域——乔达安（Jordaan）诞生了。它的直线街道网络与三条新的主运河呈对角线方向。整个项目在 20 年内完成。到了 16 世纪 20 年代初，运河已经建成，街区也被划了出来。人口迅速增加，从 1610 年的 5 万人增加到 1650 年的 20 万人，人口的增加推动了目标实现。[②]

图 15-1 阿姆斯特丹。木刻图由科内里思·安通思宗（Cornelis Anthoniszoon，1544 年）制作，显示了城市 17 世纪的扩展。（来源：阿姆斯特丹城市档案馆）

　　规划的意图是明确区分乔达安地区的自然和社会结构，以及运河沿线街区的物质和社会结构。城市获得了大运河之间的土地，因此能够在那里分配土地财产，而不必考虑任何以前的所有权边界。新地块在严格的房屋建造设计条件下出售。在乔达安，城市没有以这种方式获得土地，街道网络是根据现有的沟渠和所有权边界布置的。因此，那里的变化不那么剧烈，总的来说，人们可以随心所欲地建造。这是手工业集中的地方，特别是那些产生难闻气味或污染水的手工产品。结果是一种自然的社会分区：商人占据了新同心内圈的运河沿线、令人印象深刻的好地方，而工匠和他们的同类人群则被降级到更外围的位置。

　　规划最显著的特点是运河。运河至少有两个实际作用：排干沼泽地的水，以及为货运提供运输路线。货物在港口被装载到小船上，然后再运往水路沿线的仓库。但它们也被有意识地用来提升城市形象。该中心与新地区之间的交通明显不通畅——这似乎并得到重视。也无人对城市经典规划效果感兴趣，例如城市空间重要节点和庄严的广场。一个例外是 16 世纪 40 年代关于水坝广场形状的争论，这与雅各布·范·坎本规划修建的大会堂（Stadhuis）有关。

　　在第一阶段，规划范围包含了莱德斯格运河（Leidsegracht，gracht 是运河的意思）③。1660 年代初④开始的规划的第二阶段，扩建范围继续向东，首先延伸至阿姆斯特尔河，然后再延伸两个街区（图 15-2）。不过此后，因为经济萧条，建设停顿下来了。几乎可以肯定的是，早在 17 世纪的第二个十年，人们已对整个古城的运河带进行了总体概念规划，但是这一时期的总体规划资料却没有保留下来。但在 1613 年的地图上可以看到，新的城防堡垒体系即运河继续环绕整个城市。

　　该规划思路不仅因其宏大规模引人瞩目，还因为它代表了城

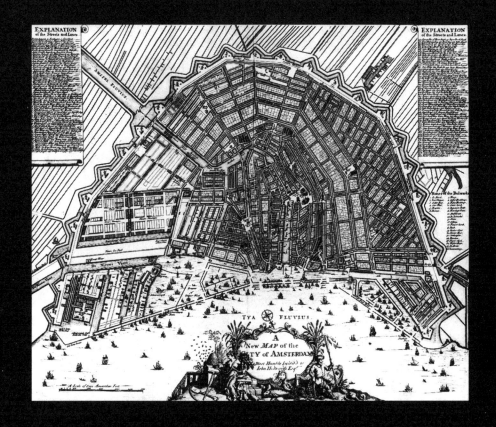

图 15-2 阿姆斯特丹。这幅地图印刷于 1720 年,是 17 世纪扩建后展示这座城市的众多地图之一。(来源:阿姆斯特丹城市档案馆)

市本身发起的一项举措。17 世纪其他的街道改善，例如在北欧国家，是由中央政府推动的；而在伦敦，在 1666 年大火之后，即使已经制定了先进理念的规划，但由于城市政府的弱势，导致不可能出台任何真正激进的配套管理法规。

当人们发现没有必要沿着整个东区扩展住宅区时，于 1680 年代在那里修建了一个散步长廊和娱乐区——种植园。在这里，中产阶级家庭可以拥有一小块土地作为花园或小型避暑别墅，但不允许建造永久性建筑。[5]

17 世纪阿姆斯特丹历经了经济繁荣之后，又经历了 18 世纪的经济萧条期，在此期间，城市不仅失去了世界贸易中的领先地位，而且随后也失去了国家独立主权。1808 年，路易·波拿巴·拿破仑将雅各布·范·坎彭（Jacob van Campen）的市政厅（最初是在 17 世纪中叶，曾经是市政主权无与伦比的象征）改造成自己的皇宫，这本身就具有某种象征意义。

19 世纪上半叶，阿姆斯特丹的人口增长相对缓慢，从 1800 年的约 20 万人增加到 1849 年[6]的 22.4 万人，建设活动很少。19 世纪中叶，城市的结构仍然就像 17 世纪末那样。卫生污染问题令人震惊，尤其是垃圾被直接倒入运河；经常有这类骇世惊人的报道，和同时代的其他城市一样。1848 年，城市的防御城墙功能被废除——这个决定很快就确定了，没有经过冗长的讨论；城防防御工事拆除工作已开始分阶段进行。最后一段在 1862 年拆除完成。有人提出了在城墙遗址上修建长廊和带状公园的建议，但没有什么结果[7]。与此同时，人口开始更快地增长，这也意味着城区扩建的压力越来越大。

第一次尝试在旧城区以外进行有规划引导的开发，是在私人资助下进行的。萨缪尔·萨尔法蒂（Samuel Sarphati）博士提出了一项引人注目的倡议，在其他首都城市都没有直接类似的方法——以当时典型重商主义和社会承诺的混合体形式——创建一种示范区。1862 年，他制定了一项规划，其主要焦点是被绿地包围的人民工作宫（Paleis voor Volksvlijt）（图 15-3）。土地亦预留作商业及住宅用途。富人居住区规划在一系列短的街区中，其他人居住区规划在长街区中。萨尔法蒂获得市议会的特许权来实现规划；同时，他被特许以零地价获得接管市政府当时拥有的土地⑧。

人民工作宫建设于 1857 年至 1864 年，它是一个铁和玻璃展厅，灵感来自伦敦水晶宫。⑨但除此之外，萨尔法蒂的项目还面临着重重困难，首先是资金问题。私人土地的价格迅速上涨，要收储缺乏足够的资金，其中一片遍布风车的土地尤其艰难，它位于一条穿过被规划为居住用地的旧沟渠旁边。最后，萨尔法蒂不得不放弃规划开发特许权，该地段开发被一家建筑公司——荷兰建筑公司（Nederlandsche Bouw Maatschapij）接管：杰拉德·杜斯特拉特（Gerard Doustrat）和塞恩图尔班（Ceintuurban）之间的基本结构和狭窄街区——日常用语称之为"管状"（de Pijp）用地——因此与萨尔法蒂的规划关系不大。萨尔法蒂设想在阿姆斯特尔河的两侧有一个轴向设计的大型公园区；后来简化为一个公园，位置在更为西侧处，规模仅仅相当于两个规划街块用地，即现在的萨尔法蒂公园。

冯德尔公园（Vondelpark）⑩，也是在私人赞助下开发更成功的项目，其赞助人是一个由富裕公民组成的财团，按照伦敦摄政公园的思路规划和实施。其目的是双管齐下：在不受市政当局干预的情况下，打造一个给人深刻印象的公园，并通过周边土地升值获利。有鉴于此，除了公园用地外，他们还购买了更多的土地，附近的土地开发就可以出售给豪宅。科宁斯兰周围的别墅与

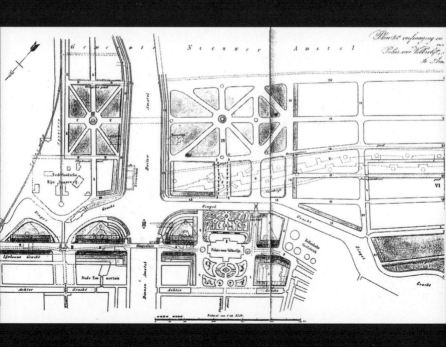

公园景观融为一体，尤其壮观。这里禁止建造工厂和工人居住的公寓楼，销售合同条款中为此还特别作了甄别防范。

　　1860 年代中期，市政当局开始意识到，如果他们想控制城市的扩张，就必须积极参与开发，城市工程师范·尼夫特里克（J.G.van Niftrik）受命制定一份规划。规划于 1866 年公布，次年发布、出版（图 15-4）[①]。在该规划中，多边形古城外，一系列建成区环绕。约单河（Jordaan）以西是老工人区——规划预留了一个工人住房区，旁边是工业用地。一条宽阔的公园地带将工人区与下一个居住区分隔开来——新居住区是为中产阶级规划准备的。最后一部分，首先规划切分为一排直线矩形型街区街块，然后沿着街道从圆形空地辐射出一系列街区，最后再划分为三排直线型街区。冯德尔公园采用辐射状的街道方式，把上流社会圈层宫殿式建筑、公园式氛围的独立别墅，与其他社会阶层区分开来。这里还规划了一个剧院和博物馆。在东南部，另一个范围地块已被保留规划为工业区，还有旁边的工人生活区。这个规划中一个引人注目的组成部分是公园和其他绿地的空间。所有具有连续立面的街区都将围绕大型绿色庭院，就像马德里的规划师卡洛斯·德·卡斯特罗几年前在马德里规划建设的那样。

　　范·尼夫特里克的规划无疑是一次令人印象深刻的尝试，目的是创建一个详细规划的城市，规划充满了细节，面面俱到。然而，它有一种明显的绘图板产品的气息，而且有点过时。范·尼夫特里克创造的是一些没有任何有机连贯性的居住区。他对建筑效果比对城市功能更感兴趣。最引人注目的是，新规划区域内以及该区域与中心之间缺乏交通连接。火车站位于东南部，靠近目前的萨尔法蒂公园，没有充分融入街道网络。一条林荫环路穿过新区，但因为太窄而无法有效发挥交通大动脉的作用。范·尼夫特里克规划中的物

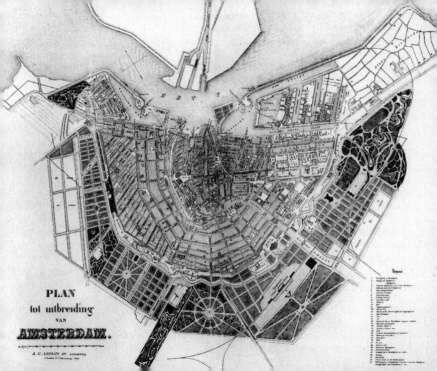

PLAN
tot uitbreiding
VAN
AMSTERDAM.

J. C. LOMAN JR. UITGEVER.

理空间隔离和糟糕的道路交通，在某种程度上让人想起卡斯特罗对马德里的规划方案，只不过马德里的规划更加精细。

　　范·尼夫特里克的规划遭到了强烈的批评——不仅仅是因为交通问题严重，还有那些无法克服的问题：需要征用土地，但缺乏法律手段和经济资源。国家拨款是不可能的。另一个主要反对的是火车站选址，人们认为这会使水坝广场⑫周围和北部的旧城中心衰败。最终决定，中央车站应位于伊泽尔河的填海土地上，紧靠旧城区核心的北部，因此也靠近大坝。它的另一个优势是，该车站（1889 年开放）将靠近港口，预计北海航道（最终于 1876 年开放）建成后，那里的交通将带来繁荣。

　　因此，经过多次讨论，范·尼夫特里克的规划被否决，但鉴于城市人口在 1870 年代的迅速扩张——从大约 22.4 万增加到 19 世纪下半叶的 51.1 万——规划仍然是必要的，这一次任务交给了最近被任命为公共工程总监的卡尔弗（J. Kalff）。他的方案，被称为"阿姆斯特丹总体扩张规划（Het algemeen uitbreidningsplan voor Amsterdam）"，在范·尼夫特里克的帮助下制定，于 1876 年提出，并在两年后获得批准（图 15-5）⑬。如果范·尼夫特里克的规划是更有远见的愿景，尽管有点不切实际，那么卡尔弗的规划可以被描述为更为务实的调整，以适应当下条件。在将规划区域划分为街道和街区时，尽可能多地注意现有的所有权边界和沟渠。规划上的绿地实际上已经消失，市区的不同地方设置不同的功能的规划也消失了。不过，在西侧规划修建一条更宽的环形道路，延伸至冯德尔帕克，与现在的弗雷德里克·亨德里克斯特拉特（Frederik Hendrikstraat）、比尔德迪克·斯特拉特（Bilderdijkstraat）和康斯坦丁·惠更斯特拉特（Constantijn Huygensstraat）大致对应。令人惊讶的是，规划中并未设想在东

图 15-5　阿姆斯特丹。卡尔弗 1875 年的城市扩建规划。（来源：阿姆斯特丹城市档案馆）

边也做一个类似的街道——带形城（Ceintuurban）。卡尔弗的规划似乎更关心整合已经在进行的开发，而不是指导开发本身，土地所有者要求新街道增加建筑密度。到 20 世纪初，该规划已经实施建成，主要是按照其建议进行的，特别是在西区[14]。大多数建筑都是由投机者建造开发的简陋的公寓楼。卡尔弗的规划中，包括准备于 1877 年开工的里杰克斯博物馆（Rijksmuseum）；它被设计成一个大型的通廊，与城市空间结构的融合令人失望。冯德尔公园和富裕住宅区靠近，它当然影响了博物馆的选址，稍晚一点，格博威（Gebouw）音乐厅和市立博物馆也受到了影响。然而，重要的是，没有人试图利用这些建筑进行协调整合。

19 世纪末期，阿姆斯特丹对其中世纪老城核心区进行了一些街道改造，以保持这里商业活动的活力。阿姆斯特丹拥有独特先天优势，能够在少量拆除的情况下创造出令人惊讶的宽阔新街道：只需填平运河即可。两条街道新时代城堡墙（Nieuwezijds Voorburgwal）和斯普伊海峡（Spuistraat）都是这方面的例子；另外两条是市中心的主要街道——罗金街（Rokin）和水坝广场（Damrak），第二条路的修建是为了连接大坝和中央车站。[15] 这些街道在狭长的城市核心地带开辟了南北交通联系，但连接周围 17 世纪城区的交通很差。建于 1890 年代的拉德赫伊街（Raadhuisstraat）就是为了纠正这一点。与建于 1916—1922 年的维杰泽尔街（Vijzelstraat）一道，它是阿姆斯特丹唯一一条以巴黎的"剖切"方式穿过既有老城区的主要街道（但其中一段是一条被填埋的运河）[16]。拉德赫伊街最里面的部分，以视觉焦点收口，即皇宫后面的前市政厅。奥斯曼会对此表示赞赏，但他不会批准为节省土地收购成本而在街道延伸部分设置宽曲线的方式（因为伦敦的规划师约翰·纳什改造摄政街的时候，因为同样的原因规划了曲线）。然而，这条曲线在大会堂（Stadhuis）和荷兰建筑黄金时代的另一件杰作，亨德里克·德·凯瑟（Hendrick de Keyser）设计的韦斯特克（Westerkerk）之间建立了某种联系，后者在城市景观中的重要性也因此得到了提升[17]。

与 17 世纪的城市开发项目相比，阿姆斯特丹在 19 世纪的规划显得三心二意和微不足道，尤其是城市扩建规划。与大多数其他首都城市相比，阿姆斯特丹在城市发展方面显然是一潭死水。然而，这种情况很快就会改变。[18] 在 1901 年，荷兰制定了有远见的立法，使市政当局能够关注社会住房问题。阿姆斯特丹已经领先了一步：1900 年建筑师贝尔拉格（H.P.Berlage）被聘为顾问。[19] 贝尔拉格的阿姆斯特丹南区大扩张规划（Plan Zuid）的第一版于 1904 年完成。[20] 然而，这一规划是相当无序的，充斥着许多明显的卡米洛·西特式灵感的蜿蜒街道，这在平坦的地形中似乎特别不合适。与旧城区的交通也没有得到满意的解决。由于可用土地的利用率很低，规划只能解决豪宅的建设，但对解决其他人群住房问题却收效甚微。该版规划于 1905 年在市议会通过，但有所保留。接近十年后的 1913 年，这类问题再次提出，贝尔拉格被要求制定一个新的规划，并于第二年开始。规划修订后于 1917 年得到最终批准（图 15-6）。[21] 这个规划有相当大的灵活性。规划的基本结构是矩形的，带有狭长的地块，这意味着向实用的功能主义迈进了一大步。然而，与此同时，由于其轴线和视觉重点的微妙相互作用，它也比上个世纪在阿姆斯特丹的任何规划成果更具奥斯曼风格[22]。该区将成为国际公认的"良好"环境的典范，因为其精心设计的建筑风格被称为"阿姆斯特丹学派"（Amsterdam School）。

注释

① 关于阿姆斯特丹 19 世纪规划的两部主要研究著作来自范·德·瓦尔克（Van der Valk，1989 年）和瓦格纳尔（Wagenaar，1990 年）。范·德·瓦尔克的著作涵盖了 1850—1900 年间，其重点是阿姆斯特丹规划和决策过程，并对其进行了相当详细的描述。作者还试图检验一种理论，即有两种规划，"社会官僚（sociocratic）"和"技术官僚（technocratic）"（见下文注释）。瓦格纳尔的研究涵盖了 1876—1914 年间，他详细论述了规划，但他的主要目的是从地理角度描述土地利用的变化，并将其与工业活动和经济社会结构的变化联系起来。一系列最重要的历史地图被挖掘出来——《地图中的阿姆斯特丹》（Amsterdam in Kaarten）《四个世纪的制图》（Vier Eeuwen Cartografie）《城市变化》（Verandering Van de Stad，1987 年）。奥克·范·德·沃德（Auke van der Woud）教授好心地允许我在手稿中看到一篇关于阿姆斯特丹城市发展的未发表论文。这篇文章是本书阿姆斯特丹一章的主要来源。

② 人口数据来自奥克·范·德·沃德手稿。

③ 第一个扩展阶段显示在地图上，原件的日期为 1612 年，《地图中的阿姆斯特丹》，第 38 页（f）。

④ 扩建项目的第二个主要阶段出现在 1662 年的总体规划中，该规划转载于稍后的《地图中的阿姆斯特丹》，第 86 f 页。

⑤ 《地图中的阿姆斯特丹》，第 134 页 f。

⑥ 来自阿姆斯特丹办事处统计数据，由奥克·范·德·沃德提供。关于这一点，似乎存在一些不确定性。19 世纪上半期的人口发展，根据 Mitchell（1992 年）的统计 1800 年为 21.7 万人，1850 年为 22.4 万人，即增长很小。据范·德·瓦尔克（1989 年，表 1）的统计 1849 年的数字为 24.7 万。

⑦ 资料由米歇尔·瓦格纳尔提供；参见普林斯（Prins，1993 年）。

⑧ 见范·德·瓦尔克（1989 年），第 165 页及以下各页；瓦格纳尔（1990 年），第 258 页及其后和《地图中的阿姆斯特丹》，第 136、258 页及以下各页。

⑨ 它于 1929 年被大火烧毁，当时和水晶宫一样的命运。今天荷兰银行是 17 层的办公大楼，在内城上空迅速崛起天际线。

⑩ 见瓦格纳尔（1990 年），第 268 页及以下各页。

⑪ 范·尼福特里克的规划和委员会对其的处理详细描述了市政决策者范·德·瓦尔克（1989 年），第 223 页及其后。另见瓦格纳尔（1990 年），第 247 页及其后。范·德·沃德的上述文章简短但对该规划进行了深入分析。

⑫ 来自奥克·范·德·沃德的信息。

⑬ 范·德·瓦尔克（1989 年）讨论了该规划，第 293 页及以下各页。

⑭ 这可以从 1905 年的《地图中的阿姆斯特丹》中看到，第 158 页 f。

⑮ 两个项目修改在《地图中的阿姆斯特丹》中转载，第 154 页 f。

⑯ 项目地图转载于《地图中的阿姆斯特丹》，第 155 页。

⑰ 来自奥克·范·德·沃德的信息。

⑱ 然而，在此之前，一个更为传统的扩建规划于 1897 年由兰布雷希特森（C. L. M. Lambrechtsen van Ritthes）和尼夫特里克制定（见范·德·瓦尔克（1989 年），第 349 页及其后，图片见第 355 页）。1900 年该规划遭到了严厉的批评并被否决。

⑲ 关于贝尔拉格，有大量文章。关于他对阿姆斯特丹的贡献，请着重参见《阿姆斯特丹的贝尔拉格》（Berlage in Amsterdam）。

⑳ 转载于《阿姆斯特丹的贝尔拉格》，第 43 页。

㉑ 我感谢米歇尔·瓦格纳尔博士整理了贝尔拉格南区规划的复杂故事。

㉒ 范·德·瓦尔克提出了一个有趣的论点，他称之为"社会官僚"和"技术官僚"规划之间的二分法（第 417 页及 565 页）。技术官僚式规划让技术人员和科学家发挥关键作用，采用单一的规划主题、集中决策、全面性、蓝图、对规划的高度承诺。它将符合规划视为有效性的唯一衡量标准，将合理性视为制定规划的处方，将规划过程视为线性过程。"社会官僚"认为规划主体是一个时效性行动联盟。规划不应该只是专家们的游戏场地。规划考虑了决策和实施的前后条件和限制。规划被视为一个循环过程。范·尼夫特里克和贝尔拉格被视为第一种规划方法的代表，卡尔夫被视为第二种方法的代表。毫无疑问，范·德·瓦尔克同情卡尔夫和他所代表的"社会官僚"规划类型，他的书是对卡尔夫规划的某种同情。范·德·瓦尔克的论点解决了所有规划的核心问题。今天的大多数人可能会脱离纯粹的"技术官僚"规划。但问题是，在规划不失去其身份并最终成为主流趋势的微弱推断的情况下，朝着相反的"社会官僚"方向走多远才有可能？卡尔夫的规划揭示了"社会官僚"规划的弱点而非优势。这两种规划方法和结果之间也没有明显的联系。所选的例子尽可能清楚地说明了这一点。贝尔拉格的南区规划创造了一个大多数人可能会积极响应的环境，而卡尔夫的规划几乎没有赋予相关地区更多的环境质量。

译注

❶ IJ 是荷兰语，意思是水。这里曾经是北海的一部分水体，后来淤积为单独的部分，成为阿姆斯特丹海滨。

第16章

BUDAPEST

布
达
佩
斯

布达佩斯在1873年的时候，是由两个城市组成，布达和佩斯，分别位于多瑙河西岸和东岸。①这种区别不仅是法律行政层面上的，也是城市景观结构层面上的。在19世纪上半叶之前，看不到任何努力来协调这双城的建设或规划，因为河流宽度在290~500m之间，当时的技术条件下，任何协调都是困难的。地形条件也基本不同：佩斯地区的特点是低洼的土地，地形没有明显的变化，而在布达一侧，地面是丘陵，城堡山（Várhegy）和南部的盖勒特山（Gellerthegy）是最重要的山峰。

布达佩斯的历史始于古罗马时代的小镇阿昆库姆（Aquincum），它位于城堡山以北，后来成为奥布达（Obuda）。阿昆库姆在基督教时代的前几个世纪❶是一个重要的城市，在野蛮人的入侵中几乎被完全遗弃。匈牙利王国由马扎尔部落在公元900年左右建立；根据传统记录，确切的年份应该是公元896年。佩斯城可以追溯到11世纪初，布达也逐渐获得了城市的特征。两者都在1241年被蒙古人摧毁，之后在城堡山上建立了要塞城市布达，佩斯也得到了恢复，正是在这个时候，两个姐妹城市之间的职能划分得以发展，这种分工一直存在，甚至多年来变得更加明显：布达是设防城市，行政中心和贵族之家，而佩斯是市民和商人的家。到中世纪末期，布达已成为匈牙利王国最重要的城市，但还不是正式意义上的首都；佩斯是一个活跃的商业中心，但在规模或重要性上无法与布达竞争。

从1541年到1686年土耳其的占领，给布达和佩斯两城带来了进一步的破坏，两城的地位降为土耳其帝国的边缘边境城市❷。1686年，土耳其人被哈布斯堡王朝取代。从那时起直到19世纪中叶，布达享有行政省会的地位，佩斯则作为商业城补充了它。

不断增长的贸易有利于佩斯的发展。表 16-1 显示了两个城市相对人口数字的变化。

布达和佩斯相对人口数字的变化　　　　　　　　　　　　表 16-1

年份	布达	佩斯
1686 年	24000~26000	4000
1696 年	2205	1708
1720 年	12138	2706
1777 年	22019	13040
1780 年	23000	16000
1799 年	24306	29870
1810 年	24910	35343
1831 年	38565	64137[2]

　　佩斯快速增长，早在 1780 年代就进行了一些规划尝试。[3] 但这些规划从未实现。1804 年，总督约瑟夫·纳多尔（József Nádor）要求建筑师亚诺斯·希尔德（János Hild）制定改善和扩建城市的规划。不久之后，在 1808 年成立了一个工程委员会，其名称可以大致翻译为"装饰委员会"（Szépitöbizottság）。希尔德的项目主要涉及利波特瓦罗斯的北郊，并提出了一个基于矩形的简单规划，矩形块和三条街道在一个圆形广场交汇（图 16-1）。希尔德规划只有一部分得到实施。在接下来的几十年里，佩斯郊区出现了大量建筑。装饰委员会似乎负责规划和监督建筑物，应用了与希尔德规划中的相同原则：街道尽可能笔直，街区形状主要为矩形。城墙的拆除工作早在 18 世纪就开始了，部分城墙两侧都建有房屋。但墙外的一个宽阔的范围仍未建成，主要用作从各个方向来的快速干道交汇。因此，这条环形公路是自发形成

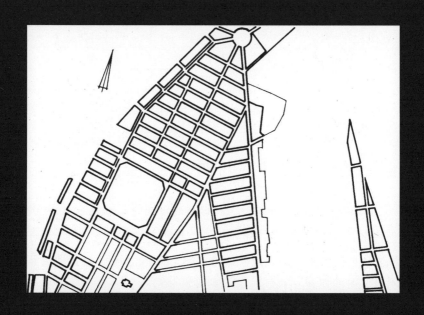

的④，包括今天的小环（Kiskörút），由查尔斯大街（Károly körút）、博物馆大街（Múzeum Körút）和海关大街（Vámház Körút）组成，为后续规划打下了宝贵基础，并且融进了后来的规划中，无需任何明显的拓宽。

　　19 世纪中叶，浮桥仍是布达和佩斯两岸之间除了船以外唯一的连接方式。这是一种很原始的方法，无法应对冬季结冰或春天涨水汛期。19 世纪人口迅速增加，两个城市作为行政和文化中心的重要性日益增加，这种浮桥方式越来越无法适应时代需求。与此同时，匈牙利民族主义高涨的情绪，引发要求这两个城市共同组成一个首都——布达佩斯。第一个提出的是伊什特万·塞切尼伯爵（István Széchenyi），他在 1828 年发表了一篇文章。塞切尼伯爵也是跨河连接双城、建设第一座桥梁的推动者，他推动了 1839 年至 1849 年间开工建设和竣工的塞切尼兰奇德链桥（Chain Bridge）。

　　奥匈帝国维也纳对此没有热情。有意思的是，城堡山下 350m 长的隧道（Alagút）项目工程反而是由英国工程师主导的，隧道与桥梁相连。该工程于 1857 年完工，可能是在全欧洲第一条如此规模的道交模式。链桥的选址似乎是从技术上由更加合适的土地条件，并结合城堡山的通道现状来决定的。它们与佩斯的对接不是那么好。这座桥位于 19 世纪佩斯城区中心的边缘，而不是河流最窄的城市中心区，这里后来建造了伊丽莎白桥（Erzsébet Híd）。

　　依靠过桥费而支撑的悬索桥建设，使得两岸之城更加容易相互协助互动，在接下来的几十年里，一边是国家行政中心、一边是商业中心的传统功能划分更加明显。桥对城市空间结构的影响可能比预期的要小。然而，在布达一侧，由于与佩斯的精彩连接，克里斯蒂纳瓦罗斯区（Kristinavaros）扩大了，在佩斯一侧的岸边，一些大型办公大楼随后出现在桥附近，显然是因为靠近国家行政办公机构。但是市中心的活动没有发生重大变化，零售商留在内城老地方。

1848年，民族主义者在拉约什·科苏特（Lajos Kossuth）领导下建立了匈牙利新政权。但起义在1849年秋天被镇压，匈牙利重新并入哈布斯堡帝国。然后是政治反动和经济停滞时期，在此期间，曾经作为国家的匈牙利几乎没有自由权利。但被压抑的能量显然在积蓄，到1867年爆发。然后宪法修改增加了解决方案，匈牙利变成了双重君主制奥匈帝国的一部分，赢得了与奥地利几乎平等的地位。匈牙利成为欧洲经济的一部分，外国资本流入推动了工业化。铁路建设的发展可以说明这一点：在1867年至1873年间，匈牙利铺设了4000多公里的铁路。匈牙利的工业化主要集中在布达佩斯，在世纪之交的几十年里人口增长特别迅猛，同样的城市人口膨胀横向比较，其增量是特别高的：居民人数从1869年的28万增加到1900年的73.3万。匈牙利立宪之后，预计到城市人口会迅速扩张，政府立下雄心壮志，要赋予布达佩斯独特的形象：如果匈牙利要与奥地利平起平坐，国家也应拥有与维也纳相媲美的首都。1873年匈牙利通过法律程序对一河两岸双城予以协调。就这样，新的布达佩斯确立了，除了布达和佩斯外，还包括奥布达（Obuda）和玛格丽特岛（Margitsziget）。

为了引导首都建设发展，国家总理久拉·安德拉西（Gyula Andrássy）建议恢复以前的装饰委员会，以伦敦大都会工程委员会为蓝本，用新形式的行政组织架构来重建。[⑤] 新机构布达佩斯公共工程委员会（Fövárosi közmunkatanács）于1870年开始运作，下文将其称为首都的总工程委员会。国家政府和城市政府两级都有代表参加委员会，但国家层面的人占多数。布达有三名代表，佩斯有六名，国家行政当局有九名，但政府也任命了一名主席和一名副主席。该委员会的级别高于市政当局，对规划问题有决定权。与管理维也纳环城大街项目的委员会不同，布达佩斯的总工程委员会是一个常设机构，负责整个城市，后来也负责邻近城市的发展。通过这种方式，布达佩斯很早就获得了一种区域规划系统。该委员会在第一次世界大战的变化中保留下来，直到1947 年才正式解散。至少在其最初的几十年中，贵族官员和大地主在其成员中占主导地位，并且与市政当局的冲突频繁。[⑥]

　　在总工程委员会首次开始运作时，佩斯有一个相对成形的城市核心和中世纪小镇、狭窄的不规则街道。这个范围被一条宽阔的道路包围，即未来的内环，沿着旧公路，许多街道从这条道路辐射出来（图 16-2）。这些街道之间的建筑物主要是单层房屋。街道街块网络系统的某些部分由直线和直角组成，但街道狭窄，街区很小，不同街区之间没有对接。最高标准的规划是在内城以北的郊区里坡特瓦罗斯（Lipótváros），这是根据希尔德的规划建造的。当然，供水不足，排水系统和交通系统也都存在问题。布达河岸也有类似的问题，那里的地形条件更加复杂。但佩斯一侧吸引了规划的最大关注，在布达一侧的主要问题是要解决城堡山，必须让改造达到效果，使布达佩斯能与维也纳媲美，成为皇家住所。

　　总工程委员会成立后不久，就确定了两个重要的目标，对后来发展产生了决定性的影响。国家总理安德拉西发布委托，要求作出一个非常有远见的规划报告，实现他对布达佩斯改善和规划扩建的坚定承诺，工程师费伦茨·赖特（Ferenc Reitter）受

命于 1869 年完成制订工作。第一个目标是铺设一条环路，主要沿着多瑙河的一条旧支流，环路环绕佩斯当时建成的大部分范围。⑦ 另一个目标是建造一条新的"对角线道路"，一条宏伟的大道，将内城与城东的瓦罗斯里格特城市公园（Városliget）连接起来。当时与公园的道路交通差强人意，唯一的街道是科拉里街道（Király Utca）。⑧ 为解决交通问题，1871 年举行了环路和放射路的规划竞赛。竞赛只收到了十个方案，评委会由三名政府代表，三名布达佩斯工程委员会代表，佩斯和布达以及贸易部和医学协会各一名代表，以及两名外国专家组成。规划一等奖授予工程和交通部总工程师路易斯·莱希纳（Lajos Lechner）；规划二等奖由弗雷德里克·费兹尔（Frigyes Feszl）获得，其方案的标题令人回味——"大都会"；而第三名由伦敦工程师克莱因（S. Klein）和桑德尔·弗雷泽（Sándor Fraser）获得。⑨

遗憾的是除了克莱因和弗雷泽规划方案的佩斯规划部分外，这次比赛的所有规划方案都丢失了。因此，讨论它们没有什么意义，它们只能在评委团描述的帮助下来回忆。然而值得一提的是，莱希纳的方案特别关注布达的物理空间和美化提升，但他对佩斯的规划比较有限：他的方案几乎都是局限在竞赛规定要求的主要新街道工作范围内，没有作出任何激进的街道改造建议。在他看来，城市中心范围里再规划公园是多余的，因为多瑙河已经提供了开放空间和新鲜空气。他反而建议在城市周围建立林地和公园。费兹尔的项目方案集中在佩斯一侧，他的方案要激进得多，包括新的更宽的放射道路。其中值得注意的是，他规划了从乌罗宜街（Üllöi Út）穿过老城空间结构延伸到悬索桥。莱希纳方案表现出更大的谨慎、克制，可能因此为他带来了一等奖，但费兹尔方案揭示了合理的城市整体观，让人想起福斯特参加维也纳环城街道规划竞赛的经历。规划竞赛结束后不久，莱希纳被任命为首都的工程总监。

从参赛规划方案的思路开始，总工程委员会汇总和制定了总体规划。规划文件于 1872 年完成，次年出版（图 16-3）。规划重点再次是环路和新放射路。环路——即今天的大环路（Nagy Körút）——旨在以一个宽阔的半圆穿越大部分较旧的城区（图 16-4）。在北部，将建设新桥玛格丽特桥（Margit Híd）与布达一侧的河岸相连，该桥也将与玛格丽特岛连通。将在桥墩上提供一个正式的连通方案。到目前为止，南部还没有规划桥梁。这条路将穿过西站（Nyugati Pályudvar）的范围，但新的火车站大楼将在东边稍远的地方建设起来，靠近新的环路，从而提供良好的交通条件。这条路主要借用以前的老路面，来拓宽和铺设新的路面。因此，需要进行大量拆除，但这主要涉及简陋低矮的建筑物。奇怪的是，规划没有布局城市重要节点，也没有公建，关于仪式性广场的唯一想法出现在与新放射道路的交叉口，那里在交叉口切开一个角留作广场用地。因此，环路与其说是一条宏大的林荫大道，不如说仅仅是一条交通性干道。更奇怪的是，总工程委员会虽然都拥有雄心壮志，但他们没有作出更大的努力来使这条街看起来更宏大、辉煌。它与维也纳的环城大街比较起来，让人觉得有点类似的印象，但实际上它在城市的位置和功能作用上，与巴黎的林荫大道更接近。

为了让放射道路通过设计取得更好效果，市政府当局作出了很多努力，在苏联解体后，这条道路恢复了原来的名字——安德拉什大道（图 16-5）。[10] 它由三段组成，由上述与环路的交叉路口和更东边的一个新的圆形广场组成。安德拉什大道每段都比以前拓宽了。第一段沿途是四层房屋，第二段沿途是三层房屋，第

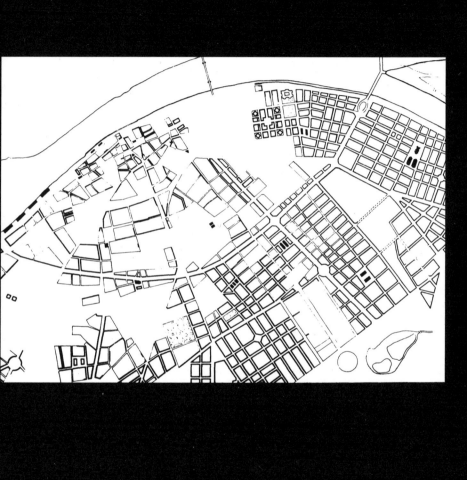

图 16-4 布达佩斯。大环项目。[来源：普雷西奇（1964年）]

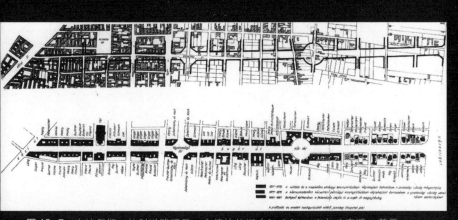

图 16-5 布达佩斯。放射道路项目，安德拉什街（Andrássy út）。[来源：普雷西奇（1964年）]

三段沿途是独立两层别墅。这条新街道在最内城的部分穿过老建成区，而外郊段不需要太多地拆除。1873 年，政府决定在内城段建一座歌剧院；建成后将是那里唯一的大型公建。安德拉什大道在城市交通系统中的功能尚不清楚，评论家也对此表示不满。安德拉什大道东端，以城市公园结束，没有采取任何适当延续或终止收口处理方式。安德拉什大道西端，在今天的巴杰西 - 兹林斯基（Bajcsy-Zsilinszky Út）中斜切结束。即使在今天，安德拉什大道仍然缺乏任何真正令人满意的延伸，虽然有约瑟夫·阿提拉·乌特卡街（József Attila Utca）的扩大。特别令人惊讶的是，同时建造的圣伊什特万巴齐利卡教堂的周围，没有看到规划街道以教堂作为视线焦点。[11] 第三条大道，即现在的巴杰西 - 兹林斯基街，从内环向北，不需要拓宽，这里利用原有出城道路。规划建设对这条路和环路之间的交叉路口几乎没有关注考虑。方案在内环城内部分进行一些改动，而该环和新环之间的范围基本完好无损。旧的出城道路——主要是乌洛伊街（Üllöi Út）、拉克兹街（Rákóczi Út）和巴杰西 - 西林斯基街——将作为主要的道路交通路线。新环外的建设范围规划在传统的矩形地块中，这些矩形地块被另一个"外"环包围。唯一的新桥是上面提到的玛格丽特桥。

在接下来的几十年中，在总工程委员会的管理下，为实施规划需要大规模拆除。最优先考虑的是放射道路，安德拉什乌特街。1871 年开始征收土地，两年后开工。1885 年，这条街上的大部分地块——近两公里半长——已经建成。该工程很快与 1896 年匈牙利王国成立千年的庆祝活动有关。在放射道路下方修建了一条地铁，以便在城市公园举行的周年纪念日为世界博览会开通。这是欧洲大陆第一条电气地铁。20 世纪初，在街道的尽头竖立起了千禧纪念碑。歌剧院的位置成为街道时尚特征的另一个标志。环路——长四公里半多一点——与放射路几乎同时开工，但需要更长的时间才能完工。环路直到 1896 年才开通，但实际上到 1906 年才完成。城市的主要下水道建在这条路下方。

放射道路和大环路主要是按照 1872 年的规划建造的，但在规划的其他主要方面发生变化，内容得以增加。内环内的街道改善，因为要解决跨越多瑙河的交通而遇到了大的挑战。一个主要规划是改善原有的拉克兹街（Rákóczi Út），这是一条古老的道路，因为东站凯莱迪站（Keleti Pályudvar）在拉克兹街一端建造而变得更加重要。拉克兹街穿过内城，延伸到多瑙河上一座新规划的桥梁——伊丽莎白桥。世纪之交人们考虑在旧城核心的正中心，在新的南北和东西主要街道的交叉口处建造一个星形广场，后来建造的广场——解放广场（Felszabadulás Tér）的设计比较低调、谦虚且方便管理。另一端，两个豪华的大厦布局在广场的收口处，打造了明显宏大的形态，构成了通往伊丽莎白大桥的道路门户。新道路无情地穿越、破开旧城中心区，靠近旧城教堂，幸运的是教堂得以保存下来；但市政厅不得不拆除。城市建设中新旧如此激烈碰撞，很少像这样戏剧性地在布达佩斯的建设中表现出来。

不久，在布达佩斯内环的南端还建了一座新桥，称为自由桥（Szabadság Híd）。[12] 当时布达佩斯另一个备受争议的规划问题，涉及大广场——自由广场（Szabadság Tér）的设计，该广场用地是利用以前的军营土地。[13] 最后的结果是一大片绿地，和一个在北面的半星形广场。

与大多数港口和滨江城市一样，19 世纪城市建设的主要公共投资包括建造大型码头和堤防，其中大部分是发生在 1871 年以后。还应该提到布达佩斯 1909 年收购的玛格丽特岛。这个两公里半长的岛屿拥有橡树、花园、废墟和沐浴设施，是与巴黎各大公园相媲美的绿洲，而且靠近市中心。

布达佩斯和维也纳一样，各种改进是由一项建设基金资助的，弗朗兹·约瑟夫皇帝向该基金捐赠了一大笔钱。基金为征地提供资金，并从土地开发转让中获利。但与其他地方一样，布达佩斯城市的快速发展取决于私人建设投机。市场对各种公寓和住房的需求非常大，资金来源非常充足，城市的扩张蔓延到官方规划外那些尚未涵盖的街区和地方。

今天看来，城市里 1870 年之前建造的建筑物占少数；今天很少有首都呈现出如此类似的画面：城市大多数建筑的建成于 1900 年左右的几十年。这在佩斯一侧尤为明显，但在某种程度上也适用于布达一侧。但在布达一侧，除了城堡山上的建筑物以及大环和玛格丽特桥延伸的山丘之外，改造和公共干预的范围不大，与佩斯一侧比较，布达的城市连贯性和建设规模都较小。大型工业区沿着多瑙河在大环以外的佩斯河岸上发展，更多的工业区仍然在城市南部的切佩尔岛（Csepel-sziget）发展。

在本世纪初，规划的重点是在佩斯新的外围工业区和住宅区；与此同时，在布达一侧的山丘上，几乎没有公共规划的独家住宅区完全占领了原来的葡萄园用地。市中心最后的主要工程项目是宏伟的议会大厦，新哥特风格，始建于 1884 年，于 1904 年完工。值得注意的是，议会大厦选址在多瑙河边，而不是在佩斯内陆的某条大道上。议会大厦的场地和设计，都让人们想起了伦敦泰晤士河滨的英国议会大厦，反而不是奥匈帝国首都维也纳纯粹的古典主义风格的议会大厦，尽管古典主义在布达佩斯根深蒂固，匈牙利和英国两个议会大厦却并非巧合。在布达佩斯的议会大厦建设期间，建筑面向多瑙河的城堡一侧延伸，有意识地力图创建一个富于价值的首都氛围，并赋予其更辉煌的形象。城堡的真正背面现在已成为新议会大厦的主要立面。新的酒店和办公总部也主要位于堤岸沿线，包括悬索桥对面的英国保险公司格雷沙姆（Gresham）雄伟的总部大楼。新首都的功能中心不在佩斯内陆，而是在城市滨水，两边城区隔水相望的地带。因此，多瑙河在布达佩斯的城市场景营造中发挥着独特的作用。正是这种环境，加上布达戏剧性的地形，创造了布达佩斯有别于19世纪其他大城市的独特性所在。

注释

① 关于布达佩斯19世纪后期规划的开创性研究的著作来自希克洛西（Siklóssy，1931年），该著作出版于总工程委员会成立六十周年之际。其他重要资料是希克洛西和普雷西奇（1960年和1964年），描述了1686年至1919年间布达佩斯的城市发展。该著作包括大量的平面图和图片说明。这两本书的摘录均由建筑师乔治·拉扎尔（George Lázár）提供，没有他的合作，本节就不可能完成。还应该提到波罗斯切克（Broschek，1975年），这是维也纳大学关于放射状道路的未发表的论文。

② 普雷西奇的数据（1960年），第19和51页f。贵族、军队和临时学生不包括在1720年、1777年和1780年。

③ 该项目转载于普雷西奇（1960年），

第118页及以下各页。

④ 这条道路作为交通干道，不是当时城墙外的防御缓冲区，尤其可以看出它在南北道路之间最宽的事实，在北侧它不通向多瑙河。

⑤ 参看希克洛西（1931年），第80页及以下各页。

⑥ 关于首都的总工程委员会，见希克洛西（1931年）。

⑦ 雷特尔（Reitter）规划设想一条运河来替代这条道路，这也许没有那么有远见。这个想法可能来源于他负责多瑙河沿岸的大部分堤防建设的经历。

⑧ 参看希克洛西（1931年），第140页及以下各页。

⑨ 希克洛西（1931年）讨论了竞争，第117页及以下各页。

⑩ 在共产党执政时期，这条街被称为

人民共和国街（Népköztársaság útja）。

⑪ 近年来，人们一直在讨论各种规划方案，为街道提供更有趣的收口对景，例如伊丽莎白广场的国家剧院。

⑫ 大环延伸部分的佩托菲桥（Petöfi Híd）直到 1937 年才建成。

⑬ 一些建议转载于普雷西奇（1964 年），第 178 页。

译注

❶ 原文为 "the first centuries of the Christian ear"：早期基督教，一般指从公元 1 世纪早期耶稣的出生到罗马君士坦丁皇帝统治时期（公元 306—337 年）。君士坦丁统治时期，罗马帝国逐渐从禁止基督教到承认基督教，君士坦丁是第一位信仰基督教的罗马皇帝，并最终接受为国教。

❷ 布达佩斯的历史始于早期的凯尔特人定居点，直至转变为罗马城镇阿昆库姆，下潘诺尼亚的首府。匈牙利人随后于公元 9 世纪后期抵达该地区，在 1241—1242 年被蒙古帝国掠夺后，重建的布达佩斯在 15 世纪成为文艺复兴与人文主义文化的中心之一。但在第一次摩哈赤战役之后则经历近 150 年的奥斯曼帝国统治。在 1686 年哈布斯堡王朝在大土耳其战争后重新征服布达佩斯，该城市进入了一个新的繁荣时代，并在 1873 年 11 月 17 日，由位于多瑙河西岸的布达，和旧布达及东岸的佩斯合并而成后，布达佩斯正式成为一个城市，也成为奥匈帝国的共同首都。而在合并之前人们将它称为佩斯－布达。

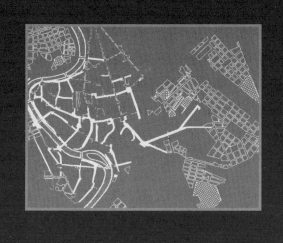

第17章

ROME

罗

马

我们最后回到罗马，一个在某些方面独一无二的城市，但同时，它也在很多方面①符合我们研究的这些首都城市发展的一般模式。这里，只能用最简短的方式来回顾一下罗马早年的城市建设。古罗马时期的居住区是在山丘上 ❶，而几乎所有的大型公共建筑都位于山脚或者山之间。到了中世纪，罗马成为整个天主教世界的中心，也是西方世界最受瞩目的朝圣地，城市的情况则较之前颠倒了过来：居住场所都位于战神广场（Campus Matius）的地势低矮的地方，重要的教堂则矗立在山顶。罗马作为朝圣地，位置突出，有使徒和殉教者的墓地和其他传统的神圣场所，这些场所成为16世纪城市规划建设的目的地，教皇希克斯图斯（Sixtus）五世 ❷ 在位时期的改造尤为突出。这段时间，希克斯图斯五世规划了一系列大道，连接了主要朝圣教堂和其他重要建筑：教皇皮乌斯（Pius）五世（1559—1565年）建设了比亚大道（Via Pia），连接卡瓦罗山（Cavallo）和比亚城门（Porta Pia）；教皇格里高利（Gregory）八世（1572—1585年）开始建造美鲁拉那街（Via Merulana），在拉特兰宫（Lateran Palace）和圣玛利亚主教堂（S.Maris Maggiore），在希克斯图斯五世在位期间（Sixtus V）这条道路竣工，并建成了帕尼斯佩那街（Via Panisperna）和西斯廷街（Via Sistina），它们把圣玛利亚主教堂和威尼斯广场（Piazza Venezia）和圣三山（Trinita dei Monti）连接起来，并打通了从圣玛利亚主教堂到圣心耶路撒冷教堂（S.Croce in Gerusalemme）。这些道路都不仅是为了连接各个重要圣地，也达到了矩形街道希望的效果。为了启动这些工程，那些愿意沿街建房子的人被赋予了一些优惠特许权。这些宏大创新的建筑方案，融入在城市的结构里面，成为城市空间中的仪式性的重要节点，这种方式后来影响了欧洲的很多地方，成为他们学习借鉴的样板。这些就包括坎皮多利山（Campidoglio），带着放射形街道的人民广场（Piazza del Popolo），梵蒂冈圣彼得广场和西班牙台阶广场。拿破仑占领时代，人们为了修复和美化城市制定了影响深远的计划，但大多都只停留在图纸上。②

19世纪的中叶，欧洲其他国家的首都城市迎来了巨大的变化，但对罗马的影响甚微。罗马城和罗马教廷所在地作为天主教世界的中心，是当时最为国际化的机构组织，由于其历史和纪念物的声誉，使得罗马在全世界享有备受尊崇的地位。同时，作为高度集权的教皇国的主城，它还是意大利诸个都城中的一个。在1850年，它的人口是17.5万，这个人口规模和伦敦、巴黎相比就不值一提，但在当时已经是一个很大的数字了。当时建筑主要集中在战神广场和特拉斯台伯（Trastevere）。在建于公元3世纪的奥尔良城墙（Aurelian Wall）范围内，只建成了三分之一（图17-1）。

19世纪以来，随着教皇国逐步衰落，一个新时代也逐渐降临罗马。铁路的出现是一个重要的因素：1850年代，通往佛罗伦萨和那不勒斯的铁路建成，1867年特米尼火车站（Termini）开始兴建。罗马没有引入主要门类的工业，其人口发展从1820年开始增长，在1850年到1870年人口增加了7万。

随着教皇国政体的结束，罗马迎来了一系列的变革。意大利作为一个新的独立统一国家成立，罗马自然成为首都。1870年的9月20日，维克多·埃曼努埃尔（Victor Emmanuel）的军队从比亚城门（Porta Pia）进城，意大利首都从佛罗伦萨搬迁来罗马的准备工作也很快开始。最开始的工作就包括制定城市规划。军队进城十天后，就任命了一个建筑师–工程师委员会；它的任务是"研究罗马城市的扩展和美化，尤其是对可以用来建设新建筑的用地"。③行动如此之快，是因为要急于安排公共管理机构办公场所，并为公

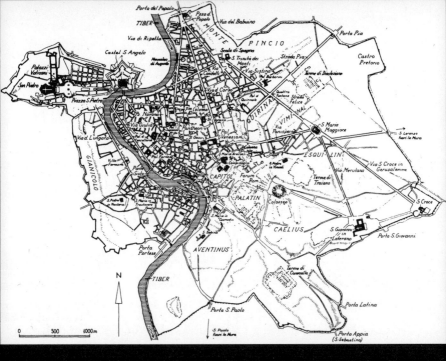

务服务人员提供住所，同时还要应对即将增长的人口压力。此外，还要把罗马这一古老破旧的城市变成能和其他欧洲都市媲美的首都城市。历史上，罗马为巴黎提供了一个城市样本；现在，情况就反过来了。至少，在某些问题上，罗马还曾经咨询过巴黎奥斯曼的建议④。1865 年意大利政府通过了土地征用法案，从而保障了首都的规划建设活动。在这个土地征用法案中，包括了城市总体规划和城市扩张规划的要求，还包括对规划批复和合法性的意义说明。⑤

城市规划的工作持续了多年。1870 年，由皮特罗·坎珀雷西（Pietro Camporesi））担任主席的委员会提交了第一个规划案（图 17-2），但这只能视为一个尝试性质的提纲草案。1871 年发生了很多事件：多个规划案提交，包括皮特罗·坎珀雷西自己也有一个。一个新的委员会得到任命，到 10 月份，市政委员会批准了一个规划，由政府规划和建设办公室执行。规划主要是办公室的主任埃利桑德罗·维维安尼（Alessandro Viviani）制定的。这个批复了的规划在 1872 年向公众展示，这在当时是很少见的，并在 1873 年再次提交了修改版本。之后开展了更深的讨论，然后在同年秋天讨论通过。但可惜没有得到政府批准。主要原因可能是考虑到财务上的不确定。1880 年，又重新对规划展开讨论。经过了再几年，不同的委员会、多次的报告、变化和妥协，这个罗马城市发展和扩建规划（piano regolatore e di ampliamento della citta di Roma，图 17-3）终于在 1883 年 3 月得到国王法定程序上的批准。当然，还是保持了 1873 年规划的主要思路。美国学者科斯托夫（Kostof）分析过这个决策过程，将其描述为"无休止争论和妥协的产物……一个在私人财产和公共利益之间十分艰难的混合联合体"。⑥

规划经历了这么长时间的延误，主要的原因就是过多的人物和机构参与了决策过程，但没有一家有足够的权力来决定。市政

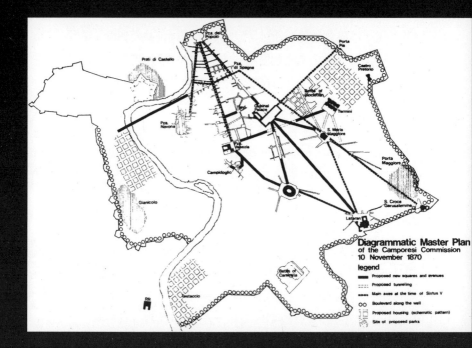

图 17-2 罗马。1870 年 11 月坎珀雷西委员会坎珀雷西（Camporesi）方案，显示了重建思路。[来源：科斯托夫（1976 年）]

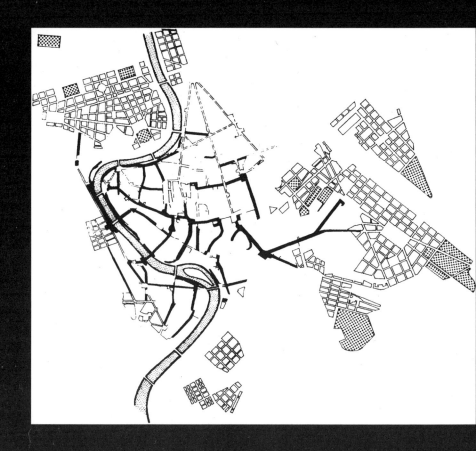

图 17-3　罗马。规划总图于 1883 年批准。虚线区域表示"政府大楼和展览宫"
的位置。关于当时的城市结构，仅标明了主要街道。没有阴影的街道已经存在；
按照规划，阴影部分为规划的街道。平面图上绘制的所有地块都指定了新建筑。
[来源：重绘简体版，重建后的罗马，《城市和地图》(*Città e Piani*)]

当局很弱小，在传统上缺乏执行能力。市政执行委员会在这段时间多次被更换。城市委员会不任命固定的机构，而通常是临时召集委员会的方法，也破坏了工作的连续性。多个不同的市政主体也参与了规划工作，冲突在他们之间甚至内部产生。例如在规划委员会内，主任维维安尼以个人身份，而不是作为整体，也提交方案。区域和国家当局，作为开发建设主体和管理机构，以两种身份参与规划事务。最后，在那个自由无序的时代，土地所有者和投机者为了他们的个人利益而介入操纵。所有这些人，分别站在不同利益，甚至是相互矛盾的立场来参与规划过程。

人们对这个规划的期望自然是很高的，他们希望规划能把罗马从一个到处是如画般历史神圣遗址（a picturesque relic of the past）的城市转变成为一个现代的大都市。规划需要能够为国家的公共建筑、为即将增长的人口所需要的住宅提供宏大叙事的场所。在古老的战神广场中心和东面的新城区（那里新的火车站已经开工）之间构建好交通连接。在这两个区域之间安排好城市功能也是十分紧要的。为了解决这些问题，规划者必须处理好在传统的战神广场中心里面和周围哪些建筑物要拆迁。同时，还有很多限制条件：地形很不适合大规模的城市建设；还要区分考虑不同的历史建筑和纪念物；尽管古代的遗址建筑没有像后来的法西斯时期那样予以系统地开发使用，规划上还是考虑尽量减少对这些建筑物的破坏，以便能吸引旅游参观者。1887年法律通过了一个首要的措施，是首先对历史考古区域进行美化。

这里不可能很细致地描述不同的规划。坎珀雷西委员会的指导思想是，首先把重点聚焦在新区建设，而不是对原来的旧区进行开发，显然如果那样做就十分复杂、耗时。在1870年委员会的议案中很重要的一点，就是把奎里纳里（Quirinale）宫殿改建成皇家官邸。在这里，从它东南侧的大广场前，三条宽阔的道路规划放射出去，分别朝向斗兽场、拉特兰（Lateran）和圣玛利亚主教堂。从这个放射模式来推测，放射状的人民广场应该是灵感的来源。中间的道路在奎里纳里宫殿（Quirinal）下面挖凿一条隧道连接马切利街（Via due Marcelli）和巴布依诺街（Via del Babuino）。这些道路共同为穿过城市提供交通连接。此外，火车站得到了关注，规划要有一条大路通过隧道（在奎里纳里山下穿行）连接威尼斯广场和前面说的三条道路，科索（Via del Corso）大道延伸到斗兽场，孔多提街（Via Condotti）则到延伸到台泊河，并有桥跨越到对岸。在特米尼火车站（Termini）东北侧＼泰斯塔西奥（Testaccio）区域和贾尼库鲁姆（Janiculum）的东北，都规划有住宅区域。方案中还有多个公园。

第二个重要步骤，其内容在1873年的规划版本中。虽然它从来没有成为一个合法的文件，但是作为一个法案在事实上起到了1870年代内其他时间作为罗马总体规划的作用。从奎里纳里宫殿（Quirinle）放射状出发的街道体系规划被取消了，因为市政当局认为这些道路过于缺乏战略高度，现在他们认为自己更加有能力了。[7] 新规划中的一个主要目标就是，在后来的国家大道（Via Nazionale）和九月二十日大街（Via XX Setembre，它们已经出现在之前的规划中）上，力图营造新的城市中心。九月二十日大街将要和教皇皮乌斯四世（Pius IV）时期的皮亚大街（Via Pia）连接起来，实际上，这个国家大道的想法，在教皇时代就有了，当时是一个比利时的投机商人兼红衣主教泽维尔·德·梅罗德（Xavier de Merode）提出的。它的位置的灵感可能是来自于想为街道的前院（现在的共和国广场，Piazza della Repubblica）提供一个背景。但是，这条道路是一个通往火车站的交通要道，在角色上很难协调。即使是当时的火车站比现在还要靠近广场。还有一个主要的缺点，就是地形和现有的建筑物很难使得街道能连接到威尼斯广场。至今为止，这个问题没有解决。从城区的东部到西部之间始终没有良好的交通连接，这是一个明显的弱点。⑧

　　老城区部分也规划了一系列的新街道。例如，孔多提街（Via Condotti）本来就足够宽了，按照规划将通过一条新的街道和桥梁，与台伯河西的新街区普拉提（Prati）连接起来——即是后来的托马切利街（Via Tomacelli）路和加富尔桥（Ponte Cavour）。但在孔多提街正对延伸到佛罗伦萨人广场（Largo dei Fiorentini）的工程就一直没有实现，从博尔盖塞广场（Piazza Borghese）到万神庙前广场（Piazza della Rotonda）的道路也没有实现。规划中另外一条道路扎纳德利路（Via Zanardelli），从翁贝托桥（Ponte Umberto）到托尔桑格广场（Piazza di Tor Sanguigna，公牛血广场），只是沿着对角线建到纳沃纳广场（Piazza Navona）的一角。还规划了特立托利街（Via del Tritone），它将通过下穿奎里纳里宫的隧道连接到国家大道。还有一条从特来维喷泉广场（Piazza di Trevi）到万神庙广场的道路，按照规划应该比较宽，但也没有建设。

　　有一条从原来城区开辟出来的新街道十分突出，这个就是后来的维托里奥·艾曼努利二世大道（Corso Vittorio Emanuele2），它把东部的新的城市中心和在西面的梵蒂冈及普拉提（Prati）连接起来。这条路经过战神广场的时候，沿路有重要的建筑历史上最为重要的纪念物，包括威尼斯宫、耶稣教堂（Il Gesu）、圣安德烈亚德拉瓦莱教堂（San Andrea della Valle）、马西莫宫（Palazzo Massimo）、坎塞莱里亚宫（总理府 Palazzo della Cancelleria）、新教堂（Chiesa Nuova）。面对这些著名的纪念物，规划者们放弃了他们原来对笔直道路的喜好，这点我们可以在后来的规划中看到。维托里奥·艾曼努利二世大道（Corso Vittorio EmanueleII）以谦虚的方式从这些广场和教堂边穿过，时而弯曲，时而宽窄。这个大道基本上按照规划完成了。在其南面，有几个改造的方案，但它们之间缺乏连接，也没有开辟什么新的道路。还有加富尔街（Via Cavour），一条带有明显 19 世纪规划特点的道路，它的东端开始于火车站，然后指向圣玛利亚教堂，经过埃斯奎里山（Esquiline）的新街区，再经过原来的老街区到达古罗马广场区（Forum Romanum）。这里，还有一条新的道路连接威尼斯广场，规划是高架通过古罗马广场群。除了我们这里谈到的想法之外，还有一些小的调整建议。

1873 年的规划中，最重要的建设区域是在埃斯奎里（Esquiline），它沿着一个大型开放空间展开，即后来的维托里奥·艾曼努利广场[9]（Piazza Vittorio Emanule）。这个规划应该是城市政府和土地业主共同开发实施的。这是一个传统的路网结构形式，相较于房屋的高度，街道的宽度就很小，而广场的尺度则惊人地巨大，达到 300m×180m。除了尺度夸张外，它还是具备了较好的整体性，也得益于建筑的立面统一的做法。建筑师是加埃塔诺·科赫（Gaetano Koch），他还负责了共和国广场的外廊设计。在这两个项目中，外廊都是整体景观中重要的元素——这是植根于历史传统，比罗马文艺复兴或者巴洛克风格更加久远。以维托里奥·艾曼努利广场为例，它也没有所谓罗马风格，甚至可以说它代表了一个新的风格。[10]在台伯河西岸还有一个类似的广场方案，在普拉提，有个第二重要的新居住区建设。规划中还有公园，在泰斯塔西奥（Testaccio）安排有工业区。此外当然还包括码头、堤防和桥梁。

我们可以看到，1873 年的规划方案直到十年后才批准，然后还有一个修改的版本。之后的变化就不大，主要都是根据规划展

开实施过程中的自然调整。⑪这包括了1873年规划中大多数的街
道改造。但还是有一些规划中的街道后来就放弃了，也有一些重
要的增加内容；从整体角度来看，街道系统得到了更加细致的考
虑。这点我们可以从维托里奥·艾曼努利二世大道（那里有阿冷
奴拉路和它的延长线）、跨台伯河大道（Viale di Trastevere）看
到。规划还提议要有更多新的道路连接，通往维托里奥·艾曼努
利和台伯河，但都没有按照规划实现。按照一个比1873年版本
规划更大范围的规划，威尼斯广场也将要扩大和调整形状，并且
将与卡富尔大道（Via Cavour）和斗兽场大道（Via del Coloseo）
连接。这里距离后来法西斯时期建设的帝国大道，并不久远。

如果我们要来评价1873年和1883年规划在后来罗马城市
发展中的角色和作用，会发现并非所有的想法都实现了。但是，
和别的欧洲首都城市比较，最后实施的结果还是比较顺利，例如
特立托那街、维托里奥·艾曼努利二世大道、阿冷奴拉街（Via
Arenula）、卡富尔街（Via Cavour）和其他道路。在埃斯奎里
和城堡边的普拉提出现的新的街区还是基本上按照规划者的思路
实现了。另一方面，在新建的主要大街国家大道沿街的建筑就没
有原来所预想的那样有仪式感。还有一些超出了原来规划中的内
容，尤其是在奥尔良城墙以外。这期间，在规划外建设得最为突
出的，就是维克多·伊曼纽尔二世的纪念碑。

罗马的规划者们是在很艰难的条件下工作的。国家政府希望
能改善街道，并为政府机关提供场所，但它常常忽视规划，也不
愿意为实施规划提供资金帮助。市政当局也很弱小，得不到多少
地方的支持。土地业主则有很大的资源，按照他们自己的利益随
意行事。在旧别墅周围的公园和花园土地上肆意开发，恐怕是最
为糟糕的结果，按照里德（Reed）的公正评论，这是"对罗马

的第三次洗劫"。[12] 市政当局面对着一系列的协调工作。来自改善老城或者开发新城区的不同意见的争论，使得人们很难找到建设性的解决办法。在这样的条件下，一个强势积极的方法是很不可能的；规划只能是受限于对已做的事情进行调整和协调。积极的控制也无法开展，甚至可能就根本没有考虑过。[13]

1909 年颁布了一个新版本的规划，除了有些不同的星形广场，后来的罗马王广场（Piazza dei Ee di Roma）和朱塞佩·马志尼广场（Piazza Guiseppe Mazzini），基本上还是遵循 19 世纪的规划思路。这个规划也一样只是部分实施了。为了庆祝法西斯八周年，还有过 1930 年版本的规划（1931 年由墨索里尼批准），也是一样的情况。[14] 在国家直接主持下建设了一些新的项目，例如帝国广场群大街和和谐大道（Via dei Fori Imperiali, Via della Conciliazione）。这两条道路都表现出了 19 世纪的规划原则，通过对笔直道路和纪念性效果的追求回到了一个世纪前的想法，但也有一些对 19 世纪早期的风格效果的反对。和谐大道的美学和功能上的重要性受到广泛的争论，另一方面，帝国广场群大街则把太多的交通导入了古罗马广场群的范围，甚至到了 1980 年代还有讨论要求拆除掉这条路。

注释

① 罗马章节最重要的研究资料来源是科斯托夫（1976 年）。林达尔（Lindahl, 1972 年）的研究也非常有用。其他主要著作是米克斯（Meeks, 1966 年），其中将历史方面带入《第三罗马》（Terza Roma）的规划和建设，以及英索雷拉（Insolera）的两篇研究文章发表于 1959 年，其中包括大量的图片材料。瓦那里（Vanelli, 1979 年）是对建筑发展的经济方面的研究。从更长远的角度来看，罗马的城市发展在英索雷拉（1971 年）的研究中有所描

述，这是现代时期的开创性研究著作。道路交通流量问题在科斯托夫（1973年）的研究中讨论。在涉及历史和经济发展的著作中，在相关时期的城市中，应该提到卡拉乔洛（Caracciolo, 1969、1974年）的研究。卡拉比（1980年）提供了意大利规划和19世纪与1900年左右的规划条件的研究。

② 乔森（Jonsson，1986年）提供了对这些事态发展的调查研究，第41页及以下各页。

③ 引自卡拉乔洛（Caracciolo, 1974年），第98页。

④ 见第609页。

⑤ 关于意大利规划立法（On Italian planning legislation），见卡拉比（Calabi, 1980年）。

⑥ 科斯托夫（1976年），第6页。

⑦ 参看《罗马，城与规划》（Roma, Città e Piani），第87页后。不幸的是，1873年的规划文件，很难找到一个合乎质量标准的版本。这个原因只有1883年的规划——大体上与1873年的版本一致——是包括在这里。

⑧ 关于国家大道的各种建议，见《罗

马，城与规划》，第98页。

⑨ 吉拉尔迪（Girardi）的研究详细介绍了该地区的起源和结构，吉拉尔迪、戈里奥和西班内西（Girardi, Gorio and Spagnesi，1974年）。

⑩ 米克斯声称这个广场及其建筑与都灵国家广场（Piazza dello Statuto 有关，（1966年，第317页）。

⑪ 这适用于维米纳（Viminal）和奎里纳尔（Quirinal），例如，其中几个国家建筑项目与1873年的规划相冲突 [参见科斯托夫的示意图，1976年，第10页]。

⑫ 里德（Reed，1950年）。参见弗里德的《罗马失落的别墅》（The Lost Villas of Rome,1973年），第101页。

⑬ 虽然学者科斯托夫（1976年）似乎相信，有一个明确的雄心——在规划的引导、帮助下进行城市发展；学者弗里德（Fried, 1973年）似乎尝试总结19世纪末的简短概述——正如卡拉乔洛（Caracciolo, 1974年）所做的那样——市政当局根本不想要任何规划。

⑭ 关于后来在罗马的规划，见弗里德（Fried, 1973年）。

译注

❶ 古罗马城区在台伯河谷边的七山上。罗马七山，又称古罗马七丘，是位于罗马心脏地带台伯河东侧的七座小山。这些山丘分别是：奎里纳里山（Quirinalis）：位于罗马城的最北部，是罗马七丘的最高峰，意大利总统官邸奎里纳尔宫便在此山中。维弥纳山（Viminalis）：位于罗马城东南地区，是意大利总理曾在此办公的地点。埃斯奎里山（Esquilinus）：位于罗马城的正东部，西南边是古罗马的市中心。卡匹托尔山（Capitolinus）：有座卡托比利欧广场，出自文艺复兴巨匠米开朗琪罗之手。帕拉蒂尼山

（Palatium）：位于平原之上，群山之中，西可远眺台伯河，东为群山环抱。西里欧山（Caelius）：位于罗马城东南地区，在古代是别墅区。阿文庭山（Collis Aventinus）：位于罗马城西南，是离台伯河最近的山，现在周边地区也成了宜居区。这些山丘在罗马建城之初是重要的宗教与政治中心。虽然它们现在看起来并不高，但在古罗马时期，它们的地理位置和重要性对罗马的发展起到了至关重要的作用。

❷ 教皇希克斯图斯五世（1521 年 12 月 13 日—1590 年 8 月 27 日），本名菲利斯·普里提·德·蒙塔尔托（Felice Peretti di Montalto）自 1585 至 1590 年担任教皇。早年，他在蒙塔尔托成为一个圣方济各会的修士，在短暂地担任圣方济各会的代理会长，庇护五世登基后，他马上赶回罗马，后者任命他为圣方济各会的使徒牧师，后来又使其成为红衣主教（1570 年）。在他的政敌格里高利十三（1572—1585 年）在任期间，他（蒙塔尔托红衣主教）被迫赋闲，他专心打理自己的产业——蒙塔尔托庄园，这座庄园由 Domenico Fontana 建于它钟爱的 Esquiline 山上的教堂旁边，从上面可以俯瞰戴克里先浴室。普里提成为教皇后，一期工程（1576—1580 年）得以扩建，在 1585—1586 年间清除了一些建筑，开出四条新街道。这座庄园包括两个住宅。被搬迁的罗马人非常愤怒。1869 年在这里建设中央教宗火车站的决定标志着它将要被毁灭了。

希克斯图斯在公共设施建设上花费了大笔钱财，早在他赋闲期间就已经给无水的山丘喜悦之水（Acqua Felice）带来水的工程现在更能为 27 座新喷泉提供水源。他还在罗马的各大教堂之间修建了新的大道，甚至还让他的建筑师重新规划圆形剧场用作一座纺丝厂的工人宿舍。教皇在公共计划上可谓漫无边际，在短暂的在位期间成果显著，罗马一直处在全速建设中：圣彼得大教堂完工，Laterano 的乔万尼教堂的希克斯图斯凉廊，位于圣母大殿（Santa Maria Maggiore）的礼拜堂，对奎利纳雷宫（Quirinal）的修缮或扩建，拉塔兰宫和梵蒂冈宫，四座方尖塔——包括在圣彼得广场的那个，六个新街道，塞普提米乌斯·塞维鲁水道（Aqueduct of Septimius Severus），将利昂城（Leonine City）设为罗马的第十四区，等等。除了大量的道路和桥梁，他还通过设法解决 Pontine 湿地的问题来清洁城市空气。按照计划，湿地的大片土地（38km²）被填平，成为农业和手工业用地；这项计划在他死后就被废弃了。但是希克斯图斯对古迹没有兴趣，很多都被搬去当作城市建设和教会建筑的原材料了：图拉真的记功柱和马可·奥勒留的记功柱（当时被错认为是安东尼乌斯·皮乌斯的记功柱）被拿去作圣彼得和圣保罗雕像的基座；万神殿中的密涅瓦神像被改造成基督教罗马的象征；塞普提米乌斯·塞维鲁的七节楼被拆做了建筑材料。

首都城市规划：一个尝试性的比较

CAPITAL CITY PLANNING: A TENTATIVE COMPARISON

第18章

THE BACKGROUND AND
MOTIVATION
FOR THE PLANS

规划背景和动机

　　我们已经理解在 1850 年之后的几十年里，欧洲的一些首都是如何制定并在某种程度上实施大规模规划的。当然在这个世纪上半叶，许多欧洲首都都实施了重要的规划步骤，例如希尔德（Hild）对布达佩斯郊区利波特瓦罗斯（Lipótváros）的 1804 年规划，1820 年代的赫尔辛基新规划，1820 年代启动的柏林科盆尼科菲尔德（Köpenicker Feld）规划，以及几年后的雅典扩建项目规划。还应该提到的，包括巴黎的里沃利街（Rue de Rivoli）、伦敦的摄政街（Regent Street）、巴塞罗那的费兰街（Carrer de Ferran）的建设，以及当时的克里斯蒂安尼亚 ❶ 的卡尔·约翰门（Karl Johans Gate）的建设，尽管它的规模并不大。某些地方的规划引发了讨论，但没有形成任何有效的结论。巴黎可能是这方面的最好例子，因为在七月革命 ❷ 之后，关于拿破仑一世的街道改善规划的问题在多个场合进行了辩论；反过来，拿破仑一世时期的规划灵感主要来自 1793 年的《艺术家的规划》（Plan des Artistes）。然而在 19 世纪下半叶所实现的项目规模与之大不相同，而且是另一种类型：这不再是为皇宫贵族们建造辉煌的礼仪型城市的问题，而是为新时代建造大型、现代、高效的城市的问题。

　　因此，我们有充分的理由去观察 1850 年左右首都的情况和问题。在本书研究的所有城市中都显现出了主导变化的因素，只是变化力量的大小有别。其中最明显的是人口增长，尽管各城市的情况差别很大（表 18-1）。1800 年，伦敦人口已经超过 100 万，巴黎人口有 50 多万。然而，这里讨论的近一半城市的人口在 10 万 ~25 万之间（阿姆斯特丹、巴塞罗那、柏林、哥本哈根、马德里、罗马和维也纳）。三个城市的人口在 5.4 万 ~7.6 万人之间（布鲁塞尔、布达佩斯和斯德哥尔摩），另外三个（雅典、克里斯蒂安尼亚和赫尔辛基）则各有大约 1 万名居民。本书中的 15 个城市中有 6 个，包括两个最大和最重要的城市，在 19 世纪上半叶经历了 75%~150% 的人口增长。在柏林、赫尔辛基和伦敦，人口增长了约 140%，而马德里、巴黎和维也纳则增长了约 80%。只有四个在 1800 年人口在 10 万以下的城市（雅典、布鲁塞尔、布达佩斯和克里斯蒂安尼亚），增长速度超过上述速度，而另外三个城市（巴塞罗那、哥本哈根和斯德哥尔摩）的人口增长低于上述速度，还有两个城市（阿姆斯特丹和罗马）的人口几乎没有增长（表 18-1）。

到了 1850 年，伦敦有超过 250 万居民，而巴黎刚刚超过百万人口大关。柏林和维也纳两个城市的人口在 40 万 ~50 万之间，阿姆斯特丹、布鲁塞尔和马德里三个城市的人口在 20 万 ~30 万之间。巴塞罗那、布达佩斯、哥本哈根和罗马四个城市的人口在 10 万 ~20 万之间。斯德哥尔摩的居民略少于 10 万人，而另外三个城市（雅典、克里斯蒂安尼亚和赫尔辛基）仍然相对较少，人口在 2 万 ~3 万之间。

在 19 世纪下半叶，人口增长速度更快。在本文讨论的一半以上的城市中，居民人数在此期间增加了两倍或三倍多（克里斯蒂安尼亚的增长率最高，为 714%）。其中只有一个未能使其人口翻倍，即马德里。然而，从绝对数字来看，其人口也有了相当大的增长，增加了 25 万多。百分比率很容易掩盖绝对值的巨大差异。例如，在 19 世纪上半叶，赫尔辛基增加了 1.2 万，伦敦增加了 150 万，而同样的两个城市在 19 世纪下半叶人口分别增加了 7 万和近 400 万。

增长与规划趋势之间显然存在着总体的联系，但不能说任何特定的规模或增长率直接触发了城市规划。一方面，在大城市

1800 年至 1900 年间欧洲首都的人口发展　　　　　　　　　　表 18-1

城市	人口（千人）			增长比例		
	1800 年	1850 年	1900 年	1800—1850 年	1850—1900 年	1800—1900 年
阿姆斯特丹	217	224	511	3	128	135
雅典	12	31	111	158	258	825
巴塞罗那	115	175	533	52	205	363
柏林	172	419	1889	144	351	998
布鲁塞尔	66	251	599	280	139	808
布达佩斯	54	178	732	230	311	1255
克里斯蒂安尼亚（奥斯陆）	10	28	228	180	714	2180
哥本哈根	101	129	401	28	211	297
赫尔辛基	9	21	91	133	333	911
伦敦	1117	2685	6586	140	145	490
马德里	160	281	540	76	92	238
巴黎	581	1053	2714	81	158	367
罗马	163	175	463	7	165	184
斯德哥尔摩	76	93	301	22	224	296
维也纳	247	444	1675	80	277	578

来源：来自米切尔（Mitchell）人口数据（1992 年）。应该指出的是，由于这一时期的调整和吞并，一些城市的官方边界扩大了，这影响了人口数字。在上文关于个别城市的章节中，由于使用了其他来源，可能会给出不同的数字。

中影响微不足道的增长，对小城市可能会产生压倒性的影响，这并不令人惊讶。另一方面，城市的规模与规划的具体主旨之间似乎确实存在某种相关性。一些项目主要涉及采取各种改进措施来克服早期人口增长造成的日益恶劣的环境条件，而其他项目则旨在扩大城市规模，使其适应未来预期的人口增长。虽然大多数项目都涉及改善和扩建，但人们很自然地认为，在规模已经很大而且最近经历了快速增长的城市，改善比扩建更为重要；而在预计未来可能扩大的小城市，扩建则受到更多关注。伦敦乃至巴黎的规划，均集中于开辟连接老城中心与外围新城区的新街道，它们都有一个相关的理念——让新的路网有利于延展外围城区，以便应对人口的快速增长。在雅典、柏林、布达佩斯、阿姆斯特丹、哥本哈根、罗马和斯德哥尔摩，尤其是上述的后四个城市，在本世纪上半叶经历了相对较低的增长率，规划的重点是推动城市向外围扩张（而不是内城的改造提升）。例如，在斯德哥尔摩，林德哈根委员会规划在 50 年内将人口从 12.6 万人增加到 30 万人，而塞尔达的巴塞罗那规划则旨在满足 80 万居民的需求。

19 世纪上半叶的人口增长，导致城市里的人口密度更高，建设密度更高。在一些城市，由于存在各种城墙防御工程（阿姆斯特丹、巴塞罗那、哥本哈根、维也纳）或在特定地区（如柏林）围绕建造的法律制约，阻碍或完全阻止了向城外新区的扩张。缺乏足够的交通技术显然是城市扩大的另一个障碍。例如，在巴塞罗那，人口密度从 1718 年的每公顷 148 人增加到 1857 年的 800 人，这一趋势在其他地方可能大致相同。结果，前工业城市的恶劣卫生条件变得越来越明显：污水处理或垃圾处理系统很差或根本不存在，淡水供应不足，水质差，以及其他健康危害，如污染的车间，无处不在的动物，位于市中心的墓地等。除了前工业城市的所有缺陷之外，还有当时许多工厂造成的日益严重的空气和水污染。在这里讨论的所有城市[①]，个人卫生和环境卫生问题都需要急切地关注，有些城市的问题甚至更加严重。

到19世纪中叶，许多人开始意识到必须做点什么，特别是当糟糕的卫生标准所带来的悲剧后果影响到了每个人。从一个大城市到另一个大城市，整个欧洲不停地出现令人震惊的健康危机报告。传染病，特别是19世纪城市最大的祸害霍乱，是舆论发酵的巨大催化剂。霍乱先是在印度流行，到了19世纪中叶在欧洲多次出现，例如在1834年、1853—1859年、1866年和1873年。霍乱细菌通过水和食物传播，起初人们并没有意识到这一点，对于任何暴露在感染环境中的人来说，患病的风险非常高。霍乱的症状是急性腹泻和呕吐，导致身体脱水。在19世纪，适龄劳动人群的霍乱死亡率超过50%，儿童和老人的霍乱死亡率超过90%。让人们害怕的不仅是可怕的死亡率，还有疾病如何传播的不确定性。[②]没有人感到安全，但很明显，这种疾病在卫生标准不足的地区更为普遍。霍乱的流行无疑有助于公众舆论推动激进的城市发展措施，为特别是1850年代的长期流行病做好准备。例如，在巴塞罗那，严重的霍乱流行似乎是1854年第一次决定拆除城墙并扩建城市的直接原因。在哥本哈根，废除内城城墙防御工事与特别严重的霍乱流行之间也存在联系。因此，在大多数首都城市，尤其是在巴黎，规划项目可以被视为提高卫生标准的更全面方案的一部分。

人口增长和初期工业化也给街道路网带来了更大的压力。在城中心，许多街道仍然基本上与中世纪时期一样，甚至主要街道也往往非常狭窄。当马车、货物运输、行人、摊位等都不得不在这些街道小得可怜的地面上争夺空间时，情况变得越发混乱（图 18-1）。越来越明显的需求是：笔直、宽阔的通道。[③]

　　铁路的建设加剧了交通问题。每个首都都成为其国家铁路网的中心和若干线路的始发站点。由于各种原因，通常总是会存在几家不同的铁路公司，为每条线路或每个区域系统建造单独的车站。这些车站拥有巨大的铁路和站台腹地，通常位于密集的城市地区的边缘。柏林、伦敦、巴黎以及某种程度上的维也纳，都被一个铁路车站的尽端系统所包围（图 18-2）；而在其他城市，则建造了一两个这样的车站。在斯德哥尔摩，特殊的地形条件使得连接城市成为可能，北玛尔玛中央车站的位置加速了市中心活动向该地区的转移。在阿姆斯特丹，城市中心区的边缘也建了一个中央车站，好让过境交通穿越城区。后来在哥本哈根，为穿越和连接内城而作了多个交通道路建设。类似的交通连接在几个首都都有建设——尤其在布鲁塞尔，这些建设对城市的物理结构产生了毁灭性的影响。

　　这些车站对现有城市结构的影响在很大程度上是间接的。车站的实际建设通常只需要有限的规划改动，但它们所产生的新的交通流量，很快为支持扩充街道路网容量的论点，为城市改造提供了额外的动力。在一些情况下，火车站也成为新街道的起点。而最有效地将车站与城市原有核心连接起来的努力，发生在巴黎——它的斯特拉斯堡大道（Boulevard Strasbourg）以及从火车东站（Gare de l'Est）延伸到塞巴斯托波尔大道（Boulevard de Sébastopol），从蒙帕纳斯火车站（Gare Montparnasse）延伸到雷恩街（Rue de Rennes）。但即使在巴黎，规划也不是完全前后一致的。奥斯曼后来备受批评，就是因为进出圣拉扎尔火

图 18-1 前工业区的主要街道，受到大城市不断增长的交通压力。"城市"，古斯塔夫·多雷（Gustave Doré）雕刻。[来源：伦敦，朝圣（1872年）]

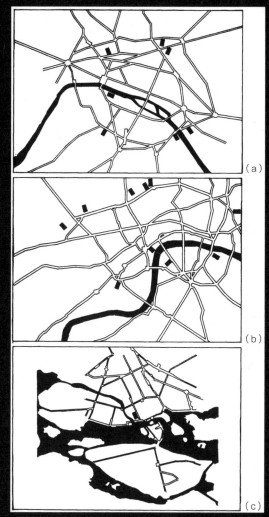

图 18-2 火车站的位置。在较小的城市，铁路及其车站和轨道从根本上改变了城市结构；在欧洲的许多地方，总有一条宽阔的街道从旧的城市核心延伸到车站大楼前。在较大的城市，城市核心已经被宽阔的建成区包围，车站通常位于外围，这导致了巨大的交通问题。在这里，我们可以看到主要火车站的位置与巴黎（a）、伦敦（b）和斯德哥尔摩（c）的主要街道路网的粗略轮廓有关。（地图的比例尺不统一）

车站（Gare St Lazare）的交通极度繁忙拥挤，即使已经有了奥伯街（Rue Auber）的建设确实将车站与林荫大道的内环连接起来。④ 大型车站建筑群及其轨道也影响了半个中心城区和周边地区的城市发展，最明显的可能是在柏林，那里的铁路综合体引起了霍布雷希特规划的一些调整。这些铁路轨道往往带来的后续影响，是使得新的扩展区域规划彼此割裂，从而阻碍了规划的整体性。⑤

由此可见，大约在19世纪中叶，许多因素——人口增长，人员和货物运输的街道路网压力增加，对卫生需求的日益提高——使得前工业时代的城市结构及其狭窄的街道，还有许多小地块的建设显得越来越过时。大约在同时，其他变化也为激进的城市措施铺平了道路。对土地和土地所有权的新态度正在出现，这当然是一个重要因素：土地在之前曾被视为一种集体福利，现在在自由主义的影响下，则越来越多地被视为一种"商业货品"。长期以来对发展和建设的法律障碍正在被抛弃，一切都在为投资土地和大型首都项目的投机性建设铺平道路。此外，炮兵的发展意味着首都的旧城墙防御工事早在19世纪中叶之前就已经失去了重要性⑥，尽管在一些情况下——即在巴塞罗那、哥本哈根和维也纳——城墙的拆除因军方的反对而被推迟。但到了本世纪中叶，城墙不再拥有作为防御系统的必要性。在1850年代，上述三个城市的城墙还是面临拆除的命运。在阿姆斯特丹，这一拆墙决定于1848年作出；在布鲁塞尔，早在1782年就决定拆除城墙。

政体的改革在这些事态发展中也发挥了作用。在1850年至1900年期间，由于城市现在面临新的、更重要的需求，首都城市的市政运作能力得到了普遍改善。效率更高的组织工作形式与主要城市发展事业之间显然有着密切的联系。

最后，应当指出，国家层级的政治变化在一些情况下也是触发因素。在巴黎，城市的更新是拿破仑三世寻求保持和加强其地位的计划的一部分。在维也纳和马德里，规划项目是由政治变革引发的，旨在加强中央政府在不稳定局势中的地位。在罗马，一个城市规划委员会在维克多·伊曼纽尔的军队占领这座城市仅十天后就被任命。就雅典、布达佩斯、克里斯蒂安尼亚（奥斯陆）和赫尔辛基而言，规划活动也是这些城市获得首都地位的直接结果。另一个不那么戏剧化但仍然重要的政治变革过程，是将权力和影响力转移到一个不断增长的、在经济方面日益强大的"资产阶级"群体，这个群体在塑造他们从事商业贸易工作和生活环境方面有着直接的利益诉求。[7]

19 世纪的伟大的城市发展，是应对困扰许多首都的问题的自然反应。但它们也是当时整个社会发展的典型表现，充满了巨大的乐观主义、进取精神和对启动各种项目的渴望，还有人类通过寻求合理解决方案，来应对重大问题的能力的实证主义信念。同时，应该强调的是，这些承诺绝不是未经辩论或批评就被接受的。相反，它们不断遭到反对：一方面来自那些原则上和意识形态上认为公共控制应该保持在绝对最低限度的人，另一方面来自那些反对任何可能意味着提高税收或侵犯财产、拥有阶级经济利益的人。

注释

① 希伯特（Hibbert）生动地描述了19世纪中叶伦敦的情况："在1858年炎热干燥的夏天，如果没有手帕紧紧地压在鼻子和嘴巴上，就不可能穿过威斯敏斯特桥，不可能在河轮上旅行而不感到不适，不可能在下议院呼吸，直到窗户被浸泡在石灰、氯化物中的窗帘覆盖。在此之前，1849年，伦敦排水系统的可耻状态——如此嘈杂的一堆漏水的管道、未覆盖的粪坑、发臭的沟壑、腐烂的特权和充满气体的下水道——再加上其218英亩的浅而拥挤的墓地的令人作呕的状态，以及烟雾弥漫的阴霾，在街道上盘旋的疾病蔓延的雾气导致了最可怕的霍乱爆发，在它的毒力高峰期，每天杀死四百人。"（希伯特，1969年，第187页）。在当代和现代作品中，都可以找到这里讨论的几个城市的类似描述。作家之间似乎存在着一种非官方的竞争，他们试图将任何一个城市的状况描述得特别糟糕。因此，巴塞罗那、巴黎、圣彼得堡和斯德哥尔摩都曾在某个时候被评价为19世纪欧洲最悲惨的城市。

② 关于霍乱流行的一般调查，见《霍乱，十九世纪的第一次流行病》（Le Choléra, La Premiére Épidémie du XIXe Siécle, 1966年）。关于阿姆斯特丹的霍乱，见《地图中的阿姆斯特丹》，第128页及以下各页；巴塞罗那，见《巴塞罗那地图集》，第571页；布鲁塞尔，见柯林斯（1984

年），第90页；斯德哥尔摩，见扎克（Zacke，1971年）。参见克努森对哥本哈根的研究，该研究似乎表明霍乱与城市改善有关的重要性被夸大了。如果我正确理解了他的论点，霍乱不是触发因素，而是用来支持无论如何都希望采取的步骤，克努森（1988年b，第41页及以下）。但正是这种对公众舆论的影响，对几个主要的城市发展项目的实现而言很重要。

③ 然而，柏林、哥本哈根和斯德哥尔摩老城市周围已经拥有相当大的17世纪建成城区，街道既笔直又相对宽阔，在这三个城市，当局满足于只对旧城市结构进行微小的改动。

④ 在1850年代中期，巴黎提出了建设从火车北站开始并与塞巴斯托波尔大道（Boulevard de Sébastopol）平行的宽阔街道的建议。然而，这似乎并没有获得奥斯曼的支持——因为塞巴斯托波尔大道就在旁边。

⑤ 在本世纪，许多废弃的火车站和轨道为有趣的城市发展项目提供了机会，其方式与19世纪的城墙防御工事区几乎相同。

⑥ 传统城墙防御工程的低效率在拿破仑战争期间多次得到证明，例如在1807年英国海军炮击哥本哈根期间，城市的大部分地区成为废墟，还有法国军队占领维也纳的场景。

⑦ 参看安斯帕赫1874年提交布鲁塞尔社区委员会的报告，转载于第333页，注10。

译注

❶ 克里斯蒂安尼亚，即挪威奥斯陆。

❷ 1830 年 7 月法国推翻复辟波旁王朝，
拥戴路易·菲利普登上王位的革命。

第19章

THE AUTHORS OF
THE PLANS

规划作者

　　在上一章我们尝试描述了19世纪首都城市规划的背景，以及引发这些规划的部分因素。现在让我们转向规划过程本身。理论上规划项目可分为五个阶段：探索问题，制定程序，规划准备，完成规划，执行规划。然而，除了维也纳的环城大道项目之外，这种按部就班的理想程序思路很难应用于这里讨论的任何真实案例。我们没有看到按照规章秩序来执行规划的项目证据，除了弗朗兹·约瑟夫在他的《手记》（Handschreiben）里所呈现的关于拆除维也纳防御工事的信件。也许费伦茨·雷特关于改善布达佩斯的备忘录也可以被称为某种形式的规划（programme）。除此以外，通常会发生的情况是，某个人或委员会被要求制作一个规划图纸（plan）。这些"规划"有些为城市建设提供了总体的指导方针，有些则毫无指导性可言。[①]经过一定程度的讨论和相关调整，规划获得了批准。因此，我们有理由用一个章节来探讨这些规划的作者们，再通过另一个章节来讨论决策过程是如何实现的。

　　本书讨论的所有城市的规划，无论在初期规划阶段还是在具体实施阶段，都受到众多行为者（actor）的影响。除了埃伦斯特伦为赫尔辛基所做的规划以外，没有一个规划能够仅基于一个规划者的意图就能达成统一意见并获得实施的。有时在规划获得批准之前，就进行更改，有时在规划实施期间边推进边更改。有些项目涉及如此多的建议和如此多的人，以至于很难特别强调任何人的主导角色；在其他情况下则可以指出，某些人的想法和建议确实对最终规划产生了决定性的影响（表19-1）。

本书论及的规划发起人　　　　　　　　　　　　　　　表 19-1

阿姆斯特丹	第一个规划由雅各布斯·格哈德斯·范·尼夫特里克（Jocobus Gerhardus van Niftrik，1833—1907 年）制定，最终被卡尔夫（J.Kalff）采纳
雅典	古斯塔夫·爱德华德·舒伯特（Gustav Eduard Schaubert，1804—1868 年）和斯塔马蒂奥斯·科里安特斯（Stamatios Kleanthes，1802—1862 年）；利奥·冯·克伦泽（Leo von Klenze，1784—1864 年）修改
巴塞罗那	伊尔德丰索·塞尔达（Ildefonso Cerdá，1816—1976 年）
柏林	詹姆斯·霍布雷希特（James Hobrecht，1825—1903 年）
布鲁塞尔	朱尔斯·安帕奇（Jules Anspach，1829—1879 年）虽然实际上并没有制定这个规划，但却是中央大道项目推动者；维克多·贝斯梅（Victor Besme，1834—1904 年）郊区项目总体规划的发起人
布达佩斯	规划由总工程委员会（General Board of Works）制定并于 1873 年通过。该规划主要基于路易斯·莱克纳（Lajos Lechner，1833—1997））和弗里杰斯·费斯尔（Frigyes Feszl，1821—1884）的参赛方案，这反过来又是基于费伦茨·雷特（1813—1814）编制的一个规划方案
克里斯蒂安尼亚（奥斯陆）	克里斯蒂安·海因里希·格罗奇（Christian Heinrich G.Grosch，1801—1805 年）制定的初步规划从未出台正式讨论。此后没有制定任何总体规划
哥本哈根	几个不同的规划方案；决策性的方案是由委员会提交的。不过，费迪南德·梅尔达尔（Ferdinand Meldahl，1827—1908 年）的提议却意义重大
赫尔辛基	约翰·阿尔布雷希特·埃伦斯特伦（Johan Albrecht Ehrenström，1762—1847 年）
伦敦	摄政街由约翰·纳什（John Nash，1752—1835 年）规划，其他几条街道由詹姆斯·潘尼索恩爵士（James Pennethorne，1801—1801 年）规划。随后的街道改善，似乎还没有为它们制定总体规划就实施了
马德里	卡洛斯·玛丽亚·德·卡斯特罗（Carlos Maria de Castro，1810—1893 年）

续表

巴黎	拿破仑三世（Napoleon III, 1808—1873 年）；乔治·尤金·奥斯曼（Georges-Eugène Haussmann, 1804—1891 年）
罗马	亚历山德罗·维维亚尼（Alessandro Viviani, 1825—1905 年）；但也有很多人参与其中
斯德哥尔摩	阿尔伯特·林德哈根（Albert Lindhagen, 1823—1827 年），担任委员会主席；最后的规划只有部分是基于林德哈根的方案的思路
维也纳	建筑竞赛及委员会；很多人都参与其中，其中包括克里斯蒂安－弗里德里希·路德维希·里特·冯·福斯特（Christian Friedrich Ludwig Ritter von Förster, 1797—1863 年）、爱德华·范·德·努尔（August Sic（c）Eduard van der Nüll, 1812—1818 年）和特别值得一提的是奥古斯特·阿尔德·冯·阿尔德斯堡（August Sic（c）ard von Sic（c）Ardsburg, 1813—1818 年）

在某些情况下，被接受或被批准执行的规划项目可以被看作是某一特定个人的成就。这种情况在卡斯特罗的马德里规划、塞尔达的巴塞罗那规划以及霍布雷希特的柏林规划中可以得到印证。同样还有雅典克伦泽的规划项目（之前的项目是舒伯特和科里安特斯两个人的工作）。埃伦斯特伦的赫尔辛基规划也是如此。这些项目执行时正处在 19 世纪首都城市时代的开始阶段，甚至可以说，在许多方面还是个延续了早期传统的产物。阿姆斯特丹的卡尔夫规划也只有一位作者，但它更多是当时诸多发展的描述性总结，而不是通常意义上的规划。而在其他情况下，这些规划的起源更为复杂。在巴黎，拿破仑三世和奥斯曼被视为巴黎改造规划的基本概念之父，尽管还有其他人将他们的意图转化为具体的执行规划。在布达佩斯，批准的规划主要基于两个项目方案，即莱切纳和费斯勒的参赛规划方案。但根据费伦茨·雷特（Ferenc Reiter）在首相要求下所撰写的一份早期备忘录所述，

这个规划最为重要的关键要素在组织规划竞赛之前就已经被首相确定下来了。在斯德哥尔摩的规划中，林德哈根因 1866 年版的《总体规划》而扬名，但这个规划一定程度上是基于之前的规划而成形的；当时的林德哈根还担任一个委员会的主席，该委员会的其他成员亦影响了该规划的形成。该委员会提出的方案对最终批准的规划产生了重大影响，但该方案中许多的内容却在后来被修改或放弃了。在罗马，维维亚尼的名字作为一个推动规划的关键人物出现，但他是和众多委员会成员共同制定规划方案的，因而很难准确定义他的贡献。维也纳和哥本哈根的规划，也是有几个委员会和众多不同人的参与，因而几乎不可能定义出某个特定的作者。

直到 19 世纪中叶，城市规划还没有成为一个标准成熟的专业知识领域。以前，城市规划可能是防御工程师、土地测量师或建筑师的工作。[2] 19 世纪伟大首都规划的创始人也有着截然不同的背景。他们所接受的培训和所担任的职位没有规律可循；除了巴塞罗那的塞尔达可能是个例外，其他人的唯一共同特点是，他们没有接受过城市发展方面的培训。塞尔达自己系统地研究了规划。奥斯曼和林德哈根接受了法律培训；奥斯曼早期的抱负是在行政部门获得成功，在他被任命为巴黎行政首长之前，他长期是为国家政府工作。林德哈根是一名法官，曾担任过一段时间的政府官员，后来他以最高法院法官的身份结束自己的职业生涯。我们这里讨论的一些规划者受过工程技术教育；例如，卡斯特罗、霍布雷希特都是土木工程师，莱切纳、雷特、范·尼夫特里克和卡尔夫似乎也有类似的背景。然而，应该指出的是，卡斯特罗在转向工程之前曾研究过建筑领域。

建筑师也参与了规划过程，特别是在 19 世纪上半叶，尽管他们通常不是已批准的规划的唯一作者，而是通过提出建议或提交竞赛参赛作品来参与。雅典则是一个例外，建筑师舒伯特和科里安特斯制定的规划在1833年获得批准，一年后建筑师克伦泽制定的规划获得批准。在维也纳，皇帝批准的环城地区大规划在很大程度上是基于福斯特以及范·德·努尔和斯卡德伯格提交的参赛作品。这三人都是学院的建筑师和教授。在布达佩斯的规划竞赛中，二等奖由一位名叫弗里格耶斯（Frigyes Feszl）的建筑师获得，他的提议被认为是最好的。在巴塞罗那的规划竞赛中，建筑师安东尼·罗维拉·特里亚斯提出了一个关于巴塞罗那扩张的有趣提议。哥本哈根的方案由建筑师提交，特别是城墙和塞恩湖泊之间区域的平面布置，以及加梅尔霍姆的最终规划，都是著名建筑师费迪南德·梅尔达尔的作品。在19世纪中叶的许多城市，建筑师和工程师之间的冲突是司空见惯的，建筑师声称工程师缺乏设计艺术资格，工程师声称建筑师缺乏必要的技术知识。这类争端似乎影响了事态发展，至少在巴塞罗那的情况下是如此。稍后，我们将回到两种规划者之间可能存在的差异的问题，来讨论分别由建筑师和工程师做的规划。

规划的制定者都持有怎样的立场呢？在斯德哥尔摩，林德哈根以民选政治代表的身份主动参与了规划的制定。他是市议会和几个市政委员会的成员。其他规划的作者，则多以管理者或专家的身份参与进来，但他们的职位和级别各不相同。奥斯曼在经历了漫长的行政生涯后，已经达到了他特定层级的最高层，他的职位给了他几乎部长级的地位。他之所以被选为巴黎市长，是因为他被认为有能力管理重大的城市发展项目。与此对比，柏林的霍布雷希特在受命为柏林制定规划时，才刚刚完成他的学业，他的职位就是为完成这项任务而设立的。罗马的维维亚尼是城市当局城市规划部门的负责人，因此他的职位对这项工作来说更"合理"。范·尼夫特里克和卡尔夫也是如此，他们分别是城市工程师和公共工程总监。马德里的卡斯特罗是城市道路、运河和港口工程师公司的成员，此前曾在马德里担任过各种职务；他是一名城市工程师，因此具有完成这项任务的专业背景。巴塞罗那的塞尔达是一个特例：作为一名工程师，他已经卓有成效地工作了近二十年；他还曾在国家层面担任西班牙议会成员，并在巴塞罗那的地方层面担任政治职务。但在他承诺为巴塞罗那制定规划时，他已不再参与政府的工作，也没有参与任何当前的市政任务。尽管如此，他还是深度参与其中，这可能是因为他拥有公认的专业知识，以及他对巴塞罗那的深度了解。他进步的政治声誉可能使得从事这份工作变成一种使命，他准备不计回报地为此努力。雅典的舒伯特和科里安特斯都是年轻的建筑师，在被委托制定雅典规划时还相对缺乏经验，但他们以不懈的努力完成了项目。而当规划在推进实施时，他们已经离开了这份短暂的公职。克伦泽接上了雅典项目的进一步工作，作为巴伐利亚公使和巴伐利亚宫廷建筑师，他在为雅典制定规划时并没有担任希腊职位。

许多人作为规划竞赛的参赛者、委员会成员或习惯于参与公开辩论的人参与到各个城市规划项目中来。有三个在本文讨论的城市组织了城市规划竞赛，即维也纳（1858 年）、巴塞罗那（1859 年）和布达佩斯（1871 年）。在维也纳，内政部负责比赛，环城地区的批准规划在很大程度上是基于三个获奖方案整合而成。在巴塞罗那，规划竞赛是由市政府组织的，目的是找到新方案以便替代塞尔达所做的扩展规划，该规划是在马德里政府的同意下制定的。比赛由巴塞罗那的城市建筑师之一安东尼·罗维拉·特里亚斯赢得；尽管如此，政府还是批准了塞尔达的规划，罗维拉的提议对城市发展的结果并没有任何影响。在布达佩斯，由工程总局组织了规划竞赛，最终规划是在前三名的方案基础上进行修订和汇总而成③。

上述规划制定者对城市规划问题都持有浓厚的理论兴趣。尤其是巴塞罗那规划者塞尔达，他的《城市化综合理论》（*Teoría General de la Urbanización*，1867年）是现代规划理论中最杰出的著作之一，但在西班牙以外的学术世界被长期忽视。维也纳的路德维希·福斯特是环城大街竞赛的获奖者，他也对城市的理想空间组织产生了浓厚的兴趣，同样还有斯德哥尔摩的林德哈根。林德哈根的思想没有塞尔达那样的深谋远虑，但他制定了一些指导19世纪大城市规划的原则，尽管他的规划工作并没有跨出国界。

最后应该指出的是，规划也受到了许多其他人为因素的影响，包括政治家和决策者，他们虽然不是规划方面的专家，或者没有积极参与到制定规划的过程中，但是依然深度影响着城市发展的各个方面。值得一提的是巴黎的拿破仑三世、布鲁塞尔的利奥波德二世、维也纳的亚历山大·冯·巴赫、布达佩斯的古拉·安德鲁西、斯德哥尔摩的吉利斯·比尔特和马德里的克劳迪奥·莫亚诺。敦促拆除巴塞罗那防御工事的将军兼政治家利奥波多·奥唐纳（Leopoldo O'Donnell）亦可以被列入这一名单之中。

注释

① 不过，据弗雷切拉说，卡斯特罗的指令似乎相当具体，卡斯特罗在其1858年的方案中强调了制定规划项目的详细指令的重要性（弗雷切拉，1992年，第173页）。

② 据一项对瑞典所有171份已批准的

城市规划的调查，瑞典 1850 年至 1910 年期间斯德哥尔摩以外城市的数据显示，62 个城市由工程师或城市工程师的专业职称人员建造，50 个城市由其他土地测量师建造，8 个城市由建筑师建造，8 个城市由官员建造。有 5 人有别的头衔，另有 38 人没有被冠以头衔。尤其值得注意的是土地测量师的突出地位，因为许多被称为"工程师"的人都是土地测量师（Hall，1991 年，第 184 页）。

③ 其他总体规划竞赛包括：布尔诺（Brno，1861 年）、曼海姆（Mannheim，1872 年）、德累斯顿（Dresden，1878 年）、亚琛（Aachen，1878 年）、科隆（Cologne，1880 年）、卡塞尔（Kassel，1883 年）、苏黎世（Zürich，1883 年）、德索（Dessau 1888 年）、汉诺威（Hanover，1891 年）、慕尼黑（Munich，1893 年），以及上述 1893 年在维也纳举行的第二次比赛 [学者布雷特林（Breitling，1980 年）]。在瑞典第二大城市哥德堡，早在 1861 年就安排了一场规划竞赛。20 世纪初，一场新的竞赛浪潮接踵而至，但现在以大都市为中心。如果说第一场维也纳竞赛可以被描述为一种内城比赛的出发点，那么第二场比赛可以说引发了大都市地区的规划竞赛。

第20章

THE DECISION
PROCESS

决策过程

规划决策，是本章主要涉及的内容，是从规划开始、定案、实施的过程。这一过程在不同的城市，有着截然不同的形式。如果不先对相关城市或者国家的法律框架、行政体系进行详细的研究，就很难进行比较。①下面主要进行一些初步尝试，来分析确定一些主要特征。显然，这里研究的城市分为两类，第一类是由所在国家的中央政府层级来处理、解决首都城市规划问题，第二类则是由首都城市市政当局层级来负责。第一类情况下中央政府层级的首都城市，最重要的例子是君主、国王享有强大个人地位的国家，例如法国、普鲁士和奥匈帝国。第二类是由城市层级来应对规划发展决策的城市，则有阿姆斯特丹、克里斯蒂安尼亚、哥本哈根、罗马和斯德哥尔摩。这两类的决策过程有哪些不同呢？

巴黎当然是这方面的最好例子：有效的法国中央政府决策，规划与实施一体，规划也较难切分为不同的阶段。目前看来，对于巴黎规划确切的决策路径一直尚未有学者研究涉猎过，当然，它的决策路径会根据任务的不同而发生变化。此外，首都城市的规则和实践会随着时间的推移发生变化：进入法兰西第二帝国后期以来，"皇帝"拿破仑三世的个人地位越来越弱，这与君主立宪制下王权受到制约的情况类似，而奥斯曼的行为越来越独立，但未必是他个人的意愿。通常情况下真正的决策——例如关于新街道——似乎是在奥斯曼和拿破仑三世之间频繁的非正式会议上提出的，当时的情况通常是皇帝拿破仑三世批准奥斯曼的建议。这种情况，至少是奥斯曼回忆录所介绍的。在许多情况下，奥斯曼能够自己作出决定，而且如果他认为皇帝拿破仑三世可能不会同意他的路线，他就尽量不把问题拿出来讨论。其他官方决策机构直到执行阶段才参与。土地征用、国家补贴和市政借贷要求颁布帝国法令，但拿破仑三世很少担心大臣们的反对。只有在这些措施涉及城市财政担保的情况下，才需要咨询巴黎市政决策会议（conseil municipal）。在市政议会成员中，多数成员不是选举产生的，而是由国家政府任命的；如果这些议员们冒险去反对拿破仑三世或者奥斯曼的规划，则可能因此而失去自己的市政议员资格位置。但是，所谓的奥斯曼控制了市政委员会——至少如果我们相信他自己的说法的话——与其说是通过使用权力的话语权，不如说是通过使用他的战术技巧和能力来激励周围的人。他的建议普遍获得批准。[②]除了巴黎地方国民议会外，掌控全国层面的国民议会难度更大，国民议会可以拒绝任何方案，或削减国家投资、拨款，或拒绝批准进一步的市政贷款等。有几次国民议会如愿地成功否决了方案。因为全国国民立法会议由巴黎以外的其他省级代表主导，他们不愿意为首都做任何事情。这使巴黎的市政改造愈发复杂，这也是他们反对拿破仑三世政权的一种方式。但好在需要国家议会支持的情况不多，仅在某些特殊情况下需要。奥斯曼最终逐渐找到避开国民议会批准而获得贷款的方法。有鉴于此，巴黎首都规划决策过程总体上运行顺利。

19 世纪中叶似乎迎来了规划委员和规划委员会（committees and commissions）的时代。正如我们所看到的，委员会成员中各色各样的人物，在城市规划建设的决策争论中发挥了重要作用。就连拿破仑三世也曾考虑任命一个委员会来讨论"巴黎新公共大道总体系统陆续开放的规划"，并在任命奥斯曼为省长后、第一次会议上告知其意图。这对奥斯曼来说是一个无法预料的打击，根据奥斯曼的回忆录，他自己立即决定给予委员会一次"致命的打击"。也许有理由引用奥斯曼关于他在第一次会议后与皇帝讨论该规划委员会时的描述：

会后，皇帝把我带到一边，问我对设置委员会的全部态度："陛下"，我回答说，"在我看来，委员会规模太大了，效率不高。当人数多时，委员会的习惯是让最细微的观察以（复杂的）话语形式出现，不是保持简短，而是将报告转化为长篇累牍的学术论文。除非是委员会由皇帝作为主席，塞纳河总督（译注：就是奥斯曼本人）担任委员会秘书来负责分析，把议案提交给您……陛下，这是为了执行您的决定，最后，建议在君主和他非常卑微的仆人之间，尽可能减少其他成员。——"换句话说，如果没有人那就最好了。"皇帝笑着问道，"这确实是我想法的精髓吗？"我回答，"我真的相信（如此）。"陛下回答，"你是对的"。

此后我再也没有听到关于委员会的消息了。它消亡于无事可做，该委员会曾经短暂地存在，没有留下任何痕迹或遗憾，它的某些成员在任期结束时一定感到失望。[3]

奥斯曼的这些回忆录文字，可能有事后回味的感觉，但这些回忆录仍然是奥斯曼对工作的态度，在他重建巴黎市区的过程中，这些策略确实发挥了作用。[4]

与巴黎不同的是，维也纳则有明确规划和实施两个阶段。在这两种情况下，决策大部分工作是在规划委员会中高效进行的，而且委员会规模也很大。委员会的成员大多来自不同的行政机构，工作压力很大，需要尽快出成果，符合奥地利皇帝的要求。因此有必要走得更远——正如我们所看到的那样，达成让步，尽管时不时要受到不少的痛苦折磨。[5] 如同在巴黎一样，维也纳的规划决策是基于奥地利皇帝的意志和权力；其规划决策和实施的条件远比巴黎更有利，因为中央政府层面已经拥有土地产权，并且还是空地，等待开发建设。在维也纳，没有人能享有类似巴黎奥斯曼那样的权力和职位。奥匈皇帝弗兰兹·约瑟夫也没有和法国皇帝拿破仑三世一样，直接参与首都城市的再造。约瑟夫皇帝也缺乏对首都城市发展战略的高瞻远瞩。因此，维也纳的首都规划提供了一个集体决策、高效规划的案例。维也纳市政当局和巴黎市政当局一样，能力一直很微弱。但在巴黎，至少在街道改善方面，城市市政当局层面还是有着正式的建设原则，而在维也纳，其环城大街地段则被视为中央政府层面的责任问题。⑥

在布达佩斯，中央政府直接任命了总工程委员会（the General Board of Works of the Capital City），首都城市规划的决策过程工作效率很高。国家层级的代表在该委员会占多数，他们享有非常重要的地位。委员会直接在内政部长的领导下，依据 1872 年的总体规划以及各种子项的规划实施。因此，所有重要的决策都由总工程委员会作出决定。实际上，（一江两岸的）布达和佩斯都确实拥有建设委员会，但他们的职能似乎仅限于次要问题，和一般常规正式的法律审查——在建筑许可证方面的监督职能；他们的一些决定仍然必须提交给总工程委员会，对市政规划或建筑的任何决定都可以向其提出上诉请求。⑦因此，总工程委员会的权威与其模式——伦敦大都会工作委员会（the Metropolitan Board of Works in London）——的权威大不相同，伦敦似乎缺乏任何真正的"权威（authority）"职能，或多或少仅仅起到了城区之间合作机构的作用。在这里研究的其他首都城市中，没有一个有着同等决策地位的实体，与布达佩斯最相似的是位于维也纳的城市拓展委员会（Stadter Weiterungs），尽管该委员会仅负责城墙外围区域（glacis）的扩张。工程委员会的职能和地位让人想起巴黎奥斯曼的立场：两种情况都是一个政府任命和建构具有战略深远视野的权威的问题。首先，在费伦茨·雷特（Ferenc Reitter）的人格力量影响下，委员会的活动遵循一条前行的路线，但逐渐成为发展的障碍；它把实施 1872 年的规划视为自己的任务，尽量少作改动，直到 20 世纪初，它拒绝一切关于制定新规划的建议。

在柏林，与上面讨论的三个城市不同，政府并不认为首都城市规划运作是国家层面的重大利益事项。结果情况大不相同：柏林没有形成规划的城市中心或其他有特色的地段，没有要求宏伟的建筑。柏林的规划由詹姆斯·霍布雷希特执行，他是一名获得正式任职的官员，获得水利和土木工程师资格，他所做的柏林规划由柏林市警方批准后，呈交给了德国国王批复。显然柏林从来没有一个规划委员会，也没有市政机构参与其中。在规划过程中，虽然获得了市政府批准，在实施过程中规划作了很多改变，但没有任何特别的惊喜之处。

在西班牙的案例中，最终的规划决策也是由中央政府作出的。在巴塞罗那，市级层面极力反对塞尔达提交的规划方案，市议会与市政府协商拟定，安排了一场竞赛以寻找替代塞尔达的规划方案。然而，最终他们还是被迫接受了塞尔达的规划，塞尔达的规划思路得到了尊重，无论城市街区的结构方面如何，其实施程度都相当独特。不过，巴塞罗那当时并没有很快接受来自中央政府层级批复的规划方案，这表明，巴塞罗那比巴黎、维也纳或柏林拥有更大的城市自由、自治权利——至少在这类问题上是如此。当然，巴塞罗那也不是首都。在首都马德里，中央政府完全拥有对规划的控制权。国家发展部（Ministerio de Fomento）部长采取主动方式，直接任命了一个委员会，显然根本没有咨询马德里市政府。尽管有这个委员会，卡斯特罗却负责规划方案。规划方案向城市市政当局和其他机构提交讨论后，就得到了中央政府的批准。这仅仅是一种过场的形式而已。但是官方工程机构的咨询委员会或军政府咨询机构"土木/运河和港口工程师公司"（Corporación de ingenieros de caminos，canales y puertos）。显然具有相当的重要性。军政府在国家层级履行了一项专家职能，其方式在这里讨论的其他任何国家都没有类似情况。

赫尔辛基和雅典，其城市规划在决策过程保持了快速和高效兼顾。埃伦斯特伦 1812 年为芬兰首都所做的规划方案完成后直接交给了（宗主国）沙皇，并且马上得到核准。舒伯特和科里安特斯在雅典的规划，无需任何修改或者非常广泛的市政调查，就得到批准了。这两个城市的规划，特别是赫尔辛基的那次，可以说是纯粹国家王室决策的后期案例。

上述这些城市的规划决策非常迅速高效，而相反的案例，不得不说阿姆斯特丹、哥本哈根、罗马和斯德哥尔摩。在斯德哥尔摩，规划开始后花了 17 年才最终得到批准。罗马规划决策则花了 13 年时间。在哥本哈根，城市规划讨论持续了相当长的时间，花了十多年。在克里斯蒂安尼亚（奥斯陆），尽管早在 1836 年就有人提出规划问题，尽管国家议会屡次要求城市制定规划，但它一直无法形成一个完整的规划。25 年后的 1861 年，挪威国家议会同意克里斯蒂安尼亚（奥斯陆）无需按照任何要求，自行直接制定规划。为此，值得记起的是，巴黎的奥斯曼整个改造巴黎的规划仅仅只有 17 年。

在这些城市，为什么规划过程拖了这么久？我们以斯德哥尔摩为例，他们都是城市层级的政府当局来负责城市规划。我们发现的问题是，最早在 1857 年提交的斯德哥尔摩的全部市域范围的规划，是以私人法案的形式呈现的，该规划方案遭到批评，经过多年的思考才在 3 年后（1860 年）作出了决定：不应采取任何规划。然而规划这件事情，过了3年之后，又被提出了。这次由市政府的市长——作为中央政府的代表；他提到了早些时候的规划法案，并指令斯德哥尔摩要制定一个规划。这是19世纪唯一一次国家当局以如此具体直接的方式干预斯德哥尔摩的规划。由此产生的规划活动可分为三个阶段：第一阶段是持续近4年的初步规划阶段，在此期间编写了两份规划方案；然后是7年的工作停滞期；最后阶段，一个持续近7年的讨论和决策过程。

第一个方案大约在一年内完成，由于扩大地方城市独立权限的市政改革刚刚启动，所以规划没得到批准。新创建的财务委员会（drätselnämnden）作为地方市政行政的组成部分，任命了另一个委员会负责评估规划方案：但该新建的财务委员会自己又编制了一个全新的城市规划，使得事情推迟了两年。于是，各种各样的参与者不约而同地出现在一起，使得整个问题被搁置了7年。其中最重要的可能是规划建设活动水平，这使得规划的想法显得不那么紧迫，也不确定所涉及的各个官员的角色。

1874年，最后阶段启动，在此期间，规划要通过复杂的决策流程。首先，它是由城市议会通过的，市议会由一百名选举产生的成员组成；在此之后，它要准备好问题来提交给政府批准，届时进行修改。各地方城市市政机构对这一问题的处理是漫长的，充满了冲突。例如，仅北玛尔玛的规划就需要召开11次会议。决策过程是混乱的：规划大纲被无休止地投票、如何决定街道宽度或长度的投票所淹没；形成多数派的机会往往很少，选民和反对者的态度不断变化。

这种情况可以用多种方式来解释。例如，当时还没有建立起政党制度。委员会成员不能援引政党路线来支持自己的观点，但这也解除了他们对任何"政党"的忠诚，意味着他们可以自己决定每一点。此外，规划还没有被视为专业人士的专属活动；任何人都可以针对应该新建街道的地段有自己的看法——而且确实有自己的看法。城市还没有处理规划问题的行政机构。

我们很可能会问自己，为什么规划问题会激发如此强烈的情绪。普遍的保守主义、对变革的抵制当然是其中的一部分。造价高的规划项目总是很难被接受，因为它们可能意味着增税；不管涉及什么，最便宜的替代方案通常可以获得热切的保守者的支持。有些人只是在原则上反对城市应该进行任何大规模街道开发项目的想法。但并不是所有的反应都是负面的；在市议会或各个委员会的讨论中，经常会提出新的建议；有些可能只是一时的突发奇想，但另一些则提供了深思熟虑的替代方案。偶发事件和个人喜好在这一切中起了很大作用。例如，孔斯霍尔曼，斯德哥尔摩市中心的一个地段，如果某个特定的个人，即该地段的新居民，对财务委员会的方案不感兴趣，并提出替代方案，那么今天可能看起来会有很大的不同。

规划决策过程也因广泛的猜疑而变得复杂，导致结果进一步拖延。在这段历史时期，利用城市规划知识为自身利益服务，甚至通过参与市政决策来谋取个人利益，都不被认为是不道德的。我们已经看到 1872 年成立的两家开发公司的代表，如何在市议会努力工作，以确保某些重要的街道在适合他们的地方修建。1879 年 3 月，报纸《达更斯－尼赫特》（*Dagens Nyheter*）报道了另一位大开发商利用他作为顾问的地位来促进自己的利益，"他非常激动……他整个强大的身躯都在颤抖，因为无法隐藏焦虑——无论是否投票表决——直到市议会认可。"[⑧]这一切都是公开进行的；而那些秘密进行的、利用外面利益代言人等的活动，都尚未被调查，现在也永远不会知道。这似乎是可行的。然而，许多市政委员会的成员利用他们的立场和他们的"内幕信息"进行个人猜测。

由于城市的快速发展，这里讨论的所有城市都发生了土地和建筑投机——我指的是以土地快速升值而不是长期利益为目标的交易——尽管程度不同，方式也不同。它可能在任何阶段出现，从最初的试探性讨论开始，直到建筑物就位——当然，甚至到随后的阶段。在巴黎，人们对未来的街道位置进行了大量的猜测，决策过程具有缺乏沟通和决策威权的性质（uncommunicative and authoritarian nature）。⑧雅典或罗马市政当局也无法遏制强大的投机浪潮。在国家层面拥有土地产权的维也纳，这种操纵的空间要小得多，因为在出售地块时，土地价值就实现了上升。在斯德哥尔摩市，城市当局大量交易建设用地，部分是为了从未来土地溢价中获利——市议会内的批评者认为这是不健康的投机行为。进退两难的是，城市需要依靠大量私人建设投资来实施其规划，因此很难有效控制滥用职权的行为，或阻止大部分升值最终落入投机者手中。

应该强调的是，似乎没有一位主要的规划师利用自己的职位谋取私利 ❶。林德哈根和奥斯曼都被他们的工作事业的愿景期许所驱使，确信他们的工作符合公众利益。这项研究中讨论的大多数规划者可能也是如此。霍布雷希特在其他方面几乎什么都受到了批评，但也没有被指控为谋取私利。

在这种情况下，还应该指出，在这里讨论的大多数城市，决策是一件让人惊奇的公开事件。在某些情况下，方案阶段和实施阶段的不同版本、不同阶段的规划文件都已公布（哥本哈根、斯德哥尔摩、维也纳），在其他国家（雅典、巴塞罗那、柏林、布达佩斯、马德里、罗马）则仅仅公布了批复的规划。巴黎似乎是我们城市中唯一一个系统性地将公众排除在规划过程之外的城市，不过这个目的并没有多大成功。

现在回到斯德哥尔摩规划的最后阶段，我们看到了数百名市议员如何在一大堆不同意见和对立利益下作出决策。这并不奇怪，整个过程拖了这么长时间[10]。阿尔伯特·林德哈根正是作为这数百人之一，试图实现一个全面的解决方案，并尽可能保留 1866 年委员会方案中所包含的原则。他的政治地位似乎并不特别稳固；在某些情况下，他差点失去了授权。[11]此外，他为市政当局所做的工作只是他众多承诺中的一项；除了在最高法院任职外，他还承担着其他各种义务，并且在几年的时间里是议会成员。尽管如此，他还是抽出时间提出了自己的几项规划建议，并写了一系列详细的评论和保留意见。正如我们所看到的，林德哈根没有成功地指导决策过程，但由于他的专业知识、正直、承诺、辩论能力，以及最重要的是，他的建议总是基于深思熟虑的整体观点，他成功地以各种重要方式影响了决策过程。[12]林德哈根的功劳在于，混乱的决策过程最终形成了一个有效的规划，在这个规划中，后人几乎没有发现什么可以批评的。

在罗马，规划最重要的角色是能干的官员亚历山德罗·维维亚尼。然而，在某些方面，罗马和斯德哥尔摩类似：新成立的市政议会忙着处理规划问题；这两个城市都有来自投机者的强大压力；政府内部和政府之间的冲突都很普遍。而且，尤其是在罗马，国家层级和城市层级之间利益存在冲突。斯皮罗·科斯托夫曾经描述罗马的规划，他说，这是"无休止的辩论和妥协的产物……私人利益和公共利益之间令人不安的结合。"[13]1879 年和

1880年批准的斯德哥尔摩规划，实际上和罗马一样。

在哥本哈根，采取了一种渐进规划的方式，而中央政府及其部门则找到了各种方式来阻挠哥本哈根的地方政府支持的解决方案。另一方面，在克里斯蒂安尼亚（奥斯陆），地方政府当局显然不愿作出太多努力来满足中央政府要求的规划，而议会后来在克里斯蒂安尼亚的要求下撤回了对规划的要求。在阿姆斯特丹，决策过程似乎既漫长又混乱。

伦敦和一般模式不太一样：一方面，反对国家干预地方事务的呼声似乎在那里特别强烈；另一方面，伦敦被划分为许多市政单元，往往缺乏任何名副其实的行政管理。因此，国家层级的倡议特别重要，但政府的主要目标是控制成本。1848年成立的跨城市委员会和1855年的大都会工程委员会，他们的力量薄弱，资源不足。在这种情况下，伦敦缺乏真正的公共总体规划也就不足为奇了，尽管有约翰·纳什、詹姆斯·潘尼索恩（James Pennethorne）和其他人提出了一些规划方案。

雅典的规划条件也很不利。1833年舒伯特和科里安特斯以及1834年克伦泽制定的规划获得迅速的批准，这是一个辉煌的前奏，但由于盛行的"自由主义"❷政策的价值观和有时混乱的情况，将规划推进到批准阶段变得越来越困难。其他城市也可以观察到类似的事件序列，快速高效的决策被复杂而低效的流程所取代。赫尔辛基可以提供一个例子：1812年的城市规划是在几个月的时间内制定和批准的，而在制定斯卡图登区（Skatudden）的规划之前，它需要大量的方案和数十年的调查和讨论，直到世纪下半叶才批准。

那么，从这些描述和比较中得出的主要结论是什么？总体而言，是各国政府启动了规划过程，虽然在巴塞罗那、哥本哈根和维也纳，当地强烈要求拆除城墙防御工事，并开发周围未建的缓冲防御区 ❸。在布鲁塞尔，不同寻常的是，该市启动了几项改善措施，尤其是中央大道；然而，在后来的阶段，比利时国家政府在布鲁塞尔市城外启动了多个项目。在大多数情况下，在开始规划之前，就已经对于可能的问题和措施讨论过了。在最初的规划和决策阶段，我们注意到可以区分出两种主要模式：一种模式是由中央政府及其代表推动规划，另一种模式是首都城市地方政府本身占据更大的地位，中央政府的作用仅限于批准市政规划。在第一种情况下，决策过程平稳、快速，并面向整体战略角度；在第二种情况下，事情进展缓慢而艰难，而且细节讨论得很长，必须作出许多妥协。在第一种情况下，首都的规划被视为国家问题；在第二种情况下，它主要被视为一个地方城市市政问题，可能具有一定的国家政治层面的考虑。例如，在哥本哈根，这意味着从国家层面，将国家层级获得的最大利益视为首都城市发展政策的最重要标准。柏林是一个特例：国家层级的机构部门负责规划，但对他们规划的评价并不特别高。

然而，这表明，这两种分类方法，不应掩盖不同国家机构层级之间，在某些情况下是政府和议会之间，就国家在首都规划中的作用可能产生的分歧。在所有选举产生的议会中，对首都地位的怀疑和嫉妒似乎是一个共同的特征，因为国家议会的成员来自外省的代表占多数；反对使用国家资金改善这些城市的态度也是如此。⑭克服这种反对有时是困难的，即使是在第二帝国统治下的法国，这样的专制集权的国家都是如此艰难，而在意大利这样的自由主义的宪法下更是困难。此外，投票资格规则和投票限制也会带来很多不同；在丹麦公民投票中，一项关于城墙下空置的斜坡区的私人土地应该被征用的建议被否决，因为这与宪法不

符；对公众来说，当早期的建筑禁令被取消时，他们会要求应该
保留土地价值的增长。

注释

① 斯德哥尔摩在本章中占有了这么多
的篇幅，主要是因为这个原因。但
是，斯德哥尔摩的规划决策过程——
也许也与阿姆斯特丹和维也纳一起——
可能是迄今为止受到的最全面的学术
关注。

② 拿破仑三世和奥斯曼见面面试后，对
奥斯曼给予任命，拿破仑三世宣布他
打算解散市政委员会，将"罢免"那
些有坏影响的成员，并敦促奥斯曼选
择新的成员。然而，根据回忆录，这
位巴黎首长（奥斯曼）设法说服皇帝
（拿破仑三世），最好的策略是推迟
解散议会，直到他仔细观察其组成成
员。如果事实证明有必要解散它，那
么最好是在它反对某个受欢迎的方案
时解散。但奥斯曼指出，有可能是伯
杰——前任巴黎首长夸大了议会的消
极作用的情绪，以此作为伯杰自己不
作为的借口（奥斯曼，1890 年，Ⅱ，
第 51 页 f）。

③ 奥斯曼（1890 年），第二卷，第 57
页及其后。

④ 卡米洛·西特（Camillo Sitte）和奥
斯曼一样对委员会持批评态度，但就
他的情况而言，是出于艺术原因。西
特说，一项基本要求是由一个人负责
规划："几个人在委员会或办公室里

一起工作，根本不可能创作艺术品。"
（1889 年，第 132 页）

⑤ 值得引用冯·西卡德斯堡（von
Sicardsburg）对委员会最后一次会
议记录的评论，该会议制定了维也纳
环城地区扩建的大规划：很自然应该
是有意见分歧。但这是一个在这件
事上取得进展的问题，这意味着进一
步坚持我们自己的不同意见是没有意
义的。不考虑它是否符合我自己的想
法，我承认这个规划现在已经完成了
（引自摩力克、雷宁和乌尔泽，1980
年，第 337 页）。

⑥ 然而，当涉及维也纳前阅兵场的规划
时，维也纳市长卡耶坦·冯·费尔德
（Cajetan von Felder）成功地影响了
最终解决方案，使维也纳有可能在该
地区修建市政厅（参见摩力克、雷宁
和乌尔泽，1980 年，第 211 页 ff 和
459 页 f）。

⑦ 参见《工务委员会章程》（A. Közm-
unkatanács Alapokmánya），1870
年，第 10 页。《首都总工程委员
会基本条例》（Basic Regulations
for the Capital City's General Board
of Works），引自《锡克洛西》
（Siklóssy，1931 年），第 86 页及
其后。

⑧ 引用自塞林（1970 年），第 53 页。

⑨ 左拉（Zola）在他的小说《拉库雷》（La Curée）中，猛烈地攻击土地和建筑诈骗。

⑩ 在这方面，斯德哥尔摩并不是唯一的。相反，在瑞典的城市里，一切与总体规划有关的事情似乎都需要很长时间才能处理，除非发生火灾迫使采取更快的行动，否则这似乎是惯例而非例外。在斯德哥尔摩西南部的小镇 Södertälje，从提出一项规划的问题之日起到最终批准一项规划为止，花费了五年时间（Gelotte，1980 年），第 54 页及其后；参见霍尔（1991 年，第 185 页）。

⑪ 参看学者塞林（1970 年），第 30 页。

⑫ 林德哈根作为《1874 年的建筑条例》（The 1874 Building Ordinances）的作者为他带来了权威。

⑬ 科斯托夫（1976 年），第 6 页。

⑭ 这一点在萨特克利夫（1979 年 b）中有所阐述。

译注

❶ 伦敦的摄政街的改造规划师约翰·纳什自己也在该条街道项目中有投资，见本书伦敦篇章。

❷ 此处自由主义，指小政府、大社会，完全放手、不干预市场经济，奉行让自由市场发挥作用的意思。

❸ 缓冲防御区（Glacis）：城墙外的空置缓坡区，为了利于军事防守者对于攻城者的射击需要，而禁止建设的缓冲带。

　　19世纪各个首都城市面临的问题中，有一些是相同的，例如高速发展的人口、低劣的卫生健康状况和恶劣的交通条件；同时，各个城市间的差异也是惊人的。我们只需要从尺度、地形、行政过程和街道网格标准等方面就可以看到这些差异。因此，可以说，它们之间的相同点和不同点都一样多。①

　　奥地利皇帝弗朗兹·约瑟夫就维也纳原来城市防御工事用地项目一事，在一个介绍的信件中，就讲到了扩展（Erweiterung）、改进（Regulierung）和美化（Verschonerung）。②这些词汇可以很好地描述当时城市规划的首要目标。有些项目，例如霍布雷希特的柏林、卡斯特罗的马德里和尼夫特里克的阿姆斯特丹的规划就专注于扩展；尽管一般来说，城市发展的主要目的是在外围的地方扩展，奥斯曼对巴黎的贡献主要还是在改进和美化方面。不过，19世纪很难在"扩展"和"改进"之间找到一个十分明确的界限，这个问题就是硬币的两面，目标就是要创造一个组织良好、具有效率的城市环境，许多项目自然就包括了这两个方面，如维维安尼的罗马规划，林德哈根的斯德哥尔摩规划，还有塞尔达的巴塞罗那规划。罗马和巴塞罗那的规划项目就包括了整个城区，有原建成区和规划新区，而斯德哥尔摩则除了城市旧核以外，还有到新区的桥梁之间的部分老城。

　　但是，"扩展"和"改进"这两个词汇并不能告诉我们城市环境需要改进和解决的问题的具体情况。19世纪中期，科学的规划理论还处在萌芽期，对城市发展所面临的问题还鲜有真正的讨论。城市规划的编制还是一件件要具体操办的事情：目的就是要看到能够有效地组织地块的建设、街道要有合适的宽度等。而对城市的看法，在本质上还是和以前的几个世纪的观点一样。

我们可以从这个条例中学习了解到很多当时普遍的规划思路。阿尔伯特·林德哈根负责了斯德哥尔摩的规划，同时还是1874年瑞典建造条例的编者。根据此条例的强制规定，全国城市要制定规划，规划的目的作如下声明：

> 在该方法下制定规划，并促使城市能为人的活动、健康所需要的光线和新鲜空气，提供空间上必须的便利。为防止火灾，要有最大的安全保障，还要为了城市必须的美感，空间上要有开放、变化和有序。[3]

流畅运行的交通、良好标准的卫生、消防安全和独特的城市景观都是这些条例的目标，它们都构成了19世纪规划的最基本目标。也许我们还可以把拆除没有达标的建筑作为目标之一。这可以是上述四个目标中假设隐含的内容，还有"内部安全"的需要。这最后一点并没有在条例中提出，且在法定文件里也未必是一个合适的因素。

很明显，瑞典建造条例的编写者还没有考虑分区规划，也没有安排不同活动行为的选址，例如住宅或者工业区的设立，在我们这里探讨的项目里，他们都没有占到重要的位置。虽然我们在卡斯特罗的马德里规划、舒伯特/科里安特斯的雅典规划中曾看到对城市的不同区域有不同的功能规划的尝试，但是也没有在单独的章节里找到论述。

此外，即使是在1874年瑞典条例中有很重要的文字对消防进行考虑，但是也没有专门的章节来讨论防火安全。[4]它们要求不只在斯德哥尔摩市中心，还有其他城市中，必须用砖石建筑，来代替以前的木质结构。这种情况在芬兰和挪威也一样。[5]宽阔的林荫大道能阻止火势蔓延，避免造成更大的祸害。砖构建筑能限制火灾，在大城市中心有了砖质建筑就能防止火灾。在条例的不同讨论中，防火安全虽然有间接评估，但很少有特别的专门讨论。[⑥]

我们来看看19世纪首都城市的主要规划目的。

交通（TRAFFIC）

根据瑞典林德哈根规划委员会的说法，"城市规划的偏见（the warp of the plan）"就是应该针对人员的流动和相应的道路解决方法。"[⑦]今天，这应该是很自然的理解，但在当时很难来理解和想象，19世纪的欧洲大城市里主要都是狭窄的道路，走很短的路要花费很长的时间。我们这里讨论的项目中，交通问题是最中心的问题之一，但通常都是通过对街道的改善来解决的。在巴黎，城市更新的主要目的就是在城市中心地段以及在中心和边缘之间建立高效的交通体系（图21-1）。在布鲁塞尔，最主要的问题就是把位于城市南北的两个火车站连接起来。伦敦也一样，在城市更新中，考虑交通问题十分重要。

城市扩张之外，交通就是当时面临的第二重要的问题了；而且，也要新城区以及它们与老城区之间有良好的交通连接。林德哈根规划委员会为斯德哥尔摩进行规划，他们把旧城的道路延伸到新城区来解决交通问题，而且——更为重要的是——通过规划新的主干道穿过新旧城区肌体的方法来达到目的。在最终规划讨论过程中，这样穿越老城区肌体的道路有些就被放弃或者缩小了规模。在罗马的道路规划过程中也有类似的情况；在那里，规划的情况更加复杂，因为地形十分复杂，而且要为历

L'omnibus de la Bastille.

图 21-1 巴黎。"巴士底综合巴士（L'Omnibus de la Bastille）"，古斯塔夫·多雷（Gustav Doré）在巴黎新时代的木版画（1861 年）。在 19 世纪下半叶，日益复杂的公共汽车和有轨电车网络遍布大城市，从而更加突出了对宽阔、平坦、笔直街道的需求，但对城市空间结构没有任何根本性的影响。[来源：奥斯曼男爵的作品（L'Œuvre du Baron Haussmann）]

史文化建筑和考古古迹让路。塞尔达为巴塞罗那所做的规划则包括一些道路在扩展区,比较武断地从旧城区肌体里切割过去。不过这些规划道路中只有莱耶塔纳街(Via Layetana)最后建成了。在布达佩斯,只有在布达部分,从原有道路出发建了一个系列的放射状的同心道路系统;而在佩斯部分就没有多少建设。在维也纳,就是在原来的城市城墙用地外开发建设——在城墙外原来的防护坡地上(glacis)——在旧城核和郊区之间创造一个良好的交通体系。这个问题通过绿环来解决了,而且实际上,原有的老路延伸到新的地方;而且经过旧城的交通体系也需要完全彻底地更新,但是根据当时的总体规划没有对此问题进行系统的解决。在哥本哈根,也只是把原来旧城区的道路延伸到新城区,没有进一步的系统解决方法,在马德里的情况也大致一样。

这里应该注意的是,在有些城市的大型改造项目中,并没有采用从旧城区中破开老城区肌体来开辟新道路的做法,而且这些还是发生在当时较晚的阶段,为的是要把城市中心的内部和周围的交通连接起来。这些例子包括维也纳的卡特默斯街(Kartmerstrabe),柏林的凯撒威廉街(Kaiser-Wilhelm-Strabe),马德里的格兰大道(Gran Via)和哥本哈根的克里斯蒂安伯尼科斯街(Kristen Bernikows Gade)和其延伸段。

我们这里的一些首都城市都探讨过环路的做法:它们主要是为城市周围而考虑的,它们都包括了建成区的全部或者至少是大部分(柏林、布鲁塞尔、布达佩斯、哥本哈根、马德里、斯德哥尔摩)。这至今还影响到我们对这些城市的认识:它们是一个完整闭合的单元,在它们自己和周围的郊区之间存在着明确的界限。财政方面的考虑也起了作用,至少在马德里是这样的;环边大道将使收取通行费和防止走私变得更容易。这样的项目很少超出讨论阶段，或者只是部分实现，马德里又是一个例子。如果说外围环路有时是出于交通以外的原因，那么在巴塞罗那、布达佩斯、哥本哈根、维也纳以及阿姆斯特丹（在某种程度上）建造的内环，以及在巴黎完成的内环，在交通方面都更为重要。它们可以与放射状的街道相结合，通常沿着旧的出口道路的路线。放射干道和同心圆干道的结合似乎被认为是一个特别令人满意的解决办法；这一理想也许在布达佩斯实现得最好，因为它的三环道路和许多出口路线——维也纳也在城墙外部（Linienwall）场址的外环获得了一个类似的系统。将放射干道和同心状干道相结合的尝试，似乎是 19 世纪理性规划思维的典型产物，但实际上是一个不断重复的规划者的招式。早期的理想城市理论家们玩出了这样的解决方案，它们在许多 20 世纪的项目中再次出现。

　　那么，当下的交通道路标准是什么？街道的详细设计将在下面讨论，但是这里应该提到一些最基本的要求。举个例子，道路应该足够宽，允许快速交通不受慢速停放车辆的阻碍。以前是个例外的有铺装的人行道，现在成了惯例，这可以说是 19 世纪对城市环境的最大贡献之一。在一条道路中间或其两侧绿化带是非常需要的。另一个重要的方面是，道路应该是笔直的、平缓的和尽量长的，以加快交通的速度[8]。当时还没有找到解决十字路口问题的办法。广场通常是在主要的十字路口创建的，而不是在星形的地方采用后来的循环交通原则。几十年后，尤金·赫纳德（Eugene Henard）用十字路口的环带发射了哥伦布的蛋❶（图 21-2）[9]。在道路中间种下绿带的最大好处之一可能是它减少了交叉交通的尴尬问题。

卫生标准（Standards of Hygiene）

　　到了 19 世纪的后半部分，城市越来需要急迫地提高卫生健康标准。在这些前工业化发展的城市里，人口及其密度的高速发展使得原来就很低的卫生健康标准更加恶劣。例如，在斯德哥尔摩，1850 年代男性的平均寿命是 20 岁，女性是 26 岁。三分之一出生的婴儿在一岁内死亡。到 1870 年代后期，只有 20% 的男性能够有可能活到 65 岁。[10] 而在农村地区，人口的死亡率就低多了，平均寿命也高很多。斯德哥尔摩的数据并不是孤立的；其他国家大城市的情况也相似。

　　到了本世纪的中期，从当时的卫生和健康标准来看，人们越发担心，认为在城市里疾病的流行和低寿命是自然而然的现象并且无法避免。这个信息也是当时开始出现的常规统计资料所显示的，这些资料显示了当时在城市里人们的卫生状况和平均寿命情况。另一个方面，从那时开始，人们能够更加容易地在不同的国家和城市之间相互交流信息和资料，而且这种信息的交流不断扩展。很显然，在所有大城市里出现的问题都很类似。因此，任何积极有效的解决方法都能很快地传到欧洲其他城市，例如自来水管道、污水排放系统等很快就被广泛采用了，十分实用的新颖方法，打破了传统保守的思路。特别是英国的经验起了很大的作用，可能是在埃德温·查德威克和其他处于公共卫生健康领域的代表人物的作用下，发挥了积极而令人称赞的作用。因为查德威克的主要努力，英国通过了《公共健康法案（1848 年）》。[11] 除了斯德哥尔摩外还有很多地方，医疗单位承担了重要的信息传播作用；在哥本哈根，医疗协会在一个健康住房[12] 项目里承担了重要的作用。弗雷泽（Fraser）写道：

很真实的是，医学专业在确认和关注公共健康问题，比他们在治疗技术提高上，对卫生提高起到了更大的作用。[⑬]人们已经注意到公众对霍乱流行的影响。关于疾病传播的方式，人们有两个认识，传染病的支持方认为是通过接触来传播的；而毒气论的支持方则认为是毒气使空气的质量下降，或者，空气或土壤中的微粒让人们感染。第二种学术思想尤其强调卫生条件的重要性，好的卫生状况能够对抗疾病。

公共卫生规划——这里讨论的规划并不是一种管控，而是抱着改变思想的政治家和技术专家所推崇的各种方法，目的就是要为整个城市环境带来彻底的变化，包括更好的住房、公园和其他开放空间，提供燃气和供水的系统，良好的排水排污系统，有组织的垃圾收集系统，建造集贸市场大厅为食物的分发提供条件，拆除对城市不利的设施，这所有的一切都是相互关联的（图21-3）。奥斯曼的巴黎建造规划尤其包括了上述的各个方面，除了提高工人阶级的住房标准（除非我们把对大批低标准的住房拆除也算作其中之一的对策）。1850年代以后，在其他绝大多数的规划项目中，卫生的改善占据了绝对重要的位置。

那么，在一些相对小的范围里来看待城市规划的意义，它们对提高城市环境的贡献还有什么呢？答案可能是：为城市的每个街区提供光线和新鲜的空气。奥斯曼的合作者阿道夫·阿尔法德（Adolphe Alphand）在1868年[⑭]写道："公园、宽阔的林荫道都能使空气自由循环，这些从健康卫生的角度来看，在大城市的内部是绝对需要的"。我们还可以从其他国家的城市规划的报告里看到类似的报告和文件。在我们这里所研究的阶段里，城市公园和林荫道可以认为是对城市规划起到了

重要的贡献。当然,在这之前就已经存在公园和林荫道了,但是它们只是作为偶然的例子,而不是作为城市景观的一个标准要素。

清除(Clearance)

在 19 世纪的城市规划里,良好的卫生标准、对贫民区的清除、城市内部安全等为控制社会的动荡不安创造了诸种条件,它们之间是紧密关联的。首先让我们来看看对城区的清除问题。从 17 世纪开始就已经有了这种发展城市的目的,它主要是把城市里不能令人满意的房屋拆除,代之以符合城市富裕阶层所赏识的建筑物。19 世纪快速城市化的结果之一,就是城市更新面临着新的紧急问题;中心城区的人口密度在不断上升,同时也带来了交通的压力。但同时,随着开发强度的不断增加,房屋的质量在下降;增加了很多新建筑,还有一些则占据了原来的留空开放的院落。在整个 19 世纪,经济特权阶级则不断地放弃和撤离人口密集的破旧地区,转移到新的空间良好的街区里。这就产生了贫民区:它的居民属于最低收入的阶层,他们生活的环境里是过度拥挤、破败的房屋和无法令人满意的街道,供水、排污系统也都很糟糕。

这些贫民区常常处在城市的中心地区。1850 年代的后期,巴黎最糟糕的贫民区之一就是在卢浮宫和卡鲁素凯旋门(Arc du Carrousel),而在伦敦,在原来特拉法拉加(Trafalarga)广场沿着圣马丁大道的旁边,有一个声名狼藉的贫民区,后来改造成了从查令十字(Charing Cross)向北的一条道路。当时城市里这种情况就很难和干净、整齐和特色鲜明的形象结合起来。特权阶级的人们认为贫民区是对"法律和秩序"的破坏，也是对现有经济和社会体系的极大威胁。它们也的确成为卖淫犯罪的聚集点。这些地方条件恶劣，十分容易成为流行疾病的产生地，并且扩散危及到其他的特权地区。另外，当时整个社会逐步认识到必须为所有社会成员创造合适的生活居住条件，即使是对那些生活在最恶劣的条件下的社会成员也一样。但是，要在公众的支持下采取这些行动不是一件容易的事情，首先从经济和法律的角度来看，当时整个社会弥漫着放任自流的思想，很难取得一致的意见。最后的希望就是通过经济的力量把每件事情解决好。当时的困难巨大，政府要开始开发整个区域时，受到了尤其猛烈的反对；对于公众来说，改造街道十分容易引起广泛的关注，也容易取得一致的意见。所以，对所有城市来说，改造街道是一个通用、万能的方法。⑮ 所以，在 19 世纪的城市规划中，最基本的一个特点是把开辟新的街道和对贫民区的清除结合起来。

很自然，英国这个工业革命诞生地首先意识到了住宅恶劣情况的问题。在这里首先出现了"贫民窟（slum）"这个词汇；在最近的 150 年来，在欧洲的各个国家里英国是最为广泛讨论"贫民窟"和"清除贫民窟（slum-clearance）"的地方。艾伦（Allan）写道："从 19 世纪上半叶发现这个问题以来，不列颠城市委员会的当务之急，是把横跨在贫民窟和标准住宅之间的沟壑填平。"⑯

所以，19 世纪伦敦的街道改造项目中清除贫民窟就是十分重要的因素。例如，1838 年，伦敦一个选择出来的委员会强调说："街道的功能并不只是单单提供良好的交通设施，而是要通过把破败的景象扫除，来使人们的健康和精神状况得到提升。同时，还宣称针对城市的发展要根据以下三个原则来评判：①公众交往便利空间的开放和扩大；②现有居民健康受到极大损伤的区域要得到提升；③这些高度密集的劳工阶层居住区域，他们的精神状况必须得到改良。[17]这些决定不仅针对新的项目，也针对旧有的区域。法灵顿路（Farringdon Road）、新牛津街（New Oxford Street）、查令十字路和维多利亚街就是从这些急需改善的区域中开辟的。[18]

如果说伦敦和巴黎在旧城更新上有什么相同的话，按照奥斯曼的巴黎来说，就是他们的态度都是十分重视。此外，在拆除破败的旧房子的时候，都是力图达到最好的效果。[19]伦敦和巴黎这两个在行政管理体系和规划政策上完全不同的城市，为什么都采取了大量的拆除和街道重建的混合模式？答案显然是在于两个城市的尺度，包括人口和面积两个方面。当时，这两个城市都存在着大量的贫民区，很难能绕开它们；伦敦还有想变成拥有精彩的"世界都市"景象的目标。在当时与目标之间的巨大差距里面，还包括要建立一个良好的交通系统，为来往于市中心和周边范围的人们提供便利，这点上尤其要比别的城市突出。

但是在巴黎——和伦敦完全不同——西岱岛城附近的中心区域都清除了。如果有可能，奥斯曼一定会把这个更新的区域扩大。在雅典，一个更大范围的发展更新方案也在规划中，结合完全拆除所有老的建筑，只要认为不具备考古和历史价值，就要全部拆除——这个规划没有实施。土耳其时代的一些区域保留了下来，大部分的街道地块模式基本上和原来一样。在赫尔辛基情况也一样，也有过完全拆除老城区并实施更新的规划；它的实施条件要好一些，因为城市的很多部分被烧毁，所以规划的想法可以较多地实现。

在本书讨论的其他的城市项目中，拆建清除似乎扮演着较为次要的角色，当然这并不是说人们并没有意识到它的重要性。例如，在斯德哥尔摩，就是在城市的核心也就是旧城的最为中心的地段，规划上就探讨了为改善当地恶劣的条件而需要做一些什么，并且第一个项目就是把斯塔德霍尔门（Stadshlolmen）地区的街道和建筑来一个彻底的改造更新（图 13-2）[20]。但是，人们很快就意识到这样做会太复杂和成本昂贵了；随后，人们就直接把精力投放到城市的扩展上去了，结合一些原有街道的改善方面的工作。在罗马和巴塞罗那，情况也是类似的。在其他城市里，包括柏林和维也纳，都在实施城市的清除拆建和街道整治规划，但都没有如规划中讨论的那样。

在本书所有论述的这些城市里，还包括其他条件不一的欧洲首都城市，它们的城市中心都有着类似的特点：高度稠密的人口，极其恶劣的住房条件和糟糕的卫生条件。但是人们（市政当局）都通过尽量拖延来解决这些问题——除非是能通过对街道的改造[21]工作能达到间接效果——即使如此，也只是在很多报告和讨论中涉及。相反，主要趋势还是在城市外围的扩展方面，主要在对未建设区域的开发。只有一个例外，就是在布鲁塞尔的内日圣母区（Notre Dame aux Neiges）的更新，它成为一个和任何街道改造没有关联的项目。而在城市另一头的主要林荫大道，我们可以看到一个结合街道改造的贫民窟的拆除项目。

最后，应该强调的是，19 世纪的"拆除"概念只存在于对不理想的住房的拆除；而同时，那些被迫搬迁的人们，也看不到他们除此以外还是否能有更好的选择。结果就是拆迁的人们被迫搬到房租最低的地方去，搬到一个条件类似的地方去，而最后这个地方就比原来更加拥挤和恶劣。[22] 在布鲁塞尔，实施中心街道改造的公司也承诺为搬迁的人们找住房，最后却不了了之。好在，市政委员会至少还讨论过这个问题几次。

规划目标中的内部安全

我们可以看到埋藏在拆除后面的一个重要的动机，就是要消除存在隐患的街区，尤其是在巴黎和伦敦。但是，在规划里面，安全的因素到底多重要？在更为有限的意识里，为确保法律和秩序来设置警察和军事行动？例如巴黎的一些街道建设的规划里就主要考虑了安全因素，例如街道要足够宽敞，这样就不容易安放路障，街道也要够长和直，这样就能被炮火所覆盖。[23]

巴黎的劳工阶层生活十分贫困：他们的工资很低，居住条件恶劣，有时工作机会还短缺。1827到1849年，骚乱导致街道上筑起了多次路障。有些政权缺乏基本的政治原则，以为必须通过防止动乱才能使得政权生存下来。拿破仑三世和奥斯曼展开了一个系统综合的规划来改善城市环境。他们的公共工程连同一些私人的投资创造了很多就业机会。通过多种方式来消除社会的不满起因。但是，很明显，也可以看到奥斯曼和拿破仑三世也急于消除路障、利于防暴。有些街道的改造中就可以看到安全因素，例如里沃利街（Rue de Rivoli）和塞巴斯托波尔大道（Boulevard de Sébastopol）可以很快地把军队派送到城市中心。而在伏尔泰大街（Boulevard Voltaire）就把原来工人阶级的住区切割开，并连同到内城的东部。军营也规划在一些战略性的位置，最重要的地方就是维林兵营（Caserne Vérine），在共和国广场，能安排 2000 名士兵。

但是，从整个城市的巨大变化来说，很难说安全因素在里面扮演了最重要或者比较重要的角色。[24] 奥斯曼把它上升到对国家安全的重要性的说法，恐怕更应该是个手段罢了，主要是为了通过市政委员会和立法当局，批准这个改造的费用而已。[25]

有些城市也一样讨论了安全问题，尤其是在维也纳，在 1848 年人们还对之前的革命记忆犹新，当时军队还在郊区以防暴乱。军队反对拆除城防工事（城墙），并且希望尽量地保留它，说城市安全需要它。军方设了一些条件，政府则实施了一些，一直到他们从堡垒撤离。1858 年 12 月，按照皇帝的意思，建造了一个大的军事堡垒，通过一片开敞的用地和已有的训练基地连接起来。其他的军事要求也得到批准。但是，随着维也纳绿环的建设，人们越来越认为这些都无关紧要：到了 1860 年代的后期，训练基地被用于建设；然后到了世纪之交，1850 年代建成的帝王城堡就被拆除了，让位于奥托·瓦格纳的公园了。卡斯特罗的马德里规划也曾花了很多心思在城市安全方面，但它不是通过建设宽阔的街道来实现，而是在全城安排军事据点。不过，只有很少部分建成了。[26]

从可以获得的资料来看，其他城市的规划中，安全因素并没有作为一个重要的因素来考虑；就算是的话，也不可能长久。例如，在斯德哥尔摩，虽然我们可以说斯特兰德瓦根（Strandvagen）在中心城区和杜华花园（Djuagarden）的军事据点之间有十分便利的联系，但城市安全就从来没有在规划议题中考虑过。在赫尔辛基，城市周围也有一些军营，但都不能说是为了安全来考虑的。现在已不用担心会有来自农村农民和仆人的暴乱，因为他们已经从原来的城市周围的乡村移民到城市里面了。

居住隔离和社会区划

最后，关于社会隔离，也就是特意的居住隔离是规划行为的目标吗？社会隔离的概念只是在今天的语境中才有。但是在前工业的城市里面，一样可能看到明显的隔离，我们可以看到经济和社会的精英阶层住在城市的中心，而底层人士则在城市的边缘。[27]早期的城市更新，尤其是在北欧国家，城市建设条例则强化了这样的模式。那时，当权者作为推动发展的人，所有的决策都来自他们。[28]

不过，在19世纪早期欧洲大陆的大城市里，不同的城市活动和社会分类特点是十分明显的。萨特克利夫讲到巴黎时说，"一栋楼，就包括首层的商铺，二楼房东或者富裕商人的住家公寓，上面楼层较小的公寓就是手工匠人，佣人则在顶层。院落花园则是车间作坊。在这样的一个城市结构里，阶级隔离是竖向的，而不是水平的，当然我们可以看到有些地方总是富人们所乐意居住的。"[29]类似的情况，还可以在柏林、圣彼得堡和斯德哥尔摩看到（图21-4）。[30]

19世纪，随着时间的推进，我们可以看到富裕的家庭逐渐从原来位于城市中心的区域迁移，离开原来那些破败、拥挤、不健康和工业化的地方，搬迁到新的住区，或者沿着铁路到适合居住的郊区，那里没有"被打扰"的活动。这个进程在不同的城市之间差异很大，形式也不一样，就如我们今天所说的那样，居住开始隔离了。[31]

图 21-4　1870 年代中期斯德哥尔摩一栋房屋的剖面（在其他首都城市也可以找到类似的图片）说明了当时通常的住房条件，即最好的住宅在二楼（原文英语的一楼 the first floor 相当于中文的二楼——译者注），在上面的楼层有更简陋的房屋。到本世纪末，这种形式的垂直隔离变得越来越罕见，因为当时电梯使较高的楼层更具吸引力。[来源：卡斯帕（Kasper，1875 年）]

这些就是经过考虑和比较而规划的结果，它们一直都被认为是自然和理性的。从城市更大的范围来说，沿着主要的街道和公园周围都可以找到吸引人的住宅区域；这些地块都引领着住房的价格指数，这也成为在社会生活中显示特权的要素。如果说某些区域能成为十分吸引人的居住场所，一定是这里有美丽的景色、好的气候，或者就是因为没有恼人扰民的活动，然后地价就开始上升了。这些地方自然就成为资本雄厚的开发商为特权阶层建设空间开阔的公寓的所在了。而郊区住所也往往超出了工人阶级的通勤费用能力。这样的模式下，一个新的环境就设计成了将不同社会阶层隔离的居住场所，成为变化的城市结构中的新的模式。

这种划分城市不同区域的方式，可能与当时的社会观念相一致，以适应人们对系统和秩序的感觉。当然，这也意味着上层社会的明显利益，能使得穷人不会住得太近，能让富人们安全和愉悦。不过也有人担心，如果劳动阶层集中在某些限制区域，也有可能会威胁到社会秩序的建立。

尽管如此，居住隔离，至少在我们讨论的这些欧洲首都城市的项目里，成为规划目的之外的一个结果。[32] 但是，除此之外，有一个特别的例外，就是卡斯特罗的马德里规划。卡斯特罗在他的想法中，曾经把不同类的人规划居住在不同的地方。还有，在埃伦斯罗姆在赫尔辛基的规划中，也考虑了社会区划：滨海大街（Esplanade）把富人的砖造房屋的街区和穷人的木制房屋的街区分开。[33] 几乎同时，约翰·纳什在介绍他的摄政街的规划时，说道：摄政街就是一个界限，一个完全的隔离带，通过广场和街道，把贵族和绅士们，和技术工人与普通老百姓的交易活动的狭窄街道场所分开来。[34] 在我们这里讨论的所有的项目里，有一个思路完全不同的例子，就是塞尔达为巴塞罗那所作的规划。他的想法是让城市的全部能够整齐、平等，并且让不同地方之间的社会隔离消失。

注释

① 规划的提出和技术组织显然因方案而异；他们也有不同的尺度。街道的纵横剖面是常见的。在许多情况下，规划的资料都是印刷出版了的。一些规划是基于广泛的研究，这些研究也已发表。这方面的主要例子是塞尔达为巴塞罗那所做的规划和卡斯特罗为马德里所作的规划。林德哈根委员会对斯德哥尔摩的方案也公布了详细的动机。在一些情况下，规划之前进行了详细的测量和地形平整。可靠的地图以前似乎不存在。在这里，奥斯曼也处于先锋地位，对巴黎进行了出色的测绘和地形平整。其原因之一是，当里沃利街要扩建时，人们发现高度被误判，带来了大量昂贵的额外工作。

② 其他几个城市也出现了类似的表述，例如 1836 年在克里斯蒂安尼亚市议会关于城市规划竞赛的动议中（Juhasz，1965 年，第 21 页）。

③ 孔格尔（Kungl）。建筑法规（Byggnadsstadga，1874 年），在为克里斯蒂安尼亚撰写建筑法的五十年前就使用类似的研究；有人谈到装饰、便利和交通、健康和消防安全（参见 Juhasz，1965 年，第 13 页）。

④ 直到 19 世纪末，城市全部或部分被烧毁并不罕见，就像卡尔斯塔德（Karlstad）在 1865 年，耶夫勒（Gävle）在 1869 年，于默奥（Umeå）和松兹瓦尔（Sundsvall）在 1888 年的同一天晚上所做的那样——仅举几个最著名的例子（霍尔（Hall，1991 年，第 181 页及以下）。

⑤ 洛兰奇、迈尔（1991 年）和桑德曼（Sundman，1991 年），第 65 页及以下各页。

⑥ 在斯德哥尔摩的规划讨论中，有一次提到了消防安全，涉及奥登加坦的宽度（塞林，1970 年，第 29 页）。

⑦ 关于斯德哥尔摩街道管制建议的声明（Utlåtande med förslag till gatureglering i Stockholm），第 8 页。

⑧ 然而，从斯德哥尔摩市议会的辩论中可以看出，笔直街道的首要地位并非完全理所当然。林德哈根的笔直的比尔格·贾尔斯加坦街道受到批评，理由是西北风暴可以不受阻碍地席卷它，并且雪可以在冬天堆积在那里（塞林，1970 年，第 28 页）。另参看上文（第 104 页）引用的克伦泽反对舒伯特和科里安特斯的雅典规划，

以及下文（第 324 页 f）。

⑨ 埃文森（1979 年），第 32 页 f.

⑩ 阿尔伯格（1958 年），第 62 页及以下各页。

⑪ 关于英国在这一领域的发展的概述可以在弗雷泽（1973 年）中找到，例如第 51 页及以下各页。还应该提到刘易斯（Lewis，1952 年），其中讨论了查德威克。关于沙夫茨伯里（Shaftesbury），见巴蒂斯库姆（Battiscombe，1974 年），第 219 页及以下和 Finlayson（1981 年），第 276 页及以下各页。

⑫ 拉斯穆森（1969 年），第 104 页 f.

⑬ 弗雷泽（1973 年），第 56 页。

⑭ 阿尔法德（Alphand，1867—1873 年），[I]，第 LIX 页。

⑮ 参见蒂欧丝（1957 年）。

⑯ 艾伦（Allan，1965 年），第 598 页。《关于贫民窟问题与实际规划之间的关系》(On the relation between the slum problem and physical planning)，另见塔伦（Tarn，1980 年）、史密斯（Smith，1980 年）和萨特克利夫（1981 年 6 月）。

⑰ 蒂欧丝（1957 年）中的两个例子，第 262 页及以下各页。蒂欧丝还提供了更多的例子。

⑱ 参看蒂欧丝（1957 年），第 212 页及以下各页。

⑲ 参看平克尼（1958 年），第 33 页及以下各页，第 39 页及以下各页，以及萨特克利夫（1970 年），第 29 页及以下各页。

⑳ 第一个城市重建规划的作者鲁德伯格描述了旧城区的情况："这个狭窄、扭曲、黑暗的街道和小巷的迷宫中，臭气熏天的液体在小巷子两边源源不断地滴着……这些狭窄的庭院，周围环绕着高耸的房屋，黑暗的井……所有可能的污秽都聚集在它的深处，有毒的烟雾已经冒了数百年，今天仍然在升起，它们带着无数疾病的种子，用它们臭气熏天的气息渗透到周围住宅的每一个角落，拥挤的居民可以打开他们的窗户和门，从他们的房间里释放出更难闻的空气，但他们反对任何可能的改造来让环境变得清新健康。一旦这些烟雾升到屋顶以上或沿着街道蔓延，它们就会被风吹到城市的其他地方，在那里，在即将发现的不卫生的蒸汽中，他们找到了其他的同伙人，来反对和破坏城市……而且，人们在这里逗留了一段时间后，脸颊苍白，眼睛黯淡，呼吸变得沉重，疼痛和病态出现，带着过早死亡的信息……

不仅因为它的恶劣环境（即在桥梁之间的区域）破坏了身体的健康，从而也破坏了精神的力量，使它很容易成为诱惑的受害者，而且它的过度拥挤、污秽和黑暗共同使它成为罪恶和犯罪的天堂；在阳光的羞涩中，邪恶在这里茁壮成长，在家庭、在旅馆甚至更糟糕的地方找到肥沃的土壤，并传播到城里其他地方……正是由于这些原因，许多灵魂自然地卷入犯罪的漩涡，否则他们就不会这样；同样自然的是，许多搬到其他教区的人不仅带走了这个地方的身体疾病，还带来了他们的道德颓废，然后对他们的新环境产生了破坏性的影响（鲁德伯格，1862 年，第 7 页及以下各页）。

㉑ 在罗马，在法西斯时代进行了几次此类清理。最重要的是，帝国大道（Via dei Fori Imperiali）的建设意味着拆除许多非常简陋的住区。

㉒ 清理的主要目的不是改善生活在贫民窟地区的人们的条件，这在鲁德伯格对桥梁之间的城市的重建建议的介绍中明确指出："在这里，必须立即消除可能的误解。有些人可能会想到，城内现在主要由下层和较贫穷的阶层居住，应该重建，以便为这些人提供更健康和更有效的住房。但进一步的考虑应该证明这种想法是不合理的。一个城市的核心，工业和贸易的中心，所有交通的交汇点，不可能为穷人提供合适的住所，因为这些地块太贵了……因此，这里的意思不是直接为穷人提供更健康、更好的住房，而是剥夺他们在市中心能提供的住房，虽然条件破旧可怜和不健康。"（鲁德伯格，1862 年，第 2 页）。

㉓ 这种解释甚至可以在科学著作中找到，例如拉涅利（Ranieri，1973 年，第 14 页和 Hojer，1974 年，第 50 页）。例如，拉涅利写道："当拿破仑三世启发奥斯曼建造笔直的林荫大道时，首先是出于对公共秩序的考虑，其基本想法是，在发生骚乱时，这些宽阔的动脉干道可以毫不费力地被炮火覆盖。但利奥波德二世有更和平的担忧。"

㉔ 奥斯曼在他的回忆录中断然驳斥了皇帝（拿破仑三世——译者注）在街道规划方面具有（镇压骚乱的）战略意图的想法，即要让当地骚乱变得困难。但是，他继续说，即使这不是反对派声称的意图，这仍然是"国王陛下为改善和清洁老城而设想的，所有伟大而开放、非常令人高兴的结果"。这一结果有助于"与其他一些充分的理由一起"，激励各国分担高成本。但从本质上讲，我们应该接受奥斯曼的话，他向我们保证："至于我自己，对初始项目进行补充的推动者，我宣布，在将它们结合起来时，我从未在世界上考虑过它们或多或少的战略重要性"（奥斯曼，1893 年，III，第 184 页及以下各页）。

㉕ 关于这个问题，例如见平克尼（1958 年），第 35 页及以下各页，查普曼（1957 年），第 184 页及以下各页，萨特克利夫（1970 年），第 31 页及以下各页和拉瓦丹（1975 年），第 420 页及以下各页。

㉖ 安全方面似乎在巴塞罗那市中心的重建中，仅仅发挥了相当微不足道的作用（但参见《巴塞罗那地图集》，第 557 页）。指出，网格型规划（Grid Planning）的一个优点是"防御暴动起义的可能性"（引自弗雷切拉，1992 年），第 177 页，注 33）。

㉗ 参看舍贝里（Sjoberg，1960 年），第 91 页及以后。《斯堪的纳维亚历

史城市地图集》(*Scandinavian Atlas of Historic Towns*)的乌普萨拉(Uppsala)提供了这种应用于乌普萨拉的模式的一个很好的例子。

㉘ 参看第96页。在圣彼得堡,"特定群体将被分配到特定地区"[巴特尔(Bater,1976年,第21页)]。

㉙ 萨特克利夫(1970年),第323页。人们意识到社会模式也可以在平克尼(1958年)的图3中看到,这是1850年巴黎一栋公寓的横截面。类似的图片也可以在其他地方找到,例如在斯德哥尔摩(图21-4)。

㉚ 在这里,我们可以参考斯特林堡自传体小说《女仆的儿子》(*Tjänste-Kvinnans Son*)中的一段著名段落,他描述了他度过童年部分时光的房子里的"垂直"隔离(斯特林堡,1962年,第7页)。赫尔曼·萨洛蒙·克鲁克(Herman Salomon Krook)化名赫尔曼·亚当(Herman Adam)在他的小说《复仇女神》(*Nemesis*,1861年)中提供了更详细的描述,其中对旧城区的一座五层楼的房子描述如下(第1页及以下):"最低层被各种窗帘商品的商店占据,主要是来自英国和法国的外国商品……一楼住着富裕、等级、出身和财富;你可以在昂贵的窗帘、枝形吊灯和墙上的油画老肖像中看到这一点。……在此之上一层居住着普遍的繁荣。这里也有财富,通过辛勤工作和深思熟虑获得的那种坚实的财富。一种轻松的舒适占了上风,但并非没有

一定的僵硬……在上一层,住着中下层阶级,勤劳而尽职尽责的蚂蚁,每天增加他们的小小的财产,快乐而满足。但在五楼,住着贫穷,人们卷入了一天的小心翼翼的斗争;劳动者尽管从早到晚都汗流浃背,但勉强挣到一天的工资;寡妇和孩子为微薄的日常面包缝纫和刺绣,年轻人为自己的未来而战,迎接现实的第一击……也许我们应该停在这里,但上面还有一个阁楼……这是纯粹的朴素需求……这里是社会的最低端,这里是一条狭窄的边界线,越过这条界线,一小步就通向罪恶和犯罪的世界。

㉛ 部分由于缺乏交通系统,圣彼得堡似乎一直保持着"传统的,基本上是工业化前的阶级和活动的混合",直到20世纪初[巴特尔(Bater,1976年,第401页及以下)]。

㉜ 萨特克利夫认为有理由承认,在1890年至1914年期间,即在伟大的首都项目之后的几年里,"规划是……主要服务于人口中较富裕部分的利益。事实上,在所有四个国家(德国、英国、美国和法国),我们一直在观察技术官僚或社会精英努力建立一种无痛的社会改革方法,这种方法将消除穷人的不满,同时教育他们接受其上层社会的价值观"(1981年b,第208页)。

㉝ 1827年火灾后,芬兰第二大城市埃博要重建时,采用了三种地块大小,最小的地块仅在城市的最外围使用。

㉞ 引自蒂欧丝（1957 年），第 261 页；另见梅斯（1976 年），第 33 页 f。纳什还宣称，"新街东侧不会有开口……内部房屋和干草市场的交通将被切断与新街的任何联系""社会第一阶级居民和下层阶级居民之间的分界线是燕子街"（引自梅斯）。

译注

❶ 意思是类似哥伦布不破不立的突破方法。

第22章

ELEMENTS OF
THE PLANS

规划元素

在前面的章节中提到的《1874 年瑞典房屋建造条例》，指出了规划所要达到的目标。在其原文章节的后半部分，可以总结为下列内容：宽阔的大街，要有树木栽植；功能性的街区，尺寸不能太大；开阔的广场；不同尺寸和形状的公共空间，有树木。下面，我们就来看街道、街区、广场和公园设计的方法。

街道

《1874 年瑞典房屋建造条例》把街道区分成两种，一种是普通的住宅区里的道路，至少要 18m 宽；一种是景观大道，有两条马车道宽，中间用树木分隔。住宅路或小路，和宽阔的城市交通干道，这两种之间的差异用来强调城市景观，它们之间的区别是 19 世纪规划中最为重要的特点。①

总的来说，规划对住宅道路没有太多的关注。只要有可能，它们就应该是笔直和水平的。19 世纪后半期瑞典建造条例里，规定 18m 的最小宽度可能是住宅区道路相当常见的；例如，塞尔达就在他的巴塞罗那规划说明里建议将 20m 作为适当的宽度；而维也纳在其绿环区域改造里是 16~23m。大多数街区的道路应该都是在这个范围之内。马车行走和相交的道路的宽度基本上是 10m 或者多一点，这样，两驾行走的马车就能从路两边停车的马车中间穿过去。人行道开始时是很少有的，但后来就是必不可少的，宽度由街道的宽度来决定。如果街道宽 20m，人行道就一般少于 5m 宽，否则就会超过 5m。如果一条街道是 20m 以上，行道树就有可能存在了。在巴塞罗那，所有人行道都种了树。在别的城市，纯粹住宅区的道路和宽度小于 25m 的道路中，是很少见到行道树的。人行道应该有路缘石，并高出马车路面 10cm，以防马路上的车辆干扰到行人，马路路面中间应该凸起，这样水就能排到排水沟里。②

笔直的林荫大道连接着商店、餐厅和其他公共或者商业建筑，这就是19世纪规划最明显的特点。我们首先来看术语。有两个词语经常用来指称城市的主要街道，在不同国家用来指称普通街道，就是"Avenue"和"Boulevard"。虽然基本上局限在芬兰和瑞典，我们还可以加上"Esplanade"。很多地方还使用"Allée"，指主要的林荫街道。还有"Promenade"也表示同样的意思。所有这些词汇都有法语的出处，但都没有一个清晰的定义。③

Boulevard（来自德语Bolwerc，堡垒）按照《大百科全书》（*La Grande Encyclopedia*）所说的最早的意思是"在城墙外的防御工事，取代了中世纪的碉堡"。这个词语逐渐用来指在原来防御工事上建起的林荫路。这个叫法的模式是路易十四统治时期通过环绕巴黎城北部的林荫大道开放而建立起来的。早在18世纪"Boulevard"这种叫法就出现在维也纳，用来指在原来防御工事中的道路。到了19世纪中期，Boulevard就大量用于"环绕城市的道路"，不管它以前是否有防御工事。1833年通过的雅典规划方案，是舒伯特和科里安特斯主笔的，在里面就有一个比较早的例子用到Boulevard，是指一条林荫大道，位于一个新建的方形城市中心的周围，虽然它不是沿着原来城市的周围并且在建成区以外。在布鲁塞尔，这个词汇就用于原来有城防的内环，也用于没有城防的外环。在巴塞罗那，根据罗维拉·特里亚斯的建议就按照该词的原来意思来指称有纪念性的环路。相对简单得多的叫作rondas。在柏林和斯德哥尔摩，在讨论和规划阶段出现的这个Boulevard是指在城市周围要建设的环路，尽管那里从来没有任何防御工事。但是"Boulevard"在斯德哥尔摩现在就没有采用它来命名街道，在柏林也是一样。在哥本哈根，在原来防御工事上建的路有部分就命名为 H.C.Andersen's Boulevard 安徒生大道；这里这个词汇是按照它原来的意思来使用的。

在巴黎，"Boulevard"这个词汇从奥斯曼时代开始一直保持着稳定的涵义，但后来也有了新的意思，表示一条主要的林荫道路。巴黎靠近城市大十字（Grande Croisée）最主要的南北交叉路被命名为斯特拉斯堡大道、塞瓦斯托波尔大道、圣米歇尔大道，它们被当作是老的 boulevard 路网体系的延伸。新含义的 boulevard 在巴黎逐渐推广开来，在布鲁塞尔也一样，通过城市中心的新街道采用这种叫法。不过，在法国和比利时以外的其他国家，除开一两个单独的例子，boulevard 的含义就没有这样拓展。④

Avenue 按照《大百科全书》的解释，是"令人印象深刻并且装饰得很好的道路，它通向宫殿、城堡、大型公共或宗教建筑、凯旋门或城市的礼仪性入口"，一般都"宽阔""有成排的树木，带有人行道和长座椅"。早期的 Avenue 是指向荣军院圆形屋顶的道路。对应于上面的定义，通向凯旋门的几条路还有通向巴黎歌剧院的大路也都叫作 Avenue，但这个词的用法也不是固定不变：有一两条从东南方向进城的道路也叫作 Avenue，但它们都没有指向某个视觉的焦点。有些 Avenue 是严格按照它的标准模式来建的，也有些就很宽，几乎可以停靠车辆，就和某些 Boulevard 一样，例如 Boulevard Richard Lenoir。这里，是街道的走向和视廊焦点而不是它的外形决定了它是叫作 Boulevard 还是 Avenue。"Avenue"在布鲁塞尔的用法也类似。

Avenue 在北欧国家和欧洲大陆其他国家都没有普遍使用过。[5]按照 1886 年哥德堡（Gothenburg）的规划，通向老城的礼仪性大门入口新建的宽阔道路叫作 Kungsportsavenyn "大道"，和 avenue 的用意一致。[6]在西班牙，至少在马德里和巴塞罗那，有一些重要的主干道叫作 avenidas，不过它们都没有指向纪念性或公共性建筑。在伦敦，这个词汇只被零星地使用过，例如 Shaftsbury Avenue，是为了纪念 Shaftsbury 爵士，它通向 Piccadilly Circus 和 Eros 雕像，但这条街道拐弯较多，也没有纪念性道路的宽度。在美国，Avenue 就大量被使用，但主要表示宽阔的街道。

Esplanade 最早也是从城堡防御工事的词汇来的，按照大百科全书的解释，指的是"从防御工事到城市建成区域最旁边的房子的那些城市的部分，或者，是城市和它的防御工事之间的部分。"这大百科全书里还解释道"安排在城堡或宫殿之前开阔的空间上有着树木的小路"。在巴黎，这个词汇从来没有用来指街道，只是荣军院和塞纳河之间的开放空间。

在瑞典和芬兰，Esplanade 表示是有两条马车道的宽阔的街道，中间是用树木分开的。在 1820 年的赫尔辛基，它第一次用来形容 450m 长和 100m 宽的驾车道路，它把城市中心富人的砖房子和穷人的木房子分开来；Esplanade 最早出现在 1812 年埃伦斯罗姆的第一次规划方案中。于是，宽阔、林荫并起到防火分隔作用的这种道路成为芬兰规划里的常见元素，并且成为 1856 年建造条例的 Esplanade 的规定。[7]阿尔伯特·林德哈根制定的《1874 年瑞典建造条例》，就受到芬兰规划的很大影响，它们把 Esplanade 和其他一些条例一起接受过来。法令规定"Esplanade 必须宽阔，中间有树木种植，两边有马车道"，"应该在城市里建设，尤其是要按照不同的方向和不同的地方"，Esplanade 里的马车道至少应 12m 宽，但总的宽度就没有规定。[8]按照这项条例的规定在全瑞典的城市里建造了很多叫作 Esplanade 的街道。[9]在斯德哥尔摩，只有卡尔拉瓦根（Karlavagen）和纳尔瓦瓦根（Narvavafen）是完全符合 Esplanade 的技术要求而建设出来的，开始的时候，这种路的叫法还是 Esplanade，但是今天在斯德哥尔摩的街道名称里就没有了 Esplanade（图 22-1）。但在瑞典其他省的城市里还是可以找到这种叫法的道路。[10]

最后，我们还应该注意 Allée 这个词汇，它在法语里的意思是宽路，但用途很多，从花园里的散步小径到林荫的礼仪性道路。在北欧和德国，有时用来指林荫路。在美式－英语里的用法可以是一条简单的街道，有时甚至是单单一个通道，或在花园和公园里有树木和花草的步行道。

所以，不同词汇之间定义的边界是很不固定的；也不存在适用于全欧洲的定义。根据不同国家的术语传统，Esplanade、Boulevard、Avenue 可以用来形容相对比较类似的街道。即使是在一个国家内部，用法也可以有变化，也没有固定和很明确的定义。如果用一般的词汇来表达，宽阔的主要干道就可以了。这也是在德国和意大利经常发生的，普通道路和主要街道没有区别：Strada 和 Via 就是在德语和意大利语的类似情况。在西班牙，就使用了 Via 和 Gran Via。

所以这里只能简单地按照当时的定义来讨论 19 世纪的主要道路。同时也很难为街道的类型找出特点。相对来说，住宅区域的道路更多是标准化的一般模式，而主干街道则由于各自独立的设计而有很大的不同。

　　再来简单看一下街道的宽度，它变化的范围从30m到几乎90m，这种差异就很能说明其多样性。在赫尔辛基，有一条esplanade宽度达到100m，这就很难当作是街道，并且它也的确不是实际上的街道了。在维也纳，绿环是57m宽，Lasten Strabe的宽度是23m。哥本哈根的西沃尔德加德和东沃尔德加德（Vester\Oster Voldgade）都是50m宽。在巴黎中间的城区部分，由于土地的价钱昂贵所以道路的宽度比较适中，按照奥斯曼的想法来命名的boulevard一般都只有30m宽，有些甚至还要窄一些。然后，就是在更大的一个规格上的尺度了：例如瓦格拉姆街（Avenue de Wagram）是40m宽，克里希街（Avenue de Clichy）是46m宽，包古斯特·布兰奇大街（Boulevard Bauguste Blanqui）是70m宽。这可以和更早一些的道路来作一个比较：玛德莱娜大街（Boulevard de la Madeleine）是50m宽，香榭丽舍大街（Avenue de Chanmp Elysee）是80m宽。在布鲁塞尔，穿过城市中心的新街道宽度比较谨慎，安斯帕希大街（Boulevard Anspach）只有32m宽，而在城市边缘地区的尺度就大一些，例如中央大街（Boulevard du Midi）就是60m宽，而摄政大街（Boulevard du Regent）是80m。在罗马，尽管完全有可能可以有更加宽阔的尺寸，但Via Nazionale只有22m宽。在伦敦的沙夫兹波利街（Shaftesbury Avenue）就更窄，只有19.5m宽。在伦敦和罗马的这两个例子里，街道宽度之小，不但减弱了交通效率，更加削减了城市的热情氛围感，恐怕是在这两个城市里，其规划起不到多大的影响、决定作用所造成的。在布达佩斯，环路的宽度是33m，而放射状的街道Andrassy ut是45.5m。[①]在巴塞罗那，主街的宽度按照描述是50m宽。最后，在斯德哥尔摩，城市边缘的街道如李嘉卡

根（Ringacagen）和瓦尔哈拉瓦格纳（Valhallavagen）是按照
实际的尺度来建设的，宽度分别为 48m 和 65m。两条"大道"
卡尔拉瓦路（Karlavägen）和纳尔瓦路（Narvavägen）分别宽
达 48m 和 44m，而中心的一些主要街道（部分是街道切割导致）
如奥登加坦路（Odengatan）和比尔杰·贾尔斯加坦路（Birger
Jarlsgatan）都仅宽约 30m，或者在某些情况下甚至更窄，如霍
恩斯加坦路（Hornsgatan）。按照林德哈根的规划，最为主要的
大街斯维瓦根街就在 32m 到 36m 的范围发生变化。很明显的一
个模式是，街道越宽，它们离城市中心越远。

　　如果来探讨街道的断面形式，那它的变化也很大。最主要的
方式是在道路的两侧种行道树或者在中间种行道树，来分出两个
马车道（这就是按照芬兰和瑞典的建造条例所称的 esplanade）。
把这两种方式混合起来使用的方式也有，但前提是这个街道要足
够宽。按照斯图本的分析，在法国行道树主要是在道路的两侧，
而在德国和比利时，行道树在中间。第一种方式的好处是整个大
街形成了完整的街景，街道看起来也更加壮观；主要的问题则在
于树冠挡住了街道建筑立面，而且树干也会阻挡行人的交通。第
二种方式是把行道树种在中间，使得街道建筑立面有好看的景
观，并且对行人和居民都比较方便，但是按照斯图本的说法，整
体的街景就没有那么吸引人。[12] 但是，从我们的例子来看，很少
发生这样的情况。

　　在宽度不超过 30m 的街道通常只有两排树，不管是在道路
的两侧还是中间，同时也应该还有马车道和人行道。如果街道
的宽度超过 30m，就可能在中间种三排以上的树木，并且为人
行和车辆安排更多的道路。两边两排行道树就能形成 allee 的道
路，有时还可以在这些树木和人行道之间为本地的交通设置一

条辅助车道。如果一条街道是沿着公园的一边规划的，有时树就只种在一排。建筑面前会安排前院，但这不太常见。也就是说，其实有很多选择方式，尤其是街道很宽，所以中间的树木可能会和边上的树木作为一种选择共同使用（图 22-2 的插图只是显示了可能选择中的很少一部分）。起决定作用的因素包括可使用的空间、交通的要求、财政限制、街区的社会特性等。很多街道都有类似的境况，从规划设计时候的想法到最后实现，它们的宽度都减少了，而外貌也简化了。例如斯德哥尔摩的斯维瓦根街，原先设计成 70m 宽，后来减到 48m，当它最终建成时甚至更窄。

理想的模式是主干大街应该是绝对笔直的。就如拉梅尔所说，"奥斯曼的街道不知道是怎样弯曲的。"[13] 19 世纪很多规划者都有这样的想法，但我们可以看到他们也经常不得不妥协让步。在维也纳，一个基本的先决条件就是绿环要做成一个多边形，在罗马，维克多·艾曼奴大道（Corso Vittorio Emanuele）必须在教堂和宫殿之间让路。还有，例如在斯德哥尔摩，原来规划笔直的道路在决策和执行的阶段就弯曲甚至移动开了（图 22-3、图 22-4）。有时，这种毫不灵活的笔直的优点叫作问题。[14]

另一个街道的问题就是街道的倾斜程度。按照 1876 年普鲁士建造消失线法（Fluchtliniengesetz）的规定，主要大街的坡度不能超过 1：50，实际上这个坡度在 19 世纪的主要街道里很少超过。斯图本提议用"凹入的水平"并且用巴黎的香榭丽舍大街、拉法叶大街，布鲁塞尔的中央大道（Boulevard de Midi）和罗马的国家大道（Via Nazionale）来举例。而"凸出的水平（Convex Levelling）"按照他的话来说就是"有害和丑陋的"。[15]

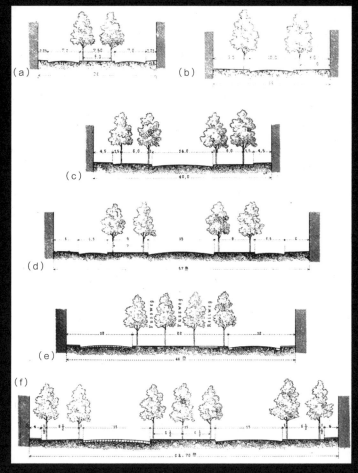

图 22-2　主要街道。可以区分两种基本类型的绿树成荫的街道，一种在中间有双排树（a），第二种是沿着路缘的单排树木（b）。这两种类型可以以许多不同的方式变化和组合。道路两旁可能有两排树，这里有一个来自巴黎瓦格拉姆大道（Avenue de Wagram）的例子（c），可以沿着维也纳的环形大街（d）建造更多的车道，在另一种选择中，中间部分可以用骑行和步行的线路以及更多的树木来增强，例如在克利希大道 Avenue de Clichy（e）上，或者道路两侧的 allées 可以与中间的一排树木相结合，就像在巴黎的奥古斯特布朗基大道（Boulevard Auguste Blanqui）前意大利大道（Boulevard d'Italie）（f）上一样。[来源：斯图本（Stubben，1890 年）]

图 22-3　在公园和绿树成荫的主要街道上，散步和聚会的丰富街头生活逐渐形成，这通过图 22-3 和图 22-4 两张 19 世纪 60 年代斯德哥尔摩的图片予以呈现。右图为位于斯德哥尔摩国王花园的卡尔十二世广场。[来源：《纽约画报 》（ New York Illustrerad Tidning，1869 年)]

图 22-4　斯德哥尔摩。伯泽利公园（ Berzelii Park ）[来源：《纽约插画报》（ New York Illustrerad Tidning ），1866 年]

这些宽阔的林荫街道，旁边经常是商店、咖啡馆和娱乐的场所，人们有时也在人行道上享受服务，这给城市带来一种新的生活方式，这里可以漫步，整洁干净，也不会被不雅的活动所打扰；一种可以被看作是现代生活的城市环境。经过了几十年，这些新的街道和街头公园为资产阶级提供了一个表现生活的舞台，这个空间不仅为交通也为步行、会面和休息，这种状况一直延续，直到后来出现汽车，它们在街道上排放废物污染空气。[⑯]

城市街区

总的来说，这个时期的规划者在街区的设计上所花的精力甚少。一方面，可能发生的变化也是十分有限；另一方面，规划的框架只包括了街块的外部形状以及公 / 私人空间的切分细节。而内部设计就是私人业主自己的事情了。[⑰]一般想法是一个矩形的街区网络，宽度对应于两个地块，而长度是宽度的两倍。从这个标准化的方形模式产生的分歧一般是来自于规划的限制，包括"原来的地形，现存的街道，产权边界等。"在 19 世纪的后半期，在欧洲所有大城市，开发的程度和建造的尺度都在提升，并成为主要趋势。建造的地块和城市的地块都在变大。很多建筑法规中规定了街道的大尺度，也对街景产生了影响。如果街道不能占到一个合适的比例的空间，街块就会太大了。这也许可以用来解释柏林庞大的街块，有无数的内部小院落和后院建筑。街块的角位一般会切成斜角，少数情况下也会是倒圆角，可以用来方便行人和交通。在《1874 年瑞典建造条例》中这是强制性的；在巴塞罗那每个十字路口都设计成八角形的广场，每个边长为 20m（这对要过街的行人来说就不是很方便，他必须绕行很多路线）。

　　当新的大街在原有的街块结构中穿过时，会产生一些奇怪的形状，经常就有很尖的锐角，这可能会形成令人兴奋的街景，但使用起来就很不方便。巴黎就有很多这样的情况。这样的街块就很难开发，费用也很高。林德哈根规划委员会的规划中提出了对角线街道方式，但受到最主要的反对意见也是这个原因：这种方式把街道变成了没办法建设的形状，不是锐角就是钝角。林德哈根在他的回答中就用了其他首都城市的类似解决办法，尤其是巴黎的情况来作为他的依据。[18]

　　但是，当大多数规划者对街块设计缺乏兴趣时，却有一个例外。这就是塞尔达，从他的角度来说，街块并不是排列在城市街道之间简单的空间填充，而应该是城市构成的重要元素。他写的《城市化通论》(Teoria General de la Urbanizacion)就对街块的设计给予了很多关注。它们应该有相同的价值，并能在街道、房屋和交通之间创造良好的关系。而且，按照这种模式能够很方便地发展规划。当有需要时，方块的街块模式就能组合形成大型的模块，可以安排公园、工业区和商业设施等。最为重要的一点是，街块只有两边建房子而另外两边应该空下来留给花园和绿化的空间，就可以为房屋的空气对流提供条件。[19]这种想法不太实际，但是方形的街块就成为巴塞罗那的典型特点。在1874年瑞典建造条例里也有街块要打开的规定（图22-5、图22-6）。它说道："在适当的地方，花园应该沿着街区的中间开放，适合市民穿越，而用来盖房子的地方就在它们的周围。"[20]这项建议在实际上当然并没有多少回应，同样，林德哈根规划委员会建议的"对应于英国的广场的小型公园应该大量地安排成为街块的一部分或者在它们的中间。"[21]在卡斯特罗为马德里所作的规划和尼夫特里克为阿姆斯特丹所作的规划中都提到了开放的绿地院落；在马德

图 22-6 斯德哥尔摩。西部的比尔卡斯塔登（Birkastaden）（在托姆特博加坦中部，在卡尔贝格斯瓦根的左侧）。该地区的城市规划主要基于林德哈根委员会1866 年的方案，其扩建直到 20 世纪初才实现。这个前景是由斯德哥尔摩城市建设办公室制作的，可以作为街区内部充满建筑物的一个例子。在这方面，斯德哥尔摩的城市街区并不极端，因为根据 1874 年的建筑条例，三分之一的地块面积将作为庭院，不用来建造房屋。

里，有两个这样的街块就建起来了并一直保留了下来。

广场

如果说这些首都城市规划项目在街道和街区的设计上都比较缺乏变化，那么相反则广场的设计上就十分丰富了。无论是在有没有实现的规划里，都包含了所有可能的广场类型，它们在形式和功能上各自不同。但是，需要强调的是，这里所论及的项目只是以广场类型的范本来作一个简单的广场概貌描述，而不是最后的权威论断。

斯图本认为"公共广场的设计"是"城市规划过程中最为重要的美学任务"。[22] 在这之前的许多范例所显现出来的灵感都证明了这一点。[23] 这里来简单回顾一下以前的广场是应该的。首先应该强调的是在以往，按照艺术模式来设计的广场是很少的，只存在于一些特别重要的城市和地方。在中世纪的早期城市里，广场是作为历史的产物而有机发展的，其目的常常是满足空间效果和利于人们的仪式活动，所以，它们不规则的形状往往比我们今天看到的建筑物围合的情况要好多了。中世纪后期规划建立起来的城市大部分都有一个很大的广场，它们是通过组合一个或几个街块而形成的。这里会安排市政厅，广场周围的私人住宅是整个城市里通常最有特点的建筑。而教堂一般就布置在附近——但不是在广场的里面——所以广场就成为城市的认知中心，为贸易和其他活动提供场所。但此时还没有对广场作为一个整体的建筑概念的认识。

14 和 15 世纪的理想城市项目就包括一些广场，有些就是按照建筑艺术的角度而不是功能的想法来考虑的；不仅如此，有些广场是当作一个特定的独立空间来设计的，不同于原来广场仅仅是街块的空白版本。这种广场的边界正交就不奇怪了，它强化了广场围合空间的形象。文艺复兴时期城市逐渐成为贵族的住所，因而取得了重要的发展，所以伴随着本地的设计规划（local design planning），对广场的理解也发生了变化。广场的所有部分和细节都应该协调合作成为一个整体，完整而不可改变的是：立面设计要彼此协调，广场的尺度和形式的关系以及周围建筑所形成的"墙"要符合固定的章法。这里举例的是罗马的坎皮多利奥广场（Piazza del Campidoglio），它平面的形状，高度的变化，围合物的建筑艺术，广场地面的装饰，中间骑马雕塑的位置，共同形成一个整体，任何一个东西的改变都会破坏平衡。就像很多罗马的广场一样，坎皮多利奥广场是在独一无二的场地上采取了独一无二的解决方法。它可以成为一个灵感的来源，但却几乎无法重复。[24]巴黎的广场，就像我们看到的那样，作为解决城市发展问题的答案，可以为更为广泛的使用原则提供一个广场的原形。孚日广场（Place des vosges）恐怕是在城市结构里最重要的围合式的广场模型，而凯旋门广场是作为第一个星形路网烘托的、实施了的广场。[25]

到了17和18世纪的城市总体规划，例如17世纪的北欧的丰富资料里，我们可以发现广场的设计就和中世纪变化不大，中央广场就是空出一个或一部分街块。在别的案例中，解决的方法和设计就有发展变化，有时根据功能会有十分明显的不同设计思路。

19世纪的规划制定者们考虑广场的因素，既包括其传统的功能，也包括一些新的变化了的因素。广场的市场交易功能仍然是很重要的，虽然到了19世纪后半期，有屋盖的市场作为新的发展趋势，开始替代原来的露天广场的交易功能，为城市提供必要的生活要素。很多广场成为交通的连接点，而随着交通量的增加，一种新的广场功能变得越发明显。中央选址的广场也能帮助强化城市——有时是政府的形象。这并不是什么新的想法，但是越来越多和大的广场需要来展示公共活动，广场也就成为很多新型公共建筑的场地——包括政府大楼、市政厅、博物馆、剧院等。随着城市的发展和人口的增加，对城市环境的发展也提出了要求，广场也成为一个为城市居民提供呼吸的地方，在周围住区的环境中提供一个绿洲。这种广场可能有花卉和树木，有时几乎和小型的公园没有什么区别。也就是因为这种特点，英语单词"Square"第一次出现并走出到英国以外的地方。[26]

在下面的几页里我们会对广场的交通功能着重进行分析，尤其是广场在整个交通体系里的作用，因为这也是许多规划者对广场的功能花费精力的原因。大型的广场一般伴随着主要的交通干道，它们在城市交通网络体系中，提供了最基本的框架，因而在总体规划中是一个重要的因素。小型和典型的"建筑风格"的广场在最初的本地规划阶段成型，因为功能纯粹所以总是十分简单。

我们这里谈到的首都城市的解决办法表明，这些广场和原来最早的模式差异不大。有些广场就是简单的街块留空，有些广场具有独立的建筑形态。第一种包括了主要的交易市场广场类型和一些小广场（可能有绿化等其他情况）；它们基本上是四方形的。第二种类型就是圆形或者半圆形，经常有放射状的道路从其出发。很明显就能感觉到这种广场能很好地适合交通需要并且能提供一个特别的场所。斯图本写道，"星形广场最吸引人的特点是从广场的中间看去，四周的放射状道路像是一个接着一个展开的连续景观。"㉗在第二种类型的广场的角落是封闭状态的，当然也有一些其他的变化。

霍布雷希特为柏林所作的规划就是一个系列广场插入城市的真正范例，有些是环形的，有些是正多边形，但它们基本上只是一个空着的街块，缺乏专门的建筑艺术设计。当然，它们也没准备要有完整和细致的规划。林德哈根规划委员会为斯德哥尔摩所作的规划也包括这两种广场形态，叫作市场广场的就包括几个空出来的街块，在新区的中央广场则有着星形的放射状结构。罗维拉·特里亚斯为巴塞罗那所作的规划则是一个系统的用建筑艺术的设计手法，来创造规划广场的范例，有些广场的样式通过系统化的模式来重复。而另一个规划提议中甚至把每一个路口当作广场来考虑，其中有一两个就像是真的大广场。当时大量的四方形中心广场似乎太多了，也在城市的总体规划中无论是美学还是功能上都不太合适。卡斯特罗为马德里所作的规划中就包括一些小的广场，有些是空着的街块模式，有些是半圆的。但没有真正的交通广场。范·尼夫特里克为阿姆斯特丹所作的规划也有一些广场，主要目的是创造精彩的空间场所，而不是为了改善交通。但他的想法都只是保留在未实现的图纸上。

总体规划中，从广场的方案到最后的实现存在着时间差，所以在巴黎能找到对广场问题的一致并且协调的解决办法就不奇怪了。因为在巴黎规划和实施是同时进行的，那里也没必要在不同的部门之间妥协。最具代表的就是戴高乐星形广场，有十二条大的放射状大路环绕着拿破仑的凯旋门，它控制着整个巴黎的西北城区的空间。广场的高地势和拥有350m直径的巨大尺度都是为了达到这种效果。周围的建筑尺度比奥斯曼所预想的要小，虽然只在鸟瞰的角度来欣赏到这样整体的效果，大树把街道在视觉上变成一个围合的面，通过这些开放的空间，它们展现了一个完整的图景。戴高乐广场把广场的仪式感、纪念性和今天我们所说的交通管理的效率很好地结合起来，是那个时代的一种理想的解决方法。

虽然巴黎国家广场（Place de la Nation）的地形和周围的条件并不能提供相同的统一设计，而且从其放射出去的路有些也只是短促的尽端道路，但是，我们还是可以把它看作是戴高乐广场在巴黎东区的副本。奥斯曼时期，还有一个大的星形广场，意大利广场（Place d'Italie），在巴黎的东南。在巴黎，较小的星形广场还有瓦格拉姆广场（Place de Wagram），尤其是梅珠恩广场（Place du Maijuin）（以前的培爱尔广场 Place Pereire）值得注意。另一方面，在第二帝国时期形成的大型四方形广场中，代表作是共和国广场（Place de la République）和巴士底广场（Place de la Bastille）。它们都有雕塑纪念物在中间，但感觉气氛比较零碎，它们有着巨大开放的空间和许多宽阔的道路汇聚在一起，却没有形成我们能把握的任何一种形式。同样，阿尔玛广场（Plaec de l'Alma）虽然尺度小一些，但情况也一样。

对空间和道路的交通要求，广场则需要有纪念性和围合感，如何把二者结合起来，在其他的首都都面临着巨大的困难。在柏林，主要按照霍布雷希特的规划意图完成的布赖特谢广场（Breitscheiplarz）和稍微小的诺伦多夫广场（Nollendorf Platz）都证明了这一点。这两个广场的结构看起来都含糊不清，空间效果上更像是附带的交通结合点，而不是真正的广场。在伦敦，按照约翰·纳什的规划建成的三个重要的交通汇接点是：牛津广场、皮卡迪利广场和特拉法尔加广场。前二者代表了一种特殊的圆形形式，比圆形的星形广场带有很多放射状的道路，有更多的围合感觉。伦敦的交通广场可以看作是在街道的交汇处，把街块切开的圆形模式。在牛津广场还可以看到空间规划的意图，而皮卡迪利广场的印象则被沙夫特伯里（Shaftbury）大街的建筑打乱了。特拉法尔加广场，拥有尼尔森的圆柱列和一些建筑的柱式立面，从航空照片上容易看到意图在每边的轴线创造出一个系统上的安排，包括白宫（Whitehall）的轴线，国家美术馆的柱廊。这里的条件比较复杂，几条街道不规则地汇入广场，里面和周围的纪念性构筑物没有统一的比例。要想有一个协调统一的解决方法，就必须拥有比当时伦敦的行政当局大得多的权限。塞得林为哥本哈根所作的规划方案中，包含有一些类似伦敦的圆形广场，但在随后的方案中就没有了（图22-7）。

除了巴黎之外，欧洲其他首都也建成了类似的星形广场的有斯德哥尔摩。不过它在交通功能上所承担的作用远不能和巴黎的那些相提并论。卡尔普兰（Karlplan）的星形广场设计方案最早出现在林德哈根规划委员会中。在市政当局机构漫长的决策过程中，还讨论过其他的方案，但在最终的表决投票中，星形广场的方案通过。这是因为当时的条件比较有利，周围的用地基本上是空置的。但是，类似的另一个星形广场的方案就没有实现。

维也纳的问题则不同，很显然没有必要来为交通问题修建大型的广场，因为交通问题被绿环解决了。但为了加强纪念性建筑周围的气氛而考虑营造广场、花园和公园。一般在讨论了多种方案之后，才在最后的具体规划阶段定下形状。

所以，如果我们尝试着讨论这里的城市规划项目的广场的设计发展过程，可以发现，很大的程度上，这期间的广场设计从它们之前的广场形式吸收灵感，并把它们合理组织，并拥有

图 22-7 广场、公园和花园

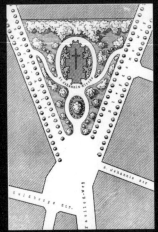

(e)

(f)

图 22-7（续） 广场、公园和花园。巴黎的国家广场（Place de la Nation）
（a）和共和广场（Place de la République）（b），都是典型的交通枢纽广场的例
子，由于它们的大小和许多宽阔的街道贯穿其中，给人留下的封闭空间印象很
少。哥本哈根的圣约翰尼斯教堂（St Johannis Church）（e）和柏林的锡安教堂
（Zionskirche in Berlin）（c），周围的绿色植物可以说明广场，其目的是将仪式性
建筑纳入城市结构。19世纪的一个特征是广场和公共场所经常有大量的绿色植物；
这打破了文艺复兴时期以来对广场的传统概念，不仅因为景观园艺引入了一种新
的动态表达方式，而且更重要的是因为大量的乔木、灌木和花卉改变了这个地方
作为一个房间的看法，并且经常完全矛盾。绿化可以给予相当严格的设计，如柏
林的威廉广场（Wilhelmplatz）及其周围的公共建筑（d），也可以采用更自由的
设计，例如巴黎的圣殿广场（Square du Temple）（f）。[来源：这些例子的规模
并不完全一致，（a）~（e）来自斯图本（1890年），（f）来自阿尔法德（1867—
1873年）]

一个更大的尺度；它们并不是对原形的简单模仿，而是有很多新的变化。19 世纪产生的一种新的广场就是纯粹的交通连接广场，这种广场并不是一个内向的空间，而是许多方向开放的，从而为解决交通问题提供了最好的方法。这种目标可能是严格执行的戴高乐广场，也可能是组织上比较混乱的特拉法尔加广场。19 世纪另外的一个典型广场模式，就是我们在前面提到过的小型广场，它们通常都有花园，种植了乔木和灌木，它为周围的建筑提供了一个开放的空间，或者也可能是某些公共建筑的前广场。

如果从建筑学的角度来讨论广场的设计，它所涉及的尺度、范围是不够的；应该有一种空间的限定感觉。罗马的维托里奥广场（Piazza Vittorio Emanuelle）就是这样的一个例子。巴黎的许多大广场，还有为巴塞罗那规划的巨大的中心广场都是如此。通向广场的道路十分宽阔，这种情况还十分常见，这样就减弱了空间的围合完整的感觉。甚至，周围的房屋都是按照业主个人的兴趣来设计的，并不是从一个完整统一的建筑整体来考虑的。这些是 19 世纪规划的特点，广场设计沿袭陈规旧习，缺乏审美的情趣和质量，这些都招致严厉的批评。针对这些广场布局的问题，卡米洛·西特（Camillo Sitte）在 1889 年的论著中，批评了当时广场缺乏空间形象和设计，并把它们和以前广场富于变化以及所产生的围合空间感觉作对比。由于西特的批评，促使广场有了一系列的改进。城市人口的发展和不断增加的交通量，对大广场和宽阔的道路有了需求。新的行政和公共建筑也过大，在有机的空间里显得过于夸张和自命不凡。土地业主的目标就是要从资本的回报中得到最大的收益，所以对私人建筑物的控制的可能性很小。广场开始的决策者很多，包括开发商、建筑师和政府官员。由单个资助者或者建筑师按照他们自己的想法就能造出一个中心广场的时代已经过去了。但有着许多道路的大型的或方或圆的广场，无疑是那个特定时代的城市发展的一个技术途径。

公园和花园

按照 19 世纪比较进步的规划师的说法，公园和花园[28]是城市环境中最重要的组成部分。林德哈根规划委员会认为，公园和花园同林荫大道一起成为普世有效的方法，可以解决"被隔离的黑暗，过度拥挤、污浊的空气等所有非自然因素，还有对人体健康不利的影响，以及对人的灵魂潜在的不利因素。"[29]该委员会还认为"沿着每个人行走的路径和住家附近都应该有公园""对于生命来说，十分可贵的新鲜空气和自然之美，而在斯德哥尔摩大量出现的这些绿地可能被少数人独占并被病态地使用。就像恶俗的装饰物上结的冰块，却不能为首都的全体人民所欣赏。"[30]其他地方也可以听到类似的说法。人们认为公园有教化、学习的价值。公园能消除社会阶层直接相互敌对的活动，给人们的心灵[31]带来安宁。这很明确，并在柏林的一个政府工作报告中讲道，良好的公园"能有效地缓和我们内心对物质世界的焦虑并在激化时得到宽慰，为粗陋和生活严峻的人带来安慰。"[32]

19 世纪城市发展最基本的一个新的信念就是，公园应该成为城市自然环境的组成部分。虽然最早和最好的公园不一定出现在首都城市，但是按照这个信念，出现了很多城市公园。之前，在城市里甚至都没有公园，或者只是为少数人服务的（私家花园——译注）。公园向所有人开放还是少数个案特例。1630 年，伦敦海德公园向公众开放，这是一个重要的进步，其他皇家公园也陆续效法开放，包括绿色公园（Green Park）。但是，回过头来看1810年代，当时为海德公园作规划时，其目的并不是为了向每个人开放，而在当时的伦敦有许多私人的园林。

摄政公园，作为纳什极具影响力的项目，是英国19世纪第一个大型公园的项目，成为公园规划历史上的里程碑。公园成为城市结构整体的一个部分，从此城市住宅、地形等和公园结合成为一个整体。摄政公园和肯辛顿公园、海德公园、绿色公园和圣詹母斯公园一起作为一个独特的公园群体出现在伦敦。伦敦的公园给予放逐时期的路易·拿破仑（拿破仑三世）很深的印象。[33]在他就位后，他积极推动规划和重新塑造了一系列不同的公园，包括布罗涅森林公园、蒙索公园、文森森林公园、布特肖蒙公园（Parc des Buttes Chaumont）和蒙特梭利公园（Parc Montsouris）（尽管后者直到第三共和国时期才完成）。布鲁塞尔则继承了法国的榜样，在比利时国王利奥波德二世的领导下，规划了一些大型公园，不过它们基本上在城市郊区。在维也纳的绿环，公园也成为一个重要的组成部分；在总体规划中，公园用地占到5%。英国、法国的经验给予斯德哥尔摩的林德哈根的规划很大的灵感，在其规划中有很多公园。林德哈根和其规划委员会的另外一位负责水务的莱约南克（Leijonancker），通过在国外的学习和旅游，对外面的公园十分熟悉。卡斯特罗为马德里所作的规划也有好些公园，两个大的公园和一些小的公园。

不同的首都城市对公园的兴趣不同。在霍布雷希特的柏林规划中就没有任何重要的公园。而在布达佩斯，规划者在城市中就没有规划新公园，他们认为多瑙河可提供足够多的新鲜空气。[34]所以，从规划方案到实现的过程中，公园最后都消失了。这也发生在斯德哥尔摩，所以林德哈根的规划中只有很小部分得以最终实施。不断发展的建造技术也许可能是原因之一。在斯德哥尔摩，不断提高的技术为在坚硬的岩石上开发建造房屋提供了低成本条件，所以开发建设的动力变得十分强大。在哥本哈根也一样，最后只有公园规划中很少的一部分才真正实施了，而当初那些规划者曾经十分乐观。在巴塞罗那，在Ensache扩展区里就几乎没有公园，虽然按照规划，有穿过或者沿着街块内部的绿地，实际上也可以说是公园。在罗马，曾有一个机会可以为居民建一个美丽的公园，可以把现有的国王埃斯基林（Esquiline）王宫附近和维米纳尔山（Viminal）的花园的部分变成公共开放的园地。但是他们对公园的兴趣不大，所以最终还是被开发建设了。只有博尔吉斯（Vila Borgese）（教皇侄子——译注）别墅保留下来成为公园。[35]1866年尼夫特里克（Niftrik）为阿姆斯特丹所作的规划中有很多用地规划为公园，但在十年后卡尔夫（Kalf）的规划中，这些公园都基本上消失了，仅留下一个实施了。而在冯德尔公园（Vondelpark）的规划样本中，有一个选址十分中心的公园，它是在私人的支持下建成的，但对公众开放。就如伦敦的摄政公园和其他后来的英国公园一样，这些都是土地开发的结果，它往往是与房屋建设用地的销售连在一起的。总之，公园之间以及作为驱动规划项目的城市之间存在着十分大的差异。中央政府和城市市政当局都参与了这些项目，还包括社团、公司和私人个体。规划项目之间的财政方法也十分不同。

此外，还应该提到另外一个不在欧洲的项目，纽约中央公园。它是1844年《纽约晚邮报》的记者威廉·卡伦（William Cullen）所提议的竞赛的结果。他早就认识到如果曼哈顿的建设区蔓延越过 42 街，城市就会变成一个无法忍受的生活场所，后来这里就成为建成区的边界。之后，市政当局获得了 150 个街块的所有权，利用它们从 59 街向北，在第 5 和第 8 大道之间，举行了一个设计竞赛。弗雷德里克·劳·奥姆斯特德（Frederick Law Olmsted）和卡尔弗特·沃克斯（Calvert Vaux）获胜。1857 年，这个巨大的工程开工。㊱ 中央公园是美国公园运动的起点，它在美国其他城市有许多追随者。萨特克利夫写道，"在北美，人们认识到开放空间是一个整体城市中的潜在的结构元素，而当时欧洲只是把公园当作一大堆建筑物中的绿洲和蓄水池。""从 1850 年开始，美国城市公园第一次在设计规模和质量上超过了欧洲公园。"伴随着交通科技的发展，它这一个概念从美国输出到欧洲城市，为欧洲的城市发展带来了巨大的贡献。㊲ 在新世纪来临之际，美国的影响第一次起到了重要的作用。

19 世纪的城市公园并不是按照某种标准的模式来设计的。在尺度上，包括从巨大的郊野公园到一个小小的街区绿地，从大型的景观公园到微小的地块碎片。在郊野公园，例如巴黎的布罗涅森林，可以骑马和驾驶马车，而城市里的大型公园只能散步，最小的就如同"肺"一样，为居住在附近的人们提供会面交往场所，或者是重要的建筑的一部分。公园的位置以及所服务的人群的社会状态以及经济收入都影响了公园的特点。很自然，著名的公园决然不同于工人阶级社区附近的公园。有些最大型的公园有一系列独立分开的不同组成部分，产生了一种公园复合体，它已经不是一个单一的公园。而宽阔的林荫大道可以看作是一种公园，它们把城市的绿地系统连接起来。㊳

规划和建造公园是十分复杂的过程。在总规中放进一个公园是一回事，把它实施是另外一件事。专家——很多是工程师、景观师、花匠以及行政官员。约瑟夫·帕克斯顿，是19世纪英国一位著名的公园规划师，就具备了这样的多才多艺；还有柏林的彼得·约瑟夫·莱恩（Peter Josef Lene）和巴黎的阿道夫·阿尔法德（Adolphe Alphand）。阿道夫·阿尔法德是奥斯曼亲自认真挑选出来的，他成为行政长官最亲密的合作者。当然，他们也有自己的助手。在巴黎，皮埃尔·巴里莱－德尚（Pierre Barillet-Deschamps）主要负责公园的细部规划。在其他城市不太出名的人中，还有斯德哥尔摩的克努特·福斯贝里（Knut Forsberg）。㊵

公园设计中起决定作用的因素是地形，它能让设计师从中挖掘出有利的条件，规划出富于变化而有吸引力的布局。大型公园里湖是必不可少的元素，一般不会设计成圆形，而是设计成长条形，而且最好是细窄的条形水面或者是沿着蜿蜒的曲线迂回出两条并行的线路。以前的城壕就能改造成很好的池塘，因为它们就是绕来绕去的折线形，在哥本哈根就有很好的例子。如果说地形决定了公园的基本形态，植被就是另一个十分重要的元素：大树、灌木丛和花卉。特别的物种很受欢迎，它们经常被安排成为一种背景，为参观者提供一个愉快的环境，或一种美丽变化和可能惊奇的景色。公园通过建筑的细部，例如房子、桥梁、纪念物等，还有雕塑和喷泉的安排，来强化其生动的艺术效果。有时，公园的部分还会安排成为植物园。路径也尽量安排成让人们能有最好的体验，并能适应参观者的数量。运动场地也可以成为一部分，在大型公园里，还有马道甚至是赛马场。其他重要的元素包括各种饮食的地方，还有可能是召开音乐会的亭子。夏天，人们会拥进湖里，冬天在上面滑冰。公园并不只是提供绿地和新鲜空气，它们还为游戏、运动以及非正式的社交活动提供场所。

公园涉及的变化很多，尤其是巴黎的公园能提供很多例子。蒙索公园（Monceau）在1861年再度开放，是一个优雅独特而难以逾越的例子，它种植异国情调的树木，精彩的花池，变化的地形和丰富的建筑细部，更不用说围绕其周围富丽堂皇的建筑外观。巴特尔·肖蒙公园（Parc des Buttes Chaumont）于1864年开工，并在1867年的世博会时开放，它也很独特。在废弃的采石场的不同高差的地形上，建起了这个公园，有生动的岩石峭壁，陡峭的悬崖瀑布、吊桥和精彩的景色，模拟出阿尔卑斯山的浪漫景色。

伦敦公园一般按照比较朴素的方式来建成，大树较少，有更大的开放地。法国景观师阿尔法德写道："它们的公园外貌比较简单，就如我们的散步道一样。"[40]但他可能是指那些比较老的公园。虽然阿尔法德这么说，但英国公园还是能有激动人心的景色，不过和法国公园相比，它们一般都保留了大片的空地用于运动和嬉戏，所以可能更适合一般的民众。维多利亚时期建出来的公园中最应该关注的是巴特西（Battersea）公园。它最先是由佩恩·索恩（Penne Thorne）设计，经过了福恩·吉布森（Fohn Gibson）的修改，到1850年代才建成开放，比维多利亚公园还晚一点，但设计师都是同一批人。

德国的城市公园和公众花园也有类似的目的，它们的原型来自于贵族的旧花园，但被赋予了为大众服务的新使命。[41]一个原形就是1824年在马格德堡（Magdeburg）由雷恩（Lenne）规划的公众花园，而最成功的例子是1887—1889年科隆由阿道夫·科瓦莱克（Adolf Kowallek）规划的公众花园，柏林的公园资料就都不太令人满意，这里举的例子叫洪堡泰姆公园

（Humboldthaim），是 1869—1875 年由加斯托·迈耶（Gastow Meyer）规划的，看不出有多少的灵感。[42] 该园中间有一条幽雅的能通风的道路，它的外部延伸十分正式，由一个笔直的道路和两边的两排大树组成。

十分普遍的情况是，19 世纪的公园从多方面借鉴了各种形式的素材。当时，规划对时代的需求的反应是直线和理性，公园的设计师就走向了另一条，混合与创新，在同一个公园里很自然地把不同的模式并列组合起来。从法国的传统得出了规则式设计的思路。把周围建筑嵌入到一个大概念的公园里成为一种正式的布局想法。其他的城市公园就可以归类到英国公园轻松愉悦的设计传统中，它的方式比较不太正式、不太刻板。但是这种差异变化也很大，英国是一个以精细花园为模式的国度，在这里孤独的散步者还可以做着白日梦打发时间，到一个为蜂拥而来的参观者而设计的一套道路网格系统复杂的城市公园，它们之间通过地形、园艺和建筑方式、饮食等因素而提供不同的体验，公共活动设施所产生的景观效果千差万别、变化多端，除了约翰·纳什和他为摄政公园所作的建议之外，这中间的连接协调者应该是 19 世纪初十分活跃的景观园艺师汉弗莱·雷普托（Humphry Reptor），有时是纳什的合伙人约翰·克劳狄斯（John Claudius），他们都写了一些出名的著作。兰斯洛特·布莱（Lancelot Blowh）的景观公园是对自然之美的发现，这给予了雷普托的灵魂，他逐步发展出一种适度的"画境"般的风格，而色彩——就如艺术家盘中的色彩——用来创造愉悦。有时会是自然界华而不实的"画境（Picturesque）"版本，楼多尔（Loudor）则是花园模式的主要成员，他以局部代替整体，把树木变成了注意力的焦点，每一棵树 / 植物都精心地放好位置，展

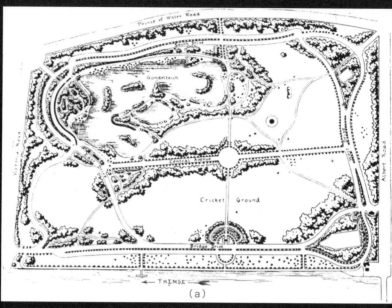

(a)

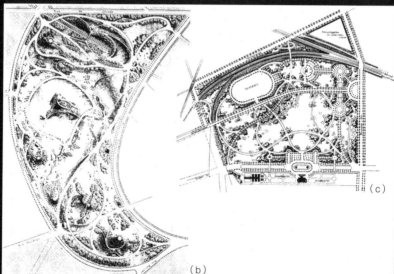

(b)

(c)

图 22-8 英格兰、法国和德国的公园：伦敦的巴特西公园（Battersea Park）（a）、巴黎的布特 - 肖莫特公园（Buttes-Chaumont）（b）和柏林的洪堡特海公园（Humboldthain）（c）。图的比例并不完全一样。[来源：斯图本（1890 年）]

图 22-9 斯德哥尔摩。1874 年秋，孔斯特拉德加登（国王花园）的布兰奇咖啡馆。（来源:《纽约插图》，1874 年）

示出它独特的形象，可以观赏到它的美——一种真正 19 世纪的思路。[43] 多年来，公园设计沿着不同的路线发展，有时是走向正规的纪念性仪式感（monumentality），有时则走向十分生动的效果，就如巴黎的肖莫特公园（Parc des Butles Chaumont）（图 22-8、图 22-9）。

注释

① 街道也可以分为三种类型，例如在 1875 年附在普鲁士（Fluchtlinien-Gesetz）消失线法的规定中，街道被划分为"宽度为 12~20m 的小路，宽度为 20~30m 的中等交通道路和宽度为 30m 或更大的主干道"[参见斯图本（1890 年，第 67 页 f）]。卡斯特罗在他的马德里规划中也使用了三个等级。

② 参见斯图本（1890 年），第 80 页及以下各页，这是本章的重要来源。

③ 尽管其他几个城市确实可以作为参考，以下不应被视为、试图对相关术语的使用情况进行详尽的调查。

④ 在赫尔辛基，滨海大道的延伸部分从 1810 年代开始就被令人惊讶地称为林荫大道（Boulevarden），尽管它是一个全新地区的主要街道。因此，这是在预料到后来在巴黎对这个词的更非正统的使用。在讨论布达佩斯的城市规划时，"林荫大道"一词不是用于环路，而是用于对角线大道（Diagonal Thoroughfare）。

⑤ 例如，斯德哥尔摩没有街道被称为大道（Avenues）。

⑥ 另一方面，根据城市建筑师卡尔·威廉·卡尔伯格（Carl Wilhelm Carlberg）制定的规划，"Nya Allén"这个名字是根据 1820 年代在哥德堡的旧防御工事区建造的街道命名的，尽管这是瑞典唯一的传统意义上的"林荫大道"。

⑦ 里里乌斯（1968—1969 年），第 90 页及以下各页和 Mönsterstäder，第 7 页及以下各页。

⑧ 孔格尔，1874 年，§§12 和 13。在斯德哥尔摩市议会，林德哈根声称滨海大道的总宽度必须为 55m（塞林，1970 年，第 52 页）。

⑨ 阿梅恩（Améen, 1979 年）；霍尔（1991 年），第 187 页及后和第 248 页。然而，滨海大道是在 1874 年之前在瑞典规划和布置的。这条像街区一样宽的街道在 1834 年瑞典西部城市韦纳斯堡发生火灾后穿过那里，类似于赫尔辛基的 Esplanade，

当然是受到芬兰例子的启发，尽管原型作为社会障碍的功能不存在。1869年还为耶夫勒提出了一个街区宽度的Esplanade；其中之一后来得以实现。另一方面，林德哈根委员会关于斯德哥尔摩的方案不包括Esplanade，除非未来的斯韦瓦根可以算作Esplanade。"Avenue（大道）"这个名称似乎更相关，委员会本身也使用了这个名称。在1874年建筑条例获得批准后，Esplanade通常被赋予更简单的设计，类似于宽阔的大道而不是绿化带。

⑩ 哥本哈根和汉堡各有一条名为"Esplanade"的街道；在这里，Esplanade被用作一般街道的名称，而不是特定类型街道的名称。这两个名字在各自的城市中似乎都是独一无二的，据我所知，丹麦没有其他"Fsplanade"。在德国，这个词似乎很不寻常。哥本哈根的Esplanade建于1781年至1785年之间，沿着现有道路的方向铺设，作为城堡和城市之间的绿树成荫的"公众长廊"；该名称取决于场地，在这里使用得非常正确。这条路是一条重要的交通干线，从港口的海关通往最南端的堡垒，继续以钝角到达奥斯特波特（根据Københavns Bymuseum馆长John Erichsen的说法）。今天，只有角度的南段以Esplanade为名。它在汉堡的同名是环路的一部分，该环路建在防御工事的前区域。可以说是一个奇怪的细节，新奥尔良也有它

的Esplanade大街，也沿着以前的防御工事线布置。这条大道中间种着树木，确实让人想起瑞典和芬兰的Esplanade。

⑪ 数据来自斯图本（1890年），第80页及以下各页。

⑫ 同上，特别是第85页。

⑬ 拉梅尔（1958年），第101页。

⑭ 参看第296页，注8和324 f页。

⑮ 斯图本（1890年），第77页 f。

⑯ 在这里引用阿尔法德对香榭丽舍大街的描述似乎是合理的，与其说它是一条街道，还不如说它更像一个带形公园。就像赫尔辛基的Esplanade大道那样："它们同时提供了一个散步的地方，大树叶给人遮荫，规则的树篱可以界定花坛或形成宽阔的大道，鲜花、一簇簇优雅的灌木丛、起伏的草坪上装饰着稀有植物作为赏心的慰藉，隐藏在绿色植物中的咖啡馆和音乐、游戏和喷泉的演奏——所有这些都提供了一个和谐的场景。到了晚上，几乎所有的东西都被照亮了。人群在树林中相互簇拥，音乐、歌手的声音和喷泉的喃喃自语一起唤起了这条迷人的长廊的魔幻氛围。"（阿尔法德，1867—1873年，[I]，第LIX页）。贝达里达（Bédarida）和萨特克利夫讨论了街道在19世纪巴黎和伦敦生活中的重要性。他们的结论是，由于其较低的街道网络标准和更分散的建筑结构，伦敦从不鼓励巴黎式的街头生活，"在英语中，人们可以在公园里"漫步，但几乎不会在街道上 [贝

达里达和萨特克利夫（1981 年，第 33 页）]。

⑰ 在 1874 年的瑞典建筑条例中，规定城市规划的设计应该这样："一方面，街区不应该占用太多的空间或包含如此多的地块，以至于必要的空气流通受到阻碍或不利于消防，但另一方面，街区内的建筑地块应该足够大，不仅为建筑物留出足够的空间，而且也适用于开放通风的庭院"（§12）。处方是善意的，但几乎没有给出具体的指导。关于地块的问题，另见斯图本（1890 年），第 54 页及以下和摩力克、雷宁和乌尔泽（1980 年），第 169 页及以下各页。上面所说的城市街区是指这里讨论的规划所指的那种大城市的中心区域。在城市郊区的住宅区和工人阶级地区，当然可以找到其他类型的街区。

⑱ 塞林（1970 年），第 23、30 和 32 页。在斯德哥尔摩，50 年后，对阿尔伯特·利林伯格（Albert Lilienberg）提出的将斯维瓦根街扩展到 Gustav Adolfs torg 的提议也提出了同样的批评（见霍尔，1985 年，第 12 页及以下各页）。还应该记住，克伦泽对雅典的替代建议旨在减少带有尖角的街区数量。因此，这个问题的观察来自于完全不同的背景和不同的时间。在斯图本看来，尖角有时可以提供"最理想和最好的商业地点"（1890 年，第 58 页）。

⑲ 《莲花国际 23》（1979 年），第 84 页。

⑳ §12.《皇家 1874 年建筑宪章》（Kungl. byggnadsstadga 1874），第 12 条。

㉑ 关于斯德哥尔摩街道管制建议的说　明（Utlåtande med förslag till gatureglering i Stockholm），第 35 页。

㉒ 斯图本（1890 年），第 189 页。

㉓ 斯图本的大部分例子都取自 1850—1890 年期间，但在题为"美学视角下的公共广场"一章中，他提到了一系列早期的例子。

㉔ 波波罗人民广场必须例外，尽管模仿的只是广场向外辐射的三条街道的图案，而不是整个广场的设计。

㉕ 亨利四世曾规划建造一个半星形广场，但从未实现过。

㉖ 斯图本区分了四类广场："交通枢纽广场（traffic junction squares）、公用事业广场（utility squares）（包括市场广场和公众广场）、装饰广场（decorative squares）（绿色植物广场、英式广场）和建筑（纪念性）architectural（monumental）squares 广场"。但是，他继续说，"在一个方形结构中实现两个或多个这些目标"是不可能的（斯图本，1890 年，第 141 页）。

㉗ 斯图本（1890 年），第 147 页。然而，斯图本强调，"大城市生活和非常多样化的建筑"属于这种类型的广场。"没有这些，星形广场很容易变得像一个环形交叉路口，而且同样令人困惑。"

㉘ 关于城市公园，见查德威克（1966 年），亨内博（Hennebo，1974 年），

《奥斯曼男爵的作品》(L'CEuvre du Baron Haussmann),第 91 页及以下各页和摩力克、雷宁和乌尔泽(1980 年),第 284 页及以下各页;参见斯图本(1890 年),第 492 页及以下各页。城市公园也在《园林设计史:从文艺复兴到现在的西方传统》(The History of Garden Design:The Western Tradition from the Renaissance to the Present Day)中的许多文章中进行了讨论(1991 年)。潘齐尼(Panzini, 1993 年)是最近从欧洲角度研究公园发展的作品。还应该提到由迪特尔·亨内博编辑的《城市之争》(Geschichte des Stadtgrüns)系列。第三卷,英国城市出版社《从早期的民俗草地到 19 世纪的公园》(von den frühen Volkswiesen bis zu den öffentlichen Parks im 19.Jahrhundert)(亨内博(Hennebo)和施密特(Schmidt), 1977 年)和第四卷,《19 世纪上半叶的城市公园》(Stadtparkanlagen in der ersten Hälfte des 19 Jahrhunderts)[尼林(Nehring,1979 年)],在我们目前的背景下特别令人感兴趣。

㉙ Utlåtande med förslag till gatur-eglering i Stockholm,关于斯德哥尔摩街道管制方案的说明,第 4 页。

㉚ 同上,第 31 和 35 页。

㉛ 参见亨内博(Hennebo)和施密特(1977 年),第 114 页及以下各页。

㉜ 摘自亨内博(1974 年),第 81 页。

㉝ 另一方面,一位知识渊博的游客——来自柏林的景观园丁彼得·约瑟夫·莱内(Peter Josef Lenné)并没有留下深刻的印象,而是批评了伦敦的公园,他认为这些公园不如欧洲大陆公园。他还宣称,周围的栅栏和上锁的大门通常是英国的公园的特点,广场上的种植区也是如此(见查德威克, 1966 年,第 32 页)。

㉞ 在玛格丽特岛(Margaret Island)上有一个公园,在 18 世纪末建好。布达佩斯直到 1908 年才购买该岛。此外,佩斯已经拥有欧洲最古老的公园之一,由公民自己主持,即 19 世纪初的城市公园(Városliget)。

㉟ 然而,应该指出的是,早在 19 世纪初,罗马就获得了一个城市公园,这是拿破仑时期由朱塞佩·瓦拉迪埃(Giuseppe Valadier)在平西奥山(Monte Pincio)规划的公园。在这里,坡地的开发让人想起早期的意大利宫殿花园,并成为波波罗人民广场(Piazza del Popolo)重建的出发点,在接下来的几十年中,该广场的重建由同一建筑师进行。

㊱ 参看雷普斯(1965 年),第 331 页及以下各页和查德威克(1966 年),第 181 页及以下各页。

㊲ 萨特克利夫(1981 年),第 197 页;参看:同上,第 93 页。

㊳ 参见巴黎公园和植树街道地图,阿尔法德(Alphand,1867—1873 年),[IV]。

㊴ 根据瑞典的说法,福斯贝格(Forsberg)应该在奥斯曼执政初期赢得了布洛涅森林公园(Bois de Boulogne)的设计竞赛(最近一

次提到这一点出现在吉伦斯蒂尔纳（Gyllenstierna，1982 年），第 53 页，据此，据说福斯贝格获得了 10 万法郎的奖金，这在当时是一笔惊人的数目，他在回家之前浪费在宴饮上）。然而，在法国的叙述和奥斯曼的回忆录中都没有提到这种竞争，很可能是福斯贝格编造了整个故事。

㊵　阿尔法德（Alphand，1867—1873 年），[I]，第 LVIII 页。

㊶　亨内博（Hennebo，1974 年），第 77 页 f。

㊷　该规划转载于斯图本（1890 年），第 503 页和亨内博（1974 年），第 78 页。

㊸　见查德威克（1966 年），第 20 页及以下各页。

第23章

ATTITUDES TO
THE CITYSCAPE

对城市景观的态度

根据他们那个时代的理念，规划者能在多大程度上增强城市的美感？

我们已经看到，出于各种实际考虑，人们往往倾向于网格状的街道：使用宽阔的林荫大道从中切割开——有时是对角线——可以成为解决功能问题的最好方法。这种规划也依然被看作是创造了美。

那么，这种"美"包括了什么呢？在前面的第21章，在1874年瑞典建造规定里面的"目标"中提到："开放空间、富于变化和整齐对美感来说是十分必要的"。街区之间的开放空间在形状上有宽阔的街道、广场和公园，据认为能对城市的塑形起到促进作用，还能使城市成为一个更加健康和高效的居住场所。从我们研究的所有城市，可以看到一个强烈的愿望，就是要创造"开放空间"。在维也纳绿环的皇家总体规划里，街区和其他建设用地只占到了20%多一点。接近20%是绿地，10%是水面，还有50%用来组织交通。这里对开放空间的需求得到了很好的满足。相应地，其他的城市规划项目的数据就没有这样被提供出来。但很明显地可以看到，在19世纪的规划中，对建设和不建设用地面积的比重关系有了很大变化，虽然从项目到实现的过程中不建设房屋的部分在逐渐收缩，也同时在不同类型的项目之间存在很大的区别。[①] 例如奥斯曼在巴黎的街道改造中，就包括把紧密的街道结构开放，并提升了不建设的土地规模，虽然这里面有很多是为交通留出空间。尽管在巴塞罗那规划时，塞尔达原来想沿着街块内部来设置开放的通道的想法没有实现，而且最后留下的不建设用地的面积也很小[②]，但塞尔达还是认为建成区和开放空间之间的相互作用，是形成城市环境品质的基本元素。

瑞典建造规定里面的第二条要求，就是多样性。一个方格网的系统往往很难满足这个要求，并且容易出现空间单调的问题风险。例如，克伦泽就曾用批评的口气谈到过方格网系统，鲍迈斯特和斯图本都警告过一条笔直的道路可能会变得令人厌烦和丑陋。但是，在一些首都城市，直线街道就被对角线的街道打断，也还有像鲍迈斯特和斯图本说的那样用绿环打断的方式③。这里，我们要留意柏林林德哈根规划委员会的报告，由于他们的规划是把功能放在美学之前优先考虑，他们似乎有点被迫在事先对可能到来的批评进行辩解："一两条规划得优雅的大街或者开放空间当然能创造出舒适的感觉，但是在一个城市里，为了把街道组织得有利于整个交通体系，和这比较起来就显得不重要了。一条狭窄弯曲的街道，带着有趣而庄严的气氛穿过街区，一样也能带来变化。但是，它还是会因为对街道卫生、交通顺畅以及对人们居住所需要的光线和新鲜空气带来干扰而受到批评。"④真是十分有趣，林德哈根规划委员会认为要为此发表声明。这也表明网格模式在批评面前也不总是有说服力的。

解决这个问题的方法之一就是让周围的房屋提供多样性。但事实上在维也纳的确存在沿着绿环有很多风格不一的仪式性建筑，尽管他们本来不主要是为了创造变化而设计的。我们可以看到，在 19 世纪的街道立面并不是为了创造变化的一种合适的方法。有时，例如在斯德哥尔摩，就会在传统经典的网格规划里，有一种单独设计住宅的趋势。但是，到 19 世纪最后的 25 年，从完美的角度来考虑，会认为街道的住宅立面应该是统一和受到控制的。在巴黎的新林荫大道和街道上，建筑风格的统一性达到了登峰造极的程度。这里，房屋建造条例提供了详细的立面设计要求。有时，在地块销售合同里都附有建造规定要求，规定沿着街块或者街道的建筑檐口和窗户要有一样的高度。⑤

在奥斯曼那个时代，毫无疑问他是对沿街立面要求统一最严格的人。而在瑞典建造条例中，同样的规定叫作"整齐"，就放在第三点的位置上，没有那么突出。和旁边不一样并显著突出的立面当然不能叫作"整齐"。变化应该从另外一个角度来理解，可能是广场的不同形状，最好是突出仪式性的建筑和公园，以及种植了树木的地方，包括林荫街道和公共建筑，尤其是要从周围的环境中突显出来产生特殊的效果。吸引视线的焦点方法是有效的，通常包括仪式感，以突出性的建筑物成为一条重要的街道的视觉收尾。有可能的话，就把仪式感的建筑物放置在广场的中央，这样就可以从各个方向来的道路上看到它。

对"整齐"的需要，当然表达了希望环境不被混乱的元素所干扰，例如和周围环境冲突的旧房子，还有立面破旧的房屋等。1859 年，瑞典工程师和城市开发理论家阿道夫·威廉·埃德尔斯瓦德（Adolf Wilhelm Edelsvard）针对一个模范城市项目的评论中写道：有用和合适的就是最美的。他还说道，在我们许多小城市里，充满了混乱、拥挤和丑陋，而审美的愉悦、灵魂的高度都被遗弃掉了（图 23-1）。[6]

远景和醒目的标记是奥斯曼城市设计美学中最关键的要素之一。主要的例子包括歌剧院本身的歌剧院大道、亨利四世大道、万神殿和茱莉特柱廊作为特殊节点，以及专注于圣奥古斯丁法德的马勒舍伯大道。奥斯曼多次恼火的一个事情是，在他就任之前就开始的斯特拉斯堡大道，并没有向东延伸稍微更远一点，这本可以使它延伸为塞巴斯托波尔大道时，正对着索邦教堂圆穹顶并形成一个辉煌对景。他试图纠正这种疏忽，将商业法庭设在西岱岛，那里的圆顶可以提供他想要的视线焦点。[7]奥斯曼不太可能发现街头切角的一个结果是，创造了逐渐变细到狭窄尖角的地

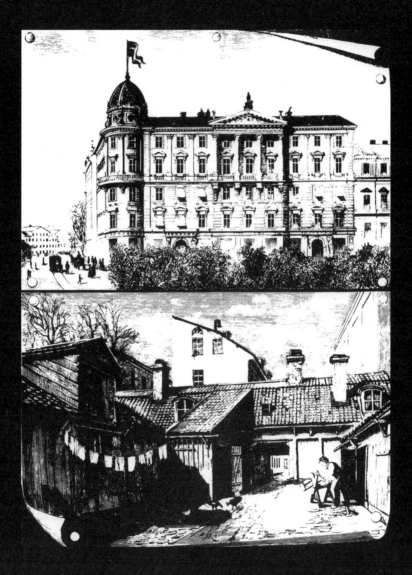

图 23-1 "邻居"。1880 年代初在斯德哥尔摩市中心新建的房子和隔壁房子庭院的内部。在整个 19 世纪后期，许多欧洲首都的城市景观呈现的是新的"现代"房屋和街道以及早期的小规模且通常是贫民窟的建筑二者混合特征。最重要的美学目标之一是拆除这些难看的建筑和环境。(来源：Ny illustrerad tidning，1882 年)

块——有时像一片蛋糕。然而，对于我们这个时代来说，它们肯定有助于创造一种多样化和令人兴奋的城市场景。

在奥斯曼常常提到的一段回忆中，拿破仑三世责备他，说他过于重视街道的外表面了："皇帝喜欢有时从他的口味发表看法，批评我对建筑的艺术方面太关注了；牺牲了太多为了换取街道的整齐，太关注街景来纠正大路的走向。"在伦敦，他告诉我，"他们只关注满足交通按照最好的方式走就行了。"⑧我的回答是："阁下，巴黎人不是伦敦人；要按照我们的喜好来做。"这个故事应该是真实的：19世纪还没有哪个城市像奥斯曼那样关注城市美学。

可能除了布鲁塞尔（图23-2）以外，其他城市还没有这样对视觉重要性予以这样多的关注。不过，在柏林，根据霍布雷希特的指示，环路和它所连接的道路要把一些教堂作为视觉的焦点连接起来，这些想法也实现了一部分。例如，凯撒威廉皇帝纪念教堂（Kaiser-Wilhelm-Gedachtniskirche）就为几条大街提供了视觉焦点。在维也纳，因为地理条件的原因，长长的街景的巴黎模式也有可能，但是常常由于树木而使得规划的视觉重点受到影响（图23-3、图23-4）。在斯德哥尔摩，林德哈根规划委员会觉得似乎不是那么重要来引进焦点街景的做法；所以，在他们的规划报告中没有作过任何论述。不过，有一两处，教堂也作为突出的特别要素来处理空间，也可能是凑巧，后来的古斯塔夫·瓦萨（Gustav Vasa）教堂就成为奥登加坦的焦点。在布达佩斯、哥本哈根、马德里和巴塞罗那就没有采取街景焦点的做法。不过，很奇怪的是，在布达佩斯19世纪伟大的教堂圣斯帝芬教堂，放射状的安德拉西大街（Andrassy Ut），却没有规划成为道路视线的焦点。为巴塞罗那所作的理性规划模式里也没有考

图 23-2　布鲁塞尔。布鲁塞尔的圣玛丽教堂（Sainte-Marie）可以在这里说明 19 世纪对戏剧性焦点的偏爱，它为皇家街提供了背景装饰。在教堂之外，街道继续保持着另一种视觉焦点，即沙尔贝克（Schaerbeek）的市政厅。（来源：布鲁塞尔圣卢卡萨）

虑这种规划手法，在规划的一开始没有采用这些手法，但却有一些类似做法出现在后来的结果中。

把街道美感统一规划设计的目的，一是把城市创造成为一个愉悦和健康的住所，另一个是为人们活动创造一个特殊的有强烈影响的场所，显示出城市的资源、能力和品位。[9] 城市的中产阶级变得越来越富裕和享有更多的权利，很自然要求改善他们的城市形象，创造更好的城市景观。首都城市和其他大城市的区别在于，首都有强大的中央政府，它有特殊的要求和雄心。[10] 19世纪后半叶是十分注重礼仪仪式的君主体制的最辉煌的末期。这是一个维多利亚的时代（英国），一个弗朗兹·约瑟夫（奥匈帝国维也纳）、拿破仑三世（法国）、威廉二世（德国）、维克多·伊曼纽尔（意大利）、利奥波德二世（比利时）和奥斯卡（Oscar）二世（瑞典）的时代。这些摄政王朝代表了一种复杂的国家结构，在这种结构中包含了或多或少的地方自治，每个都有不同的兴趣与爱好。弗朗兹·约瑟夫的奥匈帝国包括很多附属国，并被国家主义或自由主义的思想不断侵袭着。这就是一个最有代表性的例子：这种社会状况使得他要寻求一种适合他表达对权利的把握的显要方式。很多官方建筑物就是在这个时候在维也纳和其他城市建造出来的，它们通过展示设计和装饰来歌颂君主体制，以赢得更多的威望。在当时最君主独裁的法国和奥地利社会，我们可以看到，官方建造仪式性的房屋和城市发展的根本方法是一致的。下面是1866年从奥斯曼的一份报告中所表达出来的这种野心："这项工程使得之前所有的政治热情都没有了声音，它激发了一种爱国主义，代表了一切的美好祝愿，它将使巴黎成为法兰西真正的首都，甚至能说，是文明世界的首都。"[11] 英国的集权环境就没有那么明显，在首都伦敦城市结构中最为代表性的例子，就是特拉法加广场（Trafalgar），它从来就没有一个统一的设计，广场似乎就是偶然形成的。

我们研究的这个年代，在首都建起来的最精彩的公共建筑物里，例如巴黎的歌剧院、维也纳的新霍夫堡（Neue Hofburg）都是巴洛克风格。这些都是对规划的类似的影响吗？这个问题在前面关于维也纳的章节中已经触及。在视觉上注意重点突出，还有统一的街道立面、纪念性广场、长长的街景代表了 19 世纪的规划元素，和 17 世纪有着共同的特色，有时还的确是受到更早期项目的灵感的启发。这尤其反映在巴黎。甚至可以说，奥斯曼在星形广场创造出了巴洛克风格最为辉煌的作品。实际上，法国的巴洛克古典主义比较罗马的巴洛克更加影响了 19 世纪的规划。但我们不应该夸大 19 世纪的城市规划和巴洛克风格之间的关系。上面提到的设计手法应该或多或少是规划中不变的元素，表达了一种对美的追求——换句话说，宏大叙事方式的规划。还有一点要记住的是，17 和 18 世纪实现的一些规划项目缺乏仪式性的感觉，而后来的 19 世纪继承者则通过巴洛克把它发掘出来了。

这里存在着两种类型的规划思考：来自建筑师的和来自工程师的两种思路。建筑师的规划会把形式的问题通盘考虑并高度重视，同时把整个城市当作艺术作品来处理；而工程师的规划则把功能性的效率当作决定性的因素，恐怕有必要记住这两者之间的差异。工程师类型的例子很明显就是为巴塞罗那所作的规划，审美效果在整个规划中都回避了。而建筑师类型的规划中，就有为维也纳城墙缓冲区（Glacis）举行的规划竞赛；还有舒伯特－科里安特斯和克伦泽为雅典所作的规划方案，罗维拉·特里亚斯为巴塞罗那所作的规划方案，康拉德·塞德林为哥本哈根所作的规划。这些项目中，规划师花了很多精力考虑把广场设计成为室外的房间、打造城市空间的秩序、在城市景观里如何把建筑以吸引人的方式融入进去，也就是说，为城市环境创造愉悦的条件。⑫这些项目都是在1860年左右和之前的时间段；这也许可以归类为早期更注重美学传统、其古典主义规划模式中比较靠后阶段的例子，后来它们让位于19世纪中期更加注重技术和功能的规划模式。快速的城市扩展需要更加有力地建基于理性思考的活动：这是一个创造的时代，需要技术、法律和经济上的切实可行，要求良好的道路利于交通，要求绿地和通风为良好的健康状况提供条件；不再有机会以美学为出发点来解决所有问题，需要大量关注整个城市和所有街区。当然也存在一些例外，尤其是在巴黎和维也纳，有时也在别的地方，它们竭力想创造辉煌美丽城市的想法十分明显。很自然，对中心城区的设计和规划的期望值比城市边缘的要高多了。

因此，按照这些规划者及其原则，城市的形态和设计不再需要有艺术及设计才能方面的教育背景；规划城市主要是技术的问题，它要使功能和美感获得一致。直到几乎19世纪末，城市规划才从以技术眼光看待事物中解放出来，用艺术的思路来考虑规划问题，这当中很大原因是卡米洛·西特的《城市建造艺术》(Der Stadte-bau Nach Seinen Kunstlerischen Grundsatzen，1889年)，这本书引起了广泛的注意。⑬在这之前的几十年里，人们对规划的一些特点提出了很多批评，包括"广场"就是一个空空的形态，没有任何清楚的空间形态界限，缺乏变化，经常是老套的方形标准模式，中间摆放的纪念性的构筑物和周围的建筑没有关联。西特的追随者针对当时规划，提出的另一个反对意见是，规划者试图使地形适应规划，而不是规划适应地形条件。

城市规划经常在技术－功能和艺术审美之间来回摇摆。从规划历史的角度来看，西特的著作不但呼吁要对城市设计的艺术性给予重视，也提出了"在地规划设计（local design planning）"的重要性。他认为尤其重要的是空间的设计，特别是有变化的空间秩序，还有在空间的脉络中建筑要有机地嵌入。西特是不是认为规划者应该把城市作为一个整体来看待，还是只针对一些特殊的地方来作专门的处理呢？对此，西特不是很明确。在"现代城市单调和缺乏想象力的特点"章节里，他强烈地谴责当时城市里，他所说的单调、贫乏以及艺术的缺乏。规划者开始工作并不是从空间设计开始的——西特说——规划首先是安排用地和街区，然后把其他的部分规划成为街道和广场。[14] 如果说西特在这里把城市看作一个整体，在西特后面的章节里"现代的系统"中他很小心地指出，当要为城市的艺术性目标而努力的时候，规划者不一定要对整个城市负责：艺术家只需要对他的艺术目标负责——就是一些主要的街道和广场，其他事情就丢给交通和平常生活的具体物质性要求了。"占着大部分的居住用地属于一般的工作，这里城市按照它平时的模式来展现自己，但是少量的主要场所和街道，就像星期日一样，按照节日的盛装来表现人们的骄傲和快乐。"[15] 在"改善现代系统"里，反而显示出必须对所有街区展开规划工作。如果不幸地，某个街区的地块要按照规划来执行，西特说，"那么它就永远不会有什么结果"。[16]

所以，西特没有对总体规划提出一个清晰的说明。他的著作也不是一个规划手册，并没有提出具体的规划解决方法。这些都留给了他的追随者卡尔·亨里奇、西奥多·费舍尔、佩尔·洛尔夫·霍尔曼（Karl Henrici，Theodor Fischer，Per Lolf Hallman）和其他人，把这些从想法变成现实，通常是因为街道通风而启发的微小的壶形 jugend 模式来表明这种转变，这可以在西特的文章里得到一些理论支持。当时的首都规划改造和几乎所有更早的城市规划，都是不顾原来的地形原状而用铲平的方式来处理；西特的目标是尽量根据起伏的地形来开发、创造城市景观的变化。⑰但这种画境般的街道系统只是城市历史发展的一个过渡性的阶段。很快，一个更加传统守旧的方格网模式又在实践和理论中占据上风，这在奥托·瓦格纳的著作《大城市》(*Die Grobstadt*)里可以看到例子。

西特出版《城市建造艺术》一书时，他还没有从事城市总体规划的经验。但是，很快就因为这本书的出版给他带来了名声，就有人向他来咨询几个城市规划的项目，1893年，他得到了规划奥尔穆茨(Olmutz)的任务。鲁道夫·乌尔泽对他的规划进行了分析，把它放进西特的著作里面。⑱诧异的是，这个规划没有我们所认为的西特式的如画般的街道系统。⑲西特的第二个规划是1903年为马林贝格所作，倒是出现了这样的风格。这里，西特似乎受到他的翻译者的激励，成为真正的西特。

在回顾历史的过程中，我们也许应该反思一下，是否西特和他之前的美学观点之间的区别，被他的学生和继承者以及现代学者们夸大了？无论是西特还是在他之前300年里的所有规划理论里，视觉重点和有组织的空间设计都是基本元素。但是，首都城市的项目显示出奢华的大尺度夸张效果，而西特所代表的就像是城市设计的室内乐演奏，一种亲密放松的艺术模式，不同于大尺度的街道的阔气。奥斯曼和他类似的城市改造风格，创造出从马车上欣赏的高贵街景，而西特则试图创造一个真正从步行在街道上的人视角，看到丰富而享受的城市景观世界。

在19世纪，人们广泛地讨论保护的原则，一些针对建筑遗产的学术性的保护体系开始出现。人们的兴趣主要集中在纪念性、仪式感的建筑物，尤其是中世纪的教堂。19 世纪下半叶的城市变化，有时导致一些建筑质量很好的房屋被拆毁，更为主要的是有很多旧的城市环境，通常是建筑质量低下，也被夷为平地。开始，这种剧烈的变化只是遇到少量的反对，渐渐地，人们开始认识到，这些面临毁灭但优美的场所具有的价值。在巴黎，这种城市变化最剧烈，反对也最强烈。开始的时候，新发明的照相技术被最适合地用来表现建筑物和街景等固定物，后来系统的照相档案为提高人们对于城市环境的兴趣起到了很大的作用。[20] 到 19 世纪末，城市保护运动开始出现雏形，它和西特没有直接的关系，但是也表达了和他相关的思想和理念。贡献最大的是查尔斯·布尔斯（Charles buls）的《城市美学》，1893 年出版。在 20 世纪的头几十年里，人们逐渐认识到，即使是简单的城市环境也有历史文化价值，这种价值观越来越广泛，一扫过去功能主义者只追求变化和创新的反历史观念。

这里，我们很有趣地发现，在欧洲巴洛克风格的视觉重点，伴随着大规模的方形街区规划（Rectangular Planning）正在逐步落入不光彩的坏名声的时候，它却在城市美观缺乏的美国重新找到了它的生命和价值。1893 年，在芝加哥 [也叫白城（White City）] 举行的世界哥伦布展览，采用了很多模仿古典主义的思路来开启美国的城市美化运动。在城市美化运动中，美学因素扮演了主要角色，传统的城市特点（例如林荫大道、带有视觉中心的大广场）是重要的组成成分。认为"没有规划，就没有人们血脉激动的魔力"的丹尼尔·伯纳姆（Daniel Burnham），是最早鼓吹这种规划的著名人物，为旧金山（1905 年）和芝加哥（1909 年）提出了这种宏大规划。[21] 这两个规划都是大量的方形街区地块，并用林荫大道刻画出对角线，还有不同的广场，它们用纪念物来装饰，并在市中心用精美的建筑环绕。此外，大量的公园也是重要的特点。

19世纪的中后期，欧洲的城市规划对于美和城市秩序的关注是十分普遍的，虽然伯纳姆的这两个规划在一定程度上受到美国自己城市传统的影响，特别是朗方的华盛顿的规划的影响，但还是表现了欧洲当时的规划思想。甚至进一步来说，他的规划不同于早些时间的欧洲规划，它们更加体现了对美学的关注。美国城市在世纪初表现出浓厚的美学趣味，最重要的原因在于美国内战之后的城市快速膨胀，并导致城市环境的恶化和刻板。伯纳姆和他的美国同行正在为美国新一轮的城市膨胀进行规划，而西特城市思想中精致和亲密的街道效果并不能为他们提供另一个可以直接操作的思路。所以，大规模的方格网模式在美国比在欧洲更为盛行。还有一个主要原因是当时美国的重要建筑师很多是在巴黎接受教育，因此对拿破仑三世和奥斯曼创造的城市景象十分熟悉。20世纪初美国的规划，以伯纳姆的作品作为典型的例子，代表了一种回归直至17世纪的传统的最后实例，而那时维恩为伦敦所作的规划是最早的代表。

西特式规划占据的时间很短。第一次世界大战之前，针对弯曲的道路的观念就有了反弹，而笔直的模式又重新受到欢迎。问题是这是否能看作是从城市美化运动后退的一种新思路？伯纳姆的规划很显然让欧洲来的参观者打开了观看他们自己城市质量的眼界。另一方面，即使欧洲没有对立面的城市美化运动，仿古典主义的规划也重新找到了新生。

欧洲首都城市改造项目作为城市景观的创造手段，我们以后辈的眼光，应该怎样评估它们的价值？问题是，我们是否可以依据其最好和最差的例子，或者它的缺点和成就，就可以来判断一段历史。一方面，在 19 世纪后半叶，可以看到不同城市的变化，例如在柏林就只能形容为极端的单调和乏味。在另一方面，在巴黎的中心部分，林荫大道、建筑物、交通设施、咖啡馆和商店，传达出一个伟大城市脉动的强烈感觉，富于变化，显示出"城市"的综合质量。今天，另一方面的因素也在发生作用：19 世纪的城市发生的丰富视觉变化，尤其是那些令人难忘的街区，在一个多世纪的煤烟和污垢的长期遮蔽下，仍然显示了它一贯的节日喜庆般的盛装氛围。

注释

① 摩力克、雷宁和乌尔泽（1980 年），第 158 页。

② 甚至也承认，如果没有"开放的街区，以及各种组合和花园"，"建立在方格网系统上的城市"也是单调的［引自弗雷切拉（1992 年，第 117 页，注 32）］。

③ 鲍迈斯特（Baumeister，1876 年），第 96 页及以下各页和斯图本（1890 年），第 74 页及以下各页。关于矩形街道网络和笔直街道的批评意见，见上文，第 296 页，注 8。

④ 关于斯德哥尔摩街道管制建议的声明（Utlåtande med förslag till gatureglering i Stockholm），第 8 页。

⑤ 参看萨特克利夫（1979 年 a）。

⑥ 霍尔（1991 年），第 187 页 f。

⑦ 奥斯曼（1890 年），第二卷，第 488 页和（1893 年），第三卷，第 60 页 f 和 529 页 ff。

⑧ 同上（1890 年），第二卷，第 523 页。

⑨ 从许多陈述中可以明显看出，这两个目标被视为同一枚硬币的两面，例如卡斯特罗关于马德里规划的声明："给如此狭窄的街道提供宽度，将宽敞的广场融入其中，布置公园和花园，同时赋予君主制首都应有的美丽和重要性，可能有助于其健康和卫生"（引自弗雷切拉，1992 年，第 358 页）。

⑩ 在这方面，可以引用安斯帕赫在布鲁塞尔社区理事会的声明："我们一直关注的是清洁、美化我们的城市，使居住集聚区，工业、商业和财富中心的人们感到高兴，而不会加剧城市生活的弊端，相反，使它们更容易获得支持（引自 Leblicq，1982 年，第 344 页）。

⑪ 奥斯曼（1890 年），第二卷，第 12 页。

⑫ 范·尼夫特里克在 1860 年代中期制定的阿姆斯特丹规划是一个特例。它揭示了明显的艺术抱负，尽管它的作者是一名工程师。然而，这并没有体现在任何整体概念上，而是表现在一些没有任何明显联系的情节片段中。

⑬ 柯林斯（1986 年）出版了关于研究西特的开创性著作，也是此类研究中的典范，它涵盖了西特生活和活动的许多方面，以一种既可靠又详尽的方式审视他的著作并评估他的重要性。该书收录了《美学原则的城市设计》（ Der Stidte-Bau）的英文译本。柯林斯的第一版于 1965 年出版，是西特研究的一个里程碑，因为它令人信服地证明，西特作为中世纪时期的辩护者的传统形象，是因为对他的书的误读。卡米尔·马丁（ Camille Martin）对这部作品的法语译本（1902 年）淡化了西特对巴洛克风格的引用——西特本人认为这是典范——并过分强调他将中世纪城市发展作为典范的引用（但正如柯林斯和柯林斯在第 65 页所说，谈论与西特有关的风格是没有意义的，因为他将城市环境简化为任何或所有时期风格的基础要素正是其特征的方法）。关于维也纳的篇幅被缩小了，马丁介绍了一些法国的案例，这个译本成为西特著作在国际上传播最广泛的版本，这意味着马丁的译本也极大地影响了对西特著作文字的解读（见柯林斯和柯林斯，1986，第 71 页 ff）。1945 年出版了《巴安托市》（ Der Städte-Bauinto）英文版的第一部译本，主要以法文译本为

基础。西特著作的第一个译本是柯林斯出版社出版的（柯林斯和柯林斯，1965 年），之后出现了许多语言的新译本。无论如何，在将西特翻译成英文时，不可避免地失去了他膨胀的官僚主义风格，这与他论点的微妙性形成了鲜明的对比——这反过来又赋予了这本书独特的气息。乌尔泽（1989 年和 1992 年）对《柯林斯和柯林斯》的重要补充，部分基于新材料。在世纪之交的几十年里，维也纳是许多领域重大事项的中心。在跨文化研究中，卡尔·肖尔斯克（ Carl Schorske）试图找出这种活动爆炸式增长的模式，并以深刻的洞察力将维也纳环城项目，卡米洛·西特和瓦格纳在时间和地方关系中联系在一起（1980 年，第 24 页以下）。

1990 年，在威尼斯举行了一次关于"西特和他的翻译"的研讨会。撰稿者来自很多国家，后来以书籍形式出版（1992 年）。

⑭ 西特（1889 年），第 88 页及以下各页。

⑮ 同上，第 97 页及后各页。

⑯ 同上，第 130 页。在第 137 页及其后，他概述了制定规划时应考虑的要点。但随后他再次强调，与艺术目标有关的规划只需要适用于更重要的广场和街道。

⑰ 这部分取决于新的调平技术，该技术使得对地形进行正确的勘测成为可能。也是在这个时候，城市规划模型开始使用。

⑱ 乌尔泽（1989 年），第 16 页及以下

各页。

⑲ 参看乌尔泽（1989 年），第 19 页及以下各页。

⑳ 参看萨特克利夫（1970 年），第 179 页及以下各页。

㉑ 关于伯纳姆，特别见海因斯（Hines，1974 年，引自第 17 页）。关于城市美化运动及其重要性，见海因斯（1974 年），代表（1965），第 497 页及以下；斯科特（Scott，1969 年），第 47 页及以下各页；戈德菲尔德和布朗内尔（1979 年），第 214 页及以下各页；威尔逊（1980 年）和萨特克利夫（1981 年），第 102 页及以下各页。查尔斯·马尔福德·罗宾逊（Charles Mulford Robinson）在他 1903 年出版的《现代公民艺术》（*Modern Civic Art, or the City Made Beautiful*）一书中，在将欧洲规划引入美国方面发挥了重要作用（见萨特克利夫，1981 年 b，第 103 页）。这本书，就像另外一两本具有类似重点的书一样，是基于鲁滨逊的欧洲游学经历。

第24章

IMPLEMENTATION
AND RESULTS

实施和成果

城市规划的制定是一件事，实现规划是另一件事。恐怕任何时期的规划者都有着同样的经历。城市规划项目十分复杂，要耗费大量的时间和资金，因此规划的思想和设计的因素，可能在整个规划过程中占不到多大的比重。通常有来自不同方面的决策者要参与到规划中，包括市政当局、政客、土地所有者和开发商。因为实施的过程十分漫长，甚至原来的规划还没有完全实现的时候，就被认为是过时的了，这就意味着对于规划的全面更改、规划实施的大幅度推迟。单独房屋建筑的设计者往往能对最终的结果有较大的影响能力，因为这种项目规模比较小，决策也往往是局限在一个单独的开发方的范围内。

本章包括三个部分。第一部分，针对首都城市的实施过程进行简述。第二部分，尽量梳理出 19 世纪的行政特色和法律条件。第三部分，我会谈到首都规划实现的程度。

在前面的第 21 章里，针对规划阶段中决策机构的关系，我们讨论过规划实施的过程。从那里得出来对实施阶段的看法是：哪里的规划设计得顺利，实施也一般都顺利。[①]

在维也纳，国家（中央政府）层面拥有土地，并且直接担负起修建绿环的实施责任。它通过一系列的委员会授予不同的分组和相关政府部门权利。最特别重要的是城市扩展委员会（Stadterweiterungs Commission），它在职能和权利上，称得上是后来的伦敦码头区（Dockland）开发公司的 19 世纪的先驱。由于土地是国有并且还没有开发建设过，这就大大地促进了建设。因此，就像规划设计过程的顺利一样，建设的过程也很顺利。按照规划，有 600 块土地出售给私人和公司，并在短短的几十年里建起了住房；通过这些收入足够支付大量的公共建筑的支出。但是郊区的规划实施就没有采用同样的系统方法来进行。

在布达佩斯，国家专门设立了一个机构——总工程部（general board of works）来负责从规划制定到规划实施。受益于它自己的巨大权力，还有国家采用有奖证券模式的利润收益支持，总工程部牢固地掌握了街道建设；地产开发和工程建设进行得很顺利，没有发生问题。

巴黎的规划实施就复杂得多，很难把它当作一个整体来了解。当时没有批准的公共规划；规划实施的出发点，是基于法国皇帝拿破仑三世的一个规划大纲，它交给了时任巴黎行政长官奥斯曼。市政当局就在奥斯曼的领导下负责实施规划。奥斯曼一方面作为国家的代表，是真正的操盘手，另一方面作为市政当局的头头，领导着城市的转变。要实施"规划"的困难要远比维也纳大得多，因为拟建的新街道土地基本上在私人手上，并且还要在现有房屋的建成区来实施规划。从一开始，奥斯曼就有一个明确的"滚动"开发和主要的自我财政支持的设想：首先购买和征收超过需要的土地，然后在将来新街道建成后，可以把多的部分出售。这样城市就能从土地的增值中获益来为拆迁和建设新街道提供财政保障。②

情况开始还令人满意，但过了一些时间就出现了严重的问题。奥斯曼曾经试图鼓励土地买卖，但后来发现他无法控制一波又一波的土地投机。土地征用补偿金成本很高，吞没掉了地价增值，而市政当局甚至没有征收更多土地的权力。尽管有这些挫折，街道建设还是很快，当巴黎市的财政和行政资源不再能满足需要时，整个城市开发变得十分脆弱。这项巨大的城市改造，就可能变成需要中央政府支持、大幅度地参与，还需要借助私人资金对地块开发和房屋建设大量投资。

在斯德哥尔摩，林德哈根规划委员会为首都城市提交了规划，规划的实施是通过有组织的模式，来进行自发性的城市更新。其城市发展和实际的地点是由个体自发性决定的。随着城市的扩展，政府开始参与建造新的街道和公园。随着情况的进一步发展，政府逐渐扮演着越发主动的角色。1880 年代，行政当局获得大片土地，它采取新的想法和有力的行动来加强规划的实施。市政当局在自己的土地上能够建造新的街道并安排新的街区，还展开了必要的技术工程。土地还可以再次出售用于建设。市政当局从中获得了部分的地价增值收益，避免了因为要建造新街道而可能要赔偿导致无利可图的局面。街道和排污系统也采用单独的方式，用一个更为理性的方法建设起来了，使林德哈根委员会不再为面对一件一件单独的事情而烦恼。虽然存在一些波动，但市政当局努力工作确保了建设活动保持在一个很高的水准上。1879年和 1880 年批准的规划在 1910 年基本上就实现了。这里，虽然和别的城市一样，有些也是依靠私人投资者的意愿来建设，但市政当局可以说是坚定地指挥了规划的实施工作。

至于其他城市的规划实施，这方面的研究尚未进行，或者很难进行研究。但是，大部分城市的实施原则似乎一样，随着新开辟的街道穿过既有的建成区，政府负责新街道的建设任务。在罗马，政府似乎对城市发展的控制很少；私人开发方就和现在的情况一样，基本上按照他们的自己意愿做事。而柏林市政当局的作用还没有定论；政府方面似乎没有积极地参与，而私人投资方则在很大程度上进行了规划的实施。巴塞罗那按照系统的方法实施网格状的规划，看来似乎存在着一个十分有效的控制（包括对于房屋建设——译注），但其实是市场的力量决定了房屋的设计。在阿姆斯特丹、雅典、奥斯陆和马德里，市政当局显然允许了相当多的市场投机买卖行为来实施规划。在英国和别的国家十分不

同，有着强有力的议会，它有很大的责任和施政能力，这在其他
国家往往是属于市政当局的。在伦敦，开始是由议会任命的不同
的委员会，来负责实施不同的街道项目；直到 1855 年才成立了
大都会工程事业部（metropolitan board of works），也就是后来
的伦敦市政厅的前身，至此，英国首都才有了一个常设机构来制
定和实施城市规划。街道的改造不能通过国家或者市政的财政支
持，而是采用借贷方式来保障。这不仅使得摄政街的项目无法采
用公共资金来展开，也使得"一般地产开发，要用一般土地收益
里的资金来支付"。③这里应该增加说明的是，在伦敦的土地开发
方面有着大量的私人规划活动，这在其他国家就不存在。

　　总结：在相当多的城市，采用了积极的步骤来实施规划，包
括巴黎、维也纳、布达佩斯、布鲁塞尔，还有一定程度上的斯德
哥尔摩。但是总的来说，19 世纪后半叶的欧洲城市当局，当他们
要实施规划、试图采用积极的公共干预时，它的行政权力是受到
限制的。一个重要原因当然是土地征用法对市政当局限制很多；
另一个是规划的法律效力的薄弱。

　　19 世纪负责实施首都城市规划的人，他们所面对的可能是行
政的、技术的、经济的和法律的诸多问题。不同国家从行政架构
和法律条件来说是非常不同的，所以要比较它们的上述因素也是
非常复杂的。因此，从国家的角度来进行比较，较之一般的背景
因素、规划思想和审美思路，还要复杂。④

　　我们首先来看行政情况。能实现这些大型规划项目的基本条
件，就是有一个被国家或者政府任命的、高效率的行政实体。这
里谈及的国家在 19 世纪都进行了政体改革，例如普鲁士在 1808
年和 1850 年，英格兰在 1835 年，法国在 1837 年（早先的第一
次是在 1789 年，但很快就瓦解了）。在斯德哥尔摩，它的政治改

革开始还延缓了规划，但同时它为规划的有效实施提供了一个利器。在维也纳，1860年政府的改革对城市的扩展进程起了很大的作用。

但在选举决策的政治实体里，意见常常分歧很大，尤其是可能损害房屋或土地业主利益时，经常反对市政扩建。而且，市政当局在财政支出面前只有有限的经济来源，政府官员在实施规划建设项目时，这些问题无法避免，他们很少能妥善处理。规划实施通常都很漫长，过程包括很多妥协。布鲁塞尔凭借其积极的市政城市发展政策，可以说在一定程度上避免了这种情况。其中央林荫大道的建设和内日圣母区（Notre-Dame-aux-Neiges）的重建，完全是在市政当局倡议下实施的，虽然其工作本身是私营公司进行的。这里决定性的原因，可能与政府体系中市长的作用先天很强有关。当时其政府办公室是由安斯帕赫来负责的，他是一个精力超常的人。在斯德哥尔摩也一样，按照政府的预计也实施得非常令人满意。其他的地方，包括巴黎、维也纳、布达佩斯和19世纪初的赫尔辛基，它们在国家（中央政府——译注）委派的领导者或者机构的领导下，规划实施十分高效。这里，规划和实施手把手相互紧密配合，达到了良好的效果。

但对于工程方面的因素，似乎没有发现任何研究涉猎过。这里应该指出，相关项目所涉及的复杂技术问题和解决方法，例如巴黎的排污系统、在理查德·勒奴瓦（Richard Lenoir）林荫大道下面的运河隧道，布鲁塞尔覆盖塞恩河道的工程，布达佩斯城堡山下的交通隧道，伦敦的霍尔本高架桥等，这些放在几十年前就是做梦都不敢想象的。

财政问题很大，也没有简单的解决办法。街道改造和城市扩展是城市财政的主要责任。尽管城市开发会使土地升值、使沿街的土地业主获益，但原则上市政当局只负责（旧）街道、广场、相关设施和公园的所有费用。有时，还包括对未来新街道的土地进行开发的费用。为了在财政上支持这些支出，城市必须依靠税收、实物和贷款。巴黎就用土地来贷款。斯德哥尔摩也采用贷款的模式，但其他的城市采用了更为限制性的方式来处理财政问题。有时，以巴黎为例，中央财政还提供支持。在布达佩斯，还使用了国家抽奖基金的方法。

另一种可能，就是在巴黎，为了能确保规划实施，支出平衡，要尽量挖掘土地的增值空间。经常举例的一个规划就是当一条新街道在建设时，这里的土地以后就可以成为建设用地，地价就会飞快地升值。但是，开发条例规定要保护私人的利益。一方面，不能开发比技术上实际需要更多的土地；另一方面，要确保对开发者的赔偿是按照甚至超过市场的土地价格。以低于土地市场的价格来开发土地，再出售的机会几乎很少，甚至没有。另一个方法是，由于新街道的建设，城市会从土地的增值中获益，所以就要求土地业主对开发提供财政支持。这个过程不会太受到人们反对，所以到 19 世纪末的一些国家，土地业主同意采取支付一部分新街道建设成本的开发方法。实际上，这也是早期土地业主责任的一个新的反映，当时土地业主必须确保街道（干净整齐）方便交通。

在很多情况下，公共投资只占据了城市改造总成本中很小的一部分。所有项目的实施都依靠了私人投资，主要在住房开发方面。在很多地方，建设公司扮演了重要的角色，有时甚至影响了规划，例如在柏林、罗马和斯德哥尔摩，有时甚至从实施一开始就有了。在布鲁塞尔和巴黎，私人公司代表城市负责了所有项目。

规划的经济因素和立法状况是紧密结合在一起的。当规划面对私人个体时法律的效力如何，还有当土地业主不能按照他们的想法使用土地的时候，他们的权利如何？在什么样的情况下土地业主因为城市的改造而必须放弃他的土地？当政府建设新街道而使得土地增值要采取财政措施时，原来的土地业主的责任有哪些？这是所有公共规划要面临的永恒的问题。在这个我们所讨论的历史阶段里，他们会采取哪些措施呢？

很自然，就像私人的土地业主一样，国家和城市也可以按照他们的意愿来制定和实施任何样式的规划，就如在维也纳，只要他们拥有土地或者在买卖土地时保证之后将按照规划来执行。另外一方面，从 19 世纪以来欧洲的大部分国家严格遵守法律传统，国家和城市当局都不能对私人财产作任何决定，除非法律规定可以的情况。土地所有权是特别神圣不可侵犯的权利。首都项目许多就是在非公共用地上开展的。

从 17 世纪甚至更早起就有了房屋建造条例和规定，到 19 世纪就变得更为普遍，这就意味着针对土地业主的权利限制，之前他们可以按照自己的意愿随意建设。这些规定针对所有地产提出了规定，当然可能这些规定的约束力也常常比较弱。规划立法比房屋建造条例的问题更多，因为规划对私人地产业主的权利的干涉更为直接，有时对一方有利，而对另一方就不利。规划还会产生复杂的法律纠纷，比如按照规划，不同私人业主地块之间的边界要改变，规划成为街道或者公共空间时，在私人业主和政府之间就有这样的问题出现。

这在相当程度上是新的问题。我们已经注意到 17 和 18 世纪欧洲很多地方都有大量的城市开发项目。当时新城市和街区所采用的土地权属，如果过去是公有的，或者属于决定规划的皇家的，因此就没有产生土地所有权属的问题。街道重建能为房屋的业主带来好处，也不会出现我们今天所说的对土地的所有权属的全部问题。例如在瑞典，17 世纪，针对政府制定的城市再开发规划，房屋业主就没有提出疑问。对征收土地的赔偿受到严格限制，要用基本相当的土地来补偿。1718 年瑞典国王查理七世去世，这一年颁布了新的宪法。新宪法限制了政府的权力，当城市政府要进行开发来实施规划时，政府处在一个比以前还要弱的位置。在政府越来越受限制的运作空间里，它能作的选择也越来越少。[5]

　　而在德国境内的一些州里，17 世纪皇家制定规划时的特权却得到加强。到 18 世纪末期，规划的权力逐渐成功地转移到当地的行政部门。普鲁士在 1794 年颁布的《一般土地法》（Allgemeines Landrecht）授予各州权利，可以划分土地边界来为将来的新街道提供用地。1808 年的普鲁士行政改革，授权市政当局（柏林除外）制定城市规划。[6]这项权力用来指明和保证街道道路的边界，很长时间以来一直被认为是尤其重要的权利。在中世纪的建造活动中，市政当局可能最重要的任务就是保持街道道路用地不受侵犯。

　　在法国也一样，保持街道道路界限也是分配给行政部门的重要责任。早在亨利四世时期就颁布了条例，规定在交通性的大路边修建房屋必须得到许可。在旧制度施行的最后几十年里，这类条例在巴黎的建造规章中得到强化，然后拿破仑在 1807 年的一个法律里，授权全国城市要制定规划，对所有的城市建成区甚至未建成区要指明规划。但是，城市政府对于预留街道道路用地的权利分配上，就不重要，部分可能因为法院没有通过这项权限。[7]

　　因此，在 19 世纪中期，法律给予城市当局对城市规划的影响力度是比较弱小和不清晰的，受到当时的自由主义观点的影响，政府的权力应该是越小越好，而私人是有权支配他们自己的个人财产的。在这个时期还是取得了一些进展。在 1845 年，普鲁士颁布了"建筑警察法案"，给市政当局更大的权力，包括对土地布局的监督管理权，还可以在一些情况下拒绝给予建造许可；十年之后，城市当局又被授权：最为主要的城市扩展的规划权。接下来的重要一步是 1875 年关于街道道路边界的法律（Fluchtlinien-gesetz），该法准许城市当局有权并有义务为城市发展制定规划，并对将来的新街道的土地进行开发建设。更进一步的是，土地业主要支付街道规划的费用。大部分的德国城市很快就跟着制定和采用了类似的规定。⑧意大利在 1865 年也立法通过了规划的法律工具监管规划（piano regolatore），它主要是针对建成区，而扩建规划（piano di ampliament）则针对城市扩展的新区。⑨

19 世纪，英国没有和德国、法国类似的规划立法。当时在英国，新的城市用地要建设时，往往是出自开发方私人动机，来进行带有街道道路和地块划分的规划。不过，应该重视的是，在不同的地方为了改善卫生健康水准，还是作出了大量的努力，尤其是 1848 年通过的公共卫生规定和对贫民窟的清除工作。萨特克利夫抱怨，较为糟糕的情况是，无人对道路的大建设负责任。萨特克利夫总结说，对比欧洲大陆，英国的城市环境不差，实际上从其他方面的情况来看可能还要好，因为英国的工资要高很多。⑩

1874 年瑞典的房屋建造章程里，有一个章节是关于城市规划的制定；我们也在前面提到过，它其中一些关于规划制定的要求，在当时是领先的。但是，规划法律效力的问题似乎是回避了——虽然林德哈根作为建造规章的编者，也是立法专业的主要负责人——除了一个相对较弱的规定："城市建设不能和主要的规划相冲突，也不能向没有规划批复的地区扩张"。[11] 斯德哥尔摩的规划在 1879 年和 1880 年得到确认和通过，它对相关的地产业主没有强制性的命令，所以说更应该是某种城市意愿的表达。原则上，城市当局有权拒绝与规划冲突的项目的建设申请，但这种被动消极的权利也不是没有争议的。甚至，很大方面的主导民意是政府——无论是国家级的还是地方性的，应该尽量少地干预私人处置他们自己财产的权利。如果说建造规章鼓励了斯德哥尔摩的规划运行的完成，那么，实施的困难可能就是最重要的原因，所以瑞典在 1907 年制定了规划法。[12] 但是，这个法律和它后面的其他规划立法追随者一样，只有负面的影响：禁止的建设活动来自于规划所指定的范畴，否则在实施的过程中就不能予以禁止。

到了 19 世纪后期和 20 世纪的前期，规划只能行使法律上的否定权利成为一种惯例。[13] 这样，一旦规划确定了，城市只能按照一种或两种方式来实施，否则就只能等待或者寄希望于规划能按照非受迫性（指业主自愿性质的——译注）的更新来实现，这就需要房屋和土地业主在按照他们的意愿认为合适的条件下来拆除和建造新的房屋，这个过程漫长而充满不确定性；或者城市能够主动地投资来实施规划。最后，就是很难避免征地问题和开发会带来的其他可能问题——还有计算开发赔偿的规则——这就成为最重要的问题。最后，就是我们所看到的，他们通常都是因为对城市不利而告终。

困难是巨大的。那么，结果会变成什么样呢？"结果"可以用三种方法来表述：规划实际上实现的程度？究竟达到了多大的目标？规划实施产生的其他效果如何——积极的或消极的？这里我们就来看看首都规划最后实施的问题。

首先，我们要注意的是，从第一次方案到最后批准通过的规划之间，有很大的变化和简化。这在阿姆斯特丹、哥本哈根、罗马、斯德哥尔摩和维也纳就是如此。霍布雷希特为柏林所作的规划和塞尔达为巴塞罗那所作的规划则相反，就基本上没有多少根本性的修改；同样，埃伦斯特伦为赫尔辛基、科里安特斯和克伦泽为雅典所作的规划，还有布鲁塞尔中央林荫大道的规划项目也是如此。

在实施过程中，有时会作进一步的修改，雅典和维也纳的情况就是如此，或者，一个城市有可能放弃实现规划目标，而是接受土地业主提出的修改建议，甚至允许完全无视原来的规划。柏林、克里斯蒂安尼亚（奥斯陆）和马德里的情况似乎或多或少都是如此。维维亚尼的罗马规划只是部分得以实现；塞尔达的巴塞罗那规划也是如此，尽管他的想法在新市区——扩展区的街区和街道结构上留下了明显的印记。在布达佩斯，1872年完成的规划似乎已经实现，尽管在细节方面进行了一定的修订和调整；在这里，城市总工程委员会对改变规划的企图，起到了强大的抵抗作用。在布鲁塞尔，中央林荫大道和圣母院区的规划相对快速和系统地实施，只有一些小的偏差。在斯德哥尔摩，1879年和1880年批准的规划只经过相当小的修改就实现了，这与决策阶段的严重冲突是自相矛盾的。但也许有人认为，19世纪70年代，对于该城规划的漫长的讨论，一定把所有问题都说得相当透彻了。在哥本哈根，最终批准的规划似乎也得到了充分实施。巴黎是一个特例，因为没有被批准的规划，规划和实施是齐头并进的。然而，大多数由拿破仑三世皇帝和奥斯曼规划的街道都在第二帝国时期或随后的几十年中实现。从这一切可以得出两个结论。其中之一，并不十分令人惊讶的是，在批准之前经过仔细考虑和讨论的规划，通常比匆忙决定的规划实现起来更有连贯性。另一个原因是，在 19 世纪的后几十年里，人们越发尊重已批准的规划。在这个特别的 19 世纪的后期，在前工业社会的君主时代规划之后，在"现代"规划出现之前，的确存在一个规划有效性下降的过程。

然而，规划过程的调整是正常和自然的。它本身并不意味着失败；相反它是一个自然的结果，事实上，规划情况的变化和发展都不会停滞不前。

在制定规划时，很难评估目标实现的程度。一个重大规划项目的执行通常是一个耗时的过程，检验完成规划后的时间，往往与开始委托规划时的其他价值观、面临的问题和技术条件不同。除此之外，有意义和无意义的影响往往同时存在，并一样重要。此外，在首都城市规划项目中，很少有明确的目标描述，这些目标对所有参与者来说都是显而易见的，不必详细说明。在此，我不打算对各个项目作任何系统的评价。但是，如果允许作一个全面的概括的话，那么可以肯定的是，从整体上来说，首都城市的规划项目，确实实现了这些前辈们所怀有的期望。

总结：19 世纪的规划发生在一个城市扩展和大量建造的年代。因此，它们在理论上面临着一个巨大的机会，它们能为后世创造一个令人尊重的形象。但是控制发展的法律工具还不够强大，规划自身也还没成为一个完整的知识体系。当时可以供城市支配的资源，无论是财政上还是人力上都很贫乏。城市的发展是沿着它自身的轨迹，很明显，规划为创造一个更加合理和健康的城市环境作出了贡献。

注释

① 规划历史学家通常较少关注实施阶段，而是更加注意规划阶段。在这方面有一个例外，就是在《维也纳环》（*Die Wiener Ringstrabe*）的几个部分中，针对维也纳规划的执行进行了讨论。巴黎的实施过程也由几位作者讨论，首先是平克尼（Pinkney，1957 年和 1958 年），但他是以相对笼统的方式。

② 这种处理街道改善项目的方式在其他城镇有很多模仿者。最近的一个例子是 1950 年代至 1970 年代之间斯德哥尔摩中央商务区的重建，这在几个方面与奥斯曼在巴黎的法规惊人地相似 [见霍尔（1985 年）]。

③ 蒂欧丝（1957 年），第 261 页及以下各页；然而，根据 Tyack 的说法，"政府发现自己不得不支付大部分费用"（1992 年，第 45 页）。

④ 这一部分应被视为，根据此处介绍的材料中出现的总体情况，对执行规划的问题进行了分析和概括。几乎不可避免地，瑞典的经验提供了观看评价其他国家的框架。但值得注意的是，虽然行政框架和法律解决办法，可能大不相同，但是各地面临的根本问题在许多方面都是一样的。

⑤ 见霍尔（1991 年），第 170 页及以下各页。

⑥ 萨特克利夫（1981 年），第 10 页及以下各页。

⑦ 同上，第 127 页及以下各页。

⑧ 同上，第 17 页及以下各页。鲍迈斯特（1876 年），第 246 页及以下各页和斯图本（Stübben，1890 年），第 70 页及以下各页提供了对城市建筑警察（baupolizeiliche）规定的详细审查；最后一项包括一些法令，其中包括上述 1875 年的消失线法（Fluchtlinien-Gesetz）："普鲁士关于城镇和城市住区街道和广场的建造和改变的法律"（第 520 页及以下各页）。

⑨ 卡拉比（Calabi，1980 年），第 57 页。

⑩ 萨特克利夫（1981 年），第 48 页及以下各页；另见阿十沃斯（Ashworth，1954 年）和切里（Cherry，1980 年）。弗雷泽（1979 年）描述了英国地方政府的复杂结构（见他在利物浦对"改进问题"的处理，第 26 页及以下各页）。

⑪ 孔格尔（Kungl）。《建筑法规》（1874 年），§9 但是，建筑条例是由政府颁布的，不是议会和政府共同决定的主题，因此不能影响业主根据民法享有的权利。这意味着，当政府批准一项城镇规划时，它经常提出保留意见，即只要不侵犯任何人的合法权利，该规划应作为指导方针。此外，政府通过给予慷慨的豁免削弱了自己的法规 [霍尔（1984 年，第 180 页及后和 1991 年，第 179 页 f）]。

⑫ 鉴于实施规划的困难，斯德哥尔摩市议会秘书莫里茨·鲁本森（Moritz Rubenson）在 1884 年敦促议会考

虑制定新的规划法案。议会同意了，政府任命了一个调查委员会，该委员会提出了一项法案。除其他事项外，不允许在根据批准的城镇规划为街道提供的土地上建造；在新开发的案例中，地块所有者要么免费切分土地用于街道道路建设，要么为街道道路建设的相关费用作出贡献。这是 19 世纪瑞典的一个激进建议，它从未成为政府法案。只有在进一步敦促和更多的委员会报告之后，瑞典才在 1907 年颁布一项城市规划法，禁止与城镇规划相冲突的建筑，并强制受影响的地块所有者缴纳街道道路土地成本。此外，还提供了制定有关建筑物设计的规定的机会 [霍尔（1984 年），第 121 页及以下]。

⑬ 在 20 世纪，西欧所有国家可能都制定了规划法，使根据某些特定程序批准的规划，具有特别的法律效力。但即使在今天，至少在北欧国家，规划仍然具有否决权的负面清单的法律效力：它们意味着禁止以规划认可以外的方式进行建设，但没有义务执行规划。如果市政当局希望执行一项规划，而土地业主所有者出于自身利益的原因不遵守，则市政当局应以某种补偿方式，使该规划的实施对土地业主所有者具有吸引力。市政当局执行该规划的唯一方法是通过购买或征用有关土地来予以接管。

第25章

THE ROLE OF THE
CAPITAL CITY
PROJECTS IN
PLANNING HISTORY

首都城市项目在规划
历史中的角色

针对这些欧洲首都城市项目，从整个规划历史的视野中，如果要探讨它们的地位和重要性，我们应该涉及下列问题：

◎ 首都规划项目与它们之前的规划传统之间的关系如何？

◎ 首都规划项目彼此之间相互影响的程度如何？它们之间是否有共同的特点？

◎ 同时代和历史上以往的规划项目，对这些首都规划项目影响的程度多大？之后它们在历史教科书上扮演的角色如何？

◎ 在现代城市规划的演变中，这些首都规划起到了怎样的影响作用？

我们从第一点开始。在第2章里，根据对前工业化城市的规划分析，可以得出三个类型：直线网格规划模式（rectilinear grid planning）、理想城市规划模式（ideal city planning）和在地设计规划模式（local desing planning）。第一种方式从13世纪开始，就成为城市产生和扩展的模式，并或多或少地存在于不同的地区和时代。这种模式产生直角相交的街道街区和基本相同的矩形街块，因而可以划分成标准的地块。这种模式并不注重建筑的形状和设计，但被广泛地应用并成为标准的简化模式。地块往往被业主整体拥有和支配，不易引发法律纠纷。

到15世纪，城市发展问题开始进入理论的探讨方式。一系列"理想城市"的项目显示出刻意复杂化的规划设计意图，在这之中建筑特征化的处理手法扮演了重要的角色。实际上只有很少的几个偶然的例子是完全按照理想城市的概念实现的。但是，相对于其他更加谨慎的、基本上是矩形方格网（rectilinear grid planning）成为主要结构的城市，这些项目还是留下了它们的印记。

从16世纪开始，有时甚至要追溯到更早的时候，一种在地的设计规划（local deisgn planning）开始出现，它的特点包括强调纪念性的空间，例如广场，在原来的建筑群体中插入新型的建筑物。

从论述不同城市的章节中可以看到，19 世纪首都城市的这些项目在多方面延续了之前的规划传统，它们表现出类似的目标、方法和结果。因此，最基本的原则依然是保持线形笔直的街道以及方整的街块。和以往一样，规划很少关心地块边界内发生的事情；这一直都认为是土地业主自己的事情。广场的构思主要是和过去的想法一致，要呼应仪式性空间并保持一致。有些例子，尤其在巴黎，19 世纪的工作主要是对其之前的项目工程的完成和延续。无论在新征空地上或过去密集发展过的建成区上进行城市项目的建设，都没有带来新的根本性的革新。奥斯曼在他的回忆中，论及污水系统，相当明确而且故意夸张地表达了这种谦虚：我们没有发明任何新东西……我们只是模仿者。尽管有冷嘲热讽、无知和成见的阻碍（甚至是毫无科学知识），我们唯一的优点是敢于挑战未来，确保了我们时代的罗马帝国之城的干净[1]——这可以用来表明首都项目与过去的规划传统的关系。

但是，如果要从规划和城市发展的角度来比较 19 世纪同之前其他世纪的成果，这个差异也是巨大的，尤其是从问题的规模和项目的角度来看的话。整个城市的结构不一样了；街区更大，街道更宽。新的城市元素包括林荫大道和公园，它们不再仅仅是仪式性的标志，而是好城市的必要组成部分。技术的发展带来了新的问题，但它同时也为城市生活提供了新的机会。技术扮演着越来越重要的角色；街区和道路的布局作为城市综合规划的组成部分，要求具备供水和排污设施、堤防岸线和桥梁等多种功能，甚至还有令人满意的住房。我们不能把这些都纳入"规划"的名义之下，但是在19世纪末期发生的这些事情，作为一个基本条件，需要把不同实体及其利益努力协调好，从而满足时代的变迁和发展需要。

从法律层面关注规划发展，其图景始终不太清晰。很多地方颁布了新而多的建筑详细规定，从事建筑活动的主体的工作效率得到了提高。但是这种发展往往和公众利益以及对私人财产的保护、尊重相冲突。实际上，这也减慢了规划的法律程序。[2]甚至，当很多事情需要市政部门实施的时候，规划的决策过程需要比以前的王朝统治阶段要多花费更多时间。我们如果比较1810—1820年代和1870年代赫尔辛基的城市规划，就可以十分清晰地得出上述结论。回到我们前面提出的第一个问题，即有关首都城市规划和之前的规划传统之间的关系时，可以说除去很多连续性外，有很多新的问题和特点出现。

我们接着来谈第二个问题：这些首都项目之间相互影响的程度。首先应该牢记的是19世纪是一个高速国际化的时期。到19世纪中期，火车和蒸汽轮船成为交通工具，以往在国家和首都之间旅行需要几个星期或几个月，现在只要几天就可以了。印刷业的发展使得信息传播比以前有了飞速的发展。[3]1851年在伦敦召开的世博会就首先证明了这一点。随后的几十年国际性的展览、会议和机构大增，更加促进了城市规划建设的信息传播。

信息交流机会的增多带来了认识的改变；科学和专业技术也越来越国际化了。此时也许某个问题在一个国家还在调查研究，在另一个国家就已经解决了。这样的情况也出现在城市发展方面。例如在维也纳，1858年年初刚开始规划绿环的时候，规划的说明书就发送到了奥匈帝国在柏林、汉堡、伦敦、慕尼黑和巴黎的驻外使团，要求他们提供这些城市在发展活动经验中的组织和协调的建议。④

咨询的结果未必对将来的维也纳绿环项目有多大的影响。同样，在之后的几十年里，城市规划还没有成为一个需要国际合作的专门的领域。直到新的20世纪来临，才迎来了城市规划的突破，重要的实例就是1910年召开的国际规划会议。当然在这之前，城市发展问题，作为建筑或者社会住宅国际会议的一部分，也曾经讨论过，但只是作为一个边缘问题论及。⑤在图书和专业杂志方面的情形也是一样。⑥直到19世纪末才开始有大量关于城市的出版物。我们应该回到下述的论点：1876年莱因哈德·鲍迈斯特出版的《技术、结构和经济关系中的城市扩张》（*Stadt-Erweiterungen in Technischer，Bauplizeilicher und Wirthschaftlicher Beziehung*）是一个重要的起点。在这之前，已经有一些著作讨论了城市的技术问题，例如供水和排污，但真正关于规划问题的则几乎没有。⑦

尽管还没有出现专门组织的规划会议，也没有专业杂志出版，但成千上万的参观者来到首都参观国际展览和参加相关的国际会议，看到了城市发展项目带来的变化。现在可以看到很多报纸和休闲杂志报道街道扩建、街区整治。最吸引人的焦点就是巴黎了。为了迎接1855年的世界博览会，新建的街道和布洛涅森林公园完工后对公众开放，英国维多利亚女王同意按照奥斯曼的提议，用她的名字命名一条巴黎的大街：维多利亚大街。巴黎的许多街区带着极大的兴趣来投入城市改造活动。新的街道、公园、房屋，光彩夺目的节日公众活动、丰富多彩的城市文化活动、数不清的娱乐豪华项目，这所有的一切都给予巴黎独特的形象，成为最伟大的国际化都市。⑧

这些事件都把巴黎的公共工程宣传了出去，也确立了奥斯曼政府在城市建设发展方面的国际地位。在瑞典，这个欧洲边缘的国家，1857年就在议会开始讨论巴黎城市发展建设活动。⑨奥斯曼在他的回忆录中告诉我们，他于1870年退休后去罗马旅行，有一位他不愿透露姓名的意大利政府财政高官，向奥斯曼咨询意见，当时这位高官正在努力"把罗马建设得和巴黎一样。"他请求奥斯曼就任这个政府组织的负责人位置，奥斯曼当然拒绝了。奥斯曼建议"罗马城区道路跨过破碎不平的场地，弯曲狭窄，我认为应该首先改善街区之间的交通往来。我会仔细研究这些并提交一个内城的规划。"⑩不知道奥斯曼是否实现了他的诺言，但看来似乎整件事都是一个试探。这个插曲很有意思，它不但证明了奥斯曼的名声，还表示他很乐意考虑和接受新的规划工作。

　　接下来，就是巴黎的大规划在多大的程度上影响和激发了其他城市的发展？在很大层面上，奥斯曼的巴黎改造项目的确引发了其他城市对城市发展活动的注意。但是，例如维也纳城墙外缓冲区（glacis）（维也纳环城大道）的改造，即使没有巴黎改造的影响，它自己迟早也会发生。巴黎街头的街区划分未必直接影响了柏林或普鲁士。即使奥斯曼这个人从未存在，柏林的霍布雷希特还是会在1858年开始他的柏林改造规划。同样，在斯德哥尔摩，由于人口的增加，对城市结构产生了新的要求，激发了后来斯德哥尔摩的城市发展。从任何一个重要的角度来说，巴黎并非是真正推动其他城市发展的动力。其他城市，在哥本哈根、马德里和巴塞罗那也是一样。巴黎可能对罗马和布达佩斯的影响比较大。而对于那些没有给人留下强烈印象的新首都城市，很显然，可以认为巴黎的城市变化给它们带来了挑战，尤其是在1867年巴黎的世界博览会举办的时候，当时这些城市还没有开始自己的城市改造，而此时奥斯曼已经完成了他的改造工作；从全欧洲蜂拥而来的旅行参观者，看到了新的林荫大道和街道。巴黎，作为一个新的时代标志已经确立起来了。

拿破仑三世和奥斯曼当然成为城市改造的代表性人物，但是，即使没有巴黎的影响，其他首都城市的改造运动也会因为时代的变化而发生。当然，它们也受到了巴黎的影响，学习了巴黎的经验。但是，究竟在多大的程度上，其他城市在改造的过程中最后采用的方法和措施是受到了巴黎的影响呢？

我们已经看到了每个首都城市，当时所面临的问题和条件是多么的不同，也了解了 19 世纪规划受到的传统影响的程度和范围。因此，各个城市的规划决策者没有必要向巴黎寻求解决的方法，而奥斯曼的规划原则也未必能为其他城市提供什么直接的借鉴。准确来说，巴塞罗那的城市改造开始于 1850 年代的中期，柏林和维也纳则开始于 1858 年，斯德哥尔摩是 1863 年。总之，很难确切地知道这些城市究竟能从巴黎获得多少信息。我们还要记住，即使是到 1850 年代的末期，巴黎改造快要开始的时候，还没有一个官方的规划文件，我们今天对奥斯曼想法的了解，基本上是建立在 1890 年代出版的奥斯曼回忆录的基础上的。

首先来说维也纳：很明显它的解决方法就与巴黎完全不同。巴黎是切割老城区开辟新街道道路，而维也纳则有很多等待开发的未建设用地。在法兰西第二帝国之前的巴黎林荫大道的思路，就和维也纳环路的建设方法不一样。也许巴黎的布洛涅森林公园和其他大型公园的做法，是维也纳重视公共绿地的灵感来源；但另外把维也纳城墙外缓冲区建设成为一个绿色区域应该是来自他们自己的传统。[11]当我们来研究城市结构中，诸如公园和广场的设计细部时，很难发现有什么是受到了巴黎的直接影响。所以，如果说维也纳绿环的设计受到了多少巴黎的影响的时候，只能说是很轻微的。

有些作者认为霍布雷希特为柏林所作的规划是建立在奥斯曼巴黎规划的基础上的。例如提内尔（Thienel）说过"柏林这个模式就是奥斯曼的巴黎模式"。[12] 这句话在很多方面存在争议。首先，在 1858 年巴黎改造发展完全不存在一个可以依赖的任何类型的公共总体规划；同时，在霍布雷希特被委任为柏林开始规划之前，没有任何资料显示他对规划问题感兴趣，所以很难说他对当时巴黎正在发生的城市变化有多大的兴趣。其次，柏林面临的问题不只是要清理城市中心，还要开发周围的空地。第三，霍布雷希特的柏林规划和巴黎街道只是泛泛的雷同，没有十分特别的相似。如果我们撇开城市边缘的环城林荫大道（这还是在德国国王的命令下修建的），霍布雷希特提出的新建街道路网规划里，就没有奥斯曼的巴黎模式里的主干道系统模式。

霍布雷希特更倾向于在主要街道的尽头安排纪念性的建筑作为视觉标志，尤其是在环城林荫大道的不同节点处。这在奥斯曼的规划中也是基本的要素。但这并不表明，我们在前面也提过，霍布雷希特受到了奥斯曼的影响。在长轴线的街道尽端设置视觉重点并不是巴黎特有的；这早从文艺复兴开始就是一个多次采用的点题方式。这甚至可以在柏林早期的建设中找到出处。如果论及广场设计，霍布雷希特的规划中还有一些不同之处；但是霍布雷希特似乎更愿意从柏林自己的纪念广场中吸取灵感——柏林的巴黎人广场（Pariser Platz）、莱比锡广场（Leipziger Platz）和百丽联盟广场（Belle-Alliance-Platz 现在的梅林广场 Mehring）——尽管这些广场的原形可以上溯到法国模式。星形广场（Star-shaped place）也出现在柏林，但它们的重要性比不上在巴黎的位置。换言之，几乎没有多少方面可以说霍布雷希特是奥斯曼的模仿者。他继续了一种叫作"逃生线规划"（Flunchtlinienplanung）的模式，这是从 17 世纪以来就在德国城市街区里大量采用的模式。如果我们要深入查看更直接的例子，科佩尼克·费尔德（Kopenicker Feld）的项目就比奥斯曼的巴黎例子更加有用了。⑬

西班牙的塞尔达于 1856 年到巴黎参观并考察那里的铁路建设，他对当时巴黎的发展表现出浓厚的兴趣。奥斯曼在巴黎旧城区改造中毫不留情地开辟新的街道把它们切割开，这种影响也许我们可以在巴塞罗那规划中看到，但在新扩展区（ensanche）中就没有。塞尔达是一个有着特别独立思考能力的思想家，他的目标是为将来创造一个新的模式，而不是从现有的什么地方拷贝东西。卡斯特罗在做马德里规划时的综述中也丝毫没有提及奥斯曼的成就，似乎看不到马德里受到巴黎的多少影响。⑭

再来讨论林德哈根的斯德哥尔摩规划，情况就更复杂。那里通过对旧城区毫不留情地切割、开辟新的宽阔笔直的道路系统，人们对巴黎的街道改造所知甚少，似乎从没有认真地考虑过这种方式。林德哈根委员会为斯维瓦根所作的规划可以看作是斯德哥尔摩版本的巴黎塞瓦斯托波尔（Sebastopol）林荫大道。两个星形广场也好像是在巴黎；但如果我们进一步比较，我们可以认为它们或多或少同巴黎的戴高乐广场（Place Charles de Gaulle）和国家广场（Place de la Nation）类似。林德哈根在他开始规划斯德哥尔摩之前的 1869 年，曾经到过巴黎，他一定对建设中的巴黎印象颇深。但我们不能过分夸大巴黎的影响。林德哈根的工作主要是一个扩建规划。他在规划报告中都没有提及巴黎和奥斯曼（相反，在 1870 年的一次市政议会的报告中多次讲述到巴黎）。如果规划的编制者认为他们遵循了奥斯曼采用的一些方法，很自然会在规划报告中论述到。而在 1866 年林德哈根的规划报告出台的时候，拿破仑三世和奥斯曼在规划领域享有极高的威望和影响。在芬兰，林德哈根的规划相当重要，可以说是一种模式，它也间接地影响了 18 世纪后期到 19 世纪前期的俄罗斯的城市规划。

　　布鲁塞尔受巴黎的影响则比较明显。通过低城（Ville Basse）的中央林荫大道连接了火车北站和中心车站，它无论在位置还是功能上都和巴黎的塞瓦斯托波尔大道类似。安斯帕赫还把他自己视作比利时的奥斯曼。他甚至还向巴黎的官员咨询建议。19 世纪最后的几十年中，在布鲁塞尔城市的外围布置了很多带节点的公园和笔直的街道，十分符合奥斯曼的审美方式，而内城的项目则由国王利奥波德二世来支持。[⑮] 尽管如此，布鲁塞尔的条件和问题还是同巴黎的情况相差很大。巴黎作为一种模式的重要性，如果我们来探讨它的细部的话就毫无关联，它处在一个更为大的层面上。荷兰的尼夫特里克为阿姆斯特丹所作的规划和奥斯曼所作的巴黎规划就没有太多的相似。但由于要在城市改造上投入大量的资金，在市政厅讨论规划的时候，规划无法通过的原因之一是他们没有"像塞纳河边的政府那样"有足够的权利。[⑯]

　　最后要谈到的两个城市，可能受到巴黎直接影响的是布达佩斯和罗马。在法国之外的首都城市，真正建成的道路中，从它们在城市所处的位置和设计两方面来看，和奥斯曼的想法十分类似的"放射状道路"，可以在布达佩斯，今天的安德拉西街（Andrassy Ut）找到，但也不是太多。作为公认的视觉标志物，世纪纪念碑并不能从起点就看到，但作为这条街道背景的一些建筑物应该起到了铺垫的作用。此外，位于多瑙河西边的（Nagykor Ut）纳吉科鲁特环路，虽然在总体上还没有完工，但它在功能和设计上和巴黎的内环林荫大道相当类似。和巴黎的外环一样，匈牙利的珠宝街外环连同一些放射状的街道，也已规划。在旧城中心，一些街道拓宽工程也开始考虑，有些还需要大量的拆迁工作。布达佩斯的规划和执行看起来就似乎得到了奥斯曼认可。从更大的层面来考虑布达佩斯的规划，也许巴黎的确为它提供了一些灵感，就如伦敦的大都会拓展工程（metropolitan board works）激发了布达佩斯的总体拓展工程（general board works）一样。也许可以从政治的角度来解释为什么布达佩斯比维也纳更多地吸收别处的经验做法，但它面临的问题也应该和维也纳不同。

在罗马，坎波热西（Camporesi）委员会提交的规划方案表现出十分明显的奥斯曼风格：大尺度和不妥协的思路。接下来的规划中则表现出更多的现实性，根据现有的建筑和肌理作了调整，看起来更加考虑政治和经济的可能性。奥斯曼式的规划和审美风格没有留下多少痕迹。唯一让人想起奥斯曼的、建成的大街里只有国家大道（Via Nazionale），它是在以前的一个基本上未建成区里规划的。这条路以具有纪念性、仪式感的风格起于共和国广场，但它穿过旧城区，结束时基本上没有合适的配套改造。

这样看来巴黎对其他首都城市规划产生的影响比较小。[17] 只有在布鲁塞尔和布达佩斯的影响比较明显，当然也可以在斯德哥尔摩看到一些影响的痕迹。[18] 另外一组城市包括柏林、马德里、维也纳，在后来的时间里也许在街道分割方面有一些影响——但在整体城市规划方面没有多少直接的关联——虽然它们在城市规划的执行方面，采取的方式是不那么强烈的、毫不妥协的，它们可能是在更为宽泛的层面上受到巴黎的影响。

如果说一开始巴黎的城市改造就成为欧洲的兴趣焦点，那它

很快就有了一个可以比拟的对手，这就是维也纳的环城大道，它
也同样得到很多的关注。巴黎在老城区里如何开辟新的街道为其
他城市提供了样本，维也纳的城墙外缓冲地区的建设也为其他城
市如何处理类似的问题提供了学习的榜样。虽然如此，但似乎维
也纳对别的城市产生的影响比较小。虽然维也纳的老城墙防护区
外的郊区，其规划条件十分独特和不同，但在本书中研究的城市
里，还有阿姆斯特丹、巴塞罗那和哥本哈根，它们学习了维也纳
城墙外缓冲地区规划的方法。到1850年代后期，维也纳和巴塞
罗那这二者在城市外观上没有什么关联，但它们几乎在同时展开
各自的规划活动。结果是维也纳的规划在1860年得到批准，巴
塞罗那的规划在1859年得到批准——这两城的规划几乎在每一
点上都互为相反。同样，在1850年代后期的哥本哈根，就开始
讨论规划的议题，而直到1872年规划才得到批准。很明显，在
哥本哈根规划中，应该提到了维也纳正在发生的类似事情，肯定
对哥本哈根最后的规划批复产生了一定的影响。但是，结果十分
不同，也很难评判这里面的直接影响，因为哥本哈根的伏尔加登
（Voldgadene）没有维也纳绿环的思路，但也没有按照最后的选
址实施。尼夫特里克为阿姆斯特丹的城墙防御区所作的规划，和
维也纳的大规划有类似之处，尤其是规划了许多公共绿地。它还
规划了许多公共建筑，但和维也纳的大规划相比较就很混乱，而
且阿姆斯特丹绿环的重要性和尺度上，就和维也纳无法比较。

　　巴黎和维也纳是一个等级的城市。其余的城市产生的影响就
远远比不上这两个城市。即使是巴塞罗那，这个我们所讨论的城
市改造最为系统化的城市，除了马德里以外的所有城市的规划决
策者都提及过它，它的影响也是比巴黎和维也纳小多了。伦敦可
能是比较特殊的例子。虽然它和巴黎一样也有很多城市项目最终

没有实施，它在街道改造和相关技术方面积累了很多经验，随着时间的延续而逐步传开。所以，如果说其他城市没有从伦敦的经验中受益的话，那就让人觉得奇怪了。所以，英国的一家公司曾经被征召来安排布鲁塞尔的中央林荫大道，这不是巧合，布达佩斯的街道拓宽思路的确是按照伦敦的想法来做的。但是伦敦在成为一个样板模式方面，它的重要性有限，可能主要的原因是规划的实施程度很低，而不是规划设计本身——但有一个例外，恐怕就是它的公园（图 25-1）。

因此看来似乎不同城市间的相互影响要比想象的低。首都城市面临问题的共同点，实际上是当时城市所面临的典型问题。所以，很难过多地区分出来"首都城市规划"，只不过对应于这些城市的重要部位，或者在政府所拥有的区域和显赫的公共建筑上[19]，它表现出来的成果是更为绚丽和整体化。主要原因来自不同地方的具体条件，当时还没有"城市规划"方面的专家，能够系统地研究和比较它们不同的解决方法。

现在我们来到本章开头提到的第三个问题：在城市规划的历史上，这些国家首都的规划发展项目，占据了怎样的地位？这里我们很难提供一个系统而完整的答案。主要是因为各国对此问题的研究还不多。很多情况下，伴随着规划的发展、城市建成区的再开发利用的同时，存在着大量"自发的"活动和规划缺席的城市发展。通常，铁路也是一个重要的因素；火车站的选址定位产生了新的街区，伴随着新的街道连接市中心，甚至导致城市中心的迁移。

我们来简略地看看这些活动。在法国的大城市里，无规划的城市扩展似乎一直是通常的模式。[20] 只有少数的新城才是例外：第一帝国时期的庞蒂维（Pontivy）和永河畔的拉罗什

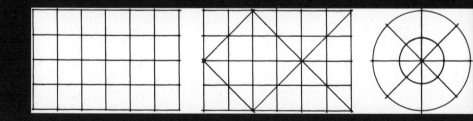

（La Roche sur Yon）、第二帝国时期的滨海游览胜地特鲁维尔（Trouville）和卡堡（Cabourg）。这些规划非常传统，只有卡堡例外地规划成扇形，当然它与瑞典的莫塔拉（Motala）也很不同。

相比于巴黎的大规模改造，外省的城市没有十分明显的发展。到了法兰西第二帝国和后来的时间里，其他的城市包括阿维尼翁（Avignon）、里昂（Lyon）、马赛（Marseille）、蒙贝里耶（Montpellier）、鲁昂（Rouen）、图卢兹（Toulouse），均是按照巴黎的模式在原来的街道上开辟出较小的道路的模式。"一些叫作国王大道和王后大道的道路被开辟出来"，拉维丹写道，"后来就变成了共和国大道或者把原来帝国的一些叫法改过来"。[21]这些改造都和巴黎同时发生。巴黎改造的动力，带动了很多大型的公共建设活动，目的都是为了表现拿破仑作为一个野心勃勃的、强有力的统治者的雄心壮志。我们可以谨慎地用"奥斯曼化"这个说法，或者说巴黎为其他城市提供了一个样板。因此，与其说是模仿巴黎，还不如说是共同的思路和条件，导致了类似的结果。巴黎的成果也促使了资本投向外省其他城市的类似项目（图 25-2）。

如果我们不是仅仅考虑首都发生的规划，而是把规划作为一个整体，那么巴黎对其他国家的影响如何呢？乌尔泽认为巴黎对德国甚至欧洲都是有"样板一样的重要性"，但是他没有进一步表述为什么作出这一结论。[22]的确，按照奥斯曼模式，从原有街区里开辟出新街道道路的做法，在很多城市都可以找到——一个惊人的例子就是在那不纳斯的翁贝托一世大道（Corso Umberto I）——尽管我们把它当作一个直接的例子时要多加注意。[23]从巴黎能学习到的东西，可能主要是大的尺度概念和辉煌的场所气

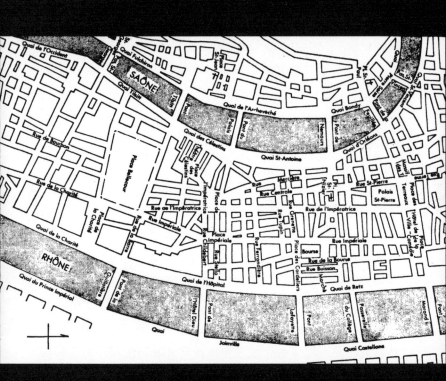

势；也许这是一个许多国家不约而同，用来解决经济、法律和设计问题的有用的方式。不过，很明确的是，法兰西第二帝国的巴黎改造项目后来成为美国城市美化运动的灵感来源，它影响了包括丹尼尔·伯纳姆（Daniel Burnham）、查尔斯·麦金（Charles Mckim）和弗雷德里克·劳·奥姆斯特德（Frederick Law Olmsted）等规划设计大家。法国美术学院（Ecole des Beaux Arts）传统对美国建筑流派的影响深远，巴黎甚至影响了芝加哥、费城和华盛顿的规划。[24]

在奥地利帝国内外，维也纳作为一种模式，它在广义的规划层面上（不仅仅是首都规划）有多大的重要性？到 18 世纪末期，人们开始广泛认为城市不再需要能起到有城墙的城堡那样的防御功能。奥匈皇帝约瑟夫二世决定废弃掉在格拉茨（Graz）和其他的尼德兰属地的城堡。在格拉茨，1784 年决定在过去的防御工事的用地上，种植树木建立林荫散步道，并且也普及到尼德兰地区。拿破仑（这里指一世，不是改造巴黎的拿破仑三世——译注）战争宣告了旧的城墙城堡在防御功能上的死刑，于是，拿破仑决定宣布把城墙壁垒拆为平地，例如在布鲁塞尔。到了 19 世纪初期，在不来梅，在原来的城防用地上规划建成了一系列的公园，而原来的护城河则改造成了人工湖（图 25-3）。[25]类似的工程也在法兰克福和一些别的城市发生。城市建成区不断膨胀，它们和环绕旧城区的街道成为两个互相纠缠的因素不断循环重复。在德国以外的例子中，早在 1807 年的哥德堡（Gothenburg），当地政府和人民决定拆除防御工事。第二年，该城的建筑师卡尔·威廉·卡尔伯格（Carl Wilhelm Carlberg）的规划得到批复，决定在城墙外的缓冲区建一个林荫大道；直到今天，这条林荫大道还是哥德堡市中心的重要街景（图 25-3b）。

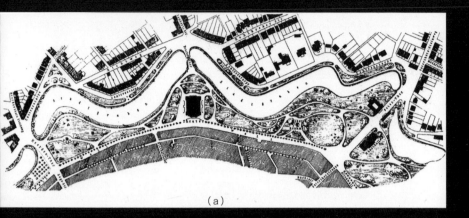

（a）

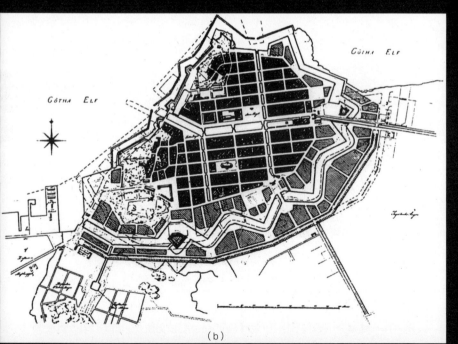

（b）

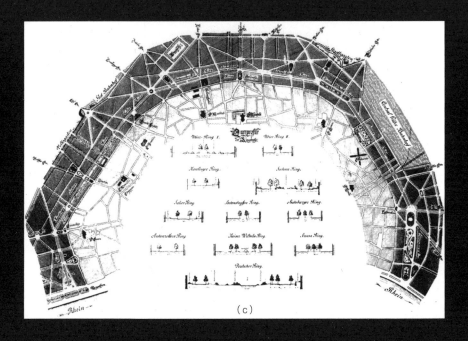

（c）

图 25-3 在 18 世纪的后几十年及其后的一百年左右，与欧洲城市发展有关的主要问题之一，涉及由于放弃城市的防御工事和炮兵射程而可用于民用目的的土地的使用。一个常见的解决方案是建造某种环形林荫大道；这里的模范样板当然是巴黎。这一波针对城墙防御工事的浪潮，伴随着对公园和种植花园的需求提高，在大多数地方，有人试图将部分缓冲地带用作绿地。在 1802—1809 年的不来梅，在博斯（Ch.L. Bosse, I.H.A.）阿尔特曼（I.H.A. Altmann）和其他人的指导下，在护城河区域内布置了一个公园，护城河本身被保留为开放水域（a）。这种模式在整个 19 世纪以一些变化反复出现。在卡尔伯格（C.W. Carlberg）于 1808 年为哥德堡制定的城市规划中（b），护城河被保留，城市被环形林荫大道包围，但在缓冲地带没有考虑公园。不过，在林荫大道和护城河之间，后来布置了几个公园，护城河内的区域并没有像规划的那样大量开发。在科隆可以看到这种城防外设施项目的最后一个例子，卡尔·亨里奇（Karl Henrici）和约瑟夫·斯图本在 1880 年的比赛中获得了一等奖和二等奖，最终形成了一条长约 6km 的环形道路。像维也纳那样将整个环规划为一个综合城市生活实体的目标已被放弃，取而代之的是科隆的环路似乎由一系列自治街道组成（c）。科隆没有护城河，绿色区域似乎没有像以前那样被赋予同样的分量。技术交流问题现在至关重要。地图的比例尺不统一。[来源：斯图本（1890 年）（a）和（c）和尚贝格（Schönberg）（1975年）（b）]

维也纳的绿环改造是这类项目中第一个也是最广为提及的项目。但是，维也纳的情况十分特殊，因为奥地利皇家希望在合适的地方建造具有纪念性、仪式感的公共建筑，也因为资金充裕，并且客观上需要把郊区的扩展部分和市中心连接起来。维也纳在城市发展史上占有独特的位置，它在突然而来的时机中要把原来的市中心扩大两倍——一个异乎寻常的机会采用了异乎寻常的开发方法。

继维也纳之后，把以前的军事防御工事用地（城墙）重新规划和建设成为一些城市的新特点。这包括布伦（Brunn，1860年）、萨尔茨堡（Salzburg，1861 年）、奥格斯堡（Augsburg，1862 年）、什切青（Stettin，1873 年）、美因茨（Mainz，1875年）、纽伦堡（Nuremberg，1879 年）、科隆（Cologne，1881年）、但斯克（Danzig，1895 年）。维也纳自然成为这些城市的样板，但从来没有出现所谓的仿冒的问题：因为条件太不一样了，尤其是各个城市的需求以及各自的资源差别太大。从功能上来说，更多更大的问题是城市的扩展，而不是像维也纳那样的一个超级"填充（infill）"。㉖

在 19 世纪的德国，只能找到比较少的城市有类似的规划。不来梅港（Bremerhaven）恐怕是仅有不多的例子中的一个（1827 年）㉗。在这里火灾并不像北欧城市那样扮演着毁灭性的角色。汉堡是德国有记载的城市中最例外的城市。1842 年那里的一场大火之后，英国工程师威廉·林德利（William Lindley）受命进行规划。他的思路十分明显，就是通过一系列的建设把汉堡建成一个"最为重要的商业贸易中心"……㉘就像舒马赫（Schumacher）说的，"它面临的就是如何成为一个大型现代城市的技术性问题"。很显然，林德利的规划只是一个工程师的想法。随后，戈特弗里德·森珀（Gottfried Semper）再做了一个规划，更多的侧重点是从建筑学的角度来考虑的。这里，就像是随后没多久的巴塞罗那的情况一样，一个工程师的规划和一个建筑师的规划在相互博弈。方案最后要向一个"技术委员会"提交通过，委员会的主席和主要负责的是建筑师亚历克西斯·德夏托纽夫（Alexis de Chateauneuf）。这就是早年规划项目的独特的修订方式。

慕尼黑的城市发展是另外一种完全不同的方式。汉堡是一个高度市民化的城市，商人的利益占着主导性的地位，而慕尼黑还是王公贵族的驻地——这代表了 19 世纪中叶德国大城市最主要的特点——也在各个方面代表了首都类型城市的特点。19 世纪两个具有重要仪式感的街道就是出自这里：第一个就是建于世纪初的路德维希斯特拉布大街（Ludwigstrabe），主要建筑师是利奥·冯·克伦泽（Leo von Klenze）和弗里德里希·冯·加默（Fredrich von Garmer）；第二个是马克希姆大街，1850 年代建成。㉙汉诺威也进行了类似的规划活动，建成了一系列以建筑美学为出发点的城市街景。

和汉诺威、卡尔斯鲁厄（Karlsruhe）、慕尼黑和斯图加特这类王公贵族驻地城市、比较侧重王权贵族模式相比较，霍布雷希特为柏林做的规划则属于另外一个类型，它和汉堡的方式也不一样。在柏林，要面临的问题是用合适和简单的方式把街道和街区之间的土地划分开来。这种方式叫作"消失线的规划（又叫逃生线规划）（Fluchtlinienplanung）"，当霍布雷希特受命开始柏林规划时，在德国很早建立起来的。在 19 世纪的后几十年里，尤其是 1871 年德意志帝国建立以后，德国通过了一系列的城市扩展规划。㉚这里面早先的一些规划都是采用了霍布雷希特规划柏林的思想原则，所以当然受到一些影响，还有另外一些规划甚至就是缩小版本的柏林规划。问题是柏林规划作为一种模式，有多大的重要性还没有定论。[31] 柏林规划很快就被当作是没有声誉的规划，一个不理想的模式，甚至是一个糟糕的警告，一个"犯罪"。这个论点首先是于 1870 年由恩斯特·布鲁赫（Ernst Bruch）在《德意志报》（Deutsche Bauzeitung）刊登的文章《柏林的建筑未来和发展规划》（Belins Bauliche Zukunft und der Bebauungsplan）中提出。随后，鲁道夫·埃伯施塔特（Rudolf Eberstadt）和其他一些人更加阐述了这一观点，直到 1930 年在维尔纳·黑格曼（Werner Hegemann）的文章《石头的柏林》（Das Steinerne Berlin）中还有最为激烈的讨论。

在瑞典，至少从 1860 年代开始就在不同的城市讨论城市规划的问题了；即使不是总是也是常常，火灾成为城市规划建设的一个动力。[32] 瑞典的城市中，被火灾几乎完全烧毁然后重新规划建设的就有瓦纳斯堡（Vanersborg，1834 年）、卡斯塔（Karlstad，1865 年）、加夫乐（Gavle，1869 年）、于默奥（Umea，1888 年）、松兹瓦尔（Sundsvall，1888 年），1874 年的建造发令颁布，强制要求各个城市必须制定规划，所以很自然地激发了规划活动。在于默奥甚至早在 1874 年的建造法令颁布之前就有了自己的城市规划，并在 1888 年的大火灾之前就已经实施了一部分（图 25-4）。1862 年哥腾堡就为城市发展举行了一次规划竞赛。瑞典和许多其他国家一样，它工业化的过程就是在地图上出现了很多没有规划过的地方，然后再变成城市。所以，我们这里很难谈城市的建立。只有一个例外就是出现于 1820 年代的莫塔拉（Motala），它有着扇形的平面布局，但直到很晚才真正成为一个城市。

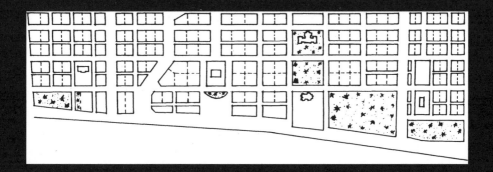

图 25-4 于默奥（Umeå）。在 1860 年代初，一个新的城市规划被制定出来，大约在斯德哥尔摩进行规划工作的同时，但与首都的规划没有任何联系。相反，这个规划模型取自芬兰城市，主要是瓦萨。在 1888 年的一场大火之后，这里显示的规划得到了批准；它符合 1874 年建筑条例规定的要求，即景观大道（Esplanades）应在市中心被大火摧毁的区域内通过正规化来创建。城市矩形的外部遵循早期规划的设计。（简化重绘：Stadsingeniörsarkiv，于默奥）

林德哈根委员会为斯德哥尔摩所作的规划方案属于另外一种
专门的情况；这个规划显示出和当时或早或晚的其他城市规划的
脉络关系，但大规模的拆除工作使之成为一种特例。就像通过对
巴塞罗那的规划工作总结出《城市规划总论》（ *Teoria Genral de
la Urbanizacion* ）一样，林德哈根也通过在斯德哥尔摩的规划实
践工作制定出了 1874 年的建造条例——这些条例被证明适合斯
德哥尔摩的城市发展，然后逐渐推广到整个瑞典全国。

在芬兰，1810 年代的首都再建规划启动了这之后一系列的
城市发展和扩张活动。[33] 当然，赫尔辛基的规划解决方法是建立
在其独特的城市条件上的，所以它并不能为其他城市提供多少参
照。1827 年的埃博的城市大火后的改造是在卡尔·路德维希·恩
格尔（Carl Ludvig Engel）的规划下进行的，它似乎成为一个更
重要的范例（图 25-5）。芬兰的一些火灾后的城市重建很多是按
照这个城市的模式来进行的。瓦萨（Vasa，1855 年）和塔瓦斯
特胡斯（Tavastehus，1858 年）就可以作为实证。当然，塔瓦
斯特胡斯和火灾没有直接的联系。

挪威早年也发生了一些变化：1845 年挪威议会颁布法律要
求各个城市任命规划委员会，委员会负责监督城市规划的制订
工作。[34] 该法律有详细的规划条例，例如关于街道应该笔直和至
少 12.5m 宽。火灾后的城市和街区在重建时，这些条例也会带来
致命的问题：挪威的小城通常建立在陡峭的山地上，笔直的道路
网格是完全不合适的。于是就有了一些调整，包括里瑟（Risor，
1861 年）、阿仁戴尔（Arendal，1863 年）、德拉门（Drammen，
1866 年）。在新的改造中，应该按照乔维克（Gjovik）的规划来
进行。经过最初的开始工作以后，首都的规划工作取得了较大的
进步。因此，克里斯蒂安尼亚不能成为其他挪威城市的样板。哥

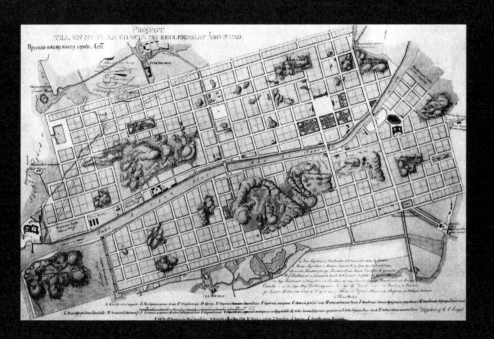

图 25-5 埃博。卡尔·路德维希·恩格尔在 1827 年大火后重建埃博的规划。在丘陵地区无法建造的地形之间创建了一个尽可能规则的街道网格。该规划的一个主要目的是防止灾难性火灾的重演，据信这是北欧城市历史上最严重的火灾，用更宽的街道和较小的街区组成的更稀疏的结构取代密集建筑的城市，并增加公园和树木种植的扩展区。（来源：埃博土地博物馆，埃博）

本哈根的情况也类似。丹麦其他的城市的尺度和所面临的困难几乎无法和其首都相提并论。[35]

在研究西班牙的时候，学者们看重马德里的城市扩展，但认为巴塞罗那更为重要。这种差异可以从一系列的城市改造中看到，例如毕尔巴鄂（Bilbao，1863 年）、圣塞巴斯蒂安（San Sebatian, 1864 年）（图 25-6）、萨巴德尔（Sabadell, 1864 年）、埃尔切（Elche，1865 年）、毕尔巴鄂（Bilbao，1867 年）。[36]

在希腊，有些城市参照雅典的模式进行规划，它们常有右侧倾斜（right-angled）街道和放射状街道的混合模式。雅典第一版得到批复的城市规划的作者是舒伯特和科里安特斯，他们也为阿吉翁（Agion）和比雷埃夫斯（Piraeus）制定了规划。舒伯特还独立或与人合作完成了埃雷特里亚（Eretria）（图 25-7）、莱瓦迪亚（Levadia）、科林斯（Corinth）、梅加拉（Megara）、底比斯（Thebes）的规划。[37] 这里的"模仿"问题倒不是很多；当然，因为不多的规划人员为众多的城市开展规划，因此存在类似也是无法避免的外在条件。

在意大利，由于政治分裂，以及较晚的城市化和工业化进程，导致了比较特殊的情况。至于其他国家，首都城市规划对其各省城市发展的影响还没有定论。意大利直到 1865 年才通过了规划方面的国家立法《建筑总体规划》（*Piani Regolatori Edilizi*）和《城市扩张规划》（*Piani di Ampliament Urbano*），但如果作为规划的工具，这些法令并没有扮演到足够的重要性。在一些城市例如佛罗伦萨（图 25-8）、米兰、那不勒斯、帕多瓦和威尼斯都制定了规划。[38] 首都罗马的规划滞后，而其他主要的大城市的规划都已经结束。所以罗马能否作为一种重要的模式值得怀疑。在罗马成为首都之前意大利的首都曾在佛罗伦萨，因此她的首都规

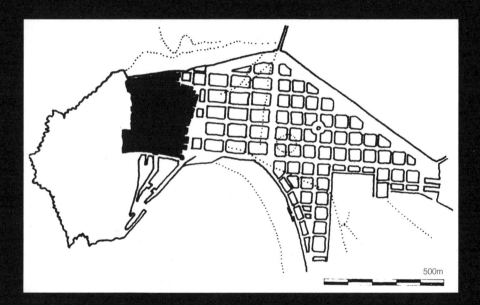

500m

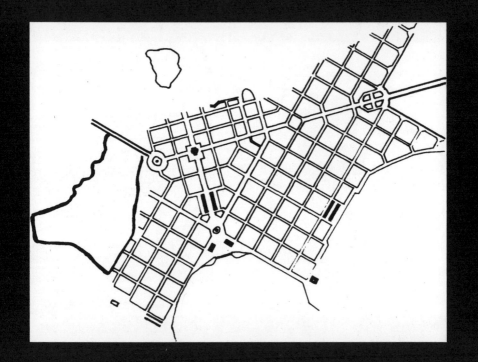

图 25-7 埃雷特里亚（Eretria）。舒伯特于 1834 年制定的城市规划可以作为希腊独立建国后，许多希腊城市密集城市规划活动的一个例子，主要是根据与雅典相同的原则。[来源：西诺斯（Sinos）重新绘制规划（1974 年）]

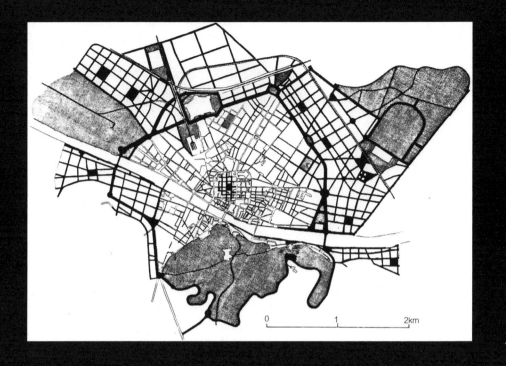

图 25-8 佛罗伦萨（意大利首都，1864—1871 年）。已实施规划后的地图。纯黑色街道是新建的，阴影区域表示公园和花园。[来源：贝内沃洛（Benevolo，1980 年）]

划实际上是罗马之前的1865年朱塞佩·波吉（Giuseppe Poggi）的佛罗伦萨规划。

至于其他国家，其首都规划对于其国内的地方性的外省城市规划的影响程度，就停留在一个尚无结论、开放性问题的状态上。

总结：当我们要来讨论首都城市对其他城市的影响时，我们发现不同国家之间的差异太大。这种差异取决于以下因素：某个国家城市发展历史进程中，这些近代首都城市发生改造的时间段，它们的城市规模和它们所面临的需要解决的问题。当然，它们的确有各种各样的模式，发挥了某种重要的作用。总之，它们是先驱，而不是后继者。

最后，我们来探讨一下在现代城市规划产生的过程中，首都城市规划曾扮演的角色。首先我们要自问什么是"现代规划"。我们已经注意到，在世纪变换发展的这几十年里，发生了一系列的事件和演变过程。城市规划已经从过去建筑师、工程师"手旁边的工作"的状态中解脱开放出来，正在变成一个独立的领域，一个崭新独立的运作领域，包含着科技、设计和法律方面的知识要素，它是一个包括了如何组织城市生活、城市具体形象的一系列知识的体系。同时，一个专门化的规划架构在不断发展。在一些国家，城市规划开始吸引一些人士把他们的终身精力都投入进去，并以此成为一个专门的学科。他们还跨越国界相互不断寻求联系和发展。到20世纪初，在建筑学术会议上，城市发展议题越发受到关注。1910年，英国皇家建筑师协会把它的一次会议称为第一次国际城市规划会议。同年，第一次城市发展展览会在柏林举行，接下来的几年里也陆续召开了一些城市会议。第一个专业杂志《城市建筑》（Der Stadtebau）出版于1904年，第二

个是《城市规划评论》(Town Planning Review)，开始于 1910
年。[39]一些国家通过了新的法律以强化专门的法律作用（意大利
在 1865 年，普鲁士在 1875 年，德国萨克森州 Saxony 在 1899
年，瑞典在 1874 年和 1907 年，英国在 1909 年）。一项重要
的创新是 1890 年代起在德国城市发生作用的"分级建筑法令
（Staffelbauordnung）"和"分区（Zonenbauordnung）法令"。[40]
法兰克福是第一个颁布建筑建造条令的城市，按照弗朗兹·阿迪
克斯（Franz Adickes）的《市长》(Oberburgermeister) 记载。
法律的条文的想法是允许在城市中心的部分地区建造高的房屋，
并进行一定高强度的土地开发，而周围区域的房屋建造和土地开
发就要较低的高度和强度。工业和居住的区划开始出现。[41]一个
重要的步骤就是为了总体上控制土地利用、单独的房屋建造活
动，建造条例和法规对所有的土地业主都有法律效用。

　　最早对这种发展的描述是萨特克利夫的《走向规划的城
市》(Towards the Planned City)，但他可能过于渴望为城市规
划定下一个具体的"出生"时间。在他的论述中"规划最后是
被发明出来的，在 1890 年到 1900 年代的头些年之间"[42]，即
使"规划的前辈可能要追溯到远古"。[43]奥斯曼的贡献"最接近
规划，但实际上还是差一点"；因为，按照萨特克利夫的说法，
"太过于依赖公共资金的投资并使用自己不朽的权力来取得成
绩"[44]，从这一点我们可以看到他对规划定义的内容中所包含的
意义。在他所介绍的陈述之外，还是没有关于规划的综合定义。
"Town planning（城镇规划）""Stadteplanung（译注：德语的
城市规划）""Urbanisme（译注：法语的城市主义）"，即城市规
划的概念出现在第一次世界大战前，它的意思是作为一个经济和
社会的实体的城市，为了提高它功能运行的效率和公正并在审美

上产生一个令人愉悦的生活环境，公共市政当局对城市及其某些部分的具体安排，制定深思熟虑的规定和要求。[45]

根据萨特克利夫的定义，19 世纪第一个进行首都规划的应该是 1820 年代的埃伦斯特伦的赫尔辛基规划，它完全符合所引用的各项定义。尽管有不同程度的变化，但后来的其他首都城市项目也符合这些定义，也包括其他非首都城市的规划。因此，很显然，从 19 世纪的末期到 20 世纪的初期，人们对规划的态度发生了根本性的改变：越来越多的人认识到，城市和居住点的形态和具体环境需要在总体上对每一个个体进行强制性控制。但这并不是一个突然而来的发展；准确地说它是在过程中逐步积累出来的，部分原因也是为了对抗在工业化发展过程中的土地投机买卖。如果我们不理会在 19 世纪末和之前的时间里，发生在首都和其他城市的改造活动，就宣称规划在本世纪初"出生"或"发明"出来了，那就是把原先存在的历史延续性抹煞掉而自欺欺人了。规划的产生不是一个完全崭新的东西、突然出现在大家面前，而是一个概念，其所包含的重点逐渐变迁演化的过程。恐怕不能说什么时候一个崭新的阶段就开始了。虽然一些重要的变化发展出现在更为后来的 20 世纪的初期，但是巴黎的街道改造的确可以认为是一个序幕。如果要确定某种程度上规划的演化发展成为一个（早期阶段）的截止点，那么第一次世界大战的爆发可能是一个争议较少的时间点。最后，我们应该记住的是，规划发展过程中的任何一个成果的重要性和作用，都可能会被夸大。我们还应该注意到，到 20 世纪之初，很多城市即使名声很大但还缺乏规划。例如在北欧国家，只有瑞典的规划立法才能算得上当时的"现代"规划。

由于城市面临的问题和项目比较特殊，所以规划发展的若干重要过程都发生在首都城市里，也因此在前面的章节中，我们就已经提到过这方面发展的一些因素。这些因素尤其对那些城市发展和规划理论来说，还是处在逐渐开始争论的一个课题中。另一方面，首都城市的改造项目，也对规划立法和规划方法有一些影响。在前面提到的规划立法方面，可能只有瑞典的立法和其首都的规划实践有着直接的关联。[46] 在下面的几页里，我们将讨论最早时期的规划发展的出版物并评论其背景。

我们首先来回顾 19 世纪初到 1880 年的规划发展。虽然没有书面的综合理论作为基础，但规划的历史传统还是比较明确的，就是它按照一个系统和理性的发展过程：这个思路就是大尺度的标准街区按照线性规划发展；有些街道设计成宽阔的林荫主干道；公园或重要的公共空间（伴随着吸引人们视觉焦点的仪式感和重要的建筑物）。这里要再次申明，很重要的是，基本的原则都是一样的，无非就是改造早期的城市结构，布局新的街区，建造新的城市。这不是一个单独的密不透风的系统，每件事情都是建立在一个一样的规划哲学的基础上的。

作为第二个传统的一部分——如果有某些项目找到了证据的话，我们可以发现他们的规划的目的是创造一个不同的社会架构。在 18 世纪末期的几十年里，为了创造新的社区而出现的"理想"社会结构和具体的物质形态，我们已经注意到它们的影响。乌托邦社会主义者包括欧文和傅立叶，在 19 世纪为创立这个传统作出了他们的贡献，但除了欧文的新拉纳克（New Lanark）和哥丹（Godin）的"工人之家"（Familistere）外，就基本上停留在纯粹的理论层面上。

很难对这些激进的社会城市实践活动进行评价。它们在现代理论出版物中所占据的位置和它们实际的重要性并不总是对称的。我们把这些留给工业化主义者提图斯·索尔特（Titus Salt）。他在索尔泰尔（Saltaire）工业模范社区里说道：现代城市并不只是一堆梦想，在早期的模式居住实验的激励下，作为一个部分，很有可能在现存的经济和社会体系的真实世界中，创造出一个这样的城市来。[47]索尔泰尔的设计证明了它和我们这里研究的首都城市规划有着同样的系统观念和理性主义，并且在每一个"样板城市"的主流设计思想里面也都有社区平等的概念。[48]如果奥斯曼在与提图斯·索尔特（Titus Salt）同样的条件下，也能做出和索尔泰尔一样的事情来。从任何方面来讲，索尔泰尔和以后的工业化时代出现的"模范社区"，例如伯恩维尔（Bournville）和阳光港（Port sunlight），它们对后来的城市发展都十分明显地起到不可忽视的作用。[49]

和 19 世纪上半叶相比，欧洲城市在 1850 年到 1880 年发生了戏剧性的变化。原来的城市发生了急剧的变化，对新土地开发的速度和范围越来越大。和其他大城市一样，首都城市的市容逐渐演变成今天我们可以看到的样子。工业化时代的大型城市已经成为事实。在卫生健康方面受到赞扬的同时，人们也发现了很多缺点，尤其是单调的城市景观、乏味和糟糕的居住条件，这些住房基本上都是投机的房地产商开发的，绝大多数的居民无法选择必须居住的地方。在这种城市背景下，面对即将来临的更为庞大的城市扩展，人们开始投资和讨论。[50]各种各样的出版物陆续出现——他们最终激发了现代城市规划理论的形成——它们有的在尝试对过去的发展进行总结和建立理论体系，有的试图提出批评。[51]

19 世纪关于城市规划第一个重要的、恐怕也是最值得注意的著作是伊尔德丰索·塞尔达的著作《城市化的一般理论及其

原则和理论在巴塞罗那改革和扩张中的应用（1867 年）》（译
注：西班牙原文 Teoria genral de la urbanizacion y aplicacion de
sus principios y doctrinas a la reforma y ensanche de barcelona
1867）。我们在前面已经提到了这部书。就像这本书的标题所
说的那样，这部书试图把城市规划的基本理论都总结出来，并
试图成为一个关于城市和城市生活的放之四海而皆准的标准理
论。但是，尽管它的想法是阐述规划的基本理论，但书是主要建
立在——就像标题所说的那样——在巴塞罗那和本人的规划实践
上——总结出来的。该书可以算是其作者本人的规划宣言。就像
是一个科学家一样，首先他提出了一个关于城市规划的假设，然
后再通过实践来检验它们——一个大规模的巴塞罗那的城市实
验，最后他找到了自己的规划理论标准。这本书涉及的范围巨
大，从具体的房屋建造技术条例到关于自然和城市生活的哲学思
考。该书很明显想在一个理论体系里把所有的东西都包容进去，
从一件事推导到另一件事，不想漏下一件。在规划发展理论的书
籍里，没有任何书能拥有这样的雄心壮志。从对某个特定城市如
此多关联阐述的角度来看，这本书也是独一无二的。该书在当时
和后来似乎在西班牙外都没有引起多大的注意。在 25 年前，塞
尔达的名字在规划史学界似乎都没有多少人知道，直到今天他才
被认为是 19 世纪规划的代表人物。早期人们忽略他的一个重要
原因，是因为他的这本著作是用西班牙文写的，由于该书的风格
平淡而冗长，所以没人有翻译的兴趣。

　　我们来讨论一下德语的规划理论。鲁道夫·艾特伯格·冯·埃
德伯格（Rudolph eitelberger von edelberg）于 1858 年在维也纳
首先发表的《论城市建筑》（译注：德语原文 uber stadteanlagen
und stedtbauten）的讲座讲稿，同年晚些时候也出版了。它刚

好讨论了同期发生的维也纳规划，几乎同时和城墙外缓冲区规划竞赛发表。[52] 它阐述了一系列的城市发展问题。但德语城市规划发展理论的真正先锋应该是莱因哈德·鲍迈斯特，他是卡尔斯鲁厄（Karlsruhe）科技学院的教授，他发表了相当多的文章和专著，其中最著名的就是大部头《城市扩展：从技术、建筑政策方面》(Stadterweiterungen in Technischer, Baupolizeilicher) 有500 页，发表于 1876 年。[53] 该书评论和描述了多个城市发展中所面临的问题和经验。它还试图从各个角度来阐述并建立一个新的科学体系。[54] 和西班牙的塞尔达著作一样，该书还头一次把住房问题作为城市发展的中心议题来论述。

1890 年，约瑟夫·斯图本出版了《城市建筑》(Der Stadtebau)。这本书采用了系统而广泛的研究方法。他建立了城市建筑的概念（stadtebau），斯塔本总结了过去几十年里的城市实践，通过对一系列实例的评论。规划从业者可以看到规划问题是如何在不同城市里解决的。该书涉及整个规划学科的所有方面，从公共广场和公园的设计到安放管线和用地规划。斯图本的著作和鲍迈斯特书的区别不只是通过大量的图例来广泛说明多方面的问题。鲍迈斯特的著作几乎没有多少图例，更集中在纯粹理论层面上。斯塔本则相反，花费了很多精力在具体形态的城市规划上，但他对待经济和立法方面（这是鲍迈斯特的主要方面）却是非常简单。斯塔本的书还引用了一些别的国家的例子，但基本上两本书均以德国的资料为主。他们的理论结构和思路不一样。他们都分析问题，但并不像西班牙的塞尔达那样，总结出一套综合性质的城市发展理论。虽然如此，但他们也都像塞尔达那样，认为可以找到最适合解决城市发展问题的一般性原则。

到 1900 年另外两本著作出版了，尽管和我们在前面提到的著作的目的不一样，但它们是最为重要的著作。它们是卡米洛·西特的《根据艺术原则的城市建筑》（*Der stadte-baunach seinen kunstlerischen grundsatzen*，1889 年）和埃比尼泽·霍华德（Ebenezer Howard）的《明日的田园城市》（*Garden cities of tomorrow*），1889 年它第一次出版的时候标题还是《明日：通向真正改革的和平路径》（*Tomorrow：a peaceful path to real reform*）。我们在前面提到过西特的书。西特用的是鲍迈斯特所没有的角度去观察城市发展的——从审美的角度——至少在鲍迈斯特的综合性书名里面没有。西特看来有两个目的：一个是用更艺术性的眼光来肯定城市发展，另一个是对早期城市环境的分析寻求答案，目光是向前并通过实验来寻求新的想法，而西特则把目光向后向过去寻求学习的榜样。这里，我们应该还注意到比利时的夏尔勒·布尔（Charles Buls）的《城市美学》，出版于1893 年。作者根据他就任布鲁塞尔市长的工作经验，针对很多首都城市戏剧性的发展变化，表明了他对城市发展过程中应该持有的保护主义思想。

通过"田园城市"，霍华德认为城市应该有一个预先设定的最大尺度，这样城市的利益和田园般的生活可以结合起来，它们之间有工作场所和良好的社会服务设施，周围是乡村环绕，城市化得到控制。他在书中花了很多篇幅来阐述如何实现这样的城市。西特的书主要讲城市设计方面的事情，而霍华德就没花费多少精力在城市设计上。配合他的书的规划都是草图似的，一直到雷蒙德·昂翁（Raymond Unwin）才给花园城市赋予了一个具体的形状。后来，在英国之外，人们认为"田园城市"更多的是一种建造的模式而不是一种社会概念，昂翁也被认为更像是它的精神之父。

　　霍华德没有提及索尔泰尔工业社区，也没有提到1890年
代出现的工业村庄伯恩维尔（Bournville）和阳光港（Port
sunlight），这看起来很奇怪。大家都公认他所描述的花园城市和
萨利泰尔（Salitaire）有很多不同，例如它有大规模的尺度和周
围的绿色环境被保留下来以防止被开发掉。但是，它最实际的基
本思想就是，不同于现存的居住点的另外一种方式，规划有序的
社区，这种思路是相同的。霍华德最大的贡献，就是根据规划的
原则，把原来家族中央式的城市模型变成了为公共服务的城市模
型，并且能够在市场经济上运行成功。所以，我们要问一下，在
规划新城市的历史中，提图斯·索尔特所获得的地位是不是太过
于隐晦了。

　　最后，我们还要谈谈线性城市（cuidad lineal），该书于
1882年发表于西班牙，作者阿图罗·斯里亚·马塔（Arturo Sria
y Mata），该书表达了一种不同于传统城市（例如马德里）的思
路。一个线性城市应该沿着交通线路有一个长长的带形结构。按
照线性城市的描述，在马德里建立起了一片郊区。[55]

　　在讨论1900年之前的首都城市对规划理论的重要性的时候，
我们发现维也纳城很显著地出现在下列的两部著作里：艾特博格
（Eitelberger）发表的演说是针对维也纳还没有开发的城墙外缓
冲区的，西特的著作是针对维也纳混乱的城市景观（图25-9）。
很类似地，霍华德的《明日的田园城市》一书的出发点也是由于
伦敦人口拥挤和混乱的城市结构。鲍迈斯特也对首都城市出现的
问题十分忧虑，在其著作里经常引用首都的实例。斯塔本的著
作就更是如此。没有任何作者在讨论城市时把它们以首都的角色
来考虑，也没人把这些城市当作一个特定的"首都城市"类型来
划分。

图 25-9　尤金·法本德（Eugen Faßbender）在 1892—1894 年维也纳市综合发展规划竞赛中分享二等奖。这是该方案的示意图。图 25-1 中描述的规划类型在这里被组合成一个城市模式，允许通过在现有城市周围增加新的环来扩展。与其他 19 世纪的理论家一样，尤金·法本德正在设想城市的持续发展。埃比尼泽·霍华德在几年后出版的关于花园城市的书中，为 20 世纪的首选城市模式奠定了理论基础，其中的扩张将由卫星城市来满足（图 25-10）。（来源：伍尔兹，1979 年）

如果没有首都城市的规划实践活动，我们上面提到的著作肯定是无法写出来的。鲍迈斯特和斯图本——甚至还有巴塞罗那的——都是从他们的实践工作和他们在其他城市看到的规划活动开始，再以工程师般的系统方式建立他们的理论体系。西特和霍华德就更像是思想鼓吹者，他们谴责当时解决城市问题的方法，并努力把他们的理想转化成实践。他们播种了 20 世纪的规划思想，并在后来广为接受。[56]

20 世纪的头十五年出版了很多规划和城市发展方面的著作。作者包括雷蒙德·昂温、尤金·法本德、鲁道夫·埃伯施塔特、布林克曼、奥托·瓦格纳、维尔纳·海格曼、帕特里克·格迪斯。19 世纪的伟大城市工程已经过去了几十年，但作者们还是对它们予以十分重要的专业关注，也是他们书籍中的论述框架。其中最有意义的是维尔纳·海格曼的《从柏林城市总体建设成果看城市建设》(*Der stadtebau nach den ergebnissen der allgemeinen stadtebau-ausstellung in Berlin*)，该书介绍和讨论了多个首都城市的问题和项目——当然主要是柏林——他通过历史的眼光来看待当时的情况。有些著作也针对特定的城市展开讨论。奥托·瓦格纳的《大城市研究》(*Die grobstadt, eine studie uber diese-1911*，1911 年) 以维也纳为出发点，但他把维也纳当作是大城市无限发展的一种标准模式。20 世纪刚过，巴黎成为尤金·海纳德 (Eugene henard) 多本著作的研究对象。[57] 尤金·海纳德可以看作是 19 世纪和 20 世纪的连接纽带。他的著作以 19 世纪后期的城市实践为基础，认为这期间的活动有很多创新，这些创新在后来的 20 世纪里发扬光大。在这之前，人们就用批评的眼光来分析出现在欧洲大陆首都城市（尤其是在德国）的住房主要模式问题，也就是居住街区问题——"世界上最伟大的居住城市"。鲁道夫·埃伯施塔特（Ruddf eberstadt）出版了《住房手册》（*Handbuch des Wohnungswesens*，1909 年），对住房问题作出了最为重要的贡献。

1910 年左右，城市发展的专业原则逐渐成形的时候，它的从业者面临着两个问题：旧城的改善和拓展，以及作为郊区的新城或者完全崭新的社区的新区的规划。规划者们毫无疑问地认为第二件事情是更为重要和有趣的。面对大部分产生于 19 世纪的城市环境，他们的批评越多，悲观也越多。[58]

尽管首都的问题在城市发展中成为争论的中心，但它们在大城市的角色中起到了主要的作用。由于首都规模往往超过该国的第二规模的城市，首都城市所面临的负面后果就是城市发展明显地无法受到控制。所以首都城市里面恶劣的情况不只在当地广受注意和讨论，也在全国成为重要的话题。也因此政府格外关注并积极介入和改善。还是同样的原因，有了很多大型的项目招致人们对城市发展的问题的关注，因此建立起了一套经验和知识体系。萨特克利夫指出，19 世纪末到 20 世纪初最进步的规划往往发生在首都以外的其他城市里。[59]但现在的研究显示，之前的几十年里的情况是不同的。有些案例表明最大的贡献来自首都。

因此，"现代"规划从 20 世纪初开始逐渐演变。作为联系"现代"规划和前工业时代的规划的纽带，首都城市的规划活动在专业人员主导和相关法律的指导下，积累了大量的规划活动，并建立起了系统的理论基础，在规划历史上占据了一个重要的支配地位。在现代规划演变的过程中，首都项目是关注的焦点，它也远比乌托邦似的空想主义的理论和城市实践都重要得多。

今天，我们看到的很多城市景观都是 19 世纪首都城市规划项目的成果，它们构成了欧洲文化遗产中不可分割的重要部分。

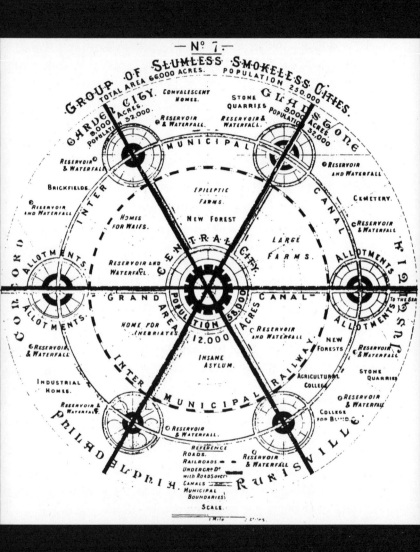

图 25-10　"图"说明了卫星模式的扩展，根据霍华德的说法，这是"城市增长的正确原则"。这个图出现在第一版《今明日：通往真正改革的和平之路》（1898年）中，但在第二版《明日的田园城市》（1902 年）中因过于激进而被省略。与法本德的规划（图 25-9）相比，这无疑代表了新世纪城市发展的新范式。

它们为首都大都市地区周围提供了一个实体的城市核和特定的身份标识。它们对该国的居民散发出强烈的吸引力，也吸引了成千上万的国外人士来休闲和参访。"城市旅游"现在是一个被广泛认知的概念：在后工业化的服务社会里，首都城市的核心在旅游业和国民经济中扮演着更为重要的角色。19 世纪的规划者为这些首都城市作出了巨大的贡献，他们的价值不但没有陨落，反而会愈发珍贵。

注释

① 奥斯曼（1893 年），III，第 351 页。

② 费霍尔（Fehl）和罗德里格兹·罗雷斯（Rodriguez Lores，1983 年）收集的几篇论文中讨论了这一过程。

③ 世博会分别于 1851 年和 1862 年在伦敦，1855 年、1867 年、1878 年、1889 年和 1900 年在巴黎，1873 年在维也纳，1876 年在费城和 1893 年在芝加哥。大型国际展览也在几个城市举行，但没有被官方承认为"世界博览会"。这里讨论的城市包括巴塞罗那（1888 年）、布达佩斯（1896 年）和斯德哥尔摩（1897 年）。

④ 应特别注意：a 建筑章程；b 供水；c 污水处理系统；d 国家和市政建筑技术实施的成本和方法（摩力克、雷宁和乌尔泽，1980 年，第 406 页 f）。

⑤ 关于这一发展，见萨特克利夫（1981 年 b），第 163 页及以下各页。

⑥ 建筑师乔治·拉扎尔（George Lázár）翻阅了 1855—1882 年间的

《建造者》的副本，发现首都项目只在少数场合被讨论过，而且通常相当肤浅。一篇关于巴黎塞巴斯托波尔大道的文章（1858 年，第 257 页）在开篇上花费了更多的篇幅，而不是街道本身或其重要性。维也纳被提及了几次（例如 1865 年，第 411 页），而其他首都重建项目似乎根本没有被注意到。当然，人们对伦敦的问题更感兴趣，在几篇文章中，对巴黎和伦敦的规划和街道建设项目进行了比较，最详尽的是 1872 年英国皇家建筑师学会辩论的报告（第 22 页及以下各页）。可以指出，在这次辩论中使用了"总体规划"一词；其中一位发言者声称，伦敦没有这样的规划，是伦敦的改善远不如巴黎成功得多的真正原因。

从 1867 年开始到 1882 年，对《德意志周报》进行的类似调查几乎没有发现任何关于外国首都规划的信息，

⑦ 对规划也几乎没有发现。但是有简短描述，主要是关于并集中在德国城市项目的范畴。其他期刊不太可能提供更多相关材料。

⑦ 另一方面，规划问题自然在主要与建筑有关的论文和其他作品中得到论述。例如，弗雷切拉认为，莱昂斯·雷诺（Léonce Reynaud）于1850—1858年出版的《建筑特质》（Traité d'Architecture）对卡斯特罗和塞尔达都至关重要（弗雷切拉（1992年），第160页及以下各页）。

⑧ 早在1858年，维也纳艺术和建筑方面的领先专家之一鲁道夫·艾特尔伯格教授（Rudolph Eitelberger）在随后的演讲中宣称："在所有现代城市中，没有一个城市的重要性可以与巴黎相媲美。它是真正意义上的现代首都的原型"（引自：摩力克、雷宁和乌尔泽，1980年，第423页）。但这里首先指的不是奥斯曼的巴黎。

⑨ 在奥斯曼获得的众多国际荣誉中，最为突出的是他被任命为瑞典瓦萨勋章的一等指挥官。然而，外国荣誉并不取决于奥斯曼作为城市规划师的贡献，而是他作为巴黎行政长官的角色。

⑩ 奥斯曼（1890年），II，第553页；《奥斯曼男爵》，第154页及以下页。

⑪ 参看摩力克、雷宁和乌尔泽（1980年），第323页ff。

⑫ 蒂内尔（1973年），第43页Cf，还有马特泽拉斯（Matzerath）和蒂内尔（1977年），第176页和萨特克利夫（1979年b），第83页。

⑬ 可以合理地预期，霍布雷希特在制定柏林规划时，对维也纳正在发生的事情感兴趣——也许比对巴黎更感兴趣。城市规划竞赛中的三个获奖方案和最终批准的"总体规划"都已出版，几乎可以肯定在柏林提供。然而，这两城的任务如此不同，以至于为维也纳制作的项目无法为柏林的规划提供很多指导。

⑭ 弗雷切拉强烈强调了巴黎作为卡斯特罗为马德里开展规划榜样的重要性，但他似乎指的是巴黎的一种理想图景，而不是奥斯曼的实际项目。特别是，他认为雷诺的《建筑特质》中对理想巴黎的描述是卡斯特罗的直接灵感来源（弗雷奇拉，1992年，第160页f）。

⑮ 然而，参看拉涅利（1973年），第14页。拉涅利似乎在质疑利奥波德二世的城市规划政策是否受到巴黎的启发。这似乎取决于拉涅利的误解，即第二帝国时期的城市规划主要是由促进维持法律和秩序的愿望驱动的。

⑯ 瓦格纳尔（1990年），第251页及以下各页。

⑰ 1872年，在RIBA（英国皇家建筑师学会）的一次会议上，发生了一场关于巴黎和伦敦街道改善的有趣辩论（注6）。大多数发言者似乎理所当然地认为巴黎的街道拓宽项目堪称典范，主要问题是讨论为什么伦敦没有同样成功。

⑱ 因此，平克尼声称"罗马、斯德哥尔摩、巴塞罗那、马德里都感受到了拿破仑三世和奥斯曼作品的影响"，必

须持保留态度（1958 年，第 4 页）。
这同样适用于拉韦丹的类似陈述
[《奥斯曼男爵》(L'Œuvre du baron
Haussmann)，第 157 页]。

⑲ 首都的建筑设备在淡水河谷（1992
年）中进行了讨论，特别是第 16 页
及以下。

⑳ 关于 19 世纪法国城市规划的发展，
见拉韦丹（1960 年）。

㉑ 《奥斯曼男爵》，第 142 页及以下各
页；另见平克尼（1958 年），第 4 页
和拉韦丹（1960 年），第 208 页及
以下各页。关于里昂的活动，见伦纳
德（1961 年）。

㉒ 乌尔泽（1974 年），第 22 页。

㉓ 达塞塔（Da Seta, 1981 年），图 179~
图 181 和图 185~ 图 190；参见威
尼斯的一个项目，转载于《卡拉比》
（1980 年），第 60 页。

㉔ 平克尼（1958 年），第 4 页。

㉕ 里希滕贝格（1970 年），第 17 页及
以下各页，以及摩力克、雷宁和乌
尔泽（1980 年），第 46 页及以下各
页。柏林早在 1734 年就被剥夺了国
防职能。

㉖ 参看摩力克、雷宁和乌尔泽（1980
年），第 428 页及以下各页。这里报
告了一些以前设防城市的扩建项目，
但没有对维也纳作为模型样板的重要
性进行任何真正的分析。
也许哥德堡可能受到几年前维也纳大
竞赛的例子的启发，组织了 1862 年
的规划竞赛。

㉗ 有关 19 世纪德国城市规划发展的简
要调查，请参阅乌尔泽（1974 年）。

㉘ 舒马赫（1920 年），第 6 页和帕西姆
（Passim）。

㉙ 关于慕尼黑，参见黑得尔（Hederer,
1964 年），第 128 页 ff 和帕西姆
（1974 年）；另见布莱特林（Breitling,
1978 年）。

㉚ 1830 年至 1875 年间德国的城市扩
展规划清单可以在菲霍尔（Fehl）和
罗德里克兹·罗雷斯（Roderiguez-
Lores, 1983 年）中找到，第 360 页 f。

㉛ 萨特克利夫引用了 1884 年杜塞尔多
夫的扩展规划来说明"柏林规划的
所有缺陷"（1981 年），第 22 页的
重复。

㉜ 有关 19 世纪瑞典规划的调查，请参
阅霍尔（1991 年）。

㉝ 关于芬兰的规划（on finnish
planning），见桑得曼（Sundman,
1991 年）和索门·库朋莱托克
森（Suomen Kaupunkilaitoksen
historia）。

㉞ 有关 19 世纪挪威规划的调查，请参
阅洛兰奇和迈尔（1991 年）。

㉟ 有关 19 世纪丹麦规划的研究，请
参阅拉尔森和托马斯（Larsson and
Thomasen, 1991 年）。

㊱ 参看索拉·莫拉莱斯（Solá-Morales）
等人（1978 年），第 17 页及以下各
页；另见卡斯特罗规划，第 17 页及
其后和莫雷诺·佩拉尔塔（Moreno
Peralta, 1980 年）。

㊲ 卢萨克（1942 年），第 36 页，西
诺斯（Sinos, 1974 年），第 45 页
及以下和丰托拉基（1979 年），第
25 页 f, 41 和 55 页 ff，以及瓦森霍

文（Wassenhoven，1984年）。根据西诺斯的说法，两位建筑师都为（Eretria）规划作出了贡献。

㊳ 见卡拉比（1980年和1984年）和米奥尼（Mioni，1980年）。

㊴ 在这方面，还可以提到《线城》（La Ciudad Lineal），它由阿图罗·索里亚·马塔（Arturo Soria y Mata）于1897年创办，作为支持他的"线性规划"概念的期刊，但在1902年之后作为更一般的城市规划期刊出现（参见柯林斯，1959年a，第47页f）。

㊵ 分级建筑法令（Staffelbauordnung）是德国南部（巴伐利亚，符腾堡）的常用术语；在普鲁士和德国北部，使用Zonenbauordnung一词。

㊶ 有关法兰克福区的详细讨论，请参阅舒尔茨－科里森（Schulz-Kleeßen，1985年）。

㊷ 萨特克利夫（1981年），第205页。

㊸ 同上，第8页。

㊹ 同上，第204页。

㊺ 同上，第8页。

㊻ 也许一个例外是征收立法的制定，这肯定受到土地价格和首都问题的影响。

㊼ 例如，贝内沃洛（1968年）声称，19世纪上半叶的"乌托邦"实验是基于社会的整体政治意识形态概念，以及将更多平等引入生活条件的愿望。根据贝内沃洛的说法，1848年的事件代表了政治左翼和城市规划之间的决裂，随后被简化为纯粹的技术活动，并为政治权力服务，准备对症地处理工业城市的环境和卫生缺陷，而不对问题的根本原因感兴趣。这种解释有点简单化。首先，乌托邦主义者的思想和实验必须被视为孤立的插曲，而不是开发可行模型的某种系统项目中的环节。其次，贝内沃洛似乎忽视了这样一个事实，即从开始，许多规划者和城市发展理论家就对社会状况和变革的可能性有着浓厚的兴趣。第三，必须能够像任何其他专业领域一样，根据其作为一个独立业务领域的自身条件来讨论和评估城市规划。当然，这并不意味着城市规划与社会中的所有其他活动一样，不依赖于压倒一切的政治条件。

㊽ 在几本出版物中，弗朗索瓦兹·肖（Françoise Choay）试图将19世纪城市规划的发展系统化和图式化（以下主要基于肖，1969年）。根据她的说法，所有规划都是从对工业化造成的"无序"的批判性分析开始的，都被她纳入了"批判性规划"的概念中，而"批判性规划"又分为两类："规范化（regularization）"和"城市化（urbanism）"（第10页及以下）。"规范化"是指"一种批判性的规划形式，其明确目的是使无序的城市正规化"（第15页）。主要的例子当然是奥斯曼在巴黎的街道改善。她继续说，这种规范化的规划重点并不意味着没有隐藏的秩序。另一方面，"城市主义"的概念"用于描述从根本上挑战这种隐藏秩序并最终导致先验（a-priori）构建一个新的和不同的（different）秩序的过程"。在这个传统中，有"两种基本的空间组

织模式"。"其中一种模式，展望未来，受到社会进步愿景的启发，我们称之为进步主义者（progressist）。另一种是怀旧的，受到文化社区愿景的启发，因此可以称为文化主义者（culturalist）"。这两种模式在19世纪初都经历了理论前奏，她称之为"前城市化（pre-urbanism）"（第31页）。进步主义（progressist）发展的前城市化阶段包括欧文和傅立叶等空想社会主义者。向城市主义（urbanist）阶段的过渡以索里亚·马塔（Soria y Mata）的直立城（ciudad lineal）和卡尼尔（Garnier）的工业城为代表。"进步主义"发展路线中真正的"城市主义"阶段是功能主义，勒·柯布西耶和格罗皮乌斯是主要的代表人物。在"文化主义"类别中，前城市化阶段始于普金、拉斯金和莫里斯，而城市主义阶段的先驱人物是西特。

比约恩·林恩（Bjorn Linn）简化并澄清了弗朗索瓦兹·肖（Françoise Choay）的模型，并更愿意谈论"常规主义者（regularist）""理性主义者（rationalist）"和"人文主义者（humanist）"的发展路线。常规主义路线旨在规范和建设现有的大城市，它首先是官方的公共管理路线。理性主义路线寻求一个面向整体和部分效率的新城市；它与工业以及定义和解决问题的工业方式密切相关。最后，人文主义路线主要将城市视为一种文化环境，其倡导者对城市在心理和社会上的感知方式感兴趣；这条路线

的出发点在于人文知识、艺术和文化[见Linn（1974年），第73页]。这类规划——尤其是像弗朗索瓦兹·肖伊这样错综复杂的系统——很容易使发展看起来比以往任何时候都更加复杂，而不是帮助我们理解它们。弗朗索瓦兹·肖的阐述似乎也表明有三条完全独立的发展路线，这可能不是她的意思。此外，她所作的区分在几个方面是可疑的。弗朗索瓦兹·肖归类为"常规主义者"和"进步主义者"的很多规划都有一个共同的目标，即寻求解决许多城市出现的问题的合理解决方案。一方面是工业示范城市，另一方面是巴黎，结果不同，鉴于这两种情况完全不同，这并不奇怪。弗朗索瓦兹·肖论点的基本弱点是，所有发展路线的共同特征被淡化，有利于部分人为地划分，并且将注意力吸引到单一现象而不是整个发展的一般共性特征上。

㊾ 在德国工业村中，应该提到位于汉诺威附近林登的汉诺布兴机械制造厂的Arbeiterkolonie；这是一个纯粹的商业投资问题，比较有助于强调更早启发索尔泰尔的社会思想。

㊿ 这里可以补充一点，对工业的位置考虑得非常少。

○51 关于城市规划理论发展的开创性著作是阿尔博斯（Albers，1975年a）。第一个用任何语言对19世纪晚期的理论家进行详细描述和分析的可能是（Paulsson，1959年）。另一部值得一提的瑞典著作是（Linn，1974年），它对这一主题进行了出色的分析。

(52) 埃特伯格·冯·埃德伯格（Eitelberger von Edelberg）的演讲见摩力克、雷宁和乌尔泽（1980 年），第 422 页及以下各页。甚至路德维希·福斯特关于本次竞赛的方案所附的备忘录也代表了对一些基本城市发展理念的令人钦佩的尝试（转载于摩力克、雷宁和乌尔泽（1980 年），第 472 页及以下）。

(53) 鲍迈斯特的书面作品概述在 Höffler（1976 年）中提供。

(54) 德国建筑师协会（Deutsche bauze-itung，1874 年，第 65 号）提交了八篇“城市发展论文”，鲍迈斯特将在德国建筑师和工程师协会联盟（verband deutscher architek-ttenand ingenieur verene）的会议上提出。在会议上，建筑部门将讨论“从技术、经济和法律角度来看城市发展规划的主要特点”，鲍迈斯特本人和一位名叫奥尔特的柏林建筑大师和承包商作为记者。这里似乎有充分的理由列出这些论文（带有一些缩写和调整），因为在许多方面，它们预测了两年后出版的鲍迈斯特主要著作中的主要思想，并且代表了制定城市发展规划的最初尝试之一：

a 城市扩张一般应规划在具有相当规模的地区，以便考虑到街道、马拉电车、蒸汽电车、运河等各种交通系统的条件，以便将具有特定需求的类别，如大型工业、商业活动、安静的住宅区等分开。

b 首先，只应标出街道系统中的主要方向，在此阶段应尽可能考虑现有道路和当地条件。当近期的需求如此急迫时，可以进行更详细的划分，或者可以留给私人倡议。

c 不同区的位置应根据目前的情况或其他特殊情况进行安排；只有在工业和手工业的卫生规定下才应强制使用。

d 建筑当局的任务是考虑到居民、邻居和整个地区相对于开发商的基本利益。这些利益包括消防安全、交通便利（原文如此）和健康。另一方面，所有美学处方都应受到谴责。

e 在确定提供住宅或工作空间的建筑物之间的距离时，建议对街道立面采取一条不常见的规则，即高度不应超过建筑物之间的距离。其他关于庭院、院内建筑等的规定都是多余的。

f 在城市扩张的情况下，最好简化征用，并建立法律程序来调整地块以创建适合建筑的场地。

g 市政当局应拥有必要的权力，从相邻地块的所有者那里获得资金，以支付铺设新街道的费用。一个特别合适的方法是在街道上设置每米地块正面的正常贡献。

h 一旦规划得到法律批准，就不应在为未来街道或广场划定的区域进行建设。业主无权以该限制为由获得赔偿。业主个人有责任确保各个新住宅都可以进入，并已做好污水处理安排。但是，一旦确定街道前方三分之一的地块将被房屋占用，市政当局应承诺在整个街道上铺设管网和维护一条新街道。

(55) 见柯林斯（1959 年 a）。关于线性城市（cuidad lineal）的国际影响，见柯林斯（1959 年 b）。

(56) 参看柯林斯和柯林斯（1986 年），第 44 页。

(57) 见沃尔夫（1968 年）和埃文森（1979 年），第 24 页及以下各页。

(58) 参见阿尔伯斯（Albers，1975 年 b）。

(59) 萨特克利夫（1979 年 b）。

参考文献

这个列表仅包含文中引用的材料，并不应被视为一个参考文献指南。

Adam, Herman（1861）*Nemesis eller bidrag till Stockholms mysterier.* Stockholm: J.L. Brudin.

Agulhon, Maurice（1983）*The Republican Experiment, 1848-1852.* Cambridge: Cambridge University Press.

Ahlberg, Gösta（1958）*Stockholms befolkningsutveckling efter 1850.* Stockholm: Almqvist & Wiksell.

Ahnlund, Nils（1953）*Stockholms historia före Gustav Vasa.* Stockholm: Norstedts Förlag.

Albers, Gerd（1975a）*Entwicklungslinien im Städtebau, Ideen, Thesen, Aussagen 1875-1945.* Düsseldorf: Bertelsmann.

Albers, Gerd（1975b）Der Stadtebau des 19.Jahrhunderts im Urteil des 20. Jahrhunderts, in Schadendorf, Wulf（ed.）*Beiräge zur Rezeplion der Kunst des 19.und 20. Jahrhunderts.* München: Prestel.

Alberti, Leon B.（1912）*Zehn Bücher über die Baukunst.* Wien: H. Heller & Cie.

Album von Berlin und Potsdam.（1925）Berlin: Globus-Verlag.

Allan, C.M.（1965）The genesis of British urban redevelopment with special reference to Glasgow. *Economic History Review.*

Allpass, John and Agergaard, Erik（1979）The city centre-for whom? in Hammarström, I. and Hall, T.（eds.）*Growth and Transformation of the Modern City.* Stockholm: Swedish Council for Building Research.

Alphand, Adolphe（1867-73）*Les Promenades de Paris* [I-IV]. Paris: Rothschild.

Améen, Lennart（1979）Det svenska esplanadsystemet. *Svensk geografisk årsbok.*

Amsterdam in kaarten, Verandering van de stad in vier eeuwen cartografie. Heinemeijer, W.F., Wagenaar, M.F.*et al.*（1987）Ede/Antwerpen: Zomer & Keuning.

Argan, Giulio C.（1969）*The Renais-*

sance City. New York: George Braziller.

Aristotle (1950) *Politics*. London: The Loeb Classical Library.

Åshworth, William (1954) *The Genesis of Modern British Town Planning, A Study in Economic and Social History of the Nineteenth and Twentieth Centuries*. London: Routledge and Kegan Paul.

Åström, Sven-Erik (1957*a*) J.A. Ehrenström, G.F. Stjernvall och Helsingfors stadsplan. *Historisk tidskrift för Finland*.

Åström, Sven-Erik (1957*b*) *Samhällsplanering och regionsbildning i kejsartidens Helsingfors, Studier i stadens inre differentiering, 1810-1910*. Helsinki: Helsingfors stad.

Aström, Sven-Erik (1979) Town planning in Imperial Helsingfors 1810-1910, in Hammarström, I.and Hall, T. (eds.) *Growth and Transformation of the Modern City*. Stockholm: Swedish Council for Building Research.

The Athenian Agora. (1976) Athens: American School of Classical Studies in Athens.

Athen-München. (1980) München: Bayrisches Nationalmuseum.

Atlas de Barcelona. Galera, Montserrat, Roca, Francesco and Tarragó, Salvador (eds.) (1972) Barcelona: A.T.E.

Bacon, Edmund N. (1974) *Design of Cities*. Harmondsworth: Penguin Books.

Ballon, Hilary (1991) *The Paris of Henry IV, Architecture and Urbanism*. Cambridge, Mass/London: The MIT Press.

Baltzarek, Frank, Hoffmann, Alfred and Stekl, Hannes (1975) *Wirtschaft und Gesellschaft der Wiener Stadterweiterung* (*=Die Wiener Ringstraße*, Vol.V) . Wiesbaden: Franz Steiner Verlag.

Banik-Schweitzer, Renate (1995) ››Zugleich ist auch bei der Stadterweiterung die Regulierung der inneren Stadt im Auge zu behalten‹‹, in Fehl, Gerhard and Rodriguez-Lores, Juan (eds.) *StadtUmbau, Die planmäßige Erneuerung europäischer Großstädte zwischen Wiener Kongreβ und Weimarer Republik*. Basel/Berlin/Boston: Birkhäuser Verlag.

Barker, Theodore C.and Robbins, Michael (1975) *A History of London Transporr, Passenger Travel and the Development of the Metropolis*, 2 vols.London: Allen and Unwin.

Barnett, Jonathan (1986) *The Elusive City, Five Centuries of Design, Ambition and Miscalculation*. London: The Herbert Press.

Bastié, Jean (1964) *La croissance de la banlieu parisienne*.Paris: Presses Universitaires de France.

Bater, James H. (1976) *St. Petersburg, Industrialization and Change*. London: Edward Arnold.

Battiscombe, Georgina (1974)

Shaftesbury, A Biography of the Seventh Earl, 1801-85. London: Constable.

Baumeister, Reinhard (1876) Stadterweiterungen in technischer, baupolizeilicher und wirthschaftlicher Beziehung. Berlin: Ernst und Korn.

Bédarida, François and Sutcliffe, Anthony (1981) The Street in the Structure and Life of the City, Reflections on the Nineteenth-Century London and Paris, in Stave, Bruce (ed.) Modern Industrial Cities, History, Policy and Survival. Beverly Hills: Sage.

Belgrand, Eugène (1873-77) Les travaux souterrains de Paris. Paris: Dunod.

Bell, Colin and Rose (1969) Ciry Fathers, The Early History of Town Planning in Britain. Harmondsworth: Penguin Books.

Benevolo, Leonardo (1968) The Origins of Modern Town Planning. London: The MIT Press.

Benevolo, Leonardo (1978) Geschichte der Architektur des 19.und 20. Jahrhunderts, 2 vols. München: Deutscher Taschenbuch Verlag, DTV.

Benevolo, Leonardo (1980) The History of the City. London: Scolar Press.

Berger, Robert B. (1994) A Royal Passion, Louis XIV as Patron of Architecture. Cambridge: University Press.

Berlage in Amsterdam, 54 Architectural Projects. Kloos, Maarten (ed.)

(1992) Amsterdam: Architectura & Natura Press.

Berlin, Stadtentwicklung im 19. Jahrhundert. (1976) Berlin: Senator für Bau-und Wohnungswesen.

Bernard, Leon (1970) The Emerging Ciy, Paris in the Age of Louis XIV. Durham, North Carolina: Duke University Press.

Biris, Kostas (1966) Al'AOnvat απo tov 19ov els tov 20ov auwva. Athens.

Blomstedt, Yrjö (1966) Johan Albrecht Ehrenström, Gustavian och stadsbyggare. Helsinki: Helsingfors stad.

Bobek, Hans and Lichtenberger, Elisabeth (1966) Wien, Bauliche Gestalt und Entwicklung seit der Mitte des 19. Jahrhunderts. Graz/Köln: Böhlau.

Brauman, Annick and Demanet, Marie (1985) Le parc Léopold 1850-1950, Le Zoo, la cité scientifique et la ville. Bruxelles: AAM Editions.

Braunfels, Wolfgang (1953) Mittelalterliche Stadtbaukunst in der Toskana. Berlin: Mann.

Braunfels, Wolfgang (1977) Abendländische Stadtbaukunst, Herrschaftsform und Stadtbaugestalt. Köln: DuMont Schauberg.

Braunfels, Wolfgang (1988) Urban Design in Western Europe, Regime and Architecture, 900-1900. Chicago: University of Chicago Press.

Breitling, Peter (1978) Die großstädtische Entwicklung Münchens im 19. Jahrhundert, in Jäger, Helmut

(ed.) *Probleme des Srädtewesens im industriellen Zeitalter.* Köln/Wien: Böhlau.

Breitling, Peter (1980) The role of the competition in the genesis of urban planning, Germany and Austria in the nineteenth century, in Sutcliffe, A. (ed.) *The Rise of Modern Urban Planning 1800-1914.* London: Mansell.

Broadbent, Geoffrey (1990) *Emerging Concepts in Urban Space Design.* London/New York: Van Nostrand Reinhold (International) .

Broschek, Eva (1975) Die Radialstra-Be in Budapest. Wien: Universität Wien [doctoral dissertation, not published].

Bruschi, Arnaldo (1969) *Bramante architetto.* Bari: Laterza.

Brussel, breken, bouwen: Architectuur en stadsverfraaiing 1780-1914. (1979) Brussel: Gemeentekredit van België.

Bruxelles, construire et reconstruire, Architecture et aménagement urbain 1780-1914. (1979) Bruxelles: Crédit Communal de Belgique.

Bruxelles, Croissance d'une capitale. Stengers, Jean (ed.) (1979) Bruxelles.

Buls, Charles (1894) *Esthétique des villes.* Bruxelles: St.-Lukasarchief [Facsimile print 1981].

Bunin, Andrej V. (1961) *Geschichte des russischen Städtebaues bis zum 19. Jahrhundert.* Berlin: Henschel.

Calabi, Donatella (1980) The genesis and special characteristics of town-planning instruments in Italy, 1880-1914, Sutcliffe, A. (ed.) *The Rise of Modern Urban Planning 1800-1914.* London: Mansell.

Calabi, Donatella (1984) Italy, in Wynn, Martin (ed.) *Planning and Urban Growth in Southern Europe.* London/New York: Mansell.

Caracciolo, Alberto (1969) Rome in the past hundred years. Urban expansion without industrialization. *Journal of Contemporary History.*

Caracciolo, Alberto (1974) *Roma capitale, Dal Risorgimento alla crisi dello Stato liberale.* Roma: Editori riuniti.

Cars, Jean de and Pinon, Pierre (1991) *Paris Haussmann, 'Le Paris d'Haussmann'.* Paris: Picard Éditeur.

Cartografia básica de la Ciudad de Madrid, Planos históricos, topográficos y parcelarios delos siglos XVI-XVII, XIX y XX. (1979) Madrid: Colegio Oficial de Arquitectos de Madrid.

Cassiers, Myriam, de Beule, Michel, Forti, Alain and Miller, Jacqueline (1989) *Bruxelles, 150 ans de logements ouvriers et sociaux.* Bruxelles: Dire.

Castagnoli, Ferdinando (1971) *Orthogonal Town Planning in Antiquity.* Cambridge, Mass/London: The MIT Press.

100 ans dédebat sur la ville, La formation dela ville moderne à travers les comptes rendus du conseil

communal de Bruxelles 1840-1940.
Brauman, Annick, Culot, Maurice,
Demanet, Marie, Louis, Michel and
van Loo, Anne (eds.) (1984)
Bruxelles: AAM Editions.

Cerdá, Ildefonso (1968) *Teoria general
de la urbanización y aplicacion de
sus principios y doctrinas á la refo-
ram y ensanche de Barcelona*, 3 vols.
Barcelona: Instituto de Estudios
Fiscales.

Cerdá, Ildefonso (1979) *La théorie
générale de l'urbanisation. Présentée
et adaptée par Antonio Lopez de Ab-
erasturi.* Paris: Éditions du Seuil.

[Cerdá, Ildefonso] (1991) *Teoría de la
construcción de las ciudades, Cerdá
y Barcelona.* Madrid: Instituto Na-
cional de Administración Pública/
Ayuntamiento de Barcelona.

[Cerdá, Ildefonso] (1991) *Teoria de la
viabilidad urbana, Cerdá y Madrid.*
Madrid: Instituto Nacional de Ad-
ministración Pública/Ayuntamiento
de Madrid.

Cerdá. Urbs i territori, una visió de futur.
(1994) Barcelona: Electa España/
Fondació Catalana per la Recerca.

Chadwick, George F. (1966) *The Park
and the Town, Public Landscape in
the 19th and 20th Centuries.* Lon-
don: The Architectural Press.

Chapman, Joan M.and Brian (1957)
*The Life and Times of Baron Hauss-
mann, Paris in the Second Empire.*
London: Weidenfeld and Nicolson.

Cherry, Gordon E. (1980) Die Stadt-
planungsbewegung und die spätvik-
torianische Stadt, in Fehl, Gerhard
and Rodriguez-Lores, J. (eds.)
*Städtebau um die Jahrhundertwende,
Materialien zur Entstehung der
Disziplin Städtebau.* Köln: Deutscher
Gemeindeverlag/Verlag W. Kohl-
hammer.

Choay, Françoise (1965) *L'urbanisme,
utopies et réalités.* Paris: Éditions du
Seuil.

Choay, Françoise (1969) *The Modern
City, Planning in the 19th Century.*
New York: George Braziller.

*Le Choléra, La premiere épidémie du
XIXe siècle.* (1958) Étude Collective
présentée par Louis Chevalier. La
Roche-sur-Yon: Impr. centrale de
l'Ouest/Bibliotheque de la Révolution
de 1848.

Collins, George R. (1959a) The Ciu-
dad Lineal of Madrid. *Journal of the
Society of Architectural Historians.*

Collins, George R. (1959b) Linear
planning throughout the world. *Jour-
nal of the Society of Architectural
Historians.*

Collins, George R. and Crasemann
Collins, Christiane (1986) *Camillo
Sitte, The Birth of Modern City Plan-
ning.* New York: Rizzoli International
Publications [first edition 1965].

Couperie, Pierre (1968) *Paris au fil du
temps, atlas historique d'urbanisme
et d'architecture.* Paris: Éditions
J.Cuénot.

Craig, Maurice (1992) *Dublin 1660-*

1860. London: Penguin Books

Croix, Horst de la (1972) *Military Considerations in City Planning, Fortifications.* New York: George Braziller.

Crouch, Dora P., Garr, Daniel J. and Mundigo, Axel I. (1982) *Spanish City Planning in North America.* Cambridge, Mass/London: The MIT Press.

Cuadernos dearquitecturay urbanismo, 100 and 101 (1974).

Czech, Hermann and Mistelbauer, Wolfgang (1977) *Das Looshaus.* Wien: Löcker & Wögenstein.

De Seta, Cesare (1981) *Napoli.* Roma/ Bari: Editori Laterza.

Dybdahl, Lars (1973) *Byplan och boligmiljö efter 1800.* KΦbenhavn: Gyldendal.

Dyos, Harold J. (1957) Urban transformation, a note on the objects of street improvements in Regency and early Victorian London. *International Review of Social History,* 2.

Edinburgh New Town Guide, The Story of the Georgian New Town. (1984) Edinburgh: Edinburgh New Town Conservation Committee.

Eggert, Klaus (1971) *Die Ringstraße.* Wien/Hamburg: Zsolnay.

Egli, Ernst (1959, 1962, 1967) *Geschichte des Städtebaues,* 3 vols. Erlenbach/Zürich: Eugen Rentsch.

Egorov, Iurii Alekseevich (1969) *The Architectural Planning of St. Petersburg.* Athens, Ohio: Ohio University Press.

Eimer, Gerhard (1961) *Die Stadtplanung im schwedischen Ostseereich 1600-1715.* Stockholm: Svenska Bokförlaget.

Engel, Helmut (1976) Entstehung und Entwicklung des Berliner Stadtbildes seit 1700, in *Stadtidee und Stadrgestalt, Beispiel Berlin.* Berlin: Abakon Verlag.

Ericsson, Birgitta (1977) De anlagte steder på 1600-1700-tallet, in Authén Blom, Grethe (ed.) *Urbaniseringsprocessen i Norden,* Vol. 2. Oslo: Universitetsforlaget.

Eriksson, Karin (1975) *Studier i Umeå stads byggnadshistoria, Frän 1621 till omkring 1895.* Umeå: Umeå universitet.

Espuche, Albert Garcia (1990) *El Quadrat d'Or: Centro de la Barcelona modernista.* Barcelona: Olimpíada Cultural/Caixa de Catalunya.

Espuche, Albert Garcia et al. (1991) Modernization and urban beautification: the 1888 Barcelona World's Fair. *Planning Perspectives,* 6.

Evenson, Norma (1979) *Paris, A Century of Change, 1878-1978.* New Haven/London: Yale University Press.

Faßbender, Eugen (1912) *Grundzüge der modernen Städtebaukunde.* Wien: F. Deuticke.

Fehl, Gerhard (1983) 'Stadt als Kunstwerk', 'Stadt als Geschäft', Der Übergang vom landesfürstlichen zum bürgerlichen Städtebau, beobachtet am Beispiel Karlsruhe zwischen 1800 and 1857, in Fehl, Gerhard and RodriguezLores, Juan (eds.) *Stadterweiterungen 1800-1875, Von den Anfängen des modernen Städtebaues in Deutschland.* Hamburg: Hans Christians Verlag.

Fehl, Gerhard and Rodriguez-Lores, Juan (eds.) (1983) *Stadter-weiterungen 1800-1875, Von den Anfängen des modernen Städtebaues in Deutschland.* Hamburg: Hans Christians Verlag.

Fehl, Gerhard and Rodriguez-Lores, Juan (1985) *Städtebaurefor 1865-1900, Von Licht, Luft und Ordnung in der Stadt der Gründerzeit*; *1. Teil: Allgemeine Beiträge und Bebauungsplanung*; *2. Teil: Bauordnungen, Zonenplanung und Enteignung.* Hamburg: Hans Christians Verlag.

Fehl, Gerhard and Rodriguez-Lores, Juan (1995) *Stadt-Umbau, Die planmäßige Erneuerung europäischer Großstädte zwischen Wiener Kongreß und Weimarer Republik.* Basel/Berlin/Boston: Birkhäuser Verlag.

Ferrán, A.C. and Frechilla Camoiras, Javier (1980) El ensanche de Madrid, Del Marqués de Salamanca a la operación Galaxia. *boden*, 21.

Finlayson, Geoffrey B.A.M. (1981) *The Seventh Earl of Shafiesbury 1801-85.* London: Eyre Methuen.

La formació de l'Eixample de Barcelona, Aproximacions a un fenomen urbà. (1990) Barcelona: Olimpiada Cultural.

Forssman, Erik (1981) *Karl Friedrich Schinkel, Bauwerke und Baugedanken.* München: Schnell und Steiner.

Fountoulaki, Olga (1979) *Stamatios Kleanthes 1802-1862, Ein griechischer Architekt aus der Schule Schinkels.* Karlsruhe: Dissertation, Fakultät für Architektur der Universität (TH) Karlsruhe.

Fraser, Derek (1973) *The Evolution of the British Welfare State, A History of Social Policy since the Industrial Revolution.* London: Macmillan.

Fraser, Derek (1979) *Power and Authoriry in the Victorian City.* Oxford: Basil Blackwell.

Frechilla Camoiras, Javier (1992) Cerdá i l'avantprojecte d'eixample de Madrid, in *Treballs sobre Cerdá i el seu Eixample a Barcelona.Barcelona*: Ministerio de Obras Publicas y Transportes/Ajuntament de Barcelona.

Fried, Robert C. (1973) *Planning the Eternal City, Roman Politics and Planning since World War II.* New Haven/London: Yale University Press.

Friedman, David (1988) *Florentine New Towns: Urban Design in the late Middle Ages.* Cambridge, Mass/London, The MIT Press.

Frommel, Christoph L. (1973) *Der römische Palastbau der Hochrenaissance*, I-III. Tübingen: Ernst Wasmuth.

Gamrath, Helge (1976) Pio IV e

l'Urbanistica di Roma attorno al 1560, in *Studia romana in honorem Petri Krarup septuagenarii*, edenda curaverunt Karen Ascani. Odense: Odense Úniversity Press.

Gamrath, Helge (1987) *Roma sancta renovata, Studi sull'urbanistica di Roma nella seconda metà del sec. XVI con paricolare riferimento al pontificato di Sisto V (1585-1590)*. Roma: 'L'Erma'di Bretschneider.

Gantner, Joseph (1928) *Grundformen der europäischen Stadt, Versuch eines historischen Aufbaues in Genealogien*. Wien: Schroll.

Garside, Patricia L. (1984) West End, East End: London, 1890-1940, in Sutcliffe A. (ed.) *Metropolis 1890-1940*. London: Mansell.

Garsou, Jules (1942) Jules Anspach, *Bourgmestre et Transformateur de Bruxelles (1829-79)*. Bruxelles: Union des imprimeries/Frameries.

Geist, Johann F.and Kürvers, K. (1980) *Das Berliner Mietshaus 1740-1862*. München: Prestel.

Gejvall, Birgit (1954) *1800-talets stockholmsbostad, En studie över den borgerliga bostadens planlösning i hyreshusen*. Stockholm: Almqvist & Wiksell.

Gelotte, Göran (1980) *Stadsplaner och bebysgelsetyper i Södertälje intill år 1910*. Stockholm: Svensk stadsmiljö, Stockholms universitet.

Gerkan, Armin von (1924) *Griechische Städreanlagen*. Berlin: W. de Gruyter & Co.

Giedion, Sigfried (1967) *Space, Time and Architecture: The Growth of a New Tradition*. Cambridge, Mass.: Harvard University Press.

Girardi, Franco, Gorio, Federico and Spagnesi Gianfranco (1974) *L'Esquilino e la' Piazza Vittorio, Una struttura urbana dell'ottocento*. Roma: Editalia.

Girouard, Mark (1987) *Cities & People, A Social and Architectural History*. New Haven/London: Yale University Press.

Goldfield, David R.and Brownell, Blaine A. (1979) *Urban America, From Downtown to No Town*. Boston: Houghton Mifflin Company.

La Grande Encyclopédie. (1885-1902) Paris: H. Lamirault et Cie.

Gruber, Karl (1952) *Die Gestalt der deutschen Stadt, Ihr Wandel aus der geistigen Ordnung der Zeiten*. Mehn: Callwey.

Guia de arquitectura y urbanismode Madrid.Tomo I:El casco antiguo. (1982) Madrid: Servicio de Publicaciones del Colegio Oficial de Arquitectos.

Gutkind, E.A. (1964 and ff.) *International History of City Development*, Vol. 1 and following vols. London/ New York: Collier-Macmillan Limited/The Free Press.

Gyllenstierna, Ebbe (1982) Napoleon III, GeorgesEugène Haussmann och parkerna i Paris. *Lustgården*.

Hall, Peter (1984) *The World Cities*

(3rd ed.) . London: Weidenfeld and Nicolson.

Hall, Thomas (1970) Anders Torstensson och Södermalm. *Konsthistorisk tidskrift.*

Hall, Thomas (1974) Über die Entstehung Stockholms. *Hansische Geschichtsblätter.*

Hall, Thomas (1978) *Mittelalterliche Stadtgrundrisse, Versuch einer Übersicht der Entwicklung in Deutschland und Frankreich.* Stockholm: Almqvist & Wiksell International.

Hall, Thomas (1984) Stadsplanering i vardande, Kring lagstiftning, beslutsprocessoch planeringsidéer 1860–1910, in Hall, T. (ed.) *Städer i utveckling.* Stockholm: Svensk stadsmiljö, Stockholms universitet.

Hall, Thomas (1985) *'i nationell skala...' Studier kring cityplaneringen i Stockholm.* Stockholm: Svensk stadsmiljö, Stockholms univeritet.

Hall, Thomas (1991) Urban Planning in Sweden, in Hall, T. (ed.) *Planning and Urban Growth in the Nordic Countries.* London/New York: E. & F.N. Spon.

Hamberg, Per G. (1955) Urrenässansens illustrerade Vitruviusupplagor, ett bidrag till studiet av 1500-talets arkitekturteori. Uppsala: Typewritten manuscript.

Hamilton, George H. (1954) *The Art and Architecture of Russia.* London: Penguin Books.

Hammarström, Ingrid (1970) *Stockholm i svensk ekonomi 1850-1914.* Stockholm: Almqvist & Wiksell.

Hammarström, Ingrid (1979) Urban Growth and Building Fluctuations, Stockholm 1860–1920, in Hammarström, I. and Hall, T. (eds.) *Growth and Transformation of the Modern City.* Stockholm: Swedish Council for Building Research.

Hansen, Jens E.F. (1977) *KФbenhavns forstadsbebyggelse i 1850'erne.* KФbenhavn: Akademisk Forlag.

Harouel, Jean-Louis (1993) *L'embellissement des villes, L'urbanisme français au XVIIIe siècle.* Paris; Picard Editeur.

Hartmann, Sys and Villadsen, Villads (1979) *Byens huse-Byens plan.* Kobenhavn: Gyldendal.

[Haussmann, Georges-Eugene] (1890, 1893) *Mémoires du baron Haussmann,* 3 vols. Paris: Victor-Havard.

Hautecoeur, Louis (1948) *Histoie de L'Architecture classique en France,* II. Paris: Éditions A. et J. Picard et Cie.

Hederer, Oswald (1964) *Leo von Klenze, Persönlichkeit und Werk.* München: Callwey.

Hegemann, Werner (1911, 1913) *Der Städtebau nach den Ergebnissen der allgemeinen StädtebauAusstellung in Berlin,* 2 vols. Berlin: Ernst Wasmuth.

Hegemann, Werner (1930) *Das steinerne Berlin, Geschichte der größten Mietskasernenstadt der Welt.* Berlin: G. Kiepenheuer.

Heinrich, Ernst (1960) Die städtebauliche Entwicklung Berlins seit dem Ende des 18. Jahrhunderts, in Dietrich, R. (ed.) *Berlin, Neun Kapitel seiner Geschichte.* Berlin: W. de Gruyter.

Heinrich, Ernst (1962) Der 'Hobrechtplan'. *Jahrbuch für Brandenburger Landesgeschichte.*

Helsingfors stadsplanehistoriska atlas. Stenius, Olof (ed.) (1969) Helsinki: Stiftelsen pro Helsingfors.

Henne, Alexandre and Wauters, Alphonse G. (1968–69) *Histoire de la ville de Bruxelles, nouvelle édition du texte original de 1845.* Bruxelles: Éditions 'Culture et civilisation'.

Hennebo, Dieter (1974) Der Stadtpark, in Grote, Ludwig (ed.) *Die deutsche Stadt im 19. Jahrhunder, Stadtplanung und Baugestalung im industriellen Zeitalter.* München: Prestel.

Hennebo, Dieter and Schmidt, Erika [1977] *Enwickung des Stndigrins in England von den frühen Volkswiesen bis zu den öffentlichen Parks im 19. Jahrhundert.* Hannover/Berlin: Patzer Verlag.

Hernàndez-Cros, Josep Emili, Mora, Gabriel and Pouplana, Xavier(1973) *Arquitectura de Barcelona.* Barcelona: La Gaya Ciencia.

Herrmann, Wolfgang (1985) *Laugier and Eighteenth Century French Theory.* London: A. Zwemmer.

Hibbert, Christopher (1969) *London, The Biography of a City.* London: Longmans.

Hines, Thomas S. (1974) *Burnham of Chicago, Architect and Planner.* New York: Oxford University Press.

Histoire de Bruxelles. Martens, Mina (ed.) (1979) Bruxelles: Éditions universitaires.

Histoire de Nancy. Taveneaux, René (ed.) (1978) Toulouse: R. Taveneaux.

The History of Garden Design, The Western Tradition from the Renaissance to the Present Day. Mosser, Monique and Teyssot, Georges (eds.) (1991) London: Thames and Hudson.

Höbhouse, Hermione (1975) *A History of Regent Street.* London: Macdonald and Jane's.

Höffler, Karl-Heinz (1976) *Reinhard Baumeister 1833-1917, Begründer der Wissenschafit vom Städtebau.* Karlsruhe: Universitat Karlsruhe, Institut für Städtebau und Landesplanung.

Högberg, Staffan (1981) *Stockholms historia,* 2 vols. Stockholm: Bonnier Fakta.

Hojer, Gerhard (1974) München-Maximilianstraße und Maximiliansstil, in Grote, Ludwig (ed.) *Die Deutsche Stadt im 19. Jahrhundert, Stadiplanung und Baugestaltung im industriellen Zeitalter.* München: Prestel.

Höjer, Torgny (1955) *Stockholms*

stads drätselkommission 1814-1864. Stockholm: Seelig.

Höjer, Torgny (1967) Sockenstämmor och kommunalförvaltning i Stockholm fram till 1864. Stockholm: Almqvist & Wiksell.

Howard, Ebenezer (1970) Garden Cities of ToMorrow. Osborn, Frederic J. (ed.). London: Faber and Faber.

Hyldtoft, Ole (1979) From Fortified Town to Modern Metropolis, Copenhagen 1840-1914, in Hammarström, I. and Hall, T. (eds.) Growth and Transformation of the Modern City. Stockholm: Swedish Council for Building Research.

Ildefonso Cerdá 1815-1876. Catalogo de la exposición conmemorativa del centenario de su muerte. (1976) Barcelona: Colegio de ingenieros de caminos, canales y puertos.

Insolera, Italo (1959a) Storia del primo Piano Regolatore di Roma, 1870-1874. Urbanistica, 27.

Insolera, Italo (1959b) I piani regolatori dal 1880 alla seconda guerra mondiale. Urbanistica, 28.

Insolera, Italo (1971) Roma moderna, Un secolo di storia urbanistica 1870-1970. Roma/Torino: G. Einaudi.

Jacquemyns, Guillaume (1936) Histoire contemporaine du Grand Bruxelles. Bruxelles: Vanderlinden.

Janik, Allan and Toulmin, Stephen (1973) Witgenstein's Vienna. New York: Simon and Schuster.

Jensen, Rolf H. (1980) Moderne norsk byplanlegging blir til. Stockholm: Nordplan.

Jensen, Sigurd and Smidt, Claus M. (1982) Rammerne sprænges. KΦbenhavns historie, Vol. 4. KΦbenhavn: Gyldendal.

Johansen, Kjeld (1941a) Befolkningsforhold, in Holm, Axel and Johansen, K. (eds.) KΦbenhavn 1840-1940, Det kΦbenhavnske bysamfund og kΦmmunens Φkonomi. KΦbenhavn: Nyt nordisk Forlag

Johansen, Kjeld (1941b) Bolig-og byggeforhold, in Holm, Axel and Johansen, K. (eds.) KΦbenhavn 1840-1940, Det kΦbenhavnske bysamfund og kommunens Φkonomi. KΦbenhavn: Nyt nordisk Forlag.

Jonsson, Marita (1986) La cura dei monumenti alle origini. Restauro e scavo di monumenti antichi a Roma 1800-1830. Stockholm: Skrifter utgivna av Svenska institutet i Rom.

Josephson, Ragnar (1918) Stadsbyggnadskonst i Stockholm intill år 1800. Stockholm: Nordisk bokhandel.

Josephson, Ragnar (1943) Kungarnas Paris. Stockholm: Natur och Kultur.

Juhasz, Lajos (1965) 'Den almindelige Plan', Reguleringsarbeidet i Christiania i den fΦrste halvpart av 1800-årene. St.Hallvard.

Kavli, Guthorm and Hjelde, Gunnar (1973) Slottet i Oslo, Historien om hovedstadens kongebolig. Oslo: Dreyer

Kieβ, Walter (1991) *Urbanismus im Industriezeitalter, Von der klassizistischen Stadt zur Garden City.* Berlin: Ernst & Sohn Verlag für Architektur und technische Wissenschaften.

Klaar, Adalbert (1971) *Die Siedlungsformen Wiens.* Wien/Hamburg: Zsolnay.

Knudsen, Tim (1988a) International influences and professional rivalry in early Danish planning. *Planning Perspectives*, 3.

Knudsen, Tim (1988b) *Storbyen stΦbes, KΦbenhavn mellem kaos og byplan 1840-1917.* KΦbenhavn: Akademisk Forlag

Knudsen, Tim (1992) The forgotten professionals. *Research in Urban Sociology*, 2.

Kostof, Spiro (1973) *The Third Rome, 1870-1950,* Traffic und Glory. Berkeley: University Art Muscum.

Kostof, Spiro (1976) The drafting of a master plan for Roma capitale, An exordium. *Journal of the Society of Architectural Historians.*

Kostof, Spiro (1991) *The City Shaped, Urban Patterns and Meanings Through History.* Boston/Toronto/London: Little, Brown and Company/Thames and Hudson.

Kostof, Spiro (1992) *The Ciry Assembled, The Elements of Urban Form Through History.* London: Thames and Hudson.

Krautheimer, Richard (1985) *The Rome of Alexander VII, 1655-1667.* Princeton: Princeton University Press.

Krings, Wilfried (1984) *Innenstädte in Belgien: Gestalt, Veränderung, Erhaltung (1860-1978) .* Bonn: F. Dümmlers Verlag.

Kruft, Hanno-Walter (1989) *Städte in Utopia, Die Idealstadt vom 15.bis zum 18. Jahrhundert zwischen Staatsutopie und Wirklichkeit.* München: Verlag C.H. Beck.

Kubler, George A. and Soria, Martin (1959) *Art and Architecture in Spain and Portugal and their American dominions 1500 to 1800.* Harmondsworth/Baltimore: Penguin Books.

Kühn, Margarete (1979) Schinkel und der Entwurf seiner Schüler Schaubert und Kleanthes für die Neustadt Athens, in *Berlin und die Antike: Architektur, Kunstgewerbe, Malerei, Skulptur, Theater und Wissenschaft vom 16 Jh. bis heute.* Berlin: Deutsches Archäologisches Institut.

Lameyre, Gérard N. (1958) *Haussmann, 'Préfet de Paris'.* Paris: Flammarion.

Lampl, Paul (1968) *Cities and Planning in the Ancient Near East.* New York: George Braziller.

Lang, S. (1955) Sull'origine della disposizione a scacchiera nelle città medioevali in Inghilterra, Francia e Germania. *Palladio.*

Langberg, Harald (1952) *Uden for voldene, KΦbenhavns udbygning 1852-1952.* KΦbenhavn: Den almindelige Brandforsikring for Landbyg-ninger.

Larsson, Bo and Thomassen, Ole (1991) Urban planning in Denmark, in Hall, T. (ed.) *Planning and Urban Growth in the Nordic Countries*. London/New York: E.&F. N. Spon.

Larsson, Lars O. (1978) *Die Neugestaltung der Reichshauptstadt, Albert Speers Generalbehauungsplan für Berlin*. Stockholm: Stockholms universitet.

Lavedan, Pierre (1926) *Histoire de l'urbanisme, Antiquité et Moyen-Age*. Paris: Henri Laurens.

Lavedan, Pierre (1941) *Histoire de l'urbanisme, Renaissance et temps modernes*. Paris: Henri Laurens

Lavedan, Pierre (1952) *Histoire de l'urbanisme, Époque contemporaine*. Paris: Henri Laurens.

Lavedan, Pierre (1960) *Les villes françaises*. Paris: Vincent Fréal.

Lavedan, Pierre (1969) *La question du déplacement de Paris et du transfert des Halles au Conseil municipal sous la monarchie de juillet*. Paris: Commission des traveaux historiques.

Lavedan, Pierre (1975) *Histoire de l'urbanisme à Paris, Nouvelle histoire de Paris*, Vol. 5. Paris: Hachette.

Lavedan, Pierre and Hugueney, Jeanne (1966) *Histoire de l'urbanisme, Antiquité*. Paris: Henri Laurens.

Lavedan, Pierre and Hugueney, Jeanne (1974) *L'Urbanisme au Moyen Age*. Genève: Droz.

Lavedan, Pierre, Hugueney, Jeanne and Henrat, Philippe (1982) *L'Urbanisme à l'époque moderne, XV-le-XVIIIe siècles*. Paris: Droz.

Leblicq, Yvon (1982) L'urbanisation de Bruxelles aux XIXe et XXe siècles (1830-1952), in *Villes en mutation XIXe-XXe siècles*. Bruxelles.

Leonard, Charlene M. (1961) *Lyon Transformed, Public Works of the Second Empire, 1853-1864*. Berkeley/Los Angeles: University of California Press.

Lewis, Richard A. (1952) *Edwin Chadwick and the Public Health Movement 1832-54*. London: Longmans.

Lhotsky, Alphons (1941) *Die Baugeschichte der Museen und der neuen Burg* (=Festschrift des historischen Museums zur Feier des fünfzigiährigen Bestehens (1891-1941), Vol. 1). Wien/Horn: Berger.

Lichtenberger, Elisabeth (1970) *Wirtschafisfunktion und Sozialstruktur der Wiener Ringstraße* (=Die Wiener Ringstraße, Vol.VI). Wien/Köln/Graz: Böhlau.

Lilius, Henrik (1967) *Der Pekkatori in Raahe, Studien über einen eckverschlossenen Platz und Seine Gebäudetypen*. Helsinki: Weilin & Göös.

Lilius, Henrik (1968) *Antikens och medeltidens egelbundna städer*. Finskt Museum.

Lilius, Henrik (1968-69) Carl Ludvig Engels stadsplan för Åbo, Ett försök till tolkning av Empirens stadsplane-

konst. *Åbo stads historiska museum
årsskrift.*

Lindahl, Göran (1972) Terza Roma:
Teori och praktik i italiensk bygg-
nadsvård. Typewritten manuscript.

Lindberg, Carolus and Rein, Gabriel
(1950) Stadsplanering och bygg-
nadsverksamhet, in *Helsingfors
stads historia,* Vol. 3: 1. Helsinki:
Helsingfors stad.

Lindberg.Folke (1980) *Växande stad,
Stockholms stadsfullmäktige 1862-
1900.* Stockholm: Liber-Förlag

Linn, Björn (1974) Storgårdskvarteret,
*Ett bebyggelsemönsters bakgrund
och karaktär.* Stockholm: Statens
institut för byggnadsforskning.

Longmate, Norman (1966) *King Chol-
era, The Biography of a Disease.*
London: H.Hamilton.

Lorange, Erik (1984) *Byen i landska-
pet, Rommene i byen.* Oslo: Univer-
sitetsforlaget.

Lorange, Erik (1990) *Historiske byer,
Fra de eldste tider til renessansen.*
Oslo: Universitetsforlaget.

Lorange, Erik (1995) *Historiske Byer,
Fra renessansen til industrialismen.*
Oslo: Universitetsforlaget.

Lorange, Erik and Myhre, Jan Eivind
(1991) Urban planning in Norway,
in Hall, T. (ed.) *Planning and Urban
Growth in he Nordic Countries.* Lon-
don/New York: E. & F.N. Spon.

Lorenzen, Vilhelm (1947-58) *Vore
byer: Studier i bybygning fra mid-
delalderens slutning til industrialis-*

mens gennembrud, 1536-1879, 5
vols. KΦbenhavn: Gad.

Lotus international, 23 (1979).

Lotz, W. (1973) Gli 883 cocchi della
Roma del 1594, in Studi offerti a
Giovanni Incisa della Rocchetta.
*Miscellanea delle Società Romana di
Storie Patria,* XXIII.

Loyer, Frangois (1988) *Paris Nine-
teenth Century, Architecture and Ur-
banism.* New York: Abbeville Press
Publishers.

McCullough, Niall (1989) *Dublin. An
Urban History.* Dublin: Anne Street
Press.

Mace, Rodney (1976) *Trafalgar Square
Emblem of Empire.* London: Law-
rence and Wishart.

McParland, Edward (1972) The Wide
Streets Commissioners: Their im-
portance for Dublin architecture in
late 18th- early 19th century. *Quar-
terly Bullerin of the Irish Georgian
Society,* XV.

Magnuson, Torgil (1958) *Studies in
Roman Quattrocento Architecture.*
Uppsala: University of Uppsala, In-
stitute of Art History.

Magnuson, Torgil (1982) *Rome in the
Age of Bernini,* Vol. 1. Stockholm:
Almqvist & Wiksell International.

Magnuson, Torgil (1986) *Rome in the
Age of Bernini,* Vol. II. Stockholm:
Almqvist & Wiksell International.

Mansbridge, Michael (1991) *John
Nash. A Complete Catalogue.* Lon-
don: Phaidon Press.

Martiny, Victor-Gaston（1980）*Bruxelles, L'architecture des origines à 1900*. Bruxelles: Éd. Universitaires.

Martorell Portas, Vicente, Florensa Ferrer, Adolfo and Martorell Otzet, V.（1970）*Historia del urbanismo en Barcelona, Del Plan Cerdámioni al Area Metropolitana*. Barcelona: Comision de Urbanismo y Servicios Comunes.

Masur, Gerhard（1970）*Imperial Berlin*. New York: Basic Books.

Matzerath, Horst and Thienel, Ingrid（1977）Stadtentwicklung, Stadtplanung, Stadtentwick lungsplanung: Probleme im 19. und im 20. Jahr- hundert am Beispiel der Stadt Berlin. *Die Verwaltung*, 10.

Meade, M.K.（1971）Plans of the New Town of Edinburgh. *Architectural History*.

Meeks, Carrol L.V.（1966）*Iralian Architecture 1750-1914*. New Haven: Yale University Press.

Michael, Johannes M.（1969）*Entwicklungsüber legungen und -initiativen zum Stadtplan von Athen nach dessen Erhebung zur Hauptstadt Griechenlands*. Athen: Dissertation, Technische Hochschule Aachen.

Milne, Gustav（1990）*The Great Fire of London*. London: Historical Publications Ltd.

Mioni, Alberto（1980）Industrialisation, urbanisation et changements du paysage urbain en Italie entre 1861 et 1921, *in Villes en mutation XIXe-XXe siècles*. Bruxelles.

Mitchell, Brian R.（1992）*International Historical Statistics, Europe 1750-1988*. Basingstoke: Macmillan

Mollik, Kurt, Reining, Hermann and Wurzer, Rudolf（1980）*Planung und Verwirklichung der Wiener Ringstraßenzone*（= Die Wiener Ringstraße, Vol. III）. Wiesbaden: Franz Steiner Verlag

Monclús, Fco Javier and Oyón, José Luis（1990）Eixample i suburbanització, Trànsit tramviari i divisió social de l'espai urbà a Barcelona, 1883- 1914, *in La formació de l'Eixample de Barcelona, Aproximacions a un fenomen urbá*. Barcelona: Olimpíada Cultural/Fundació Caixa de Catalunya.

Mönsterstäder, Stadsplanering i 1800-talets Sverige och i kejsarnas Ryssland och Finland.（1974）Stockholm: Arkitekturmuseet.

Moreno Peralta, Salvador（1980）El Ensanche de Malaga, *boden*, 21.

Morini, Mario（1963）*Atlante di storia dell' urbanistica*. Milano: Hoepli.

Morris, Anthony E.J.（1987）*History of Urban Form, Before the Industrial Revolutions*. Harlow/ New York: Longman Group/John Wiley and Sons

Münter, Georg（1957）*Idealstädte, Ihre Geschichte vom 15-17. Jahrhundert*. Berlin: Henschel.

Muylle, Tine and van den Eynde, Wim（1989-90）*Schaarbeek 1830-1885*,

Een stedebouwkundig historisch onderzoek naar de wording van een voorstad. Leuven: Katholieke universiteit.

Myhre, Jan E. (1984) Fra småby til storby, Kristianias vekst i det nittende århundre, in Hall, T. (ed.) Ståder i utveckling. Stockholm: Svensk stadsmiljö, Stockholms universitet.

Myhre, Jan E. (1990) Hovedstaden Christiania, fra 1814-1900 (= Oslo bys historia, Vol. 3). Oslo: Cappelen.

Mykland, Knut (1984) Hovedstadsfunksjonen, Christiania som eksempel, in Hall, T. (ed.) Städer i utveckling. Stockholm: Svensk stadsmiljö, Stockholms universitet.

Neale, R.S. (1990) Bath: ideology and utopia 1700-1760, in Boray, Peter (ed.) The Eighteenth Century Town. A Reader in English Urban History 1688-1820. London/New York: Longman.

Nehring, Dorothee (1979) Stadrparkanlagen in der ersten Hälfte des 19. Jahrhunderts. Ein Beitrag zur Kulturgeschichte des Landschaftsgartens. Hannover/Berlin: Patzer Verlag.

Nilsson, Sten (1968) European Architecture in India 1750-1850. London: Faber and Faber.

Nisser, Marie (1970) Stadsplanering i det svenska riket 1700-1850, in Zeitler, Rudolf (ed.) Sju uppsatser i svensk arkitekturhistoria. Uppsala:

Uppsala universitet, Konsthistoriska institutionen.

Nordenstreng, Sigurd (1908-11) Fredrikshamns stads historia, 3 vols. Fredrikshamn: Fredrikshamns stad.

L' (Euvre du baron Haussmann, Préfet de la Seine (1853-1870). Réau, Louis, Lavedan, Pierre and Plouin, Renée (1954) Paris: Presses Universitaires de France.

Olsen, Donald James (1964) Town Planning in London, The Eighteenth and Nineteenth Centuries. New Haven/London: Yale University Press.

Olsen, Donald James (1976) The Growth of Victorian London. London: B.T.Batsford.

Olsen, Donald James (1986) The Ciry as a Work of Art: London, Paris, Vienna. New Haven/London: Yale University Press.

Owens, E.J. (1992) The City in the Greek and Roman World. London/New York: Routledge.

Panzini, Franco (1993) Per i piaceri del popolo. L'evoluzione del giardino pubblico in Europa dalle origini al XX secolo. Bologna: Zanichelli Editore.

Papageorgiou-Venetas, Alexander (1994) Hauptstadt Athen, Ein Stadtgedanke des Klassizismus. München/Berlin: Deutscher Kunstverlag.

Patte, Pierre (1765) Monumens érigés en France à la gloire de Louis XV. Paris: Patte, Saillant.

Paulsson, Gregor et al. (1950-53) Svensk stad, 2 vols. Stockholm: Albert Bonnier.

Paulsson, Thomas（1959）*Den glömda staden, svensk stadsplanering under 1900-talets början med särskild hänsyn till Stockholm, Idehistoria, teori och praktik.* Stockholm: Stadsarkivet.

Pedersen, Bjørn S.（1961）Linstows planer for Karl Johans gate. *St. Hallvard.*

Pedersen, Bjørn S.（1965）Oslo i byplanhistorisk perspektiv. *St. Hallvard.*

Pérez-Pita, Estanislao（1980）Madrid, la Castellana, Consideraciones acerca del Eje Norte-Sur de Madrid. *Arquitectura*, 222.

Persigny, Jean G.V.F., duc de（1896）*Memoires du duc de Persigny.* De Laire, H., comte d'Espagny（ed.）. Paris: Plon, Nourrit et Cie.

Picon, Antoine（1992）*French Architects and Engineers in the Age of Enlightenment.* Cambridge: Cambridge University Press.

Pierres et rues, Bruxelles, croissance urbaine 1780-1980. Poot, Fernand（ed.）（1982）Bruxelles: Weissenbruch

Pinkney, David H.（1955）Napoleon III's transformation of Paris: the origins and development of the idea. *Journal of Modern History*, 27.

Pinkney, David H.（1957）Money and politics in the rebuilding of Paris, 1860-70. *Journal of Economic History*, 17.

Pinkney, David H.（1958）*Napoleon III and the Rebuilding of Paris.* Princeton: Princeton University Press.

Plan Castro.（1978）Madrid: Colegio Oficial de Arquitectos de Madrid.

Plessis, Alain（1989）*The Rise and Fall of the Second Empire 1852-1871.* Cambridge: Cambridge University Press.

Poelaert et son temps.（1980）Bruxelles: Crédit Communal de Belgique.

Poisson, Georges（1964）*Napoléon et Paris.* Paris: Berger-Levrault.

Pollak, Martha D.（1991）*Military Architecture, Cartography and the Representation of the Early Modern European City, A Checklist of Treatises on Forification in The Newberry Library.* Chicago: The Newberry Library.

Preisich, Gábor（1960, 1964, 1969）*Budapest városépitésének története*, 3 vols. Budapest: Müszaki Könyvkiadó.

Prins, P.（1993）De ontmanteling van Amsterdam. *Vifentachtigste Jaarboek van het Genootschap Amstelodamum.*

Puig, Jaume（1990）El projecte d'eixample Cerdá i la teoria urbanistica, in *La formació de l'Eixample de Barcelona, Aproximacions a un fenomen urbà.* Barcelona: Olimpíada Cultural/ Fundació Caixa de Catalunya.

Pundt, Herman G.（1972）*Schinkel's Berlin, A Study in Environmental Planning.* Cambridge, Mass.: Harvard University Press.

Råberg, Marianne（1979）The development of Stockholm since the seventeenth century, in Hammarström, I. and Hall, T. (eds.) *Growth and Transformation of the Modern Ciy.* Stockholm: Swedish Council for Building Research.

Råberg, Marianne (1987) *Vision och verklighet. En studiekring Stockholms 1600-talsplan.* Stockholm: Kommittén för Stockholmsforskning.

Radicke, Dieter (1995) Stadterneuerung in Berlin 1871 bis 1914, Kaiser-Wilhelm-Straße und Scheunenviertel, in Fehl, Gerhard and Rodriguez-Lores, Juan (eds.) *Stadt-Umbau, Die planmaßige Ermeuerung europäischer Großstädre zwischen Wiener Kongrei und Weimarer Republik.* Basel/Berlin/Boston: Birkhäuser Verlag.

Ranieri, Liane (1973) *Léopold II, urbaniste.* Bruxelles: Hayez.

Rasmussen, Steen E. (1949) *Byer og Bygninger skildret i Tegnigner og Ord.* København: Fremad.

Rasmussen, Steen E. (1969) *København, Et bysamfunds sœrprœg og udvikling gennem tiderne.* København: G.E.C. Gads Forlag.

Rasmussen, Steen E. (1973) *London, den vidud-bredte storby, Det nye London en storbyregion.* København: Gyldendal.

Rasmussen, Steen E. (1988) *London. The Unique City.* Cambridge, Mass./London: The MIT Press.

Rasmussen, Steen E.and Bredsdorff, Peter (1941) Bebyggelse og bebyggelseplaner, in Holm, Axel and Johansen, K. (eds.) *København 1840-1940, Det københavnske bysamfund og kommunens økonomi.* København: Nyt ordisk Forlag.

Reed, Henry H. (1950) Rome, The third sack. *Architectural Review.*

Reinisch, Ulrich (1984) *Zur räumlichen Dimension und Struktur sozialer Prozesse, Studien zu deutscher Städtebau-und Stadtplanungsgeschichte zwischen dem hohen Mittelalter und dem aus-gehenden 19. Jh.* Berlin: Humboldt-Universität.

Reps, John W. (1965) *The Making of Urban America, A History of City Planning in the United States.* Princeton: Princeton University Press.

Rodriguez-Lores, Juan (1980) Ildefonso Cerdá, Die Wissenschaft des Städtebaues und der Bebauungsplan von Barcelona (1859), in Fehl, Gerhard and Rodriguez-Lores, J. (eds.) *Städrebau um die Jahrhundertwende, Materialien zur Entstehung der Disziplin Städtebau.* Köln: Deutscher Gemeindeverlag/ Verlag W. Kohl-hammer.

Roma, Cità e piani. Torino: [without year; 3 issues of *Urbanistica*, 1957 and 1959, including Insolera's two papers from 1959].

Rosenau, Helen (1974) *The Ideal City, Its Archi-tectural Evolution.* London: Studio Vista.

Rudberg, August E. (1862) *Förslag till*

ombyggnad af Stockhoim stad inom broarna jemte plankarta öfver den nya regleringen. Stockholm: A.E. Rudberg

Russack, Hans H. (1942) Deutsche bauen in Athen. Berlin: Limpert-Verlag.

Saalman, Howard (1968) The Baltimore and Urbino Panels: Cosimo Roselli. The Burlington Magazine.

Saalman, Howard (1971) Haussmann, Paris Trans-formed. New York: G. Braziller.

Sambricio, Carlos (ed.) (1988) La Casa de Correos, un edificio en la ciudad. Madrid: Comunidad de Madrid, Consejeria de Política Territorial.

Saunders, Ann (1969) Regent's Park A Study of the Development of the Area from 1086 to the Present Day. Newton Abbot: David and Charles.

Scandinavian Atlas of Historic Towns, Nr. 4, Uppsala. (1983) Stockholm/Odense: Odense University Press

Schånberg, Sven (1975) Där! sa unge kungen. Göteborg: Byggnadsnämnden.

Schinz, Alfred (1964) Berlin Stadischicksal und Städtebau. Braunschweig/Berlin: G. Wester- mann.

Schmidt, Hartwig (1979) Das 'Wilhelminische Athen', Ludwig Hoffmanns Generalbebauungs- plan für Athen. architectura.

Schorske, Carl E. (1980) Fin-de-siècle Vienna, Politics and Culture. New York: Alfred A. Knopf.

Schulz-Kleeßen, Wolf-E. (1985) Die Frankfurter Zonenbauordnung von 1891 als Steuerungsin-strument, Soziale und Politische Hintergründe, in Fehl, Gerhard and Rodriguez-Lores, J. (eds.) Städtebaureform 1865-1900, Von Licht, Luft und Ordnung in der Stadt der Gründerzeit, II. Hamburg: Christians.

Schück, Henrik, Sjöqvist, Erik and Magnuson, Torgil (1956) Rom, en vandring genom seklerna Senmedeltiden och renässansen. Stockholm.

Schumacher, Fritz (1920) Wie das Kunstwerk Hamburg nach dem großen Brande entstand, Ein Beitrag zur Geschichte des Städtebaues. Berlin: K. Curtius.

Scott, Mel (1969) American City Planning Since 1890, A History Commemorating the Fiftieth Anniversary of the American Institute of Planners. Berkeley/Los Angeles: University of California Press

Scully, Vincent J. (1969) American Architecture and Urbanism. London: Praeger Publishers.

Selling, Gösta (1960) Esplanadsystemet och Albert Lindhagen, Tillkomsten av 1866 års stadsplan. St. Eriks årsbok

Selling, Gösta (1970) Esplanadsystemet och Albert Lindhagen, Stadsplanering i Stockholm åren 1857-1887. Stockholm: Stadsarkivet.

Selling, Gösta (1973) Hur Gamla stan överlevde, Från ombyggnad ill om-

vårdnad, 1840-1940. Stockholm:
Almqvist & Wiksell.

Selling, Gösta (1975) Byggnadsbolag i
brytningstid, in Studier och handling-
ar rörande Stockholms historia, Vol.
4. Stockholm: Stockholms stad-
sarkiv.

Siklóssy, László (1931) A Fövárosi Köz-
munkák Tanácsa Története, Hogyan
épült Budapest 1870-1930. Budapest

Sinos, Stefan (1974) Die Gründung
der neuen Stadt Athen.architectura.

Sitte, Camillo (1889) Der Städte-
Bau nach seinen kinstlerischen Gr-
undsätzen. Ein Beitrag zur Lösung
modernster Fragen der Architektur
und monumentalen Plastik unter be-
sonderer Beziehung auf Wien. Wien:
Verlag von Carl Graeser

Camillo Sitte e i suoi interpreti. Zucconi,
Guido (ed.) (1992) Milano: Fran-
coAngeli.

Sjoberg, Gideon (1960) The Prein-
dustrial City, Past and Present. New
York: Free Press.

Smets, Marcel (1983) Un Prototipo,
L'Apertura della Blaesstraat a Brux-
elles, 1853-1860. Storia Urbana.

Smets, Marcel (1995) Charles Buls,
Les principes de l'art urbain. Brux-
elles: Mardaga.

Smets, Marcel and D'Herde, Dirk(1985)
Die belgische Enteignungs-Ge-
setzgebung und ihre Anwendung
als Instrument der städtebaulichen
Entwicklung von Brüssel im 19.
Jahrhundert, in Fehl, Gerhard and

Rodriguez-Lores, J. (eds.) Stöd-
tebaureform 1865-1900, Von Licht,
Luft und Ordnung in der Stadt der
Gründerzeit, II. Hamburg: Christians.

Smith, P.j. (1980) Planning as en-
vironmental improvement: slum
clearence in Victorian Edinburgh,
in Sutcliffe, A. (ed.) The Rise of
Modern Urban Planning 1800-1914.
London: Mansell.

Solá-Morales, Manuel de et al. (1978)
Los ensanches (I), El Ensanche de
Barcelona. Barcelona: Escuela Tec-
nica Superior de Arquitectura.

Soria y Puig, Arturo (1979) Hacia una
teoria general de la urbanizacion,
Introducción ala obra teórica de Ilde-
fonso Cerdá (1815-76). Madrid:
Colegio de Ingenieros de Caminos,
Canales y Puertos.

Soria y Puig, Arturo (1992) El projecte
i la seva circumstáncia, in Treballs
sobre Cerdá i el seu Eixample a Bar-
celona. Barcelona: Ministerio de
Obras Públicas y Transportes/Ajun-
tament de Barcelona.

Springer, Elisabeth (1979) Geschichte
und Kultur-leben der Wiener Ring-
straße (=Die Wiener Ringstraße, Vol.
II). Wiesbaden: Franz Steiner Ver-
lag.

Die städtebauliche Entwicklung Wiens
bis 1945. (1978) Wien: Verein für
Geschichte der Stadt Wien.

Stanislawski, Dan (1946) The origin
and spread of the grid-pattern town.
The Geographical Review.

Stanislawski, Dan（1947）Early Span-
ish town planning in the New World.
The Geographical Review.

*Stenstadens arkitekter, Sjustudier
över arkitekternas verksamhet
och betydelse vid utbyggnaden av
Stockholms innerstad 1850-1930.*
Hall, T.（ed.）（1981）Stockholm：
Akademilitteratur.

Stockholm 1897, Vol.2, Dahlgren,
E.W.（ed.）（1879）Stockholm：
Beckman.

Strauss, Bertram W.and Frances（1974）
Barcelona Step by Step. Barcelona：
Teide.

Strengell, Gustaf（1922）*Staden som
konstverk, En inblick i historisk stads-
byggnadskonst.* Stockholm：Bonnier.

Strindberg, August（1962）*Tjän-
stekvinnans son, in Skrifter av August
Strindberg*, Vol.7. Stockholm：Bon-
nier.

Stübben, Joseph（1890）*Der Städte-
bau（=Hand- buch der Architecktur*,
Vol.9）. Darmstadt：Arnold Berg-
strässer Verlag.

Summerson, John（1978）*Georgian
London.* London：Penguin Books.

Summerson, John（1980）*The Life and
Work of John Nash, Architect.* Lon-
don：Allen and Unwin.

Sundman, Mikael（1982）*Stages in the
Growth of a Town.* Helsinki：Kyriiri
Oy.

Sundman, Mikae（1991）Urban plan-
ning in Finland after 1850, in Hall,
T.（ed.）*Planning and Urban Growth*

in the Nordic Countries. London/New
York：E. & F.N. Spon.

Suomen kaupunkilaitoksen historia, 3
vols. Vol.1 Keskiajalta 1870-luvulle.
Vol.2, 1870-luvulta autonomian ajan
loppuun and Vol. 3 Itsenäisyyden
aika.（1981, 1983 and 1984）Van-
taa：Suomen kaupunkiliitto.

Sutcliffe, Anthony（1970）*The Autumn
of Central Paris, The Defeat of Town
Planning 1850-1970.* London：Ed-
ward Arnold.

Sutcliffe, Anthony（1979a）Architecture
and civic design in nineteenth cen-
tury Paris, in Hammar- ström, I. and
Hall, T.（eds.）*Growth and Trans-
formation of the Modern City.* Stock-
holm：Swedish Council for Building
Research.

Sutcliffe, Anthony（1979b）Environ-
mental control and planning in Eu-
ropean capitals 1850-1914：London,
Paris and Berlin, in Hammarström,
I. and Hall, T.（eds.）*Growth and
Transformation of the Modern City.*
Stockholm：Swedish Council for
Building Research.

Sutcliffe, Anthony（1981a）*The History
of Urban and Regional Planning, An
Annotated Biblio- graphy.* London：
Mansell.

Sutcliffe, Anthony（1981b）*Towards
the Planned Ciy, Germany, Britain,
the United States and France, 1780-
1914.* Oxford：Basil Blackwell.

Sutcliffe, Anthony（1993）*Paris, An
Architectural History.* New Haven/

London: Yale University Press.

Tarn, John N. (1980) Housing reform and the emergence of town planning in Britain before 1914, in Sutcliffe, A. (ed.) *The Rise of Modern Urban Planning 1800-1914*. London: Mansell.

Thienel, Ingrid (1973) *Städtewachstum im Industrialisierungsprozeß des 19. Jahrhunderts: das Berliner Beispiel.* Berlin/New York: Walter de Gruyter.

Torres Capell, Manuel, Puig, Jaume and Llobet, J. (1985) *Inicis de la urbanística municipal de Barcelona. Catàleg de la mostra dels fons municipals de plans i projectes d'urbanisme, 1750-1930.* Barcelona: Ajuntament de Barcelona/ CMB.

Travlos, Joannis (1960) Πολεοδομιχη εξελιζ των Αθηνων απσ των προισοριχων αρσνων μ χρι των ρχων τον Ι9ον α ωνοζ.Athens.

Travlos, Joannis (1971) *Pictorial Dictionary of Ancient Athens.* London/ New York: Thames and Hudson/ Praeger.

Treballs sobre Cerdá i el seu Eixample a Barcelona. (1992) Barcelona: Ministerio de Obras Públicas y Transportes/Ajuntament de Barcelona.

Tschira, Arnold (1959) Der sogennante Tulla-Plan zur Vergrößerung der Stadt Karlsruhe, *in Werke und Wege, Eine Festschrift für Dr. Eberhard Knitel zum 60. Geburtstag.* Karlsruhe: Braun.

Tyack, Geoffrey (1992) *Sir James*

Pennethorne and the Making of Victorian London. Cambridge: Cambridge University Press.

2C-Construcción de la Ciudad. (1977), 6-7 [theme number on Cerdá].

Utlåtande med forslag till gatureglering i Stockholm af komiterade. (1867) Stockholm: Samson & W.

Valdenaire, Arthur (1926) *Friedrich Weinbrenner. Sein Leben und seine Bauten.* Karlsruhe: Verlag C.F. Müller [facsimile 1976].

Vale, Lawrence J. (1992) *Architecture, Power and National Identity.* New Haven/London: Yale University Press.

Valk, Arnold van der (1989) *Amsterdam in aanleg, Planvorming en dagelijks handelen 1850-1900.* Amsterdam: Universiteit van Amsterdam, Planologisch en Demografisch Instituut.

Vanhamme, Marcel (1968) *Bruxelles, De bourg rural à cité mondiale.* Anvers/Bruxelles: Mercurius.

Vannelli, Valter (1979) *Economia dell'architettura in Roma liberale, Il centro urbano.* Roma: Kappa.

Verniers, Louis (1958) *Bruxelles et son agglomération de 1830 à nos jours.* Bruxelles: Éditions de la Librairie encyclopédique.

Vivienda y Urbanismo en España. (1982) Montserrat Mateu (ed.). Barcelona: Banco Hipotecario de España.

Voltaire (1879) Des Embellissements de Paris, in *Œuvre s complètes,*

Vol.23. Paris: Garnier frères.

Wagenaar, Michiel (1990) *Amsterdam 1876-1914 Economisch herstel, ruimtelijke expansie en de veranderende ordening van het stedelijk grondgebruik.* Amsterdam: Universiteit van Amsterdam, Historisch Seminarium.

Wagner, Otto (1911) *Die Großstadt, Eine Studie über diese.* Wien: Kunstverlag A. Schroll & Co.

Wagner-Rieger, Renate (1970) *Wiens Architektur Im 19. Jahrhundert.* Wien: Österreichischer Bundes-Verlag für Unterricht, Wissenschaft und Kunst.

Wagner-Rieger, Renate *et al.* (1969) *Das Kunstwerk im Bild* (=*Die Wiener Ringstraße*, Vol. I) . Wien: Böhlau.

Ward-Perkins, John Bryan (1974) *Cities of Ancient Greece and Italy: Planning in Classical Antiquity.* New York/London: George Braziller/Sidgwick & Jackson.

Wassenhoven, Louis (1984) Greece, in Wynn, Martin (ed.) *Planning and Urban Growth in Southern Europe.* London/New York: Mansell.

Weigel, Hans (1979) *O du mein Österreich.* München: Deutscher Taschenbuch Verlag, DTV.

Wenzel, Jürgen (1989) Peter Joseph Lenné. Stadt- planer in weltbürgerlicher Absicht, in von Buttlar, Florian (ed.) *Peter Joseph Lenné. Volkspark und Arkadien.* Berlin: Nicolaische Verlags- buchhandlung.

Die Wiener Ringstraße Bild einer Epoche. Wagner- Rieger, Renate (ed.) (1969 ff) .

William-Olsson, William (1937) *Huvuddragen av Stockholms geografiska utveckling 1850-1930.* Stockholm: Liber Förlag.

Williams, Allan M. (1984) Portugal, in Wynn, Martin (ed.) *Planning and Urban Growth in Southern Europe.* London/New York: Mansell.

Wilson, William H. (1980) The ideology, aesthetics and politics of the City Beautiful movement, in Sutcliffe, A. (ed.) *The Rise of Modern Urban Planning 1800-1914.* London: Mansell.

Wolf, Peter M. (1968) *Eugène Hénard and the Beginning of Urbanism in Paris, 1900-1914.* The Hague/Paris: International Federation for Housing and Planning/Centre de Research d'Urbanisme.

Wulz, Fritz (1976) *Stadt in Veränderung, Eine architekturpolitische Studie von Wien in den Jahren 1848 bis 1934.* Stockholm: Tekniska högskolan.

Wulz, Fritz (1979) *Wien, En arkitekturpolitisk studie av en stad i förändring, 1848-1934.* Stockholm: Byggforskningsrådet.

Wurzer, Rudolf (1974) Die Gestaltung der deutschen Stadt im 19. Jahrhundert, in Grote, Ludwig (ed.) *Die deutsche Stadt im 19.Jahrhundert, Stadtplanung und Baugestaltung im industriellen Zeitalter.* München: Prestel Verlag.

Wurzer, Rudolf (1989) Franz, Camillo und Siegfried Sitte. Ein langer Weg von der Architektur zur Stadtplanung. *Berichte zur Raumforschung und Raumplanung,* 33.

Wurzer, Rudolf (1992) Camillo Sittes Hauptwerk 'Der Städtebau nach seinen künstlerischen Grundsätzen'. Anlavβ, Vorbilder und Auswir-kungen. *Die alte Stadr,* 19.

Wycherley, Richard E. (1973) *How the Greeks Built Cities.* London: Macmillan.

Wynn, Martin (1984) Spain, in Wynn, M. (ed.) *Planning and Urban Growth in Southern Europe.* London/ New York: Mansell.

Yarwood, Doreen (1976) *The Architecture of Britain.* London: B.T. Batsford.

Young, Ken and Garside, Patricia L. (1982) *Metropolitan London, Politics and Urban Change 1837-1981.* London: Edward Arnold.

Youngson, A.J. (1966) *The Making of Classical Edinburgh, 1750-1840.* Edinburgh: Edinburgh University Press.

Zacke, Brita (1971) *Koleraepidemin i Stockholm 1834.* Stockholm: Stadsarkivet.

van Zanten, David (1994) *Building Paris. Architectural Institutions and the Transformation of the French Capital, 1830-1870.* Cambridge: University Press.

Zola, Emile (1927) La Curée, in *Collection des Œuvres Comolètes.* Paris: F. Bernouard.

Zola, Emile (1928) Au Bonheur des Dames, in *Collection des Œuvres Complètes.* Paris: F. Bernouard.

本书涉及的 19 世纪规划的 主要事件

1810—1819 年

1812 年
——埃赫仁斯特罗姆（J.A.Ehrenstrom）为赫尔辛基提交新的规划方案，被芬兰国王亚历山大一世（Alexander I）批复。
——约翰·纳什（John Nash）为伦敦未来的摄政街提交规划方案。

1820—1829 年

1826 年
——科本尼克·费尔德（Kopennicker Feld）为柏林提交规划方案。
1827 年
——挪威议会（Stortinget）批复克里斯蒂安尼亚（Christiana，后更名为奥斯陆）的建设和规划法案。

1830—1839 年

1833 年
——舒伯特（G.E.Schauber）和科里安特斯（S.Kleanthes）为雅典所作的规划得到批复，同时希腊正式确定定都雅典。
1834 年
——克伦泽（Leo von Klenze）为雅典所作的规划修改版得以批复。

1840—1849 年

1841 年
——挪威议会确立，要为克里斯蒂安尼亚（奥斯陆）尽快制定城市规划，并要上交批复。但这个决定却没有达到效果。

1847 年

—— 一个委员会为雅典制定了一个总体规划，但一直没有获得批复。

1850—1859 年

1852 年

——哥本哈根的建设许可线从原来的城墙移动到了湖区（Soerne），这是废除城市城墙堡垒功能的第一步。

1853 年

——乔治·尤金·奥斯曼（Georges-Eugene Haussmann）被任命为塞纳河省长。

1854 年

——巴塞罗那最后决定拆除的城墙防御工事。

1855 年

——伊尔德丰索·塞尔达（Ildefonso Cerda）对巴塞罗那周围环境的调查已经完成。城市扩建的初步方案已提交给马德里当局。

——伦敦大都会工程委员会（The Metropolitan Board of Wroks）成立。

1857 年

——卡洛斯·德·卡斯特罗（Carlos de Castro）受命为马德里的扩展区（Ensache）制定规划。

——康拉德·塞得林（Conrad Seidelin）为哥本哈根的城墙区提交了规划方案。

——奥地利皇帝弗朗兹·约瑟夫（Franz Joseph）决定维也纳城墙及其外面的防御工事地区要为了城市发展拆除释放出来，并为此举行规划竞赛（12 月）。

1859 年

——詹姆斯·霍布雷希特（James Hobrecht）正式被任命为柏林规划委员会负责人，为柏林周围准备规划。

——西班牙国家政府授权，为巴塞罗那制定规划（2 月）。

——巴塞罗那市政厅宣布举办城市规划竞赛（4 月）。

——卡斯特罗为马德里所作的第一版规划完成（5 月）。

——为巴塞罗那（老城外的）扩展区 ensache 所作的规划获得西班牙中央政府的批准（6 月）。

——维也纳环城墙地带的大规划 Grundplan 获得批准（9 月）。

——安东尼·罗维拉·特里亚斯（Antoni Rovira I Trias）赢得巴塞罗那扩展区的规划竞赛（10 月）。

1860—1869 年

1860 年
——为巴塞罗那所作的规划再次获得西班牙中央政府的批准（5 月）。

——卡斯特罗为马德里所作的扩展规划被政府批准（7 月）并被印刷。

——雅典的一轮新规划被一个委员会提交，经过一些修改后得以批准（1864—1865 年）。

1862 年
——霍布雷希特（Hobrecht）为柏林所作的规划经过皇家批准后得以公布。

1863 年
——斯德哥尔摩城市工程师沃尔斯特罗姆（A.W.Wallstrom）和主要建筑商鲁德伯格（A.E.Rudberg）受任为城市制定规划。这年秋天，规划以多章节的方式开始提交。

——布鲁塞尔都市规划由维克多·贝斯梅（Victor Besme）提交。

1865 年
——哥本哈根拆迁委员会为城墙地区提交了一个新规划。

1866 年
——范·尼夫特里克（J.G.van Niftrik）为阿姆斯特丹制定第一个总体规划，但在经过长时间的辩论后被拒绝。

——林德哈根委员会（Lindhagen Committee）为斯德哥尔摩所作的规划公布。

1867 年
——塞尔达（Cerda）的著作《巴塞罗那扩展区的城市规划通论和原则》（*Teria General de La Urbanizacion y Aplicacion de Sus Principios y Doctrinas a la Reforma y Ensanche de Barcelona*）出版。

——巴黎举办第二届世博会，并为来自全欧洲的参观者提供了一个欣赏新街道和公园的机会。

——苏伊（L.Suy）为布鲁塞尔所作的中央大道（Boulevard du Centre）的方案提交。

1870—1879 年

1870 年
——奥斯曼离任巴黎行政长官一职（1 月）。

——维克多·埃曼努埃（Victor emmanuel）的军队在皮亚门（Porta Pia）攻破罗马城墙，并立即启动了将罗马转变为意大利现代首都的规划活动（9 月）。

1871 年
——哥本哈根的一个市政委员会提出了一个防御工事区的规划建议，经过批准后的第二年，在略有改动的情况下实施。

1872 年

——工程师亚历山德罗·维维亚尼（Alessandro Viviani）受到政府任命，为罗马作总体规划，但规划没有得到政府的批准。

1874 年

——布鲁塞尔制定了重新开发圣母教堂地区（Dame-aux-Neiges）的规划。

1876 年

——J. 卡尔夫（J.Kalff）为阿姆斯特丹提出了一个新的总体规划。

1879 年

——莱因哈德·鲍迈斯特（Reinhard Baumeister）的《城市发展技术 - 建筑政策与经济关系》（Stadter-Weiterungen in Technischer, Bau-Polizeilicher und Wirthschaftlicher Beziehung）在柏林出版。

本年和第二年陆续批准了斯德哥尔摩各领域的总体规划。

1880—1889 年

1883 年

——意大利政府批准罗马规划修订版本。

1889 年

——卡米洛·西特（Camillo Sitte）的《城市建筑艺术原则》（Der Stadte-Bau Seine Kunstlerischen Grundsatzen）在维也纳出版。

1890—1899 年

1890 年

——约瑟夫·施图本（Joseph Stubben）的《城市建设》（Der Stadtebau）在达姆施塔特（德国）出版。

1893 年

——布鲁塞尔市长查尔斯·布尔斯出版了他的《城市美学》（Esthetique des Villes）。

1898 年

——埃比尼泽·霍华德（Ebenezer Howard）的《明日的田园城市》（Garden Cites of To-Morrow）在伦敦出版。

1899 年

——查尔斯·布尔斯（Charles Buls）辞去布鲁塞尔市长一职，部分原因是为了抗议比利时国王利奥波德二世（Leopole II）支持的城市再开发项目。

译后记

　　《世纪之交的首都　19 世纪欧洲首都城市规划与发展》一书，是瑞典籍城市史学者托马斯·霍尔教授的重要著作。霍尔在 1970 年攻读博士学位时，就启动了关于欧洲首都城市规划发展的比较研究。其成果最早于 1986 年以德语出版，到 1997 年方以英语再版，彼得·霍尔为该英语版作序。如今距离该书英文版首发，也已经过去了 27 年……时间对个人而言，如白驹过隙，逝者如斯；对书籍而言，却如大浪淘沙，潮退珠现。这也是为什么我们时隔多年，仍然真诚地想把此书译成中文，与更多热爱城市的读者分享。

　　我们于 2002 年在巴黎奥德翁广场（Place de l'Odéon）一侧的勒·莫尼图尔建筑书店（Librérie Le Moniteur）遇见此书，即为之吸引。一方面，此书首次将多个经典的欧洲首都城市进行规划项目的并置、审视与比较，无论是作为正在巴黎攻读城市设计博士的学生，还是作为国内城市规划的一线规划师，都能敏感地察觉到此书的独特价值；另一方面，对于如何有效地进行城市的比较研究，城市之间的可比性要素如何选择和构建，我们也一直在探索与涉猎。

　　本书比较了欧洲 15 个首都城市在近代城市空间格局定型期最重要的发展阶段所做的规划项目，尽可能完整地探讨了其决策和实施、博弈和妥协的过程……全书没有拗口的专业术语，是任何一个专业或非专业的读者都可以凭兴趣阅读的书籍。读完此书再去欧洲旅行，我们能更深刻地理解那些被各种网红打卡的城市风景，是如何在一百年前被规划成就的。

当为了阅读而作的翻译逐渐厚实起来时，把全书译成中文的念头便自然产生了。然而整个翻译工作注定是一个漫长而煎熬的过程——从 2004 年对着这本巨著贸然发愿，到 2024 年译稿交付，整整 20 年过去了。每当眼下有各种急不可耐的设计项目在催促时，翻译的工作就会被迫搁置；而每当经济下行、项目渐少时，这本书渐渐陌生的页面又被重新翻开，一次又一次地重启译作。在浮躁喧嚣的现实中，很多时候我们也会感到沮丧，那种静心做学问的状态，真有点回不去了。

然而更真切的感受是，在国内快速城市化和基建地产大建设的时代，想要理解这本著作的内容，其困难并不在字面上，而是在于没经历过城市建设的特定阶段，就难以读懂这一百多年前的欧洲首都城市规划与我们当下快速建造城市的过程，彼此间竟存在某些令人惊讶的相似性。

作为译者，我们认为本书有三个重要的立足点，值得被关注。

1. 首都城市：如何作为一个城市比较研究的对象

霍尔选择首都城市的基本假设是，首都城市通常是一个国家中最大的城市，因此，它们代表了各自国家和整个欧洲城市规划发展传统的典型。霍尔在书中写道："我们可以争论说，首都城市功能不一定是纳入此类研究的最佳选择标准……但如果要为比较研究选择每个国家的一座城市，那么首都城市似乎是一个合适的选择。也有理由认为，首都在发展方式上确实代表了一些共同的条件和特征，因此它们才被作为一个类型整体来对待。比较研究的重点，在于这些国家在其政治上最重要的城市所展开的规划活动，这些城市在大多数情况下也是该国最大的城市，以及贸易和工业的中心"。

由于首都城市在国家和国际舞台上的显赫地位，国家（或帝国）往往对其特别关注。在面对城市基础设施的巨大压力时，城市官员试图管理和规范城市的增长，以维持其在政治、社会和美学等方面的秩序。

对以首都为主的（国家重点）城市的比较研究还相对比较少，即使有，也多为两两比较，或最多在三到四个城市之间比较——如法国巴黎城市规划院（APUR）主持的刊物《巴黎项目》（Paris Project）经常发表的城市比较案例。本书是极少见的、同时把近 15 个首都城市进行综合比较的著作。因为各个城市的转型因城而异，选择什么样的条件才可以进行比较？这个问题本身就极具挑战性。

霍尔选择了一个特定的比较对象：各城市的"重大规划项目"；以及一个特定的历史时段切片：1850—1875 年间。在这个历史时段前后，欧洲城市在工业革命、人口增长和市场经济扩张的力量推动下，正经历着城区面积与建设量的加速增长。霍尔说："研究的目的，并不在于探讨所研究城市的整体规划如何发展，而是重点关注主要的规划项目为何出现，以及如何实现"。

霍尔的论述认为，首都城市在城市规划和发展中具有特殊的重要性，这不仅是因为它们在各自国家中的规模和政治地位，还因为它们往往是首当其冲面对城市化挑战的地方。然而，他选择城市的标准和比较方法还是会带来一些问题，因为这可能忽略了非首都大城市在城市规划中的独特贡献和经验。

2. 从古代到现代：城市规划的历史连续性

霍尔有目的地选择并比较了 15 个欧洲首都城市的主要规划项目：巴黎、伦敦、赫尔辛基、雅典、奥斯陆（克里斯蒂安尼亚）、巴塞罗那、马德里、哥本哈根、维也纳、柏林、斯德哥尔摩、布鲁塞尔、阿姆斯特丹、布达佩斯和罗马。通过这些比较，霍尔得出一个主要论点：现代城市规划实际上是在整个 19 世纪到 20 世纪不断发展的连续过程，而不是某些论断所说的，在世纪之交出现并标志着与以往传统城市行政职能相决裂的发展。主要首都城市的规划项目呈现出对以往规划传统发展的延续、改进或实现。现代城市规划与古代城市项目的关系，不是断裂的，而是连续的。

霍尔所获得的证据支持来自大量的档案、文献以及大量的规划图纸——本书中的大多数城市规划图都是规划原文件的再现——这些原始资料所覆盖范围的广泛性，使得像霍布雷希特、塞尔达和奥斯曼等人所作规划背后的理念得以具体彰显。它们之所以引人注目，不是因为它们试图创建一个引人注目的首都城市，而是因为它们试图在不可阻挡的城市扩张中，建立某种有效的社会和城市秩序。

对霍尔来说，首都城市规划项目实践是世纪之交的规划理论家——包括卡米洛·西特、埃比尼泽·霍华德、约瑟夫·施图本和雷蒙德·昂温等——之著作的重要先驱。而且，这些主要的首都规划项目应该被视为城市规划更大的、连续历史的一部分。

然而，由于霍尔的比较重点为城市规划项目在城市发展中的影响或实施路径，而不是城市空间本身，可能因此使其研究在揭示 19 世纪欧洲城市规划的连续性和共同特征方面，还是存在一定的局限性。

3. 在城市规划实施路径上，土地权属、资金来源与行政权力所扮演的重要角色

在霍尔讨论的规划项目中，有两个关键问题始终在考验着市政官员或规划执行人：对规划落地所需土地（其权属常为私有）的获取或征用，以及为实现规划项目所需的融资。在霍尔对每个城市的叙述中都可以看出，这两个问题是密切相关的。在巴黎，奥斯曼使用贷款和有争议的"委托债券"来为街道建设和私有土地征用提供资金。在奥斯陆，很多规划项目没能实施，其原因如霍尔所写，"（市政厅）既不愿承担公共财政成本，也不愿干涉土地所有者对其财产的权利，这使得任何名副其实的整体规划都难以推进"。而在维也纳，城市发展条件或许是最优的：它拥有用于计划扩展的防御工事下方及周围的土地，因此不存在其他城市遇到的征地问题；维也纳的环城大道项目部分由国家资助，部分通过向私人投资者出售地块来融资，还通过减税换取到大量投资。

同时，作为一国之都的首都城市，其往往是国家权力和市政权力重叠的争议地点，特定国家和地区的主要政治气候，通常决定了城市规划各个阶段的实施政策和程度。在规划的实施层面上，执行规划者的权力大小对于规划的实现举足轻重：在巴黎和维也纳，负责规划的官员被赋予了广泛的权力。而在其他城市，如哥本哈根，君主专制于1849年方才落幕，刚成立的市政管理机构地位相对较弱，城市规划项目的推进则举步维艰。

基于上述三个富有启发的立场和视角，霍尔教授对欧洲首都城市的规划模式进行了全方位的分析和研判，其中有中央政府出手与城市政府出手的模式对比；有行政官员模式与技术官员模式的对比；还有艺术建筑师模式与技术工程师模式的对比……这些

对比，还都同时穿插在以老旧城区改造为主模式和以新城建设为主模式的对比过程中。而即使是针对老旧城区的讨论，也有开膛破肚的大手术模式和推拿按摩的小针灸模式的对比；以及环状结构体系包容模式和带形城市结构外延模式的对比……

因此，最初阅读本书时，关于上述各种规划模式的交织穿梭的比较叙述，让人眼花缭乱。这个过程延绵了将近一个世纪，也就是说，19 世纪欧洲的各大首都城市用了近 100 年的演变时空，来经历这个奠定了它们享誉至今的经典城市空间的塑造与成型的过程。

而自 20 世纪 80 年代开始在我国各大城市发生的快速城市化与空间成型，至今未够其一半的时空历程。反观中国近 30 年以超高层塔楼和大规模楼群为代表的城市建设进程，似乎重新塑造了百年前的欧洲首都时期所建构的地标尺度、开放空间尺度甚至是城市的基本尺度。但是在拥有 20 个行政区的巴黎核心城区，虽然城市空间也是高度紧凑的，其人口却也只有两百万人的规模，它与一线、二线的我国城市尺度早已不在一个量级上了。

也只有如我们这般，由于曾深度参与到我国大城市的快速建设中去，并在此后继续见证建成空间过剩和存量更新的各个阶段，才会对本书所述内容有了更深刻的理解，或者对那些活灵活现的故事禁不住莞尔，原来他们也曾经如此这般过啊。

比如奥斯曼市长和他的"上司"、国王拿破仑三世那段精彩的对白：

"……尊贵的陛下，

您最好还是别让什么人来掺和我们的改造计划，就您与我来确定好了。

我作为您忠实的仆人，一定坚决贯彻您的想法。

看，您画的草图，我都按原样把新街开出来了。

陛下，您何时去给项目剪个彩……"

上述文字，当然是在《奥斯曼回忆录》的基础上有所发挥而来。然而历史的真实场景，在中外之间、古今之间，还是相似大于差异。

因此，当现在我国城市规划的发展正在面对新一轮的观念与方法的探索时，我们也许可以把这种探索与霍尔书中所述的城市规划项目相结合，作一些简单直接的比较与探讨：

比如，在经济上行的时候，大政府、大手笔的巴黎规划方式，典雅、有序、讲究范式，是全世界城市的学习榜样；而当经济下行的时候，小政府、小店铺的伦敦规划方式，可能更应该是大家过紧日子的借鉴对象。伦敦规划所对应的公共政策、融资运营模式，是宏大规划所不具备的，但这并不妨碍它成为精彩的城市规划个案。伦敦与巴黎相比较，前者是完全自由市场经济、自下而上的一类城市发展模式，后者是政府积极有为、自上而下的另一类城市模式，它们代表了两类截然不同的发展路径。尽管今天伦敦的滨河空间与巴黎塞纳河滨相比，前者依然有点拥挤有点乱，后者更呈现为一种整体的空间文化腔调。然而必须承认，泰晤士河滨与塞纳河滨各有各精彩，它们呈现了两种规划模式的空间结果。

从本书目录所列的城市排序中，我们还发现了霍尔暗藏的一个小心思：由巴黎开头，以罗马结束，这是以倒序方式引出的两个"永恒之城"——某种共同的建城原则，支持了罗马的开创和巴黎的延续。而人类对于其栖居的城市，亦必存在某些共同的感知力和价值观。它们未必都是深刻的，却都是永恒的。

在第二次世界大战结束之前，一架德军轰炸机飞抵巴黎上空，一个飞行员用低沉的声音对另外一个飞行员说：巴黎。另一个飞行员回话：巴黎。他们没有执行轰炸任务，没有向这个永恒的城市投下炸弹，他们返航了。

2019 年当我们重返巴黎时，那个位于奥德翁广场的建筑书店已不复存在，而那个由奥斯曼市长改造巴黎而成型的、被霍尔教授所书写的、未被德军炸毁的城市街景，就仍在眼前。

时代起伏，城运兜转，唯好书之价值恒在。

译作付梓时，距原著作者霍尔教授 2014 年辞世已 10 年。

以此致敬并记之。

2024 年 6 月 10 日端午

记于广州·牡丹阁

著作权合同登记图字：01-2024-5470 号

图书在版编目（CIP）数据

世纪之交的首都：19 世纪欧洲首都城市规划与发展 /
（瑞典）托马斯·霍尔（Thomas Hall）著；黄全乐，李
涛译 . -- 北京：中国建筑工业出版社，2024.12.

ISBN 978-7-112-30549-0

Ⅰ. TU984.5

中国国家版本馆 CIP 数据核字第 20241GD500 号

Planning Europe's Capital Cities: Aspects of Nineteenth Century Urban Development/by Thomas Hall
ISBN: 9780415552493

责任编辑：李成成　戚琳琳
责任校对：王　烨

世纪之交的首都
19 世纪欧洲首都城市规划与发展
Planning Europe's Capital Cities
Aspects of Nineteenth Century Urban Development
[瑞典] 托马斯·霍尔（Thomas Hall）　著
黄全乐　李　涛　译

*
中国建筑工业出版社出版、发行（北京海淀三里河路 9 号）
各地新华书店、建筑书店经销
北京雅盈中佳图文设计公司制版
北京中科印刷有限公司印刷
*
开本：880 毫米 ×1230 毫米　1/32　印张：22　插页：2　字数：532 千字
2024 年 12 月第一版　2024 年 12 月第一次印刷
定价：109.00 元
ISBN 978-7-112-30549-0
（43845）